U0622408

辽宁省战略性新兴领域 ————————
"十四五" 高等教育教材体系建设项目系列教材

NENGYUAN CAILIAO HUAXUE

能源材料化学

李 超◎主编　　　　王诗铭◎副主编

化学工业出版社
·北京·

内容简介

《能源材料化学》为辽宁省战略性新兴领域"十四五"高等教育教材体系建设项目系列教材之一，以材料科学已经建立的微观特性和宏观规律的理论为基础，选取当今社会典型能源材料与化学中的相关理论进行介绍。本教材首先介绍了材料化学基本概念和原理，之后围绕电化学储能材料、太阳能电池材料、液流电池材料、氢能源材料等新能源材料以及与能源相关的催化材料、磁性材料，系统介绍相关化学理论和关键技术。

本书可作理工科或综合性大学能源动力类、材料类、化学类等相关专业的本科生和研究生教材，也可用作从事能源材料与化学研究与应用的技术人员的参考书。

图书在版编目（CIP）数据

能源材料化学 / 李超主编；王诗铭副主编.
北京：化学工业出版社，2025. 4. --（辽宁省战略性新兴领域"十四五"高等教育教材体系建设项目系列教材）.
ISBN 978-7-122-47301-1

Ⅰ. TB3

中国国家版本馆 CIP 数据核字第 2025KC1101 号

责任编辑：林　媛　蔡洪伟　　　文字编辑：段曰超　林　丹
责任校对：赵懿桐　　　　　　　　装帧设计：王晓宇

出版发行：化学工业出版社
　　　　　（北京市东城区青年湖南街 13 号　邮政编码 100011）
印　　装：大厂回族自治县聚鑫印刷有限责任公司
787mm×1092mm　1/16　印张 16½　字数 408 千字
2025 年 9 月北京第 1 版第 1 次印刷

购书咨询：010-64518888　　　　售后服务：010-64518899
网　　址：http://www.cip.com.cn
凡购买本书，如有缺损质量问题，本社销售中心负责调换。

定　　价：59.80 元　　　　　　　版权所有　违者必究

前言
PREFACE

在当今 21 世纪，我们置身于一个由能源与材料共同驱动的社会发展洪流之中。从智能手机、电动汽车的普及，到可再生能源技术的革新，能源与材料已成为支撑现代社会进步不可或缺的基石。而这一系列技术飞跃的核心动力，无疑源自能源材料化学领域的深入探索与不断发展。鉴于此，我们特此推出《能源材料化学》教材，旨在为广大学习者与研究人员提供系统、全面的知识，期望它能成为探索与研究能源材料化学领域的有力助手与宝贵资源。

本书首先从能源材料的分类、能源材料化学的基本概念及特点入手，帮助读者建立对能源材料化学的基本认识；之后系统地介绍了能源材料化学所涉及的材料科学和化学方面的基础内容；最后有选择性地详细介绍了当今各种新兴能源材料（包括电化学储能材料、太阳能电池材料、液流电池材料以及氢能源材料）和两类与能源相关的重要材料（催化材料和磁性材料），使读者能够从微观角度理解能源材料的性能与行为。本书不仅可作为高等学校相关专业的基础教材，同时也为行业技术人员了解能源材料化学基础、新材料制备技术与应用前景提供了较好的参考资料。

本教材的特点如下。

系统性：本教材从基本概念出发，逐步深入，使读者能够系统地掌握能源材料化学的知识体系。

前沿性：我们引入了最新的研究成果和技术进展，使读者能够了解到能源材料化学领域的最新动态。

实用性：本教材注重理论与实践的结合，通过实例分析，使读者能够将所学知识应用于实际问题中。

本书的框架由李超制定，具体编写分工如下：第 1、2 章由李超编写，第 3 章由张明玥编写，第 4 章由王诗铭编写，第 5 章由李享容编写，第 6 章由肖琳编写，第 7 章由王淑敏编写，第 8 章由武英杰和林俊良编写，卢笑参与了全书的整理。

在本书的编写过程中，我们引用和参考了相关文献资料，在此向这些文献的作者表示诚挚的感谢。希望这本《能源材料化学》教材能够激发更多学生对能源材料化学的兴趣和热情，期待未来能有更多优秀的学者加入到这一领域的研究中来，共同推动能源材料化学的发展和进步。

由于编者水平有限，成稿时间仓促，书中难免存在不足之处，敬请读者提出宝贵意见。

编者
2025 年 1 月

目录
CONTENTS

第 1 章 绪论 ·· 001
　学习目标 ·· 001
　1.1 材料科学与化学 ·· 001
　1.2 能源材料及其分类 ··· 002
　1.3 能源材料化学及其特点 ··· 003
　知识拓展 ·· 003
　本章小结 ·· 004
　复习思考题 ··· 004
　参考文献 ·· 004

第 2 章 材料化学基础 ·· 005
　学习目标 ·· 005
　2.1 材料学基础 ·· 005
　　2.1.1 晶体结构与缺陷 ·· 005
　　2.1.2 非晶材料 ··· 010
　　2.1.3 准晶 ··· 012
　　2.1.4 相变 ··· 013
　知识拓展 ·· 015
　2.2 化学热力学基础 ·· 015
　　2.2.1 基本概念 ··· 015
　　2.2.2 热力学基本定律 ·· 017
　知识拓展 ·· 019
　2.3 化学反应的基本原理 ·· 019
　　2.3.1 化学反应的方向和限度 ·· 019
　　2.3.2 化学反应速率 ·· 021
　知识拓展 ·· 022
　2.4 材料电化学基础 ·· 023
　　2.4.1 电解质及其溶液 ·· 023
　　2.4.2 电化学系统 ··· 024
　　2.4.3 能斯特方程 ··· 026
　　2.4.4 电化学反应的速率 ··· 027
　知识拓展 ·· 028
　本章小结 ·· 028
　复习思考题 ··· 028
　参考文献 ·· 029

第 3 章　电化学储能材料 ……………………………………………………… 030
　　学习目标 …………………………………………………………………… 030
　　3.1　电化学储能器件种类 …………………………………………………… 030
　　知识拓展 …………………………………………………………………… 030
　　3.2　电化学储能器件的基本参数 …………………………………………… 031
　　知识拓展 …………………………………………………………………… 032
　　3.3　锂离子电池电极材料 …………………………………………………… 033
　　　　3.3.1　锂离子电池负极材料 ……………………………………………… 033
　　　　3.3.2　锂离子电池正极材料 ……………………………………………… 034
　　知识拓展 …………………………………………………………………… 035
　　3.4　钠离子电池电极材料 …………………………………………………… 035
　　　　3.4.1　钠离子电池负极材料 ……………………………………………… 036
　　　　3.4.2　钠离子电池正极材料 ……………………………………………… 036
　　知识拓展 …………………………………………………………………… 038
　　3.5　钾离子电池电极材料 …………………………………………………… 038
　　　　3.5.1　钾离子电池负极材料 ……………………………………………… 039
　　　　3.5.2　钾离子电池正极材料 ……………………………………………… 039
　　知识拓展 …………………………………………………………………… 041
　　3.6　锌离子电池电极材料 …………………………………………………… 041
　　　　3.6.1　锌离子电池负极材料 ……………………………………………… 042
　　　　3.6.2　锌离子电池的正极材料 …………………………………………… 049
　　知识拓展 …………………………………………………………………… 054
　　3.7　超级电容器电极材料 …………………………………………………… 054
　　　　3.7.1　超级电容器的储能机理与分类 …………………………………… 054
　　　　3.7.2　超级电容器电极材料研究进展 …………………………………… 056
　　知识拓展 …………………………………………………………………… 060
　　本章小结 …………………………………………………………………… 061
　　复习思考题 ………………………………………………………………… 061
　　参考文献 …………………………………………………………………… 062

第 4 章　太阳能电池 …………………………………………………………… 066
　　学习目标 …………………………………………………………………… 066
　　4.1　硅基太阳能电池 ………………………………………………………… 067
　　　　4.1.1　原理 …………………………………………………………… 067
　　　　4.1.2　评价参数 ……………………………………………………… 069
　　　　4.1.3　电池效率损失机制 ……………………………………………… 069
　　　　4.1.4　太阳能电池用硅材料的制备 …………………………………… 072
　　　　4.1.5　硅基太阳能电池的产业化 ……………………………………… 076

知识拓展 …………………………………………………………………………………… 078
4.2　薄膜半导体太阳能电池 …………………………………………………………… 078
　　4.2.1　非晶硅 ………………………………………………………………………… 078
　　4.2.2　硅基薄膜太阳能电池的结构与工作原理 ……………………………………… 084
知识拓展 …………………………………………………………………………………… 090
4.3　ⅢA-ⅤA族薄膜太阳能电池 ……………………………………………………… 090
　　4.3.1　铜铟镓硒（CIGS）薄膜太阳能电池 ………………………………………… 093
　　4.3.2　CIGS薄膜光伏组件 …………………………………………………………… 097
　　4.3.3　CIGS薄膜太阳能电池行业现状分析 ………………………………………… 098
知识拓展 …………………………………………………………………………………… 098
4.4　新型太阳能电池 …………………………………………………………………… 098
　　4.4.1　染料敏化太阳能电池 ………………………………………………………… 098
　　4.4.2　钙钛矿太阳能电池 …………………………………………………………… 106
　　4.4.3　量子点太阳能电池 …………………………………………………………… 108
　　4.4.4　有机太阳能电池 ……………………………………………………………… 110
知识拓展 …………………………………………………………………………………… 114
本章小结 …………………………………………………………………………………… 115
复习思考题 ………………………………………………………………………………… 115
参考文献 …………………………………………………………………………………… 115

第5章　氧化还原液流电池材料与应用 ………………………………………………… 118
学习目标 …………………………………………………………………………………… 118
5.1　氧化还原液流电池概述与发展历程 ………………………………………………… 118
知识拓展 …………………………………………………………………………………… 119
5.2　液流电池工作原理 ………………………………………………………………… 120
　　5.2.1　工作原理与电化学基础 ……………………………………………………… 120
　　5.2.2　液流电池性能主要参数 ……………………………………………………… 123
　　5.2.3　液流电池性能特点及优势 …………………………………………………… 125
　　5.2.4　液流电池系统的构成 ………………………………………………………… 125
知识拓展 …………………………………………………………………………………… 126
5.3　液流电池的分类 …………………………………………………………………… 127
　　5.3.1　水系无机液流电池 …………………………………………………………… 127
　　5.3.2　水系有机液流电池 …………………………………………………………… 130
知识拓展 …………………………………………………………………………………… 131
5.4　液流电池关键材料 ………………………………………………………………… 131
　　5.4.1　电解液 ………………………………………………………………………… 131
　　5.4.2　电极材料 ……………………………………………………………………… 142
　　5.4.3　液流电池隔膜 ………………………………………………………………… 149
知识拓展 …………………………………………………………………………………… 152
5.5　液流电池的规模应用 ……………………………………………………………… 153

知识拓展 ……………………………………………………………………… 157
本章小结 ……………………………………………………………………… 158
复习思考题 …………………………………………………………………… 158
参考文献 ……………………………………………………………………… 160

第 6 章　氢能源材料 …………………………………………………………… 168
　　学习目标 ………………………………………………………………… 168
　　6.1　氢能的基本概念和发展史 ………………………………………… 168
　　　　6.1.1　氢发展史 …………………………………………………… 168
　　　　6.1.2　从化石燃料到氢燃料 ……………………………………… 170
　　知识拓展 ………………………………………………………………… 172
　　6.2　制氢技术 …………………………………………………………… 172
　　　　6.2.1　化石燃料制氢 ……………………………………………… 172
　　　　6.2.2　可再生能源制氢 …………………………………………… 176
　　知识拓展 ………………………………………………………………… 184
　　6.3　储氢材料的制备与表征 …………………………………………… 184
　　　　6.3.1　纳米材料储氢 ……………………………………………… 185
　　　　6.3.2　化学储氢的纳米结构氢化物 …………………………… 190
　　知识拓展 ………………………………………………………………… 195
　　本章小结 ………………………………………………………………… 195
　　复习思考题 ……………………………………………………………… 195
　　参考文献 ………………………………………………………………… 196

第 7 章　催化材料及其在能源领域中的应用 …………………………… 201
　　学习目标 ………………………………………………………………… 201
　　7.1　催化材料和催化作用 ……………………………………………… 201
　　　　7.1.1　催化材料的定义 …………………………………………… 201
　　　　7.1.2　催化作用及其特点 ………………………………………… 202
　　知识拓展 ………………………………………………………………… 202
　　7.2　催化反应和催化材料分类 ………………………………………… 203
　　　　7.2.1　催化反应分类 ……………………………………………… 203
　　　　7.2.2　催化材料分类 ……………………………………………… 204
　　知识拓展 ………………………………………………………………… 204
　　7.3　固体催化剂的组成 ………………………………………………… 205
　　　　7.3.1　主催化剂 …………………………………………………… 205
　　　　7.3.2　共催化剂 …………………………………………………… 205
　　　　7.3.3　助催化剂 …………………………………………………… 205
　　　　7.3.4　载体 ………………………………………………………… 206
　　知识拓展 ………………………………………………………………… 207

7.4　催化材料的性能及评定 ……………………………………………… 207
　　7.4.1　催化剂性能的动力学指标 ……………………………… 207
　　7.4.2　固体催化剂的宏观结构指标 …………………………… 210
　　7.4.3　固体催化剂的微观结构指标 …………………………… 211
知识拓展 …………………………………………………………………… 212
7.5　常见的催化材料的制备方法 …………………………………… 212
　　7.5.1　沉淀法 ……………………………………………………… 212
　　7.5.2　浸渍法 ……………………………………………………… 213
　　7.5.3　热分解法 …………………………………………………… 214
　　7.5.4　熔融法 ……………………………………………………… 214
　　7.5.5　涂布法 ……………………………………………………… 214
　　7.5.6　还原法 ……………………………………………………… 215
知识拓展 …………………………………………………………………… 215
7.6　催化材料在能源领域的应用 …………………………………… 215
　　7.6.1　燃料电池 …………………………………………………… 215
　　7.6.2　生物质能源转化 …………………………………………… 218
　　7.6.3　太阳能转化 ………………………………………………… 219
　　7.6.4　核能转化 …………………………………………………… 220
　　7.6.5　风能转化 …………………………………………………… 221
知识拓展 …………………………………………………………………… 222
本章小结 …………………………………………………………………… 223
复习思考题 ………………………………………………………………… 223
参考文献 …………………………………………………………………… 223

第8章　磁性材料及其在能源领域中的应用 ………………………… 225
学习目标 …………………………………………………………………… 225
8.1　磁性的起源 ………………………………………………………… 225
　　8.1.1　电子轨道磁矩 ……………………………………………… 225
　　8.1.2　电子自旋磁矩 ……………………………………………… 226
知识拓展 …………………………………………………………………… 227
8.2　低维磁性材料的制备与表征 …………………………………… 227
　　8.2.1　低维磁性材料的制备 ……………………………………… 227
　　8.2.2　磁性材料的表征 …………………………………………… 234
知识拓展 …………………………………………………………………… 241
8.3　磁性材料在能源领域中的应用 ………………………………… 242
　　8.3.1　磁制冷材料与应用 ………………………………………… 242
　　8.3.2　磁性材料在能源领域中的其他应用 …………………… 247
知识拓展 …………………………………………………………………… 253
本章小结 …………………………………………………………………… 253
复习思考题 ………………………………………………………………… 254
参考文献 …………………………………………………………………… 254

第 1 章

绪　论

 学习目标

1. 理解材料科学与化学的密切关系。
2. 了解能源材料的分类及典型能源材料的特点。
3. 了解能源材料化学课程特点。

1.1　材料科学与化学

人类文明的进步离不开材料的开发和使用，在开发和利用材料的过程中，化学作为一种指导，起着决定性的作用，化学信息的利用给人类创造了很多的捷径。材料科学和化学在许多方面相互影响和互补。化学是研究物质的性质、组成、结构和变化的科学，而材料科学是探索设计和应用不同材料的科学。在现代科学和工程中，材料科学和化学的结合对于开发新材料、改进现有材料以及推动技术进步至关重要。

首先，化学为研究材料提供了基础。了解材料的成分和结构是制定合适的化学方法和工艺的前提。化学家通过分析材料的化学性质来确定其组成和结构，这有助于理解材料的性能和性质。例如，通过分析材料中的化学键类型和强度，化学家可以预测材料的导电性、热稳定性等属性。这种基于化学的分析有助于指导材料科学家选择适当的材料及其制备方法。

其次，材料科学为化学研究提供了实际应用平台。通过材料的设计、合成和改进，化学家可以将新的化学理论和实践应用于实际材料中。材料化学主要研究材料在制备和使用过程中涉及的化学变化和材料性质的表征测量，从而实现对高分子、金属、液晶等材料的性能优化。材料化学的发展不仅推动了化学领域的进步，还为许多实际应用领域提供了新材料的选择。

在具体应用中，材料科学和化学在许多领域相互融合。例如，在能源领域，材料科学家利用化学合成方法和理论指导，研究和开发新型材料来提高太阳能电池的效率；通过改变材料表面化学组成或结构，可以增强对太阳光的吸收和光电转换效率。

总之，材料科学和化学的关系是密不可分的。化学提供了材料科学研究的基础和指导，而材料科学则为化学研究提供了实际应用平台，两者相互依赖，不断推动科学和技术的进步。通过深入研究材料的成分和结构，以及应用化学理论和实践来开发新材料，我们可以期待更多创新的材料出现，为社会带来更多福祉。

1.2 能源材料及其分类

能源材料是指用于制造能源转换和存储器件或系统的材料，这些器件或系统可以将能源从一种形式转换为另一种形式或存储起来以备后用。广义地说，凡是能源工业及能源技术所需的材料都可以称为能源材料。但在新材料领域，能源材料往往指那些正在发展的、可能支持建立新能源系统，满足各种新能源及节能技术特殊要求的材料。

能源材料种类繁多，以下是一些常见的新兴能源材料：

① 电化学储能材料。电化学储能材料是指那些在电化学储能系统中起到关键作用，能够实现电能储存和释放的材料。常见的电化学储能材料包括离子电池材料和电容器材料。离子电池材料主要包括正极材料、负极材料和电解质等。正极材料常用的有钴酸锂、锰酸锂、三元材料和磷酸铁锂等；负极材料常用的有石墨、钛酸锂等；电解质则起到传导离子的作用。电容器材料主要用于超级电容器中，包括活性炭、碳纳米管等具有高比表面积和多孔结构的材料，这些材料能够实现大量的电荷储存。

② 太阳能电池材料。太阳能电池是一种将太阳能转换为电能的装置，因此太阳能电池材料也是能源材料的重要组成部分。常见的太阳能电池有硅基太阳能电池、薄膜半导体太阳能电池、铜铟镓硒（CIGS）薄膜太阳能电池等。

③ 燃料电池材料。燃料电池是一种将燃料所具有的化学能转换为电能的装置，与传统电池不同的是，燃料电池在运行过程中需要不断地供应燃料和氧化剂。因此，燃料电池材料也需要具有相应的稳定性和耐久性。常见的燃料电池材料有质子交换膜燃料电池材料、固体氧化物燃料电池材料等。

④ 液流电池材料。液流电池是一种特殊的电化学储能技术，其通过电解质的流动来实现电化学反应。相比于传统的蓄电池，液流电池具有更高的能量密度、更长的循环寿命、更低的维护成本等优点，因此在能源领域具有广泛的应用前景。液流电池主要由电解液、活性物质、电极和隔膜等组成。其中，电解液是液流电池的核心组成部分，其性能直接影响到电池的性能和效率；活性物质是电解液中的关键成分，不同的液流电池体系会使用不同的活性物质；电极和隔膜也是液流电池中的重要组成部分，起到传导电流和隔离正负极的作用。

⑤ 氢能源材料。氢能源是燃烧氢所获取的能量，是一种利用氢气作为能量载体的能源形式。其通过一定的方法利用其他能源制取，是通过化学反应或物理转化释放能量的二次能源。氢气的热值高，燃烧产物是水，是一种清洁、高效、可再生的能源。它被视为21世纪最具发展潜力的清洁能源，正在脱颖而出。氢能源材料主要指用于制备和储存氢气的材料。制氢目前主要包括化石燃料制氢和可再生能源制氢；先进的储氢方式主要有纳米材料储氢和氢化物化学储氢等。

除此之外，能源材料还包括裂变反应堆材料（如铀、钍等核燃料）和聚变堆材料（如热核聚变燃料等）。

1.3　能源材料化学及其特点

能源材料化学是一门研究能源材料和化学反应的学科，旨在探索和开发高效、清洁、可持续的能源材料，提高能源利用效率，促进清洁能源的发展。该学科涉及多个领域，如化学、材料科学、工程学等，需要多学科的合作和协同。能源材料化学的研究内容主要包括能源材料的合成、制备、性质和应用等方面，以及能源转化和储存过程中涉及的化学反应和机理。通过能源材料化学的研究，可以为能源科技的发展提供重要的理论支持和技术指导，为人类社会的可持续发展做出贡献。

能源材料化学的特点主要体现在以下几个方面：

① 交叉学科性质。能源材料化学涉及材料科学、化学、物理学、工程学等多个学科领域，需要综合运用这些学科的知识和技术来研究能源材料的性质、制备、改性和应用。

② 重要性。能源材料化学在能源科技领域具有重要地位，因为能源材料的性能和使用寿命直接关系到能源转化效率和使用安全性。通过能源材料化学的研究，可以优化能源材料的性能，提高能源转化效率，降低能源消耗，促进清洁能源的开发和利用。

③ 创新性。能源材料化学具有很强的创新性，需要不断探索新的材料体系和化学反应路径，以满足不断提高的能源需求和环保要求。通过创新性的研究，可以推动能源科技的进步和发展。

④ 实际应用性。能源材料化学具有很强的实际应用性，其研究成果可以直接应用于能源材料的制备、改性和应用过程中，提高能源材料的性能和可靠性，推动清洁能源的开发和利用。

总之，能源材料化学是一门综合性、交叉性、创新性和实际应用性很强的学科，对于推动能源科技的进步和发展具有重要意义。

 知识拓展

锂离子电池不仅在人们的日常生活中扮演着至关重要的角色，同时也是科研领域研究的热点。

在现实生活中，以电动车为例，锂离子电池的性能直接决定了电动车的续航里程和使用寿命。随着科技的不断进步，高能量密度、快速充电的锂离子电池正逐渐成为电动车行业的标配，极大地推动了电动车的普及和发展。

在科研领域，锂离子电池的研究同样深入而广泛。科研工作者致力于开发新型电极材料、电解质以及电池结构，以提高锂离子电池的能量密度、功率密度和安全性。例如，固态电解质作为下一代锂离子电池的潜在选择，受到了科研工作者的广泛关注。固态电解质具有更高的安全性和稳定性，能够有效避免液态电解质的漏液和燃烧等问题。然而，固态电解质的离子传导率普遍较低，限制了其在实际应用中的性能。因此，如何提高固态电解质的离子传导率，是当前科研领域需要解决的一个重要问题。

本章小结

本章介绍了材料科学与化学的基本关系，强调了两者在现代科学和工程中的重要性。能源材料作为一种关键的材料类型，广泛应用于能源转换和存储领域，本章列举了几种主要的新能源材料，分析了它们的特点和应用前景。此外，能源材料化学作为一门交叉性、综合性学科，其重要性和创新性被充分强调。

 复习思考题

1. 如何通过化学分析来预测材料的性能和性质？
2. 什么是能源材料？列举几种常见的新能源材料并说明其应用。
3. 能源材料化学有哪些特点？为什么说它是一门交叉性学科？

参考文献

[1] 温兆银，等．能源化学．北京：化学工业出版社，2018.
[2] 朱永法，等．能源材料基础．北京：化学工业出版社，2019.
[3] 黄其励．新能源与电力电子技术应用．北京：中国电力出版社，2020.
[4] 邢鹏飞，高波，都兴红，等．新能源材料与技术．北京：冶金工业出版社，2023.
[5] 艾德生，高喆，等．新能源材料——基础与应用．北京：化学工业出版社，2009.
[6] 朱继平，等．新能源材料技术．北京：化学工业出版社，2014.
[7] 《新能源材料科学与应用技术》编委会．新能源材料科学与应用技术．北京：科学出版社，2016.

第 2 章

材料化学基础

学习目标

1. 理解并描述晶体结构、晶体缺陷、非晶态、准晶态的基本特征和区别。
2. 掌握材料的相变过程及其影响因素。
3. 掌握化学热力学的基本概念和基本定律，理解其在材料化学中的应用。
4. 理解化学反应的方向、限度及速率的基本原理，掌握相关的计算方法。
5. 掌握材料电化学的基础知识，包括电解质及其溶液、电化学系统、能斯特方程及电化学反应速率等内容。

2.1 材料学基础

2.1.1 晶体结构与缺陷

2.1.1.1 晶体与非晶体

晶体和非晶体是两种不同的固体物质，它们在原子排列、物理性质和形态上存在显著的差异。

晶体是原子、离子或分子按照一定的周期性，在结晶过程中，在空间排列形成具有一定规则的几何外形的固体。晶体具有固定的熔点，其相对应的晶面角相等，称为晶面角守恒。在熔化过程中，温度始终保持不变。单晶体还具有各向异性的特点，即物理性质在各个方向上并不相同。例如，食盐呈立方体，冰呈六角棱柱体，明矾呈八面体等，这些都是晶体的典型形态。

相比之下，非晶体则是结构无序或者近程有序而长程无序的物质，组成物质的分子（或原子、离子）不呈空间有规则周期性排列的固体。非晶体没有一定规则的外形，它的物理性质在各个方向上是相同的，叫"各向同性"。非晶体没有固定的熔点，因此有人把非晶体叫作"过冷液体"或"流动性很小的液体"。玻璃体是典型的非晶体，所以非晶态又称为玻璃态。非晶体的特点是非晶体内部不具格子构造，且在熔化时没有一定的熔化温度。

总的来说，晶体和非晶体是两种不同的固体物质，它们在原子排列、物理性质和形态上存在显著的差异。

2.1.1.2　晶体的类型

晶体根据其内部质点间作用力的性质不同，可以分为四大典型晶体：离子晶体、原子晶体、分子晶体和金属晶体。

① 离子晶体。由正、负离子或正、负离子集团按一定比例通过离子键结合形成的晶体称作离子晶体。离子晶体中的正、负离子或离子集团在空间排列上有交替、对称和周期性等特点。常见的离子晶体包括食盐（NaCl）、碱金属卤化物（如 LiCl、NaBr 等）以及某些氧化物（如 Na_2O、BaO 等）。

② 原子晶体。晶体中所有原子都是通过共价键结合的晶体叫作原子晶体。在原子晶体中，相邻原子之间通过共用电子对形成共价键，这些共价键将原子牢固地连接在一起。常见的原子晶体包括金刚石、二氧化硅（SiO_2）以及某些金属硫化物（如 FeS_2）等。

③ 分子晶体。通过分子间作用力互相结合形成的晶体叫作分子晶体。分子晶体中的分子之间通过范德华力或氢键相互作用。常见的分子晶体包括干冰（CO_2）、冰（H_2O）、碘（I_2）以及某些有机化合物（如苯、乙醇等）。

④ 金属晶体。金属单质及一些金属合金都属于金属晶体。金属晶体中的金属原子之间通过金属键相互作用。常见的金属晶体包括各种金属（如铁、铜、铝等）以及某些合金（如黄铜、青铜等）。

除了这四种典型晶体，还有一些过渡类型的晶体，如混合晶体、液晶等，这些晶体的性质介于不同类型的晶体之间。

2.1.1.3　空间点阵

为描述晶体结构基元的周期性排列，引入了空间点阵的基本概念。空间点阵是一种描述晶体内部质点排列规律的几何图形。在三维空间中，组成晶体的粒子（如原子、离子或分子）会形成一种有规律的对称排列。如果我们用点来代表这些组成晶体的粒子，那么这些点在空间中的排列就构成了空间点阵。点阵中的每一个点都被称为阵点。空间点阵可以被看作是一种数学抽象，它反映了晶体内部结构的周期性。这种周期性结构是晶体材料具有许多独特物理和化学性质的原因，例如各向异性、长程有序等。通过对空间点阵的研究，人们可以更好地理解晶体的性质和行为，从而为材料科学和工程应用提供指导。

下面以 NaCl 晶体为例，具体说明晶体空间点阵的晶体学含义。

NaCl 在晶体学上属于立方晶系，如图 2-1 所示。晶体中的每个 Na^+ 周围均是几何规律相同的 Cl^-，而每个 Cl^- 周围均是几何规律相同的 Na^+。这也就是说，所有 Na^+ 的几何环境和物质环境相同，属于一类等效点；而所有 Cl^- 的几何环境和物质环境也都相同，也属于一类等效点。从图 2-1 可以看出，由 Na^+ 构成的几何图形和由 Cl^- 构成的几何图形是完全相同的，即晶体结构中各类等效点所构成的几何图形是相同的。因此，可以用各类等效点排列规律所共有的几何图形来表示晶体结构的几何特征。将各类等效点概括地用一个抽象的几何点来表示，该几何点就是空间点阵的阵点。所以 NaCl 晶体的空间点阵应该是如图 2-2 所示的面心立方点阵，NaCl 晶体的结构基元由 Na^+ 和 Cl^- 构成。

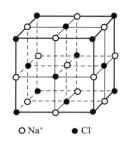 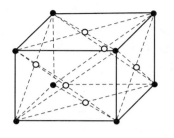

图 2-1　NaCl 晶体结构示意图　　　　图 2-2　面心立方点阵示意图

○ Na⁺　　● Cl⁻

空间点阵根据其对称特点可以分为七大晶系，分别为立方晶系、四方晶系、三方晶系、六方晶系、正交晶系、单斜晶系和三斜晶系。每个晶系都有其特定的对称性特点和点阵类型。

① 立方晶系。立方晶系的晶体在三个维度上都具有相同的尺寸和形状，属于高级晶族。立方晶系包括简单立方、体心立方和面心立方三种点阵类型。

② 四方晶系。四方晶系的晶体在两个维度上具有相同的尺寸和形状，属于中级晶族。四方晶系包括简单四方和体心四方两种点阵类型。

③ 三方晶系。三方晶系的晶体在三个维度上的尺寸和形状都不完全相同，但具有三重轴对称性，属于中级晶族。三方晶系包括简单三方和复三方两种点阵类型。

④ 六方晶系。六方晶系的晶体在两个维度上具有相同的尺寸和形状，并在第三个维度上按照六重轴对称性排列，属于中级晶族。六方晶系只有简单六方一种点阵类型。

⑤ 正交晶系。正交晶系的晶体在三个维度上的尺寸和形状都不完全相同，但具有相互垂直的两个对称轴，属于低级晶族。正交晶系包括简单正交、底心正交、体心正交和面心正交四种点阵类型。

⑥ 单斜晶系。单斜晶系的晶体只有一个对称轴，属于低级晶族。单斜晶系包括简单单斜和底心单斜两种点阵类型。

⑦ 三斜晶系。三斜晶系的晶体没有任何对称轴，属于低级晶族。三斜晶系只有简单三斜一种点阵类型。

2.1.1.4　晶胞

晶胞是能完整反映晶体内部原子或离子在三维空间分布之化学-结构特征的平行六面体最小单元。通常在空间点阵中按一定的方式选取一个平行六面体，作为空间点阵的基本单元，这个单元就称为晶胞。晶胞的选择主要基于以下几个原则：

① 对称性。晶胞的对称性应尽可能高。这意味着在选择晶胞时，应优先考虑那些在整个空间点阵中具有较高对称性的晶胞。

② 体积。在满足对称性的前提下，晶胞的体积应尽可能小。这通常意味着选取阵点少的格子。

③ 晶轴交角。当晶轴之间的交角不为直角时，应选择最短的晶轴，且交角接近直角。

④ 晶轴数量。晶胞的选择还应考虑晶轴的数量。在多数情况下，选择三个不相等的晶轴长度以及相应的晶轴角度，可以描述一个晶胞的几何特征。

总的来说，晶胞的选择是要在符合对称性、体积最小、晶轴交角接近直角等原则下，选取合适的晶体对应的点阵格子。法国晶体学家布拉菲（Bravais）对晶体用数学的方法进行了研究，发现按上述 4 条原则选取的晶胞只能有 14 种，称为 14 种布拉菲点阵。根据晶胞中阵点位置的不同可将 14 种布拉菲点阵归纳为 4 类。

① 简单点阵。用字母 P 表示。仅在晶胞的 8 个顶点上有阵点，每个阵点同时为相毗邻的 8 个晶胞所共有，因此，每个晶胞实际只占一个阵点。阵点坐标的表示方法为：以晶胞的任意顶点为坐标原点，以与原点相交的 3 条棱边为坐标轴，分别以点阵周期（a、b、c）为度量单位。晶胞顶点的阵点坐标为（0，0，0）。

② 底心点阵。用字母 C（或 A、B）表示。除 8 个顶点上有阵点外，两个相对面的面心上还有阵点，面心上的阵点为相毗邻的 2 个晶胞所共有。因此，每个晶胞实际只占 2 个阵点。其阵点坐标分别为：（0，0，0），（1/2，1/2，0）。

③ 体心点阵。用字母 I 表示。除 8 个顶点上有阵点外，体心上还有一个阵点，晶胞体心的阵点为其自身所独有。因此，每个晶胞占有 2 个阵点。其阵点坐标分别为：（0，0，0），（1/2，1/2，1/2）。

④ 面心点阵。用字母 F 表示。除 8 个顶点上有阵点外，每个面心上都有一个阵点。因此，面心点阵的单胞中有 4 个阵点，其坐标分别为：（0，0，0），（0，1/2，1/2），（1/2，0，1/2），（1/2，1/2，0）。

一般用相交于某一顶点的 3 条棱边上的点阵周期 a、b、c 以及它们之间的 α、β、γ 夹角来描述晶胞的形状和大小。α 为 b、c 之间的夹角，β 为 a、c 之间的夹角，γ 为 a、b 之间的夹角，这 6 个参数被称作点阵参数（也称为点阵常数或晶格参数），见图 2-3。

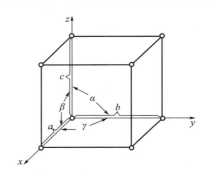

图 2-3　晶胞的点阵周期及其夹角表示法

根据晶胞点阵参数的不同可将 14 种布拉菲点阵归纳为 7 个晶系。各晶系及实例晶体的点阵参数及其所属的布拉菲点阵列于表 2-1 中。

表 2-1　7 个晶系和 14 种布拉菲点阵

晶系和实例	点阵类型			
	简单	底心	体心	面心
三斜晶系 $a \neq b \neq c$ $\alpha \neq \beta \neq \gamma \neq 90°$ $CuSO_4 \cdot 5H_2O$				

晶系和实例	点阵类型			
	简单	底心	体心	面心
单斜晶系 $a \neq b \neq c$ $\alpha = \gamma = 90° \neq \beta$ $KClO_3$				
正交晶系 $a \neq b \neq c$ $\alpha = \beta = \gamma = 90°$ $HgCl_2$				
六方晶系 $a_1 = b \neq c$ $\alpha = \beta = 90°, \gamma = 120°$ AgI				
三方晶系 $a = b = c$ $\alpha = \beta = \gamma \neq 90°$ Al_2O_3				
四方晶系 $a = b \neq c$ $\alpha = \beta = \gamma = 90°$ SnO_2				
立方晶系 $a = b = c$ $\alpha = \beta = \gamma = 90°$ Fe				

2.1.1.5　空间点阵与晶体结构的关系

空间点阵与晶体结构之间存在密切的对应关系。这种关系对于我们了解和描述晶体的结构和性质具有重要意义。空间点阵是从晶体结构中抽象出来的，它可以表示所有的晶体结构，反映晶体结构最基本的几何特征。因此，空间点阵不可能脱离具体的晶体结构而单独存在。但是，空间点阵并不是晶体结构的简单描绘，它的阵点虽然与晶体结构中的任一类等效点相当，但只具有几何意义，并非具体的质点。自然界中晶体结构种类繁多而复杂，但从实际晶体结构中抽象出来的空间点阵却只有 14 种。这是因为空间点阵中的每个阵点所代表的结构单元可以由一个、两个或更多个等同质点组成。而这些质点在结构单元中的结合及排列又可以采取各种不同的形式。简单来说，三者之间的关系可概括地表示为：空间点阵＋结构基元→晶体结构。因此，每种布拉菲点阵都可表示若干种晶体结构。

2.1.1.6　晶体的缺陷

晶体缺陷是指晶体内部结构完整性受到破坏的所在位置。在理想完整的晶体中，原子按一定的次序严格地处在空间有规则的、周期性的格点上。但在实际的晶体中，由于原子（或离子、分子）的热运动，以及晶体的形成条件、冷热加工过程或其他辐射、杂质等因素的影响，原子的排列不可能那样完整和规则，往往存在偏离了理想晶体结构的区域。这些与完整周期性点阵结构的偏离就是"晶体缺陷"。晶体缺陷按其延展程度可分成点缺陷、线缺陷和面缺陷。

① 点缺陷。点缺陷是最简单的晶体缺陷，它是在结点上或邻近的微观区域内偏离晶体结构正常排列的一种缺陷。其特征是在三维空间的各个方向上尺寸都很小，尺寸范围约为一个或几个原子尺寸，故称零维缺陷，包括空位、间隙原子、杂质或溶质原子等。

② 线缺陷。线缺陷的特征是在两个方向上尺寸很小，另外一个方向上延伸较长，也称一维缺陷，如各类位错。位错是一种具有特殊结构的晶格缺陷，因为它是由晶体的一部分相对于另一部分发生滑移造成的。这种滑移不会穿过整个晶体，而仅限于一小部分。

③ 面缺陷。面缺陷的特征是在一个方向尺寸上很小，另外两个方向上扩展很大，也称二维缺陷。晶界、相界、孪晶界和堆垛层错都属于面缺陷。

在晶体中，这 3 类缺陷经常共存，它们互相联系，互相制约，在一定条件下还能互相转化，从而对晶体的物理和化学性质产生影响。例如，缺陷使晶体的机械强度降低，同时对晶体的韧性、脆性等性能也会产生显著的影响。但当大量的位错（线缺陷）存在时，由于位错之间的相互作用，阻碍位错运动，也会提高晶体的强度。此外，晶体的导电性与缺陷密切相关。例如，在电场的作用下，离子会通过缺陷的空位而移动，从而提高离子晶体的电导率。对于金属晶体来说，缺陷使电阻率增大，导电性能降低；对于半导体材料的固体而言，晶体的某些缺陷将会增大半导体的电导率。单晶硅、锗都是优良的半导体材料，而人为地在硅、锗中掺入微量砷、镓形成有控制的晶体缺陷，便成为晶体管材料，是集成电路的基础。杂质缺陷还可使离子晶体具有绚丽的色彩。如 α-Al_2O_3 中掺入 CrO_3 呈现鲜艳的红色，常称"红宝石"，可用于激光器中作晶体材料。离子晶体的缺陷有时可使绝缘性发生变化，如在 AgI 中掺杂＋1 价阳离子后，室温下就有了较强的导电性，称为"固体电解质"，能在高温下工作，可用于制造燃料电池、离子选择电极等。

2.1.2　非晶材料

非晶材料，也被称为无定形或玻璃态材料，是一大类在物质状态上属于固态，但同时具有类似于液体的某些性质的刚性固体，这类材料与晶态材料相比，具有长程无序、短程有序的结构。非晶材料的结构与晶态的有很大的不同，使非晶材料具备许多独特的物理和化学性质，在各个领域都有着广泛的应用。

2.1.2.1　非晶材料的结构和性质

非晶材料的原子或分子排列是无序的，这意味着它们没有固定的晶格结构。这种无序的结构使得非晶材料在一些方面具有特殊的性质。例如，非晶金属具有高强度、高硬度、耐磨性和耐腐蚀性等优异性能。此外，非晶材料还具有一些特殊的物理性质，如超导性、铁磁性、玻璃转变等。

（1）非晶金属

非晶金属是一种没有长程有序结构的金属材料，其原子排列类似于液体，但在室温下保持固态。与晶体金属相比，非晶金属具有一些独特的性质，如高强度、高硬度、耐磨性和耐腐蚀性等。此外，非晶金属还具有优异的软磁性能，被广泛应用于电力工业和电子信息领域。

（2）非晶半导体

非晶半导体是一种没有长程有序结构的半导体材料，其原子排列类似于液体，但在室温下保持固态。与晶体半导体相比，非晶半导体具有一些独特的性质，如高的光吸收系数、低的载流子迁移率、高的光电导性等。此外，非晶半导体还具有优异的化学稳定性和热稳定性，被广泛应用于太阳能电池、光电器件和传感器等领域。

（3）非晶高分子材料

非晶高分子材料是一种没有长程有序结构的高分子材料，其分子排列类似于液体，但在室温下保持固态。与晶体高分子材料相比，非晶高分子材料具有一些独特的性质，如高的玻璃化转变温度、低的热膨胀系数、高的化学稳定性等。此外，非晶高分子材料还具有优异的加工性能和力学性能，被广泛应用于塑料、橡胶、涂料等领域。

2.1.2.2　非晶材料的制备

非晶材料的制备通常需要通过快速冷却或特殊制备方法，以避免原子或分子在排列时形成长程有序的结构。以下是几种常见的制备方法：

（1）熔体快淬法

熔体快淬法是将熔融的合金以极高的速度冷却到室温或稍高于室温的方法。通过快速冷却，合金的原子来不及重新排列形成晶体结构，从而得到非晶合金。这种方法适用于制备非晶金属和合金。

（2）溅射法

溅射法是利用高能粒子轰击固体表面，使表面原子或分子获得足够的能量而离开固体表面，沉积到基体表面形成薄膜的方法。通过控制溅射条件和基体温度，可以得到非晶薄膜。这种方法适用于制备非晶半导体和金属氧化物薄膜。

（3）化学气相沉积法

化学气相沉积法是利用气态先驱反应物在基体表面发生化学反应生成固态薄膜的方法。通过控制反应条件和基体温度，可以得到非晶薄膜。这种方法适用于制备非晶高分子材料和金属氧化物薄膜。

2.1.2.3 非晶材料的应用

由于非晶材料具有优异的物理和化学性质，它们在各个领域都有着广泛的应用。以下是一些常见的应用领域：

① 电子工业。非晶材料在电子工业中主要用于制造电子器件和太阳能电池。例如，非晶硅太阳能电池具有高效率、低成本等优点，被广泛应用于太阳能发电领域。此外，非晶金属氧化物薄膜也被用于制造薄膜晶体管、电阻器等电子器件。

② 航空和航天工业。非晶材料在航空和航天工业中主要用于制造高性能的结构材料和功能材料。例如，金属玻璃具有优异的力学性能和耐腐蚀性，被用于制造飞机和航天器的零部件。此外，非晶高分子材料也被用作航天器的密封材料和隔热材料等。

③ 医疗领域。非晶合金因其优异的生物相容性和耐磨性，可用于制造医疗器械的关键部件，如人工关节、人工牙齿等。此外，非晶合金还可用于制造医疗器械的外壳和支架等部件。

④ 新能源领域。非晶合金因其优异的磁性能和电性能，可用于制造新能源设备的关键部件，如风力发电机、太阳能电池板等。此外，非晶合金还可用于制造新能源设备的支架和外壳等部件。

⑤ 其他领域。非晶合金还可应用于机械制造业、石油化工行业、环保行业等。例如，非晶合金可用于制造高强度、耐磨的机械零件；可用于制造石油化工行业的催化剂载体；可用于制造环保行业的吸附剂等。

2.1.3 准晶

准晶是一种介于晶体和非晶体之间的固体物质，具有独特的物理和化学性质。自 1984 年准晶被发现以来，对准晶的研究一直是材料科学领域的一个热点。这里将从准晶的定义、结构、性质、合成方法、应用等方面详细介绍。

（1）准晶的定义

准晶是一种具有长程有序、但不具有平移对称性的固体物质。它不具有晶体中的周期性排列，但也不是完全无序的非晶体。准晶的结构具有一定的规律性，但不是完全的周期性。准周期性和非晶体学对称性是准晶的两个最重要的特征。准晶的发现打破了传统晶体学的观念，扩展了人们对固体物质结构的认识。

（2）准晶的结构

准晶的结构可以通过 X 射线衍射和电子衍射等方法进行研究。准晶的衍射图谱具有一些特征，如尖锐的衍射峰和复杂的衍射图案。这些特征表明准晶具有一定的长程有序性，但又不是完全的周期性。准晶的结构单元通常是一些具有一定对称性的多面体，如二十面体、十二面体等。这些多面体通过共享顶角或边缘等方式连接在一起，形成准晶的结构。常见的准晶为具有五次非晶体学旋转对称的二十面体三维准晶（I 相）和具有十次非晶体学旋转对称的十面体二维准晶（D 相）。

（3）准晶的性质

准晶具有一些独特的物理和化学性质，这些性质与其结构密切相关。以下是一些主要的性质：

① 热稳定性。准晶具有较高的热稳定性，可以在高温下保持其结构不变。

② 硬度。准晶的硬度通常比传统的晶体材料要高。

③ 弹性。准晶的弹性模量较低，表现出一定的韧性。

④ 电导性。准晶的电导性通常比较低，但可以通过掺杂等方法进行改善。

⑤ 光学性质。准晶的光学性质也比较特殊，如具有双折射现象等。

（4）准晶的合成方法

准晶的合成方法主要包括物理气相沉积、化学气相沉积、离子束沉积等。其中，物理气相沉积是最常用的方法，可以通过蒸发、溅射等方式在基底上沉积准晶薄膜。化学气相沉积则通过在高温下分解气体前驱体来合成准晶。离子束沉积则通过离子束轰击靶材来合成准晶。此外，还有一些其他的方法，如电沉积、溶胶凝胶法等也可以用于合成准晶。

（5）准晶的应用

由于准晶具有独特的物理和化学性质，因此在各个领域都有广泛的应用前景。以下是一些主要的应用领域：

① 催化。准晶的催化性能较好，可以作为催化剂或催化剂载体用于各种化学反应中。

② 光学。准晶的光学性质特殊，可以用于制作光学器件或光学薄膜等。

③ 电学。准晶的电导性可以通过掺杂等方法进行改善，可以用于制作电子器件或电子元件等。

④ 机械。准晶的硬度和韧性都较好，可以用于制作耐磨或高强度的机械零件等。

⑤ 生物医学。准晶的生物相容性较好，可以用于制作医疗器械或生物材料等。

⑥ 其他领域。准晶可以应用于能源、环保、航空航天等领域中。

总之，准晶作为一种特殊的固体物质，具有广泛的应用前景和发展空间。随着科学技术的不断发展，对准晶的研究和应用也将不断深入。

2.1.4　相变

相变是材料科学中一个重要而广泛的研究领域，涉及物质从一种相态到另一种相态的转变过程。相变现象广泛存在于自然界和工业生产中，具有重要的科学意义和应用价值。以下将深入探讨相变的概念、分类、特点、影响因素、热力学描述以及在材料科学中的应用。

（1）相变的基本概念与分类

相变是指物质在外部参数（如温度、压力、电场、磁场等）变化时，从一个相转变为另一个相的过程。这种转变通常是突然发生的，伴随着物质结构和性质的变化。相变前后的两个相之间通常有明显的物理和化学性质差异。在材料科学中，常见的相变包括：

① 固-液相变（熔化）。当温度升高到一定程度时，固体会转变为液体，这个过程称为熔化，在这个过程中，固体的结构会逐渐松弛，分子或原子之间的相互作用力会减弱，直到最终形成自由流动的液体。

② 液-气相变（汽化）。当温度继续升高时，液体会转变为气体，这个过程称为汽化，是液体分子或原子逃离液体表面转化为气态的过程。在汽化过程中，液体分子或原子获得足够的能量，克服表面张力和液体内部的相互作用力，从而转化为气态。

③ 固-气相变（升华）。有些物质在一定的温度和压力条件下，直接从固态转变为气态，而不经过液态，这个过程称为升华。在升华过程中，固体分子或原子获得足够的能量，克服固体内部的相互作用力，直接转化为气态。

此外，还存在一些特殊的相变形式，如凝固、凝聚、析出等，这些相变形式在特定条件下会发生，但相对于固-液-气三态的相变，其发生的条件和行为会更为特殊。

（2）相变的主要特点

① 相变通常是突变发生的。相变过程通常伴随着物质结构和性质的突然变化，如体积突变、熵突变等。

② 相变是可逆的。在适当的条件下，物质可以从一个新相转变回原来的相。例如，水可以从气态转变为液态，也可以从液态转变为气态。

③ 相变伴随着能量的吸收和释放。物质通常需要吸收或释放一定的能量来完成相变过程。这些能量通常以热能的形式表现出来。

④ 相变前后物质的性质发生变化。由于相变涉及物质的结构和性质的变化，因此相变前后物质的性质也会发生相应的变化。

（3）相变的主要影响因素

影响相变的因素有很多，主要包括以下几个方面：

① 温度。温度是影响相变的最重要因素之一。随着温度的变化，物质的原子或分子热运动加剧，有利于物质的结构重排和相变的进行。

② 压力。压力也是影响相变的因素之一。随着压力的变化，物质的原子或分子间距减小，有利于物质的结构重排和相变的进行。

③ 成分。物质的成分对相变也有重要影响。不同的元素和化合物具有不同的结构和性质，因此在发生相变时也会表现出不同的特点和行为。

④ 其他因素。除了温度、压力和成分外，还有一些其他因素可以影响相变，如杂质、缺陷、应力等。这些因素可能导致相变过程变得复杂且难以预测。因此，在材料科学研究中，需要综合考虑各种因素，通过实验和理论计算相结合的方法，深入探究相变的热力学和动力学行为。

（4）相变的热力学与动力学研究

相变的热力学研究主要关注相变过程中的能量变化和平衡条件。根据热力学第二定律，相变总是朝着降低系统总自由能的方向进行。自由能的变化决定了相变的自发性和方向性。在封闭系统中，当两种相的自由能相等时，系统达到相平衡状态，此时各相共存且比例不变。

相变动力学则关注相变过程的速度和机制。它研究新相的形核、长大以及旧相的消失等过程，这些过程受到材料内部结构和外部条件的共同影响。相变动力学的研究有助于理解相变过程的本质，预测相变的速度和程度，并为材料的设计和制备提供理论指导。

相变的热力学和动力学研究可以为材料性能的优化提供重要途径。通过调控相变的条件和过程，可以实现对材料微观结构的精确控制，从而改善材料的力学、电学、磁学等性能。例如，对于金属材料，通过控制相变过程可以获得具有优异力学性能和耐腐蚀性能的合金；对于陶瓷材料，相变可以改善材料的硬度和耐磨性；对于高分子材料，相变则可以实现材料的形状记忆和自修复等功能。

（5）相变的应用

相变现象广泛存在于自然界和工业生产中，具有重要的应用价值和意义。以下是一些主要的应用领域：

① 材料科学。通过控制材料的相变过程，可以改善材料的性能和使用寿命。例如，通过控制钢铁的淬火和回火过程，可以提高其强度和韧性；通过控制陶瓷材料的烧结过程，可

以提高其致密度和强度；通过控制塑料的结晶过程，可以提高其强度和韧性等。

②　能源科学。通过控制某些材料的相变过程，可以实现能量的储存和释放。例如，利用某些材料在温度升高时吸收热量并在温度降低时释放热量的特性，可以将其用于太阳能储存和热能储存等领域。

③　生物学。生物体内的许多生理过程都涉及相变现象。例如，生物膜的结构和功能变化与膜脂质的相变相关；蛋白质折叠和聚集也与蛋白质分子的相变相关等。因此，研究生物体内的相变现象有助于深入了解生命活动的本质和机制。

④　其他领域。除了以上几个领域外，相变还广泛应用于其他领域，如医学、航空航天、环保等。例如，在医学领域，可以利用相变材料制作药物载体、生物传感器等；在航空航天领域，可以利用相变材料制作热控系统等；在环保领域，可以利用相变材料制作节能建筑等。

 知识拓展

随着户外运动热潮的兴起，户外运动者对于服装的功能性需求越来越高。特别是在高山徒步、极地探险等极端环境下，保持体温的稳定对于户外运动者的安全至关重要。智能调温纺织品的应用，为户外运动装备带来了革命性的改变。

以市场一款智能调温户外冲锋衣为例，该冲锋衣采用了智能调温纺织品技术，内置了相变材料。当户外运动者进行剧烈运动，体温上升时，冲锋衣中的相变材料能够吸收多余的热量并储存起来，防止过热导致的不适。而当运动者停下来休息，体温开始下降时，相变材料会释放储存的热量，为运动者提供持续的温暖。这种自动调节温度的功能，大大提升了户外运动者在极端环境下的舒适度和安全性。

2.2　化学热力学基础

化学热力学是一门研究化学系统和化学反应的热力学性质和规律的学科，它是化学和物理学的交叉学科，也是化学工程、材料科学、环境科学、能源科学等领域的重要基础。

2.2.1　基本概念

（1）热力学系统

热力学系统是指具有一定物质和能量的集合体，就是所要研究的对象，它可以是一个独立的体系，也可以是与周围环境相互作用的开放体系。系统之外，与系统密切相关的、影响所能及的部分称为环境。例如研究密闭容器中的反应，可将反应物、生成物及容器中的气氛定位为系统，将容器以及容器以外的物质当作环境。如果容器是敞开的，则系统与环境的界面只能是假想的。系统和环境密不可分，是一个整体的两个部分。按照系统和环境之间有无物质和能量的交换，可将热力学系统分为三类：

①　敞开系统。与环境之间既有物质交换，又有能量交换的系统，也称为开放系统［图2-4（a）］。

②　封闭系统。与环境之间没有物质交换，只有能量交换的系统，通常在密闭容器中的

系统即为封闭系统。除特别指出外，所讨论的系统均指封闭系统［图 2-4（b）］。

③ 孤立系统。与环境既无物质交换，又无能量交换的系统，也称孤立系统。绝热密闭的恒容系统即为孤立系统。应当指出，绝对的孤立系统是不存在的。为了讨论科学问题的方便，有时把与系统有关的环境部分与系统合并在一起视为孤立系统，也叫隔离系统［图 2-4（c）］。

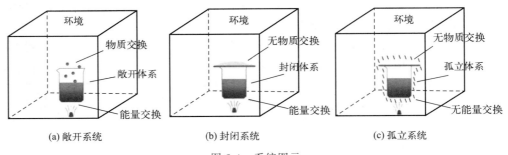

(a) 敞开系统　　　　　　　(b) 封闭系统　　　　　　　(c) 孤立系统

图 2-4　系统图示

在热力学中，系统的状态可以用一组状态变量来描述，如温度（T）、体积（V）和压力（p）等。考虑到热力学系统物态方程的约束条件 $\varphi(V, p, T) = 0$ 的限制，热力学系统的独立变化参量只有两个。另外，对于一些处于外加电场和磁场环境下的系统，为了研究磁有序和电荷有序性，需要再引入其他参量，如电场强度、磁化强度等。一旦确定这些热力学物质系统的独立变化参量后，就可以系统地研究热力学物质系统随这些独立变化参量的演化规律。

（2）热力学平衡态

热力学平衡态是指系统内部的各种物理和化学性质都不随时间变化的状态。在平衡态下，系统的各个部分都具有相同的温度、压力和化学势等物理量，同时也没有物质和能量的净流入或净流出。

（3）热力学过程

热力学过程是指系统从一个平衡态转变为另一个平衡态的过程。在这个过程中，系统的状态变量会发生变化，同时伴随着物质和能量的交换。根据过程的特点，可以将热力学过程分为等温过程、等压过程、等容过程和绝热过程等不同类型。

（4）热力学函数

热力学函数是用来描述系统状态的物理量，基本热力学函数有 8 个，即内能（又叫热力学能，U）、焓（H）、熵（S）、亥姆霍茨自由能（F 或 A）、吉布斯自由能（G），以及系统的压力（p）、体积（V）、温度（T）。

考虑到本书所面向的读者，下面仅对前 5 个热力学函数进行介绍：

① 内能是系统内部所有微观粒子热运动的动能和势能之和，它是系统的一个状态函数，只与系统的状态有关，与系统的宏观运动无关。

② 焓是内能和系统体积的乘积，它也是一个状态函数。在恒压过程中，系统的焓变等于系统吸收或放出的热量。

③ 熵是描述系统无序程度的物理量，它也是一个状态函数。在封闭系统中，熵总是增加的，这是热力学第二定律的一个表述。

④ 亥姆霍茨自由能是指在等温等容的过程中，系统所能进行的最大有用功。它的表

达式为：$F=U-TS$。可以看出，亥姆霍茨自由能是由系统的内能和熵共同决定的。在等温等容的过程中，系统的亥姆霍茨自由能总是减小的，这是热力学第二定律的一个表述。

⑤ 吉布斯自由能是指在等温等压的过程中，系统所能进行的最大有用功。它的表达式为：$G=H-TS$。可以看出，吉布斯自由能是由系统的焓和熵共同决定的。在等温等压的过程中，系统的吉布斯自由能总是减小的，这也是热力学第二定律的一个表述。

亥姆霍茨自由能和吉布斯自由能都是用来描述系统在一定条件下的能量状态的函数，它们本质上都是描述系统在一定条件下能够进行的最大有用功的物理量。在实际应用中，可以根据不同的需要选择不同的自由能来描述系统的能量状态。例如，在化学反应中，通常使用吉布斯自由能来描述系统的能量变化和平衡条件；而在材料科学中，则更关注亥姆霍茨自由能来描述材料的热膨胀和热传导等现象。

总之，热力学函数是描述系统状态的物理量，它们只与系统的状态有关，而与达到该状态的过程无关。通过热力学函数的变化，可以描述系统在热力学过程中的能量变化和平衡条件。

2.2.2　热力学基本定律

热力学是研究能量转化和传递的一门科学，其基本定律为我们提供了理论框架，用于描述和预测各种物质系统的行为。以下将介绍热力学的基本定律，包括热力学第零定律、第一定律、第二定律和第三定律，以及它们在材料科学领域的应用。

（1）热力学第零定律：热平衡定律

在热力学中，热力学第零定律是一项基本原理，它为我们提供了关于温度的定义和测量方法。尽管名为"第零定律"，但它实际上是热力学中最早被提出和应用的基本原理之一。

热力学第零定律指出，如果两个物体分别与第三个物体处于热平衡状态，那么这两个物体之间也必然处于热平衡状态。这个定律的提出为我们提供了一种测量温度的方法，而无须依赖特定的温度计或测量设备。

热力学第零定律在实际应用中具有重要意义。首先，它为我们提供了一种测量温度的方法，即通过观察物体与热平衡状态的变化来确定它们的温度。其次，热力学第零定律也为热力学第一、第二、第三定律的建立提供了基础，为后续热力学理论的发展奠定了基础。

（2）热力学第一定律：能量守恒定律

热力学第一定律是指能量守恒与转换定律在热现象中的应用。这个定律表明，一个封闭系统的总能量保持不变。换句话说，系统内的能量既不能凭空产生，也不能凭空消失，只能从一种形式转化为另一种形式。这个定律的数学表达式是：

$$\Delta U = Q - W \tag{2-1}$$

或

$$Q = \Delta U + W \tag{2-2}$$

式中，ΔU 是系统内能的变化；Q 是系统吸收的热量；W 是系统对外做的功，包含体积功和非体积功，表面功、电功等都是非体积功。

对于无限小过程，热力学第一定律的微分表达式为：

$$\mathrm{d}U = \delta Q - \delta W \tag{2-3}$$

热力学第一定律是能量守恒定律的一种表达方式，它是表征系统的内能、机械能及热能之间互相转换关系的定律。热力学第一定律应用于不同热力系统时，可得到不同的能量方程。在材料科学领域，热力学第一定律有着广泛的应用。首先，它可以用来描述材料在各种热力学过程中的能量转化和平衡，例如材料的加热、冷却、相变等过程。其次，热力学第一定律为材料的热处理和加工提供了理论基础，帮助我们设计和优化材料加工工艺，以满足特定的性能和应用要求。此外，热力学第一定律还可以应用于材料的能量储存和转化技术，例如热电材料和热储能材料等领域。

（3）热力学第二定律：熵增原理

热力学第二定律是指在一个封闭系统中，熵总是增加的。或者用克劳修斯表述：热量可以自发地从温度高的物体传递到较冷的物体，但不可能自发地从温度低的物体传递到温度高的物体。这个定律的数学表达式通常为克劳修斯不等式：

$$dS \geqslant \frac{\delta Q}{T} \quad \begin{matrix} \text{不可逆} \\ \text{可逆} \end{matrix} \tag{2-4}$$

即若过程的热温商小于熵差，则过程不可逆；若过程的热温商等于熵差，则过程可逆。

热力学第二定律的实质是能量传递和转化的方向性。在自然界中，能量传递和转化是有方向性的，即能量只能由高温区向低温区传递，而不能反过来传递；能量只能从一种形式转化为另一种形式，而不能完全转化为有用的功而不产生其他影响。这个方向性是由物质的微观结构和相互作用决定的。热力学第二定律告诉我们，在能量的传递和转化过程中，总是有一部分能量以热的形式散失到环境中，这部分能量是无法再被利用的。因此，第二类永动机是不可能制成的，能量的利用总是有限的，因为第二类永动机效率为100%，虽然它不违反能量守恒定律，但大量事实证明，在任何情况下，热机都不可能只有一个热源，热机要不断地把吸取的热量变成有用的功，就不可避免地将一部分热量传给低温物体，因此效率不会达到100%。另外，热力学第二定律也揭示了微观过程：一切自然过程总是沿着分子热运动的无序性增大的方向进行。

（4）热力学第三定律：绝对零度下的熵

热力学第三定律是指绝对零度时，所有纯物质的完美晶体的熵值为零，或者绝对零度（$T=0$K）不可达到，即

$$S^*(0\text{K},完美晶体) = 0 \tag{2-5}$$

这个定律是根据实验数据总结出来的，它告诉我们，随着温度的降低，物质的熵将趋于一个固定值。这个固定值被称为物质的绝对熵，它是物质的基本属性之一。

热力学第三定律有一些重要的推论和应用。例如，它可以解释为什么我们不能从单一热源吸取热量并将其完全转化为功而不产生其他影响。这是因为绝对零度是不可达到的，所以任何单一热源都存在一个最小的温度差，使得我们不能从该热源吸取热量并将其完全转化为功而不产生其他影响。

热力学基本定律是描述热力学系统行为的基本规律，是理解物质和能量转换的关键。这些定律为我们解释和预测物质系统的行为提供了理论框架，深化了我们对自然规律的理解，并且在各个科学领域都有着广泛的应用，从材料科学到工程学，再到能源学等领域，为科学研究和技术应用提供了重要的指导和支持。

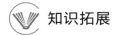

知识拓展

随着电动汽车、智能手机等电子设备的普及，对高能量密度、长寿命、高安全性的锂离子电池的需求日益增长。当下目标是开发一种新型的锂离子电池，其能量密度相比现有技术有显著提升，同时具备优异的热稳定性和安全性。在这个过程中，热力学定律提供了重要的理论支撑和实验指导。

① 热力学第一定律的应用：计算能量密度与功率密度。在研发初期，根据热力学第一定律（能量守恒定律）来计算新型锂离子电池的理论能量密度和功率密度。通过精确测量和计算电极材料的电化学性能、电解质的离子导电性、电池的体积和重量等参数，得到了新型电池的理论性能参数。这些参数不仅为后续的实验设计提供了指导，还预测了新型电池在实际应用中的性能表现。

② 热力学第二定律的应用：分析热稳定性与安全性。在电池充放电过程中，电池内部会产生热量。如果热量无法及时散出，会导致电池温度升高，进而影响电池的性能和安全性。因此，利用热力学第二定律（熵增原理）来分析新型锂离子电池在充放电过程中的热稳定性和安全性。通过模拟电池在不同充放电速率、不同环境温度下的温度分布和变化，评估新型电池的热稳定性和安全性，并据此优化电池的设计和制备工艺。

③ 热力学第三定律的应用：探索极端环境下的性能。虽然在日常使用中很少遇到极端环境，但了解电池在极端环境下的性能对于评估其可靠性和耐久性至关重要。因此，采用热力学第三定律，探索新型锂离子电池在极端温度、极端充放电速率等极端环境下的性能表现。通过模拟和实验验证，发现新型电池在极端环境下仍能保持较高的能量密度和功率密度，同时展现出良好的热稳定性和安全性。这一发现不仅验证了新型电池的性能优势，还为后续的应用推广提供了有力支持。

2.3　化学反应的基本原理

2.3.1　化学反应的方向和限度

化学反应的方向是指反应自发进行的方向，即在给定条件（反应系统的温度、压力和组成）下，无须借助于外力，反应自动进行的方向。这个方向是由反应物和生成物的能量差异和物质结构的变化所决定的。在化学反应中，反应物分子的化学键断裂，吸收能量，生成活性中间体，然后活性中间体重新组合成生成物分子的化学键，释放能量。如果生成物的能量低于反应物的能量，反应就会自发进行，这就是化学反应方向的基本原理。如何控制反应条件，使反应朝人们需要的方向进行？这些问题是采用化学方法制备材料前，设计合成工艺参数时需要弄清楚的问题。反应方向的研究是化学反应热力学的重要内容之一，它主要涉及反应的自发性和化学反应的限度两方面，下面分别介绍。

2.3.1.1　化学反应的自发性

化学反应的自发性是指在一定条件下，反应能够自发地进行，而不需要外界能量的输入。下面简要介绍化学反应自发性的热力学原理和动力学原理以及影响因素。

（1）热力学原理

热力学是研究物质系统能量转化和传递规律的学科。在化学反应中，热力学原理为反应的自发性提供了理论依据。根据热力学第二定律，对于封闭系统，自然过程总是向熵增加的方向进行。在化学反应中，如果生成物的熵大于反应物的熵，那么反应就会自发进行。此外，吉布斯自由能也为判断反应自发性提供了依据。在恒温恒压下，如果反应的吉布斯自由能变（ΔG）小于零，则反应自发进行。

（2）动力学原理

动力学是研究反应速率和反应机制的学科。在化学反应中，动力学原理为反应的自发性提供了动力学方面的解释。反应速率常数和活化能是描述反应动力学性质的重要参数。一般来说，反应速率常数越大，反应越容易进行；活化能越低，反应越容易发生。因此，动力学因素也会影响反应的自发性。

（3）影响因素

温度：温度升高可以增加分子的热运动，提高反应速率，促进反应的进行。同时，升高温度也会使系统的熵增加，有利于反应的自发性。

浓度：反应物的浓度也会影响反应的自发性。一般来说，反应物浓度越高，反应速率越快，反应越容易进行。

催化剂：催化剂可以降低反应的活化能，提高反应速率，从而促进反应的自发性。

表面效应：在某些情况下，反应在固体表面或液体界面上进行时，由于表面效应的影响，反应的自发性可能会受到影响。

2.3.1.2　化学反应限度

化学反应的限度是指在一定条件下，反应物转化为生成物的最大程度。在化学反应中，当反应进行到一定程度时，反应速率会逐渐减慢，最终趋于平衡状态，这个平衡状态就是反应限度。反应限度是化学反应的一个重要参数，它反映了在一定条件下反应进行的程度和趋势，了解化学反应限度对于控制和优化化学反应过程具有重要意义。下面将简要介绍化学反应限度的影响因素和判断方法。

（1）影响因素

反应物的性质：不同的反应物具有不同的化学性质和活性，因此反应限度也会有所不同。

浓度：反应物的浓度会影响反应的速率和限度。一般来说，反应物浓度越高，反应速率越快，反应限度也会相应增大。

温度：温度对反应限度也有影响。升高温度可以增加分子的热运动，提高反应速率，同时也会改变反应物和生成物的能量状态，从而影响反应限度。

催化剂：催化剂可以降低反应的活化能，提高反应速率，但对反应限度没有影响。

（2）判断方法

化学平衡常数判断：化学平衡常数是指在一定温度下，可逆反应达到平衡时各生成物浓度的化学计量数次幂的乘积除以各反应物浓度的化学计量数次幂的乘积所得的比值，用符号"K"表示，它是衡量化学反应进行程度的物理量，只与温度有关。化学平衡常数是表示反应限度的一个重要参数。通过计算化学平衡常数，可以判断反应限度。如果 K 值较大，则反应限度较大；如果 K 值较小，则反应限度较小。

转化率判断：转化率是指反应物转化为生成物的百分比。通过比较不同条件下的转化率，可以判断反应限度。转化率越高，说明反应限度越大。

2.3.2　化学反应速率

化学反应速率通常指在单位时间内反应物浓度的变化量，常用单位是摩尔/(升·秒) [$mol/(L·s)$] 或摩尔/(升·分)[$mol/(L·min)$]。反应速率的大小反映了化学反应进行的快慢程度，它与反应物的性质、浓度、温度、催化剂等因素有关。化学反应速率的研究对于控制和优化化学反应过程具有重要意义。

2.3.2.1　速率方程和反应级数

速率方程和反应级数是描述化学反应速率的重要工具。速率方程表示了反应速率与反应物浓度的关系，而反应级数则反映了反应速率对反应物浓度的依赖程度。通过了解速率方程和反应级数，可以更好地理解化学反应的动力学性质，为控制和优化化学反应过程提供理论支持。下面简单介绍二者相关知识。

众所周知，化学反应可以分为基元反应（即一步完成的反应，是组成复合反应的基本单元）和非基元反应（由两个或两个以上基元反应构成）。

对于基元反应，反应速率与各反应物浓度的幂乘积（以化学反应方程式中相应物质的化学计量数的绝对值为指数）成正比，这个定量关系称为质量作用定律，是基元反应的速率方程，又称动力学方程。对于基元反应：

$$aA+bB \longrightarrow gC+dD \tag{2-6}$$
$$v=kc_A^a c_B^b \tag{2-7}$$

式中，k 为该反应的速率常数。速率常数 k 的物理意义是各反应物浓度均为 $1mol/L$ 时的反应速率。k 的大小由反应物的本性决定，与反应物的浓度无关，改变反应物的浓度，可以改变反应的速率，但不会改变 k 的大小。改变温度或使用催化剂，会使 k 的数值发生改变。

反应级数：速率方程中各物质浓度项指数之和（$n=a+b$）。其中，某反应物的浓度的指数 a 或 b 称为该反应对于反应物 A 或 B 的分级数，即对 A 为 a 级反应，对 B 为 b 级反应。反应级数是描述反应速率对反应物浓度依赖程度的参数。对于一级反应，反应速率与反应物浓度的一次方成正比；对于二级反应，反应速率与反应物浓度的二次方成正比，以此类推。反应级数可以通过实验测定反应速率与反应物浓度的关系，并通过拟合数据得到。

值得注意的几个问题：

① 质量作用定律只适用于基元反应，反应级数可直接从化学方程式得到；对于复合反应，反应级数由实验测定，常见的有一级和二级反应，也有零级和三级反应，甚至分数级的。

② 书写反应速率方程式应注意：稀溶液反应，速率方程不列出溶剂浓度；固体或纯液体不列入速率方程中。

2.3.2.2　化学反应速率影响因素

化学反应速率的影响因素主要包括反应物的性质、浓度、温度、催化剂和表面效应等。

（1）反应物的性质

反应物的性质是影响化学反应速率的重要因素之一。不同的反应物具有不同的化学性质和活性，因此反应速率也会有所不同。一般来说，反应物的活性越高，反应速率越快。例如，金属钠与水的反应速率比金属镁与水的反应速率快，这是因为钠的金属活性比镁高。

（2）浓度

浓度对反应速率也有重要影响。一般来说，反应物浓度越高，反应速率越快。这是因为反应物浓度越高，单位体积内的反应物分子数越多，分子间碰撞的机会也越多，从而提高了反应速率。

（3）温度

温度对反应速率的影响也很显著。升高温度可以增加分子的热运动，提高分子的碰撞频率和碰撞能量，从而提高反应速率。一般来说，温度每升高 10℃，反应速率大约会增加 2～4 倍。

（4）催化剂

催化剂可以降低反应的活化能，提高反应速率。催化剂的作用是在反应过程中提供一个新的反应途径，使得反应的活化能降低，从而提高了反应速率。但是，催化剂并不能改变反应的平衡位置，只能加速反应的进行。

（5）表面效应

在某些情况下，反应在固体表面或液体界面上进行时，由于表面效应的影响，反应速率可能会受到影响。这是因为表面上的分子或原子具有特殊的能量状态和结构，从而影响了反应速率。

 知识拓展

在材料科学中，控制化学反应的方向和速率是优化材料性能的关键。通过精确调控反应条件，可以引导反应沿着预定的路径进行，同时确保反应速率适中，以获得具有特定结构和性能的材料。以合成高性能的二氧化钛（TiO_2）光催化剂为例，TiO_2 因其优异的催化性能而广泛应用于光催化领域。然而，其光催化性能受到晶体结构、粒径大小、比表面积等多种因素的影响。因此，在合成过程中控制反应方向和速率，以获得具有特定结构和性能的 TiO_2 材料，是提升光催化性能的关键。

为此，相关科研工作者采用的试验手段主要有以下几个方面：

① 原料选择与预处理。选择高纯度的钛源和氧化剂作为原料；对原料进行预处理，如干燥、研磨等，以提高反应活性。

② 反应条件控制。通过调整反应温度，控制反应速率和产物的晶体结构。较低的温度有利于形成锐钛矿型 TiO_2，而较高的温度则有利于形成金红石型 TiO_2。

通过调节溶液的 pH 值，改变反应路径和产物的形貌。适当的 pH 值有利于形成具有较大比表面积的纳米颗粒。精确控制反应时间，确保反应充分进行而不过度。过长的反应时间可能导致副产物的生成和产物的团聚。

③ 添加剂的引入。引入适量的表面活性剂或模板剂，以改变产物的形貌和粒径分布；添加催化剂或助剂，提高反应速率和产物的纯度。

2.4　材料电化学基础

材料电化学是能源材料化学重要内容，具体研究材料与电解质之间的相互作用和电化学现象。它涉及材料在电化学环境中的稳定性、性能和变化。了解和掌握材料电化学的基本原理和技术对于设计和制造高效的能源材料设备至关重要。

2.4.1　电解质及其溶液

电解质是指在溶液中能够解离成离子的化合物。这些离子可以是阳离子（带正电荷）或阴离子（带负电荷）。这些离子在水中会导电。因此，电解质溶液是一种导电性溶液。

2.4.1.1　电解质的分类

根据其来源，电解质可以分为有机电解质和无机电解质两大类。有机电解质通常包括羧酸、氨基酸、胺等，而无机电解质则包括碱、酸、盐等。根据电解质的性质，可以将电解质分为强电解质和弱电解质。强电解质是指在水中完全解离，能导电的电解质，主要包括强酸、强碱和盐等。弱电解质则是指在水中部分解离，不能导电的电解质，主要包括弱酸、弱碱和水等。

2.4.1.2　电解质溶液的性质

电解质溶液的性质主要包括导电性、离子强度、酸碱度、渗透压等。

（1）导电性

电解质溶液中的电离物质能够自发地在电场的作用下发生电解，产生电离，导致电荷的移动和产生电流。因此，电解质溶液的导电性是衡量电解质浓度和溶液中特定离子含量的重要指标。电导率可以通过在溶液中测定电流密度和应用电场之间的比率来计算，通常使用单位是 S/m。

电解质溶液的导电性取决于溶液中离子的浓度和种类，以及离子迁移率（离子迁移率是指离子在电场作用下在电解液中迁移的速度）。此外，电解质溶液的导电性还受到温度、压力、离子强度等因素的影响。例如，温度升高会导致离子运动速度加快，从而提高溶液的导电性；压力变化对离子运动的影响较小，但对某些离子化合物在溶液中的溶解度有影响；离子强度增大，则溶液中离子的数目增多，导电性也会相应增大。

（2）离子强度

离子强度是指单位体积溶液中离子的数目。离子强度越高，溶液的导电能力通常也越强。

在电池和电子器件领域，离子强度对电池性能和电子器件的稳定性有很大影响。高离子强度的电解液通常具有较高的离子导电性和迁移率，能够提供更好的电化学性能。然而，过高的离子强度也可能导致电极上的腐蚀和电池性能的衰减。因此，选择适当的电解液离子强度是优化电池和电子器件性能的关键因素之一。

（3）酸碱度

对于酸和碱而言，它们的解离程度会影响溶液的酸碱度。酸解离出的氢离子或碱解离出的氢氧根离子越多，溶液的酸碱度越高。

电解液的酸碱度是电池和电子器件性能的重要影响因素之一。在电池中，电解液的酸碱度可以影响电极材料的反应性质和电子传输性质，进而影响电池的能量密度和寿命。在电子器件中，电解液的酸碱度可以影响器件的稳定性和可靠性。因此，在电池和电子器件的研究和制造过程中，需要对电解液的酸碱度进行精确控制和调节。常用的调节方法包括添加酸或碱、改变温度和使用离子交换膜等。

（4）渗透压

渗透压是指由于溶液浓度不同而引起的水分子透过半透膜的压力。在生物体内，渗透压起着调节细胞内外水分平衡的作用。

在电池和电子器件中，电解液的渗透压对于电池性能和电子器件的稳定性有很大的影响。高渗透压的电解液可以提供更好的电化学性能和更稳定的电池反应。然而，过高的渗透压可能导致隔膜的破裂和电池性能的衰减。因此，选择适当的电解液渗透压是优化电池和电子器件性能的关键因素之一。

电解液渗透压的调节可以通过改变电解液的浓度、温度和添加剂来实现。在电池中，改变电解液的浓度可以影响渗透压的大小，进而影响电池的电化学性能和稳定性。在电子器件中，通过改变电解液的添加剂可以调节渗透压的大小，进而影响电子器件的稳定性和可靠性。

2.4.2　电化学系统

电化学系统是一种涉及电子转移和物质交换的化学系统。它由两个或多个具有不同电势的电极，以及电解质溶液或固体电解质组成。在电化学系统中，电子转移是通过施加电压或电流来实现的，这使得电化学系统在许多应用中都非常重要，比如电池、燃料电池、电镀、电解等。

2.4.2.1　电化学系统的基本组成

电化学系统通常包括以下组成部分：

（1）电解质

电解质是电化学系统中传递电荷的媒介，详见上面介绍。

（2）电极

电极是电化学系统中发生电化学反应的场所，它们通过施加电压或电流来驱动化学反应。电极通常由导电材料制成，例如金属、金属氧化物、碳等。根据反应的性质和实验要求，可以选择不同的电极材料和形状。根据反应的性质，电极可以分为阳极（负极）和阴极（正极）。阳极是发生氧化反应的电极，而阴极是发生还原反应的电极。根据在电化学系统中的作用，电极又分为工作电极和辅助电极。工作电极是实验中关注的电极，它通常是固体电极，也可以是液体电极。辅助电极又叫作对电极或反电极，它与工作电极组成一个串联回路，只起到导电的作用。

选择合适的电极对于优化电化学系统的性能和稳定性至关重要，需要考虑以下几点：

① 电极的电化学活性。电极材料应该具有较高的电化学活性，以便在电化学反应中能够快速地吸附和释放电子。

② 电极的稳定性。电极材料应该具有较高的稳定性，以避免在电化学反应过程中发生腐蚀或化学反应。

③ 电极的表面积。电极的表面积应该足够大，以便在实验中能够获得足够的电流密度。

（3）电子导体

在电化学系统中，电子导体是连接电极并传输电子的导体。电子导体通常由金属或半导体材料制成，它们在电化学反应中起着重要的作用。

在电化学体系中，电子导体需要能够传递电子，因此它们通常是良导体。在电池、燃料电池、电镀和电解等电化学应用中，电子导体作为关键组成部分，负责传递电流并促进氧化还原反应的进行。

根据材料类型，电子导体可以分为金属导体和非金属导体。金属导体通常由金属元素制成，如铜、铝、铁等。非金属导体则由半导体材料制成，如硅、锗等。

在电化学系统中，电子导体还需要具有良好的化学稳定性，以避免在电化学反应过程中发生腐蚀或化学反应。此外，电子导体还应具有高的电导率，以降低电阻并提高电流传输效率。

（4）隔膜

在电化学系统中，隔膜是位于正极和负极之间的重要组件，其主要功能是将正负极活性物质分隔开，以防止两极因接触而短路。同时，在电化学反应过程中，隔膜能够保持必要的电解液，形成离子移动的通道。因此隔膜必须具有高离子导电性和低电子导电性。

隔膜的性能对电池的界面结构、内阻、容量、循环以及安全性能等有着重要影响。理想的电解质隔膜应该具有多孔结构，高的吸液率，较强的机械强度，薄的厚度，电化学性能稳定，且能防止锂枝晶的生长。此外，为了电池的安全，隔膜能在高温时阻断电池。

市面上的隔膜主要分为以下四种类型：微孔膜、改性微孔膜、无纺布膜和电解质膜。其中，大部分微孔膜由聚乙烯（PE）、聚丙烯（PP）以及这两种膜的复合膜如 PE/PP 和 PP/PE/PP 等制成。

2.4.2.2　电化学系统的基本反应

电化学系统的基本反应包括阳极反应和阴极反应。

① 阳极反应是指阳极上发生的氧化反应，通常包括金属的溶解、氧化还原反应以及电解质的氧化等。在阳极上，物质失去电子并被氧化，例如在电池中，阳极上的物质可以是金属离子（如铜或锌），它们失去电子并形成金属单质。

② 阴极反应是指阴极上发生的还原反应，通常包括物质的沉积、氢气的还原以及电解质的还原等。在阴极上，物质得到电子并被还原，例如在电池中，阴极上氢离子或氧离子，它们得到电子并形成氢气或氧气。

以 Cu-Zn 原电池（见图 2-5）为例，原电池工作时在 Zn 阳极和 Cu 阴极分别发生如下反应：

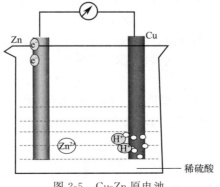

图 2-5　Cu-Zn 原电池

阳极反应：$Zn(s) \longrightarrow Zn^{2+}(aq) + 2e^-$（氧化，失电子）　　　　　　(2-8)

阴极反应：$Cu^{2+}(aq) + 2e^- \longrightarrow Cu(s)$（还原，得电子）　　　　　　(2-9)

电池反应：$Zn(s) + Cu^{2+}(aq) \longrightarrow Zn^{2+}(aq) + Cu(s)$　　　　　　(2-10)

电化学系统的基本反应还包括电子的转移和物质的迁移。在电化学反应中，电子通过导线或电解质从阳极传递到阴极，同时物质也在阳极和阴极之间迁移。这些过程相互配合，使得电化学系统能够实现化学能与电能之间的转换。

2.4.2.3　电极电位

电极电位（j）是指在一个电化学体系中，某一特定电极相对于另一参考电极的电压值，通常以伏特（V）为单位表示。它是衡量电极在给定条件下相对氧化还原潜力的一个重要参数，是电化学系统中重要的物理量之一。

在实践中，通常使用标准氢电极作为参考电极来测量其他电极的电极电位。标准氢电极是一个理想的理论模型，其电极电位定义为零伏特。标准电极电位是指当温度为25℃，金属离子的有效浓度为1mol/L（即活度为1）时测得的平衡电位。标准电极电位可由能斯特方程（详见2.4.3内容）导出。在测量某一电极的电位时，需要将该电极与另一个已知电极电位的电极构成电池，测电池电势差，然后间接求出该电极的电位，这种已知电极电位的电极称参比电极。常用的参比电极有甘汞电极、银-氧化银电极等。另外，需要注意的是，电极电位只是电极的实际电势的一部分，它还包括了内阻的影响。因此，在实际应用中，电极电位通常表示为开路电压，即在没有任何外部负载的情况下测得的电压。

2.4.3　能斯特方程

能斯特方程，也称为能斯特-普朗克方程，是电化学领域中描述电极电势与反应物浓度之间关系的公式。这个公式是由德国化学家能斯特和物理学家普朗克在19世纪末20世纪初提出的，为电化学反应动力学和电化学工程领域的发展做出了巨大贡献。

（1）能斯特方程的背景和意义

在电化学系统中，电极电势是一个重要的物理量，它反映了电极与电解质之间的电势差，是衡量电极反应能否发生的重要参数。然而，在实际的电化学反应中，电极电势会受到许多因素的影响，包括反应物浓度、温度、压力等。这些因素对电极电势的影响是复杂而多样的，因此，理解和掌握电极电势的变化规律对于电化学反应的控制和优化至关重要。

能斯特方程就是在这个背景下提出的。它提供了一个描述电极电势与反应物浓度之间关系的公式，为理解和预测电化学反应提供了重要的工具。能斯特方程的意义在于：

① 它揭示了电极电势与反应物浓度之间的定量关系，提供了通过测量电极电势和反应物浓度来计算电化学反应速率的方法。

② 它为电化学反应工程提供了理论基础，帮助设计和优化电化学反应过程，提高能源利用效率和减少环境污染。

③ 它为研究电化学反应动力学提供了工具，帮助了解和控制电化学反应的速率和机理。

（2）能斯特方程的数学表达式和物理意义

能斯特方程的数学表达式为：

$$E = E^{\ominus} - \frac{RT}{zF} \ln \prod_{B} (a_B)^{\nu_B}$$　　　　　　(2-11)

式中，E 为电极电势，V；$E^{\ominus}$ 为标准电极电势，V；R 为气体常数，J/（mol·K）；T 为温度，K；z 为电子转移数，mol；F 为法拉第常数，C/mol；a_B 为各参与反应物的浓度或活度；ν_B 为各参与反应物的摩尔分数或活度系数。

这个公式的物理意义在于：在一定温度下，电极电势会随着反应物浓度的变化而改变。具体而言，如果反应物浓度增加，电极电势会降低；反之，如果反应物浓度减小，电极电势会升高。这种变化规律可以用能斯特方程来描述和预测。

2.4.4　电化学反应的速率

电化学反应的速率是电化学领域中的一个重要概念，它是描述电化学反应进行快慢的物理量。

对于一个电极反应过程（图 2-6），正反应叫阴极过程或阴极反应，设其反应速率为 v_c；逆反应叫阳极过程或阳极反应，设其反应速率为 v_a，可表示如下：

$$M^+ + e^- \underset{v_a}{\overset{v_c}{\rightleftharpoons}} M \tag{2-12}$$

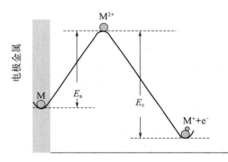

图 2-6　电极进行的阴极和阳极过程

当 $v_c > v_a$ 时，电极作为阴极；当 $v_c < v_a$ 时，电极作为阳极；当 $v_c = v_a$ 时，电极反应处于平衡。

电极反应的反应速率定义为：单位时间内，单位面积的电极上，反应进度的改变量。

$$v = \frac{1}{A} \times \frac{d\xi}{dt} \tag{2-13}$$

式中，A 为电极的截面积，m^2；ξ 为反应进度，mol；v 为电化学反应速率，mol/（m^2·s）。

在电化学中，易于由实验测定的量是电流，所以常用电流密度 i（单位电极截面上通过的电流，单位为 A/m^2）来表示电化学反应速率 v 的大小，i 与 v 的关系为：

$$i = zFv \tag{2-14}$$

式中，z 为电子转移数，mol；F 为法拉第常数，C/mol。

当电极上无电流通过时，电极过程是可逆的，电极处于平衡状态，此时的电极电位为平衡电位 ϕ_e，当电化学系统中有电流通过时，两个电极上的实际电极电位偏离其平衡电位 ϕ_e 的现象叫作电极的极化，电极电位随电流变化趋势的关系曲线称为极化曲线。对于电解池和化学电源，极化曲线如图 2-7 所示，电化学系统中有电流通过时，实际电位偏离平衡电位的程度用过电位（超电势）表示。对阳极、阴极过电位 η_a、η_c，分别定义为：

$$\eta_a = \phi_a - \phi_{a,e}$$
$$\eta_c = \phi_c - \phi_{c,e}$$

式中，$\phi_{a,e}$、$\phi_{c,e}$ 分别为平衡状态下阳极、阴极电极电位；ϕ_a、ϕ_c 分别为通过电流 j 时阳极、阴极的电位。

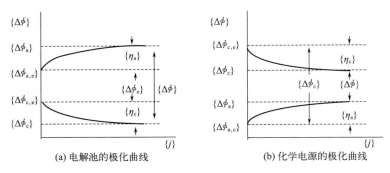

图 2-7　极化曲线示意图

知识拓展

在锂离子电池中，正极材料的氧化还原电位是影响电池电压和能量密度的关键因素。能斯特方程提供了一种计算电极电势的方法，通过该方程，材料工作者可以预测不同材料在不同条件下的电极电势，从而指导选择合适的正极材料。

例如，在一项研究中，首先利用能斯特方程计算了多种候选正极材料的理论电极电势。通过对比这些材料的电极电势、容量、循环稳定性等性能参数，筛选出了一种具有优异性能的正极材料——富锂层状氧化物。接下来，进一步利用材料电化学的基本原理，对富锂层状氧化物正极材料进行了优化。通过调整材料的组成、制备工艺等参数，制备出了具有均匀颗粒尺寸和高结晶度的富锂层状氧化物。这种优化后的材料不仅具有较高的放电容量和能量密度，还展现出了优异的循环稳定性和倍率性能。

本章小结

本章内容涵盖了材料化学的基础知识，从晶体结构与缺陷、非晶、准晶和相变等材料学基础，到化学热力学的基本概念和定律，再到化学反应的基本原理和材料电化学基础。通过对这些知识点的学习，学生将能够理解材料在微观结构上的特征及其在宏观性能上的表现，掌握控制材料性能的基本原理，为后续深入学习材料科学与工程奠定坚实的基础。

复习思考题

1. 什么是晶体缺陷？列举并简要说明几种常见的晶体缺陷类型。

2. 非晶材料有哪些典型特征？在实际应用中有哪些优势？

3. 什么是准晶？其与传统晶体相比有哪些独特的性质？

4. 解释材料相变的基本过程。影响相变的主要因素有哪些？

5. 简述化学热力学第一和第二定律。

6. 什么是吉布斯自由能？它如何影响化学反应的自发性？

7. 讨论化学反应的方向和限度的决定因素。

8. 影响化学反应速率的主要因素有哪些？

9. 试解释电解质溶液的基本性质。

10. 什么是能斯特方程？请说明其在电化学中的应用。

11. 讨论影响电化学反应速率的因素有哪些。

参考文献

[1] 马兰,等. 材料化学基础. 北京:冶金工业出版社,2017.

[2] 李松林,等. 材料化学基础. 北京:化学工业出版社,2008.

[3] 雷永权,等. 新能源材料. 天津:天津大学出版社,2000.

[4] 艾德生,高喆,等. 新能源材料——基础与应用. 北京:化学工业出版社,2009.

[5] 朱继平,等. 新能源材料技术. 北京:化学工业出版社,2014.

[6] 《新能源材料科学与应用技术》编委会. 新能源材料科学与应用技术. 北京:科学出版社,2016.

[7] 胡赓祥,蔡珣,戎咏华,等. 材料化学基础. 3 版. 上海:上海交通大学出版社,2010.

[8] 南京大学《无机及分析化学》编写组. 无机及分析化学. 5 版. 北京:高等教育出版社,2015.

[9] Chen X, Mao S S. Titanium Dioxide Nanomaterials: Synthesis, Properties, Modifications, and Applications. Chemical Reviews, 2007, 107(7): 2891-2959.

[10] Bruce P G, Scrosati B, Tarascon J M. Nanomaterials for rechargeable lithium batteries. Angewandte Chemie International Edition, 2008, 47(16): 2930-2946.

[11] Tarascon J M, Armand M. Issues and challenges facing rechargeable lithium batteries. Nature, 2001, 414(6861): 359-367.

[12] Ross J. The Nernst Equation and its Application to Electrochemical Cells. Journal of Chemical Education, 1969, 46(6): 362.

[13] Deng H, Jin S, Zhan L, et al. A rational surface structural design of cobalt-based oxides for lithium-ion batteries: $Co_3O_4@Co_3S_4$ nanoparticle assembly on graphene as a high-capacity anode. ACS Nano, 2016, 10(6): 6020-6029.

第 3 章

电化学储能材料

 学习目标

1. 熟悉电化学储能器件的种类与基本参数。
2. 熟悉各类电化学储能器件的储能原理及正负极材料的种类与优缺点。
3. 了解锌离子电池隔膜与电解液的作用及选取条件。

3.1 电化学储能器件种类

  储能的方式有多种，电化学储能是其中之一。1800 年意大利物理学家伏特（Volta）制作了第一个化学电池，即伏特电堆，从此电化学储能拉开序幕。电化学储能先将电能转化为化学能储存到电化学储能器件中，在需要的时候，将储存的化学能重新转化为电能传输给用电器。目前，市场上常见的电化学储能器件主要是种类繁多的电池。电池分为一次电池（不可充电电池）和二次电池（可充电电池）。常见的一次电池如锌锰干电池；二次电池包括铅酸蓄电池、镍氢电池、镍镉电池、锂离子电池，以及近年来研究热度较高的锂硫电池、钠离子电池、钾离子电池、锌离子电池、铝离子电池、锌空气电池等。电池具有较高的能量密度，但是功率密度仍然有待提高。超级电容器是一种高功率密度、长循环寿命的储能器件，在混合动力车、照相机、备用电源等领域具有广泛的应用前景。燃料电池是一种特殊的电池。一般电池的电能储存在正负极活性物质中，因而电池的容量是有限的，活性物质中的化学能完全转化为电能后放电终止。燃料电池的能量储存在燃料和氧化剂中，正负极只是提供催化转化的场所。只要外部持续提供燃料和氧化剂，并不断排出反应产物，燃料电池即可源源不断产生电能。本章不讨论燃料电池。

 知识拓展

  随着新能源的迅猛发展，与之配套的电化学储能系统备受关注。电化学储能系统主要由电池（PACK）、电池管理系统（BMS）、能量管理系统（EMS）、储能变流器（PCS，又称储能逆变器）等部分组成。能量管理系统为整个储能系统的核心，通过采集、分析数据和调度能量保障储能系统的平稳运行。电池管理系统负责电池检测与管理，对各电池单元管理，防止电池过充过放，延长电池使用寿命，实时检测电池的电压、电量、温度、健康状态等信息，为能量管理系统提供数据。储能变流器连接储能系统与电网，负责直流（DC）与交流（AC）的变换。

3.2　电化学储能器件的基本参数

电化学储能器件的电化学性能主要利用循环伏安（CV）、恒电流充放电（GCD）和电化学阻抗（EIS）进行测试。恒电流充放电曲线能够用来测定器件的容量、寿命、能量密度和功率密度等。循环伏安曲线用来判断氧化还原峰的位置，还可以判断材料属于表面电容控制还是离子扩散控制。电化学阻抗用来分析器件电子与离子传导情况，可以拟合等效电路图。电化学储能器件主要的参数包括库仑效率、电位窗、容量/电容、等效串联电阻、能量密度、功率密度、倍率性能、循环稳定性、自放电等。

① 库仑效率指的是器件在一次循环过程中放电容量与充电容量的比值。库仑效率通常不超过100%。

② 电位窗。在此电位区间内电解液保持电化学稳定，且正负极活性物质与集流体均不发生分解，即器件或电极能够在此区间可逆地充放电。可以通过循环伏安法或恒电流充放电法确定器件或电极的电位窗。以恒电流充放电为例，在确定超级电容器的正极材料电位窗时，预设一个电位上限，如果出现平台，说明这一电位发生副反应（如析氧反应），电位上限需要调低［图 3-1（a）］。直到充放电的库仑效率能够接近100%，可以确定正极材料的电位窗［图 3-1（b）］。

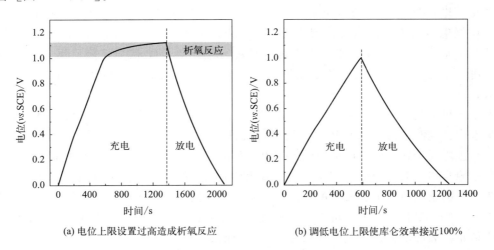

（a）电位上限设置过高造成析氧反应　　　　（b）调低电位上限使库仑效率接近100%

图 3-1　超级电容器正极材料电位窗的确定

③ 容量是电化学储能器件的最基本参数之一。不论电池还是超级电容器，容量指的是器件能放出的总电量。电池容量单位有 $mA \cdot h/g$、$mA \cdot h/cm^2$ 和 $mA \cdot h/cm^3$，超级电容器电容单位有 F/g、F/cm^2 和 F/cm^3。

④ 等效串联电阻（ESR）定义为电解液电阻、电极与集流体之间接触电阻和电极电阻的总和。等效串联电阻会影响器件的功率密度，等效串联电阻越小，器件可以达到的功率密

度越高。

⑤ 功率密度和能量密度是评价储能器件的关键参数。能量密度单位有质量比能量密度（W·h/kg）、面积比能量密度（W·h/cm²）和体积比能量密度（W·h/L）。功率密度单位有质量比功率密度（W/kg）、面积比功率密度（W/cm²）和体积比功率密度（W/L）。能量密度与功率密度的关系图称作拉贡图（Ragone plot），用来比较不同储能设备的电化学性能。

⑥ 倍率性能用来表示储能器件的容量与电流密度之间的关系。电极材料的电子与离子传导越快，其倍率性能往往越好，在大电流下运行仍可以表现出高容量。拥有大孔、介孔和微孔分级结构的多孔材料能够缩短离子扩散距离，具有更高的倍率性能。对于电池，可以用 C 表示充放电倍率，如 $1C$ 表示电池在 1h 放出所有电量，$0.2C$ 表示电池在 5h 放出所有电量。

⑦ 储能设备的容量会随着循环充放电次数增加而下降，高性能的储能设备需要具有较高的循环稳定性。一般将器件的循环寿命定义为容量衰减至不低于初始容量 80% 的充放电次数。电池的循环寿命一般为数千次，超级电容器的循环寿命可以达到几十万次甚至一百万次。

⑧ 理想状态下，只有当储能设备闭路，电子才会从负极流到正极。实际上，即使在开路情况下，也会发生缓慢的放电，这种情况称为自放电。这一驱动力来源于热力学平衡，即电荷有达到平衡的趋势。自放电一般分为三类：电荷重新分布；寄生法拉第反应；电极之间电流的欧姆泄漏。

电荷重新分布：对于很多超级电容器的电极材料（多孔碳或者赝电容材料），电极材料的外部比内部更容易得失电荷，因此在充放电的过程中，外部材料比内部材料先达到设定电位。电极材料内外部分电势不平衡导致电荷在材料中运动，使得电荷分布均匀。例如对超级电容器进行充电，达到平衡之后，正极的外部先达到设定电势，停止充电后，外部的正电荷会进入材料内部，这样对材料进行测试，电位就会下降。反复充放电可以减弱这种自放电，因为反复充放电能够使得材料内部孔隙浸满电解液，内部材料的利用更充分。

寄生法拉第反应分为两种：氧化还原穿梭和交叉扩散。在含有液态氧化还原物质的混合储能体系中，这些液态的氧化还原物质可以提高储能器件的能量，也会在器件中扩散。这样，正负极之间会在电极与电极界面上或电极与液态氧化还原物质之间发生电子转移，这就是氧化还原穿梭。对于超级电容器来说，氧化还原物质的交叉扩散可以削弱双电层结构。例如，正极上的正电荷由电解液中的阴离子平衡，正极的电势比电极表面上氧化还原物质的氧化电势高一些。氧化还原物质可以被正极氧化，在此过程中将电子传递到电极表面的双电层中，降低正极表面电荷，因此释放双电层的部分阴离子。

欧姆泄漏：在储能器件中，正负极之间可能发生短路，正负极短路造成的自放电属于欧姆泄漏。这种情况下的自放电，电压与时间的图像呈线性关系。

 知识拓展

理论容量的计算方法如下：在某种储能器件中，正极活性物质的摩尔质量为 $M(g/mol)$，以 $+n$ 价阳离子为载荷子。假设 1mol 正极活性物质可以嵌入 x mol 的阳离子，则一共发生

nx mol 电子转移。法拉第常数 $F \approx 96485C/mol = 26801 mA \cdot h/mol$。则这种正极物质的理论比容量为 $26801 nx/M mA \cdot h/g$。

3.3 锂离子电池电极材料

电池的能量密度与电位窗有关，电位窗由正极的电位上限和负极的电位下限决定。锂有最低的氧化还原电位［Li/Li^+ 的氧化还原电位为 $-3.04V$（$vs.$ SHE）］，并且是最轻的金属（$6.94g/mol$），因此锂离子电池具有非常高的能量密度。理论上锂离子电池的能量密度大约 $380W \cdot h/kg$，实际上商业化锂离子电池的能量密度约为 $150 \sim 210W \cdot h/kg$。由于锂离子具有很小的离子半径（$90pm$），离子扩散速率较快，锂离子电池同样具有较高的功率密度。由于这些优势，锂离子电池得以在商业上取得巨大成功。早在 1991 年，索尼公司研发出锂离子电池。锂离子电池以石墨或钛酸锂作为负极材料，以钴酸锂（$LiCoO_2$，LCO）、锰酸锂（$LiMn_2O_4$，LMO）、三元正极（$LiNi_{1/3}Co_{1/3}Mn_{1/3}O_2$）或磷酸铁锂（$LiFePO_4$，LFP）作为正极材料，以含锂有机溶剂作为电解液。通常有机电解液以碳酸乙烯酯（EC）、碳酸二甲酯（DMC）作为溶剂，以六氟磷酸锂（$LiPF_6$）作为溶质。当正极材料中的过渡金属元素为 Co 或 Ni 时，锂离子电池能够达到 3.7V 电压，发生的反应如下：

$$yC + LiMO_2 \Longrightarrow Li_xC_y + Li_{1-x}MO_2 \tag{3-1}$$

式中，M 为 Co 或 Ni；x 和 y 通常分别为 0.5 和 6。

LiC_6 负极和 $LiCoO_2$ 正极材料均为层状结构，电解液中的锂离子在正负极中发生嵌锂（锂化）和脱锂（去锂化）。在充电过程中，锂离子从正极中脱出，经过电解液，嵌入负极。在放电过程中，锂离子从负极中脱出，经过电解液，重新嵌入正极。在充放电过程中，锂离子在正负极之间穿梭，因此这种电池称为摇椅式电池。

3.3.1 锂离子电池负极材料

绝大多数商业锂离子电池采用石墨负极材料，锂金属、锂合金和硅纳米线也可以作为备选。锂元素是理想的负极材料，因为锂是元素周期表中正电性最强的元素，拥有非常高的质量比容量（$3860mA \cdot h/g$）。但是锂元素非常活泼，化学稳定性很差。锂负极与电解液会发生放热反应，造成过热和热失控。更重要的是，在充放电过程中由于锂沉积不均匀，锂负极具有很强的生长枝晶的趋势。锂枝晶最终会刺穿隔膜，与正极接触，形成短路，导致热失控，引起燃烧甚至爆炸。

科研人员通过降低锂金属的化学反应活性和抑制锂枝晶的生长解决这一问题。通过合金的方法能够在热力学上降低锂的活性，也可以缓解枝晶的生长。锂可以与其他金属，例如铝、锑、铋等合金化。此外，硅和锡由于能够在低电势与锂形成合金，也是很好的选择。硅合金负极形成 $Li_{22}Si_5$ 的理论容量可以达到 $4200mA \cdot h/g$，而石墨形成 LiC_6 的理论容量仅为 $372mA \cdot h/g$。但是微纳结构的硅负极在充放电过程中摩尔体积变化可以达到 400%，这会导致电池容量迅速衰减。提升纳米硅负极的循环寿命，急需解决的难题是保证硅负极的结构完整性和导电性。例如，采用导电聚合物作为黏结剂稳固硅纳米颗粒，同时作为集流体，在 $1C$ 下以硅计容量可以达到 $2050mA \cdot h/g$。

3.3.2 锂离子电池正极材料

锂离子电池正极材料需要具有高容量、高电压、高循环稳定性的特性。近期，研究者开发出种类繁多的材料作为锂离子电池正极材料。许多过渡金属氧化物是优秀的正极材料，它们的晶体结构大致分为三类：层状结构、尖晶石结构和橄榄石结构。层状结构和尖晶石结构正极的结构通式分别为 $LiMO_2$（M 为 Co、Ni 或 Mn）和 LiM_2O_4（M 为 Mn 或 Ni）。这些材料是锂离子的优良导体，并且具有足够的导电性。利用适当的掺杂能够进一步提升它们的导电性。例如，用 Mg^{2+} 部分取代 $LiCoO_2$ 中的 Co^{3+} 位点，材料中会出现电子空穴，导致室温条件下材料的导电性提高两个数量级，达到 0.5S/cm。

最初，商业锂离子电池的正极材料为 $LiCoO_2$。但是 $LiCoO_2$ 的容量只有 130mA·h/g。而且，在地壳中钴含量较低，仅为 20ppm（即 20×10^{-6}）。钴具有较高的毒性，生产过程对环境造成严重破坏，因此钴的价格非常昂贵。人们不断探寻更安全、更廉价、储量更丰富、容量更高的正极材料。橄榄石结构 $LiMPO_4$（M 可以为 Fe）具有低价格、长循环稳定性、高安全性等特点。从安全角度看，结构中稳定的 P—O 键可以防止氧气的释放，避免其与电解液反应导致热失控。强的 P—O 键也可以降低 Fe—O 键的共价性，促进锂离子嵌入，提升电池电压。$LiFePO_4$ 廉价，无毒，质量比容量高（170mA·h/g），但是导电性很低（$10^{-10} \sim 10^{-9}$S/cm）。锂离子脱出会导致结构中的二价铁转化为三价铁，形成 $LiFePO_4$ 和 $FePO_4$ 两相，二者导电性均很低。为了克服这一难题，通常采用微纳结构的 $LiFePO_4$ 或者将其与导电性高的碳材料混合。实际上，与碳基导电添加剂和氧化还原介质复合能够提升嵌锂、脱锂的速率。例如，少量的（0.5%）铌掺杂能够将 $LiFePO_4$ 的导电性提升 8 个数量级。最近研究报道，电池级 $LiFePO_4$ 微粒的尺寸应该小于 200nm。

对 $LiMPO_4$ 的 M 和 P 位掺杂或替换为硫、氧化锰、硅可以得到不同性能的正极材料，如图 3-2 所示。

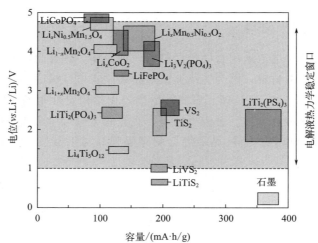

图 3-2 各种锂离子电池正极材料与石墨负极材料的容量与电位对比图
［虚线框代表电解液（1mol/L $LiPF_6$ 溶于 1∶1 的碳酸乙烯酯和
碳酸二乙酯混合物中）的电压稳定窗口］

对于电动汽车这种大规模能量存储情况，电池需要达到更高的容量、更高的能量密度、更低的价格和更好的安全性。受限于层状材料的晶体结构和过渡金属氧化态的转变，具有离子嵌入储能机理的锂离子电池的容量上限大约为 $300mA \cdot h/g$，整个电池的能量密度为 $0.5kW \cdot h/kg$ 或 $1.5W \cdot h/L$。离子嵌入式电池无法在保证安全性的同时提供更高的能量密度和容量。

为了充分利用电极材料的氧化态，提升锂离子电池的容量，研究者提出转化反应的概念，见式（3-2）。

$$M_xX_y + nyLi \Longrightarrow yLi_nX + xM \tag{3-2}$$

式中，M 是 3d 过渡金属，包括钴、铁、锰、铜；X 是氮、氧、硫、氟。利用这一原理的纳米结构过渡金属氧化物锂离子电池正极材料容量能够达到 $700mA \cdot h/g$，100 次循环后容量保持率可以达到 100%。与此类似，过渡金属氟化物（尤其是 FeF_3）因为高度离子性具有高电压，并且具有高理论容量（FeF_3 的理论容量为 $712mA \cdot h/g$）。但是金属氟化物属于绝缘体，不适合直接作为电极活性材料。将其与导电碳材料复合能够提升电极性能，复合物容量可以达到 $600mA \cdot h/g$。发生反应如下：

$$Fe^{III}F_3 + Li^+ + e^- \Longrightarrow LiFe^{II}F_3 (4.5 \sim 2.5V) \tag{3-3}$$

$$LiFe^{II}F_3 + 2Li^+ + 2e^- \Longrightarrow 3LiF + Fe (2.5 \sim 1.5V) \tag{3-4}$$

式（3-3）反应的理论容量为 $237mA \cdot h/g$，式（3-4）反应的理论容量为 $400mA \cdot h/g$。需要注意的是，FeF_3 的锂化过程首先经历锂离子嵌入步骤和多个相转变，然后进行转化过程。

 知识拓展

在 1994 年，Dahn 课题组用水系电解液代替有机电解液，以 VO_2 为负极，$LiMn_2O_4$ 为正极，提出低价、安全的水系锂离子电池的概念。随后，科研工作者开发出各种水系锂离子电池的电极材料。电池正极材料主要有磷酸铁锂（$LiFePO_4$）、钴酸锂（$LiCoO_2$）和锰酸锂（$LiMn_2O_4$），负极材料主要有磷酸钛锂 $[LiTi_2(PO_4)_3]$、二氧化钒（VO_2）和焦磷酸钛（TiP_2O_7）。但是水系锂离子电池容量衰减明显，无法满足需求。利用碳材料包覆负极可以提升电池的循环稳定性。例如，以氮掺杂碳包覆 $LiTi_2(PO_4)_3$ 作负极、$LiMn_2O_4$ 作正极的水系锂离子电池在 20C 下可以输出 $95.3mA \cdot h/g$ 容量，进行 1000 次循环充放电后容量保持率可以达到 82.1%。除了修饰负极材料，优化电解液也可以提升水系锂离子电池的循环稳定性。Li_2SO_4 和 $LiNO_3$ 水溶液是最常用的中性电解液。由于水分解电压为 1.23V，水系锂离子电池的电压和能量密度较低。2015 年，马里兰大学王春生团队提出"盐包水"概念，以超过 20mol/kg LiTFSI 水溶液作为水系锂离子电池的电解液。团队发现低浓度电解液为"水包盐"结构，其中水容易分解。当 LiTFSI 溶度超过 20mol/kg，电解液的电化学稳定窗口高达 3.0V，是以往报道电解液电位窗口的 2 倍。通过"盐包水"策略能够显著提升水系锂离子电池的能量密度。

3.4　钠离子电池电极材料

在地壳中钠含量（2.83%）远高于锂含量（0.01%），因此，钠价格仅为 150 美元/t，这对钠离子电池的发展至关重要。早在 20 世纪 70 年代和 80 年代，人们开始研究钠离子电池。由于锂离子电池的快速商业化发展，钠离子电池的研究被搁置。钠具有低廉的价格和可接受的能量密度与功率密度，所以在大规模储能领域很有发展前景。钠离子电池的储能机理和电解液组成与锂离子电池相似，这利于钠离子电池的快速发展。但是，寻找适合商业化的钠离子电池正负极材料是一个重大的挑战。

3.4.1 钠离子电池负极材料

商业化锂离子电池采用廉价、易合成、适合锂离子嵌入的石墨作为负极。但是将石墨用作钠离子电池负极得到的电池容量很低，因为钠离子的离子半径比锂离子大。钠离子更容易嵌入非石墨碳质材料，这种材料具有高容量，可以充当第一代钠离子电池负极材料，但这仍不满足商业化的需求。于是人们开发大层间距石墨或新型碳材料作为钠离子电池负极材料。理论计算结果表明，石墨的层间距约 0.34nm，这不足以容纳钠离子。为了满足钠离子嵌入，石墨层间距应该超过 0.37nm。Wang 等人报道由石墨经过两步氧化过程、一步还原过程得到的膨胀石墨（EG）具有 0.43nm 的层间距，利于钠离子嵌入，是钠离子电池极佳的负极材料。原始石墨具有长程有序、彼此平行的层状结构，经过氧化过程，由于含氧官能团的嵌入，石墨层间距扩大，还原之后仍然保留较大的层间距（0.43nm），利于钠离子的嵌入，因此，膨胀石墨在 20mA/g 的电流下具有约 300mA·h/g 的可逆容量。与此对比，原始石墨的容量仅为 13mA·h/g。这说明石墨的层间距是影响钠离子插层的关键因素。

最近，研究者合成出不同纳米结构碳质材料作为钠离子电池负极材料。Dou 等人通过原位模板炭化方法制备了分级三维多孔碳材料（C-600）。这一负极材料在 20A/g 能够输出 126mA·h/g 容量，在 10A/g 能够进行 15000 次循环充放电，兼顾倍率性能与循环稳定性。

除了碳质负极材料，通过合金化、转换或者二者结合的方法也能够制备出大容量负极材料。ⅣA 族和ⅤA 族元素（例如锡、锑和磷）合金化反应表现出很大的储钠容量。此类负极材料最大的问题是钠离子插层造成的严重体积形变引发材料粉碎和团聚。对于磷和硅，导电性差，严重影响材料的倍率性能和活性物质负载量。为了解决这些问题，研究者提出多种方案。例如，Cui 等人将少量磷烯层夹到石墨烯层间提供弹性缓冲容纳嵌钠过程中各向异性的体积膨胀。调节复合材料中的碳磷比能够改变材料的储钠性能。碳磷比为 2.78：1 和 3.46：1 的容量与循环稳定性最高。在 0.05A/g 进行 100 次循环充放电后，这两种电极容量仍可以保持 2000mA·h/g。为了解决导电性差的问题，Wang 等人利用球磨法将锡、红磷和炭黑混合均匀，合成 SnP_3/C。该负极通过转化反应与合金化反应在 150mA/g 循环 150 次达到 810mA·h/g 的可逆容量。除了这些材料，有机化合物也可以充当钠离子电池的负极材料，其优势在于成本低、环境友好。

3.4.2 钠离子电池正极材料

钠离子电池高性能正极材料主要包括 $NaMO_2$（$NaCoO_2$、$NaNiO_2$、$NaMnO_2$ 和 $NaFeO_2$）、聚阴离子、普鲁士蓝类似物（PBA）和有机化合物，这些材料具有高容量和长循环寿命。层状 $NaMO_2$ 具有高理论容量（例如 O3-$NaMnO_2$ 容量为 243.8mA·h/g），并且合成步骤简单。最近，氧化锰、氧化铁和它们与第三种元素的组合物是钠离子电池正极材料的研究热点。层状氧化物根据氧的堆叠顺序和碱离子的配位环境可以分为 P2 和 O3 两大类，"P"和"O"分别代表三棱柱位点和八面体位点被钠离子占据，"2"和"3"分别代表晶胞中氧原子层最少重复单元的堆叠层数。O3 型化合物具有高可逆容量，但是循环稳定性较差；P2 型化合物具有更大的位点可供钠离子传输，因而循环寿命和倍率性能较好。例如，Hu 等人合成新型空气中稳定存在的 $Na_{7/9}Cu_{2/9}Fe_{1/9}Mn_{2/3}O_2$ 正极材料，此材料属于 P2 型结构〔图 3-3（a）〕，这能最小化钠离子之间的静电排斥。其初始放电容量为 89mA·h/g〔图 3-3（b）〕，相当于 0.356 个电子转移。充放电曲线可以分为两个区域，表明发生的是固溶体反应，而不是铜、铁、锰的相转变和无序排列。该材料在 1C 下循环 150 次容量保持率为 85%。

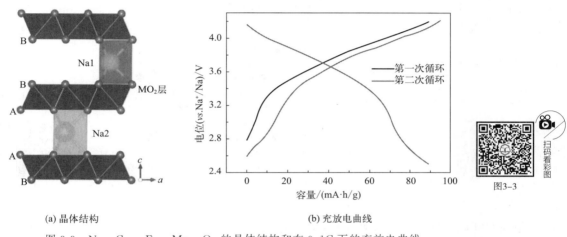

(a) 晶体结构 (b) 充放电曲线

图 3-3　$Na_{7/9}Cu_{2/9}Fe_{1/9}Mn_{2/3}O_2$ 的晶体结构和在 0.1C 下的充放电曲线

由于结构多样、稳定性高，聚阴离子型化合物是研究的热点。自然界中不同的聚阴离子（例如 PO_4^{3-}、SO_4^{2-}、SiO_4^{4-} 和 $P_2O_7^{4-}$）为筛选高性能正极材料提供可能性。晶体结构中强 X-O 共价键（X 为 P、S、Si 或 B）提供快速的氧化还原动力学，聚阴离子基团的诱导效应应保证电极具有高电压放电平台，然而非氧化还原活性的聚阴离子基团也降低了材料的质量比容量。$Na_3V_2(PO_4)_3$ 作为钠超离子导体（NASICON）被广泛研究，其开放框架晶体结构使钠离子得以快速传导。最近，研究人员合成各种钒基插层化合物，它们基于 V^{2+}/V^{3+}、V^{3+}/V^{4+}、V^{4+}/V^{5+} 的多电子氧化还原反应。对于 $Na_3V_2(PO_4)_3$ 电极电化学性能的提升，大多采用前文所说的碳包覆和纳米化方法。

普鲁士蓝类似物具有适宜的离子传输通道、低成本、无毒、容易合成等优点。$KM^{II}Fe^{III}(CN)_6$（M 为 Mn、Fe、Co、Ni 或 Zn）是普鲁士蓝类似物的通式。利用 Fe^{3+}/Fe^{2+} 氧化还原电对的普鲁士蓝类似物的电压平台为 3.0V（vs. Na^+/Na），具有 60mA·h/g 的容量。普鲁士蓝类似物的关键问题在于循环寿命差和能量效率低。Zhang 等人利用低温法将 $FeFe(CN)_6$ 纳米微粒附着在柔性碳纤维上制备无黏结剂的正极材料。此结构中含有高导电骨架，能够有效利用活性物质。材料具有高倍率性能和长循环寿命，在 5C 下具有 62mA·h/g 容量，在 1C 循环 1000 次具有 81.2% 的容量保持率。

有机化合物可以从自然生物质中获取，因此价格低廉且原料来源广泛。有机化合物的特点是能量密度高、循环寿命长。在 2008 年，Tarascon 等人报道在锂离子电池中基于四电子反应 $Li_2C_6O_6$ 具有 560mA·h/g 的理论容量。但是 $Li_2C_6O_6$ 由于溶解和脱落的原因循环稳定性较差，限制了其实际应用。在钠离子电池领域，研究者对与其结构相近的 $Na_2C_6O_6$ 进行研究。作为正极材料，$Na_2C_6O_6$ 的理论容量为 $501mA \cdot h/g$。实验结果表明，其实际容量低于理论值，而且容量衰减明显。为了解决这一问题，Bao 等人通过降低 $Na_2C_6O_6$ 尺寸、选择合适电解液的方法实现四电子可逆氧化还原反应。结构上，$Na_2C_6O_6$ 中含有六边形排列的钠离子，它们距离是 $a/4$（图 3-4）。在 $50mA/g$，$Na_2C_6O_6$ 具有 $498mA \cdot h/g$ 的可逆容量，达到理论容量的 95%，而且在 $500mA/g$ 和 $1000mA/g$ 的电流密度下电极容量分别可以达到 $408mA \cdot h/g$ 和 $371mA \cdot h/g$。在其充电曲线中，在约 3V 出现平台，对应从 $\gamma\text{-}Na_{2.5}C_6O_6$ 到 $\alpha\text{-}Na_2C_6O_6$ 的相转变。以其为正极、P@C 为负极组装全电池在 $50mA/g$ 具有 $265mA \cdot h/g$ 容量、$281W \cdot h/kg$ 能量密度（以正负极总质量计）。

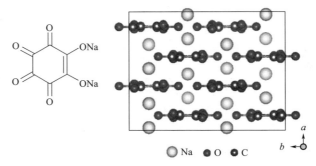

图 3-4　$Na_2C_6O_6$ 的结构式和晶体结构

尽管面临许多挑战，初代钠离子电池凭借优异的电化学性能和低廉的成本优势，仍然是锂离子电池的潜在替代产品，并且因此吸引了商业投资用于大规模储能。

 知识拓展

由于地壳中钠资源储量丰富、成本低廉，钠离子电池的经济效益非常可观。钠离子电池有望在电动汽车、电网储能、太阳能储能等领域得到广泛应用。2024 年 5 月 11 日，国内首个 $10MW \cdot h$ 规模钠离子电池储能电站——伏林钠离子电池储能电站在广西南宁建成投运。该电站预计每年发出 730 万度清洁电能，减少 5000t 二氧化碳排放，满足 3500 户家庭一年的用电需求。该套钠离子电池储能系统的能量转换效率可以达到 92%，优于常见锂离子电池储能系统。

3.5　钾离子电池电极材料

与钠离子电池类似，因为在地壳和海洋中拥有丰富的钾资源，钾离子电池成为一种新型储能设备。与钠相比 $[-2.71V\ (vs.\ SHE)]$，钾具有更低的氧化还原电位，K^+/K 电位为 $-2.93V\ (vs.\ SHE)$，略高于 $Li^+/Li\ [-3.04V\ (vs.\ SHE)]$。这使得钾离子电池可以达到高电压与高能量密度。不同于钠离子电池，石墨可以允许钾离子可逆地嵌入、脱出。所以，适用于锂离子的测试技术和材料选择大多数适用于钾离子电池。但是钾离子的离子半径为 $0.138nm$，而锂离子和钠离子半径仅分别为 $0.076nm$ 和 $0.102nm$，这导致钾离子电池的反应动力学迟缓，循环稳定性也更差。开发高性能钾离子电池正负极材料对其实际应用具有重要意义。钾离子电池的负极材料主要有硬碳、嵌钾化合物、钾金属合金反应化合物、钾转化反应化合物和有机化合物等，正极材料主要包括普鲁士蓝类似物、层状化合物、聚阴离子化合物和有机材料等。

3.5.1　钾离子电池负极材料

除了石墨材料，科学研究者开发各种高容量负极材料，例如碳材料、金属与合金、金属氧化物、硫化物、磷化物和碳基复合材料等。科研人员将具有不同结构的碳材料应用于钾离子电池中。Xu 等人利用静电纺丝和炭化的方法合成一种自支撑多孔碳纳米纤维纸，Yu 等人报道一种准二维核壳纳米结构碳纳米片。作为钾离子电池负极，二者充放电均表现出很好的倍率性能和稳定性。在碳中掺杂杂原子能够引入缺陷，提升碳材料中钾离子的吸附能，导致钾离子电池电化学性能提高。例如，Yang 等人报道通过热解聚合物微米球合成硫、氧共掺杂多孔碳微米球，Tang 等人合成超高氮含量（原子质量分数 22.7%）掺杂碳纳米片，均表现出很好的容量与寿命。磷同素异形体分为白磷、红磷和黑磷。其中，红磷最适合作为钾离子电池负极。但是红磷在合金化、去合金化的过程中体积发生巨大的变化，材料容易破裂、粉化，导致循环稳定性很差，而且红磷的导电性低，组装的钾离子电池在大电流充放电时容量显著降低。为了解决这些问题，选择高导电的基体缓冲充放电过程中红磷的体积形变、提升整个电极的导电性显得尤为重要。Qu 等人设计合成碳纳米管作为骨架的介孔碳承载红磷的复合物。红磷完全且均匀地封装在多孔碳的孔隙中。电极首次放电、充电的容量分别为 772.8mA·h/g 和 490.0mA·h/g，初始库仑效率为 63.5%，第二次放电、充电的容量分别为 527.8mA·h/g 和 477.0mA·h/g，库仑效率提升至 90.4%。该电极在 0.5A/g 循环 200 次具有 244mA·h/g 的可逆容量。除了各种磷的同素异形体，锡是另一种可选负极材料。锡自然丰度高、成本低且无毒。但是锡与钾的合金化反应产生的理论容量仅有 225mA·h/g，并伴随巨大的体积形变。将锡与碳和磷结合，能够利用碳的柔性缓冲能力和磷的高容量，提升材料电化学性能。由于锑的反应电位低、理论容量高（660mA·h/g），以锑作负极材料具备竞争优势。但是嵌钾、脱钾过程中，锑的体积形变高达 300%，这导致随着循环次数增加，容量急剧减小，且库仑效率很低。将锑与各种碳材料复合可以解决这一难题。此外，Qian 等人通过蒸发高沸点材料获得纯高沸点材料的思路，合成纳米孔结构的锌/锑合金作为钾离子电池负极材料，该合金能够容纳充放电的体积形变并加快离子传输。因此，发展高容量钾离子电池负极材料的关键问题是有效降低负极在嵌钾、脱钾过程中的体积形变，保障材料结构的完整性与稳定性。

3.5.2　钾离子电池正极材料

类似于钠离子电池，钾离子电池正极材料主要包括有机材料、普鲁士蓝类似物、层状过渡金属氧化物和聚阴离子化合物。有机正极材料具有高能量密度，而且原料来源广、价格低，使低成本钾离子电池成为可能。Hu 等人设计了一种非水系钾离子电池，以 3,4,9,10-苝四甲酸二酐（PTCDA）作为正极。该电极具有 131mA·h/g 的容量，循环 200 次后容量保持率为 66.1%。Wang 等人报道了一种聚（并五苯四酮硫化物）（PPTS）有机正极材料。该材料在 10A/g 大电流下具有 160mA·h/g 的高容量，在 5A/g 循环 3000 次容量高于 190mA·h/g。

　　层状过渡金属氧化物和聚阴离子化合物也是钾离子电池正极材料的一种选择。Pomerantseva 等人合成 δ-V_2O_5 并应用在有机钾离子电池中。电极在 C/50 具有 268mA·h/g 的容量，在 C/15 循环 50 次具有 74% 的容量保持率。氟磷酸盐 $K_3V_2(PO_4)_2F_3$ 作为正极材料具有 100mA·h/g 的容量和 400W·h/kg 的能量密度。层状过渡金属氧化物具有高理论容量、高结构稳定性、低成本和环保的优点。例如，Ceder 等人报道了 $K_{0.5}MnO_2$ 和 $K_{0.6}CoO_2$ 两种层状正极材料。但是，它们的能量密度和循环寿命不足以满足储能需求。为了制备高性能正极，Zhang 等人利用溶剂热法合成 P2 型 $K_{0.65}Fe_{0.5}Mn_{0.5}O_2$ 微米球（P2-KFMO）。这些微米球由纳米微粒组成，它们紧凑而坚固，能够减小嵌钾、脱钾产生的体积形变，还可以加速钾离子扩散。将 P2-KFMO 组装为钾离子电池，在 20mA/g 具有 151mA·h/g 容量，循环 350 次的容量保持率为 78%。由于钾比锂和钠活泼，采用硬碳作为负极更符合实际情况，同样以 P2-KFMO 为正极组装钾离子电池，在 100mA/g 容量为 75mA·h/g，平均库仑效率为 99%。

　　具有开放框架的普鲁士蓝类似物是有前景的钾离子电池正极材料，因其具有离子通道可以允许钾离子传输。Zhao 等人报道介孔富钾含量的铁氰化镍（KNiFC）作为水系钾离子电池正极。该材料具有大尺寸通道，便于钾离子嵌入、脱出，因此倍率性能极佳，能够在 4.1s 内完成放电，但是其容量仅为 80mA·h/g。Hu 等人提出一种新颖的铁取代富锰普鲁士蓝类似物 $K_xFe_yMn_{1-y}[Fe(CN)_6]_w·zH_2O$（KFeMnHCF，图 3-5）。该正极为单斜晶体，所属空间群为 P21/n。其晶体结构呈开放框架，由氮配位的锰和铁离子与碳配位的铁离子组成。由 SEM 图片可以得知，材料为边长为 200~800nm 的立方体形貌。由其组装的钾离子电池在 1mol/L KCF_3SO_3 溶液中循环寿命较差，当电解液浓度由 1mol/L 提升至 22mol/L，其循环稳定性大幅提升，40 次循环无容量衰减。分析循环 40 次后的两种电解液得知，在稀溶液中，材料发生严重的溶解，循环后的电解液中铁元素和锰元素含量较高。在浓溶液中循环能够抑制材料溶解，在电解液中几乎检测不到铁元素和锰元素。实验结果说明，高浓度电解液能够提高钾离子电池正极的循环稳定性。因此，开发开放框架普鲁士蓝类似物并选择合适的电解液能够组装得到高性能的钾离子电池。

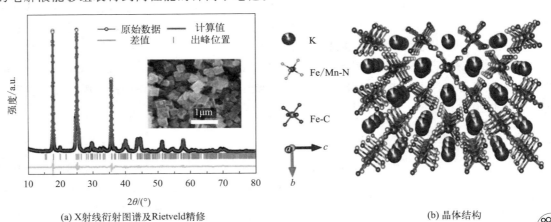

(a) X射线衍射图谱及Rietveld精修　　　　　　　　　　　　　　(b) 晶体结构

图 3-5　$K_xFe_yMn_{1-y}[Fe(CN)_6]_w·zH_2O$ 的 X 射线衍射图谱及 Rietveld 精修

（插图为其扫描电子显微镜图片）和晶体结构示意图

知识拓展

　　红磷是一种很有潜力的钾离子电池负极材料，对于红磷的研究目前尚在起步阶段。由于红磷导电性差和体积变化明显的缺点，往往将高导电的框架材料与之复合。合成红磷需要遵循两个基本原则：①高导电的框架材料必须能够形成相互交联的网状结构，缓冲循环过程中红磷的体积变化；②红磷的尺寸应该尽可能减小，缓解体积变化的应力。

　　合成红磷的方法主要包括：球磨法和蒸发-沉积法。块状红磷无法直接作为负极材料，采用球磨法可以有效减小红磷的尺寸。球磨的同时加入石墨烯、碳纳米管等导电碳材料，能够提升红磷的导电性。在这一过程中，红磷与碳材料之间会形成 P—C 键和 P—O—P 键，提升其储能性能。但是球磨法会破坏红磷和碳材料本身的结构，而且得到的红磷/碳复合物分散不均匀。蒸发-沉积法能够缓解这两个问题。蒸发-沉积法分为三个步骤：①加热使红磷转化为 P_4 蒸气；②P_4 蒸气进入多孔碳材料框架中，沉积到框架内部；③降温使 P_4 分子转变回红磷，形成红磷/碳复合物。蒸发-沉积法的问题在于无法调控红磷/碳复合物中红磷的含量，红磷的含量通常低于 50%，而且可能会形成白磷。这两个问题都会降低复合物的电化学性能。除了这两个方法，还可以通过溶剂热法和模板法制备红磷。

3.6　锌离子电池电极材料

　　目前，重量轻、能量密度高、循环寿命长的锂离子电池在商业化电池中占主导。但是锂离子电池采用的有机电解液具有易燃、易爆属性，而且锂资源在地壳中的丰度低、价格昂贵，这些问题限制锂离子电池将来的发展，引领科学工作者寻找其替代品。水系金属电池凭借高安全性、更好的循环使用寿命被研究者广泛研究。由于成本低、容易制备、环保等特点，水系金属电池成为大规模储能系统的候选者。不同金属的沉积溶解电位不同，例如锂 $-3.04V$（$vs.$ SHE）、钠 $-2.71V$（$vs.$ SHE）、镁 $-2.372V$（$vs.$ SHE）、铝 $-1.66V$（$vs.$ SHE）。由于较低的氧化还原电位，这些金属在水系电解液中热力学上不稳定。锌的氧化还原电位更高 $[-0.76V$（$vs.$ SHE）$]$，能够直接以金属锌作为负极。受到商业一次锌锰电池（碱性 $Zn \parallel MnO_2$）的启发，最近科研工作者开发出二次水系锌离子电池。此类电池以弱酸性水系溶液为电解液，以金属锌直接作为负极。锌金属具有高理论质量比容量（$820mA \cdot h/g$）和高体积比容量（$5855mA \cdot h/cm^3$）。锌负极无毒且能够稳定存在，因此二次水系锌离子电池环境友好、循环稳定性高。考虑到实际应用，二次水系锌离子电池会遇到循环使用寿命不足的问题。锌金属在水系电解液中存在的主要问题有锌枝晶、析氢反应、钝化反应和锌腐蚀。为了解决这些问题，采用的手段主要分为四类：锌负极可控合成、人造表面涂层、改良电解液、改良隔膜。控制锌的合成主要集中于如何实现在电解液中表现低活性和在循环过程中保持横向生长，后者能够抑制锌枝晶形成，保证锌金属的可逆生长。人工表面涂层能够直接使锌与电解液物理隔绝，抑制锌枝晶的生长和副反应的发生。电解液优化的途径有改变电解液中盐的种类、电解液浓度和加入适量添加剂。部分添加剂能够有效改变 Zn^{2+} 溶剂鞘，这将完全改变 Zn^{2+} 在金属锌表面的脱溶剂化过程，调控锌沉积，消除水降解导致的副反应。改良隔膜主要分为表面修饰传统隔膜和开发新型隔膜。随着二次水系锌离子电池的发展，研究者运用了更多的新策略，提出越来越多的新理论。

3.6.1 锌离子电池负极材料

3.6.1.1 锌负极面临的问题

锌负极面临的首要问题是锌枝晶。与锂、钠相似，锌负极同样存在锌枝晶的问题。由于锌的硬度更高，锌枝晶更容易穿透隔膜，导致内部短路。而且，一些锌枝晶会从电极上剥离下来，形成"死"锌，导致活性材料的损失，库仑效率（CE）降低。因此，锌枝晶问题是二次锌离子电池实际应用最大的壁垒。为了解决锌枝晶的问题，理解其形成机制显得尤为重要。在锌沉积过程中，负极表面的锌离子首先还原为锌原子，然后经历一个二维扩散过程[图3-6（a）]，锌原子自由扩散穿过锌表面，积累在突出部、边界处、晶格缺陷和杂质处等能量最适位点，形成最初的锌晶核。因此，形成的晶核非均匀分布，产生最初的尖端，这导致电场分布不均匀，反过来影响之后的金属锌沉积。随后在形成的尖端处载流子减少以此降低表面能，尖端继续生长，最终形成锌枝晶。此外，电沉积过程的形貌与晶体取向联系紧密。在最初阶段，锌原子随机成核，但是随着电沉积的进行，锌晶体沿着（001）晶面生长，因为六方最密堆积而形成六角形片层结构。这些片层的取向也是随机的，垂直生长的片层更容易形成大块锌枝晶，水平生长的片层则趋向于形成无枝晶形貌[图3-6（b）和（c）]。

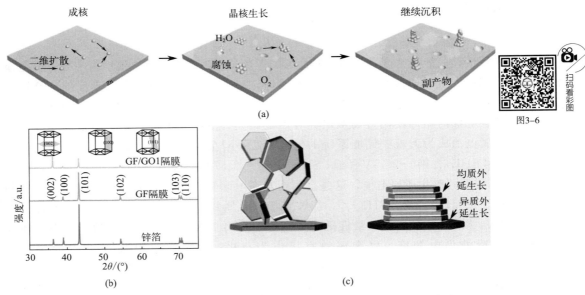

图 3-6　（a）锌枝晶形成机制；（b）锌晶格生长方向与锌沉积方向之间的关系；
（c）锌晶体在基底上的沉积生长模型

总之，自由的二维扩散、不均匀的电场分布和锌金属的状况共同导致锌枝晶的形成。此外，浓差极化、电流密度、阴极过电势、载荷子浓度、温度、残余应力等因素也会影响锌枝晶的形成。

锌金属面临的第二个问题是副反应。副反应包括溶解氧和正极电活性物质的穿梭等。水诱导的副反应主要包括析氢反应（HER）、腐蚀和钝化。

水系电池工业化生产之前必须要解决析氢问题，否则会造成严重的安全隐患。产生的氢气会造成电池内部压力增加，容易导致电池（尤其是软包电池）膨胀甚至爆炸。析氢反应发生的原因是锌金属在水系电解液中热力学不稳定，这导致析氢反应成为锌还原反应的竞争反应。而且，电解液的 pH 值对析氢反应影响重大。例如，在碱性电解液中，氧化还原电对 Zn/ZnO 的标准还原电势为 $-1.26V$（$vs.$ SHE），析氢反应电势为 $-0.83V$（$vs.$ SHE）。在热力学上标准还原电势越高越容易发生还原，所以析氢反应比锌还原反应更容易发生。涉及的反应方程式如下：

$$ZnO + 2e^- + H_2O \Longrightarrow Zn + 2OH^- \quad (-1.26V) \tag{3-5}$$

$$2H_2O + 2e^- \Longrightarrow H_2\uparrow + 2OH^- \quad (-0.83V) \tag{3-6}$$

所以碱性锌基电池具有严重的析氢问题，这限制了其实际应用。对于中性电解液，氧化还原电对 Zn/Zn^{2+} 的标准还原电势为 $-0.76V$（$vs.$ SHE），高于析氢反应电势，所以理论上在中性电解液中不会发生析氢反应。然而，Zn^{2+} 是多价离子，会发生水解，所以通常含 Zn^{2+} 的电解液不会保持中性，会呈现弱酸性。发生的化学反应方程式如下：

$$Zn^{2+} + 2e^- \Longrightarrow Zn \quad (-0.76V) \tag{3-7}$$

$$2H^+ + 2e^- \Longrightarrow H_2\uparrow \quad (0V) \tag{3-8}$$

在这种情况下，在热力学上析氢反应仍然可以发生，但是其程度远低于碱性电解液，近年来研究者将目光集中在弱酸性电解液体系。然而，在弱酸性体系下，锌离子由于水解作用在其周围会存在溶剂鞘，这导致锌离子以 $[Zn(H_2O)_6]^{2+}$ 形式存在，其结果是锌离子动力学迟缓。此外，锌离子脱溶剂化会增强界面极化，导致更大的电荷转移阻抗，并且促进析氢反应。

不论碱性电解液还是弱酸性电解液，产生的氢气都来源于电解液分解，由于锌离子电池不像锂离子电池存在固态电解质界面膜（SEI 膜），这会持续消耗电解液，最终电解液干涸，电池失效。

腐蚀与钝化是锌离子电池中另两个重要的副反应。在碱性电解液和微酸性电解液中均存在腐蚀与钝化，但是其机理不同。在碱性电解液中，锌负极发生化学腐蚀和电化学腐蚀，其放电过程伴随如下化学反应：

$$Zn + 4OH^- \longrightarrow Zn(OH)_4^{2-} + 2e^- \longrightarrow ZnO + 2OH^- + H_2O + 2e^- \tag{3-9}$$

在这一环境下，锌热力学不稳定，自发氧化形成可溶的中间产物 Zn(OH)$_4^{2-}$，所以锌腐蚀的过程也可以理解为锌的溶解。最后形成惰性 ZnO，钝化电极。

在弱酸性电解液中，腐蚀和钝化主要与析氢有关。水分解消耗 H$^+$ 导致锌负极周围 OH$^-$ 浓度增加，继而产生不溶副产物钝化负极。以常用的 ZnSO$_4$ 为例，形成的副产物主要是 Zn$_4$SO$_4$(OH)$_6 \cdot x$H$_2$O，其反应方程式如下：

$$4Zn^{2+} + 6OH^- + SO_4^{2-} + xH_2O \Longrightarrow Zn_4SO_4(OH)_6 \cdot xH_2O \tag{3-10}$$

不像锂离子电池中致密的 SEI 膜可以阻碍电解液与负极的进一步反应，Zn$_4$SO$_4$(OH)$_6 \cdot x$H$_2$O 结构松散，无法保障其内部的负极与电解液隔绝，这会造成锌负极不断腐蚀。而且，形成不溶产物会消耗电解液中的水和盐，降低电池的使用寿命。

事实上，枝晶和副反应是互相作用的。腐蚀与钝化会形成凹凸不平的表面，这会导致锌金属的沉积不均匀，进而更容易形成枝晶。形成锌枝晶会增加锌暴露的表面积，加速 H$_2$ 产生。析氢反应会改变局部 pH 值，产生更多的 OH$^-$，这又会加剧腐蚀，并且在锌表面形成惰性副产物。

3.6.1.2　锌负极的可控合成

抑制锌枝晶的产生通常有以下几种方法：原位优化锌金属的晶体结构和形貌、采用或改善锌沉积的宿主和制备锌合金。

优化锌金属分为优化锌金属晶体取向和控制锌金属生长形貌两种方法。最近的文献报道，商业化锌箔具有（103）和（101）晶面，与其相比，具有低指数（002）晶面的锌箔的腐蚀电流更低，不容易形成锌枝晶。而且这种锌负极界面电荷密度均匀，易于均匀地沉积锌。新沉积的锌同样为（002）晶面方向，平行于原始的锌箔，因此不容易生长锌枝晶、刺穿隔膜。低指数（002）晶面具有更密的原子堆积，这增加了锌溶解的活化能，降低了其电化学活性。因此，设计合成低指数晶面的锌负极可以抑制腐蚀、析氢等副反应。

在电镀锌金属的过程中，可以通过选择合适的电解液提升 Zn^{2+} 与溶剂和溶质分子的结合能，这有助于优先生长（002）晶面金属锌。例如，（002）晶面金属锌可以在磺酸基电解液中形成，因为 Zn^{2+} 与 $CF_3SO_3^-$ 阴离子具有强配位作用，这会减缓 Zn^{2+} 的脱溶剂化过程。基底表面吸附的锌原子呈六角形排列，并且与 $CF_3SO_3^-$ 有配位作用，这种基部六角形紧密排列的结构在锌晶格里具有最低表面能 [图 3-7（a）]。随后，六角形排列的成核位点沿着（002）晶面呈柱状生长，最终与周围连成一片，形成平整的膜状锌箔 [图 3-7（b）]。（002）晶面锌负极具有低初始极化电位（98.5mV），在 $Zn(CF_3SO_3)_2$ 电解液中以 $1mA/cm^2$ 电流密度可以循环 800h 仍然具有较好的容量保持率，且循环 800h 之后极化过电位保持 84.0mV。而（101）晶面锌负极的初始极化电位是 141.1mV，仅能循环 105h [图 3-7（c）和（d）]。

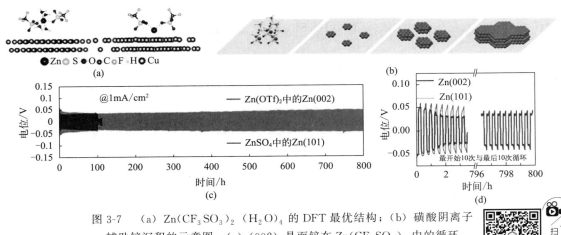

图 3-7　（a）$Zn(CF_3SO_3)_2(H_2O)_4$ 的 DFT 最优结构；（b）磺酸阴离子辅助锌沉积的示意图；（c）（002）晶面锌在 $Zn(CF_3SO_3)_2$ 中的循环性能图与（101）晶面锌在 $ZnSO_4$ 中的循环性能图；（d）（002）晶面锌与（101）晶面锌前 10 次循环和后 10 次循环的充放电曲线

通过同质外延或异质外延控制循环充放电过程中锌的成核与生长同样能够调节锌晶体取向。（002）晶面锌具有更低的热力学自由能，所以外延电沉积锌的理想基底应该具有与其相似的原子排列。石墨烯在充放电过程中呈现电化学惰性，并且其与锌金属具有较低的晶格错配。当金属锌沉积在外延基底石墨烯表面时，锌晶体取向倾向于平行于石墨烯基底，形成片状堆叠结构，从而抑制锌枝晶的生长。

控制锌金属形貌同样能够抑制锌枝晶的生长。制备具有高比表面积的多孔锌负极是很好的策略。多孔锌能够增加锌晶体的成核位点，沉积过程中形成细小晶粒，避免锌枝晶的产生。而且多孔锌能够增加锌负极与电解液的可接触面积，为锌沉积提供空间，避免生成枝晶刺穿隔膜。通过简单的酸刻蚀方法能够制备多孔锌。酸刻蚀的过程能够除去钝化层，降低界面阻抗。无机酸与有机酸均可以刻蚀金属锌得到多孔锌。磷酸刻蚀得到的多孔锌具有特殊织构，在表面产生致密层，具有很好的循环稳定性。三氟甲基磺酸刻蚀锌金属能够得到合适尺寸的孔洞，产生三维分级多孔结构。多孔锌还能够降低气体析出，稳定界面。例如，表面覆盖 ZnO 涂层的海绵锌在 40% 放电深度循环 100 次没有气体析出。

采用三维锌宿主能够明显抑制锌枝晶的产生。三维锌宿主可以分为三维金属锌宿主和三维碳基锌宿主。三维锌宿主具有以下优点：高导电锌宿主能够提升电极整体导电性，高比表面积宿主能够提升电化学活性位点，三维结构可以为锌沉积提供足够的缓冲空间，修饰锌宿主可以引入亲锌位点调控锌沉积。

金属基三维宿主具有极佳的导电性，而且其与锌之间具有强结合能，可以诱导锌均匀成核。三维铜基底是一种很好的宿主，因为其锌成核过电位较低，而且自放电较慢。商业泡沫铜、铜网和刻蚀铜箔均可以提供较大比表面积，利于锌沉积。镍和锡均可以用作锌沉积的宿主，而且各有特色。镍金属具有良好的亲水性和柔韧性，可以用于可穿戴锌离子电池负极基底。锡是一种亲锌宿主，能够诱导锌均匀沉积，不易产生枝晶。

三维碳基宿主具有比表面积高、离子传导高、柔韧性好、种类丰富等优势。普通碳基宿主有碳纤维、碳纳米管、碳布、石墨烯等。在碳基宿主上人工修饰 C—O—H 和 C＝O 等含氧官能团能够有效提升其亲水性，促进锌均匀沉积。

制备新颖的锌合金也是一种提升锌负极循环稳定性的方法。锌合金具备力学性能高、导电性高、抗腐蚀性能好等优点。大部分金属元素均可以与锌形成合金。目前制备出的锌合金有：ZnCu、ZnAl、ZnMn、ZnIn、ZnAg、ZnSn 等。但是 Pt、Ni、Fe、Ti 等金属与锌形成的合金锌在放电过程中无法溶解，或者其与锌的合金所占含量很低，因此这些元素无法形成高性能锌合金。

锌合金通常具有更高的腐蚀电位和更低的腐蚀电流，在电解液中锌合金一般比纯锌负极更稳定。例如，Cu_5Zn_8 合金可以在 3mol/L $ZnSO_4$ 中浸泡 30d 仍然保持形貌和界面电阻不变。以 Cu_5Zn_8 合金为电极组装的对称电池表现出很高的循环稳定性和可逆性。与 CuZn 合金相比，ZnAl 和 ZnAg 合金的腐蚀电流更小，腐蚀阻抗更高。一些研究报道多孔锌合金具有良好的电化学性能。虽然多孔锌合金的腐蚀电流会比块状材料大，但是其离子传输更快，离子传输路径更短。亲锌性对于均匀沉积锌、抑制副反应很重要。ZnSn 合金的亲锌位点多，更难析氢，因此是一种很好的锌负极材料。

3.6.1.3　人工界面涂层

锌负极在水系电解液中不稳定，会发生寄生反应，形成锌枝晶。这种反应通常从锌的表面开始发生。构建人工界面涂层能够有效缓解副反应与锌枝晶的形成。这种人工涂层还可以具有均化电场和脱溶剂化等功能。

人工界面涂层分为无机涂层和有机涂层。无机涂层包括碳基涂层、金属或合金涂层等。碳基涂层具有极佳的导电性，这可以提升锌负极的电化学活性，降低局部电流密度，降低成核势垒。而且碳材料质轻，几乎不会影响能量密度。石墨、导电剂 Super P、活性炭等常见的碳材料即可大幅提升锌负极的循环稳定性。中南大学候红帅教授团队开发出高产量零维碳量子点作为人工涂层保护锌负极（图 3-8）。制备的碳量子点具有丰富的极性基团（—CHO 和—C≡N），具备很强的亲电性，有助于降低成核过电势，促进锌均匀沉积。而且这些官能团呈现电负性，通过静电排斥相互作用排斥附近的 SO_4^{2-}，抑制副反应。碳量子点保护的锌负极在 $1mA/cm^2$ 电流密度下能够保持 3000h 的连续稳定循环。

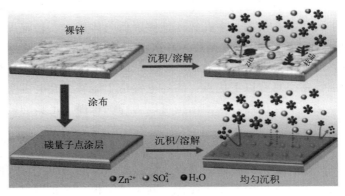

图 3-8　碳量子点促进锌负极均匀沉积示意图

构建金属合金涂层同样能够保护锌负极。这类涂层具有良好的抗腐蚀能力，并且可以作为晶种诱导锌均匀成核生长。金属涂层主要通过电镀、溅射和化学取代等方法制备。金、银、铜、锡、铟等金属均可以提升锌负极性能。这些金属涂层在电化学活化之后一般与内部锌金属形成合金，具备很好的亲锌性。在制备金属层时引入一种有益相同样能够提升锌负极性能。山东大学杨剑课题组发现 AgF_2 易溶于水，能够与锌箔发生取代反应，在锌箔表面形成 $Ag-ZnF_2$。银有很好的亲锌性，ZnF_2 对水分子有很好的吸附性，这种复合涂层能够调节脱溶剂化和成核过程。除了金属元素，非金属元素同样能够形成含锌元素合金，例如 ZnP。液态合金（如 Ga-In 合金）因为流体的缘故，比固态合金涂层的电荷传递更快。

几乎所有的锌负极有机涂层都是聚合物，这些聚合物除了能够物理屏蔽电解液，缓解副反应与锌枝晶，还可以调节二者界面处锌离子传输。而且聚合物具备柔性特性，在电极发生体积形变时比无机涂层更有韧性，不易破裂。聚乙烯醇缩丁醛、聚偏二氟乙烯、聚丙烯腈、聚酰胺等聚合物对锌负极有很好的保护。例如，聚酰胺涂层作为缓冲层可以将锌负极与电解液隔开，有效降低自由水和氧气对锌造成的腐蚀与钝化［图 3-9（a）］。而且聚酰胺分子链中丰富的氢键网络能够吸引锌离子溶剂鞘中的配位水分子，有助于锌离子的去溶剂化［图 3-9（b）］。恒电位曲线说明聚酰胺包覆的锌负极主要发生三维扩散，有效抑制锌枝晶的生长［图 3-9（c）］。由此组装的 Zn‖Zn 对称电池可以稳定循环 8000h，使用时间为裸锌负极对称电池的 60 倍［图 3-9（d）］。除了聚合物涂层，植酸等小型有机分子涂层也可以用来保护锌负极。目前，聚合物涂层是主流的有机涂层，因为其官能团多样化，而且结构多变。设计聚合物涂层应该有以下考虑：①有机涂层厚度应该有所控制，如果涂层太厚，会阻碍锌离子迁移，并且降低整个电极的能量密度；②选择的聚合物应该在水中能够稳定存在，如果聚合物溶于水或者在水中发生较大体积膨胀，显然不适于作为有机涂层；③不同相的聚合物对锌负极的保护效果不同，例如 β 相聚偏二氟乙烯具有高极性和铁电性能，有助于锌离子传输，而 α 相聚偏二氟乙烯没有这一功能。

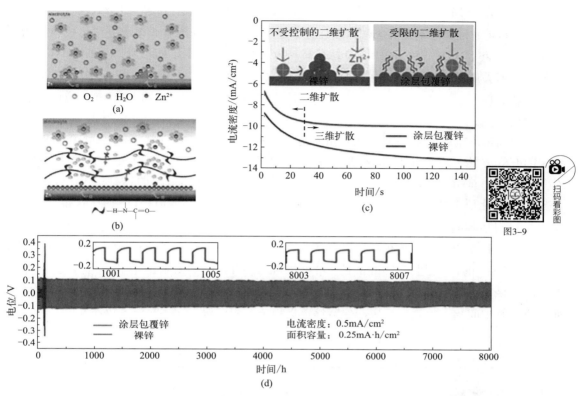

图 3-9　（a）裸锌负极与（b）聚酰胺包覆锌负极上的锌沉积示意图；（c）裸锌负极与聚酰胺
包覆锌负极的恒电位测试（插图为负极上锌离子扩散与还原过程示意图）；
（d）裸锌负极与聚酰胺包覆锌负极的循环寿命曲线

3.6.1.4　电解液调控

电解液的组成对于增加电极/电解液界面稳定性至关重要。在水系锌离子电池的研究中，研究者通常优化电解液盐和添加剂、调节电解液浓度以改善锌负极的循环稳定性。此外，采用固态电解液或水凝胶电解液也是常见的策略。

早期，研究者广泛使用 $Zn(NO_3)_2$、$Zn(ClO_4)_2$、$ZnCl_2$、$ZnSO_4$ 等无机盐电解液。这些盐具有不同的阴离子，在电化学充放电过程中会产生不同副反应。例如，在 $Zn(NO_3)_2$ 中充放电会在锌表面产生层状 $Zn_5(NO_3)_2(OH)_8 \cdot 2H_2O$ 阻碍锌离子传输。在 $Zn(ClO_4)_2$ 中充放电，多孔易碎的 $Zn(OH)_2$ 和 ZnO 层会溶解到电解液中造成锌金属的点腐蚀（或称为点蚀、凹坑腐蚀）。如果以 $ZnCl_2$ 为电解液，$ZnCl_2$ 会与水反应生成 $Zn(OH)_2$。研究者通常在 $ZnCl_2$ 中加入 NH_4Cl 优化电解液。添加剂 NH_4Cl 浓度太低会产生 $ZnCl_2 \cdot 4Zn(OH)_2 \cdot H_2O$，造成容量快速衰减。适当浓度的 NH_4Cl 能够形成 $Zn^{2+} - Cl^- - NH_4^+ - H_2O$ 配合物，提供缓冲作用，抑制电解液浓度和 pH 值的变化。锌负极在 $ZnSO_4$ 电解液中具有相对稳定的电化学性质。在 $ZnSO_4$ 中锌表面会形成 $Zn_4SO_4(OH)_6 \cdot xH_2O$ 钝化层，降低锌沉积溶解库仑效率。这种疏松多孔的物质会增加电极的比表面积，加重副反应和锌枝晶的形成。由于 $ZnSO_4$ 成本最低，如果能解决上述难题，$ZnSO_4$ 将成为水系锌离子电池最有价值的电解液。$Zn(BF_4)_2$ 是一种很好的超低温电解液，以其为电解液的锌离子电池能够在 $-95℃$ 正常工作，这得益于 BF_4^- 阴离子能够打破氢键网络，将溶液的凝固点降至 $-122℃$。

有机盐电解液相对于无机盐电解液具有一定优势。Zn^{2+} 周围有 6 个水分子形成稳定的溶剂化结构 $[Zn(H_2O)_6]^{2+}$。这种结构具有高结合能和高配体排斥能，所以 $[Zn(H_2O)_6]^{2+}$ 经历一系列去质子化形成副产物 $Zn(OH)_2$ 和 ZnO。有机盐三氟甲磺酸根（$CF_3SO_3^-$）和双三氟甲磺酸根（$TFSI^-$）阴离子可以改变 Zn^{2+} 周围水分子的分布，削弱溶剂化效应，避免后续的副反应。

开发高浓度电解液是一种降低自由水分子、抑制水引发副反应、提升锌沉积溶解库仑效率的有效方法。电解液最高浓度与这种电解液盐的最大溶解度有关。通常 $ZnSO_4$ 和 $Zn(CF_3SO_3)_2$ 的浓度为 $3\sim4mol/L$ 可以达到最佳电化学性能。研究表明，在 $4.2mol/L$ $ZnSO_4$ 中钝化层中含有 $S—O—$，而在稀 $ZnSO_4$ 中钝化层主要含有 $—O—H$。这说明 SO_4^{2-} 可以参与到还原过程中，并且能够影响 Zn^{2+} 脱溶剂化，抑制自由水分子的分解。由于 $Zn(TFSI)_2$ 在水中的溶解度很低，可以加入大量 $LiTFSI$ 以增大 $TFSI^-$ 的浓度。研究表明，只有当 $TFSI^-$ 的浓度超过 $20mol/L$，才可以在 $Zn(TFSI)_2$ 无水溶剂化鞘中形成六配位 $TFSI^-$（图 3-10）。这样，在 Zn^{2+} 还原过程中，$TFSI^-$ 的脱氟反应会导致在电极/电解液界面形成含氟中间相，抑制副反应，保障锌负极稳定沉积溶解。

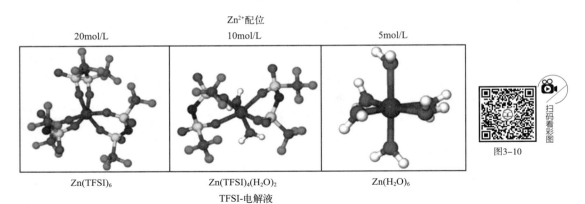

图 3-10　5mol/L、10mol/L、20mol/L 浓度 $TFSI^-$ 基电解液的结构示意图

上述提高电解液盐浓度的方法虽然可以大幅提升锌负极电化学性能，但是也不可避免地增加了电解液成本和电解液黏度，限制了其实际应用。为了弥补这一缺点，电解液添加剂应运而生。电解液添加剂分为有机添加剂和无机添加剂。大部分添加剂具有多种功能，具有以下一种或多种机理：促进锌沉积均匀、形成保护层、调节锌离子溶剂化鞘、提供静电屏蔽。

有机添加剂可以细分为五大类：表面活性剂、高聚物、螯合剂、有机溶剂、电镀光亮剂。表面活性剂分为阴离子型和阳离子型。带正电的阳离子表面活性剂，例如四丁基硫酸铵（TBA_2SO_4）能够形成静电屏蔽层。理论计算表明，水合锌离子通过 TBA^+ 层到达锌金属表面的过程中，TBA^+ 的屏蔽效应保持高扩散能垒，导致锌沉积速度缓慢，形成细小的成核晶种，最终实现 $Zn\parallel Zn$ 对称电池电化学充放电的高度稳定。带负电的阴离子表面活性剂能够发生还原反应，在锌负极表面形成保护层。在过去的 20 年里，最有代表性的阴离子表面活性剂是十二烷基苯磺酸钠（SDBS）。这一表面活性剂能够吸附在锌表面，抑制锌的腐蚀。高聚物的典型代表是聚丙烯酰胺（PAM）、聚乙二醇（PEG），这些高聚物具有吸附特性，特殊的长链上可以提供锌离子选择性吸附位点，促进锌离子在负极上的均匀分布，实现锌的稳定沉积。螯合剂能够有助于构建 Zn^{2+} 的溶剂化鞘。螯合剂的螯合配体可以与 Zn^{2+} 发生强配位作用，占据 $Zn(H_2O)_6^{2+}$ 中水配位的位置，抑制自由水分子引发的副反应。在电镀领域，光亮剂用于获得光滑、光亮的金属表面。糖精、葡萄糖、麦芽糖等添加剂可以有效改善锌沉积过程。在 $ZnSO_4$ 电解液中加入糖精光亮剂可以产生双电层（EDL）。而且糖精阴离子分解可以在外部形成有机层，在内部形成含有 ZnS 与 $ZnSO_3$ 的无机层，前者抑制副反应，后者调控锌沉积过程。葡萄糖光亮剂主要作用是形成溶剂鞘，麦芽糖光亮剂主要提供高离子传导。

无机添加剂可以降低电池反应极化。无机添加剂分为金属阳离子添加剂和无机化合物添加剂。早期，Bi^{3+}、Sn^{2+}、Pb^{2+} 等金属阳离子用来抑制锌金属腐蚀，因为它们的析氢过电势很高，可以抑制水引发的析氢反应。相较于二价阳离子，三价的 Ce^{3+} 和 La^{3+} 具有更强的电场。它们会预先占据锌成核的活性位点，限制锌离子的表面扩散，强制锌离子在其他位点还原。硅酸盐、硼酸盐、磷酸盐、碳酸盐、氟化物等无机化合物在水溶液中发生离子化，可以有效降低碱性溶剂中锌负极的腐蚀程度。一些无机化合物在弱酸性电解液中使用，能够在锌负极表面形成 SEI 膜，保护内部电极。例如，0.08mol/L ZnF_2 盐加入电解液会形成富氟涂层，可以使锌无枝晶均匀沉积。

3.6.1.5　先进隔膜

隔膜位于电池正极与负极之间，是电池的重要组成部分，对锌离子沉积溶解有很大影响。通常在水系锌离子电池中采用玻璃纤维膜（GF）和聚丙烯膜。这两种隔膜无法调控离子传输，容易在锌负极附近形成浓度梯度，导致锌枝晶的产生。所以修饰隔膜能够大幅提升锌负极的电化学性能。

目前对隔膜的改进主要分为两大类：对商业化隔膜的表面修饰和设计新型隔膜。前者相对简单，文献报道较多。前文介绍的对锌负极的表面涂层同样适用于对隔膜的修饰。例如，将氧、氮掺杂的石墨烯包覆在商业玻璃纤维膜上，这种复合膜能够降低负极/电解液界面处的局部电流密度，杂原子可以促进锌离子均匀扩散。碳材料修饰商业隔膜的方法存在一定的问题，在循环充放电过程中，一旦包覆的碳材料脱落而且隔膜具有大孔结构，脱落的碳材料很容易穿过隔膜造成电池短路。虽然对玻璃纤维膜修饰能够对负极提供一定保护，但是玻璃纤维膜的厚度与重量会影响离子传输速率，降低电极能量密度。相比之下，聚丙烯膜更轻更薄，对此类隔膜修饰得到的复合膜更具优势。

对商业隔膜进行修饰会增加额外重量，开发新型隔膜更具潜力。南京林业大学陈继章课题组通过真空过滤的方法以棉花为原料制备纤维素隔膜。与商业玻璃纤维膜相比，纤维素隔膜具备更好的亲电解液特性、更致密的形貌、更丰富均匀的纳米孔结构、更高的力学性能与离子传导能力。这些特性可以提升锌离子转移数，降低去溶剂化能垒与锌成核过电位，并且抑制锌枝晶与副反应。

3.6.2　锌离子电池的正极材料

锌离子电池可以直接以锌金属作为负极，其电化学性能主要由正极决定。锌离子电池的正极材料主要有锰氧化物、钒氧化物、普鲁士蓝类似物和有机化合物等。

锰氧化物具有高容量、低成本、高自然丰度和低毒性等优点。MnO_2 发生一个电子转移的理论比容量为 308mA·h/g。一个 Mn^{4+} 与六个紧密排列的 O^{2-} 组成 MnO_2 结构的基本单元。MnO_6 单元以不同的连接方式可以形成隧道（α-MnO_2、β-MnO_2、γ-MnO_2、R-MnO_2 和 T-MnO_2）、层状（δ-MnO_2）和尖晶石（λ-MnO_2）等结构的 MnO_2（图 3-11）。

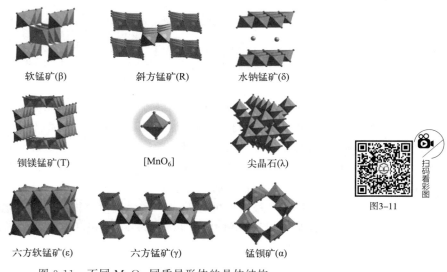

软锰矿（β）　　　　斜方锰矿（R）　　　　水钠锰矿（δ）

钡镁锰矿（T）　　　　[MnO_6]　　　　尖晶石（λ）

六方软锰矿（ε）　　　　六方锰矿（γ）　　　　锰钡矿（α）

图 3-11　不同 MnO_2 同质异形体的晶体结构

其中，α-MnO_2 具有较大的隧道尺寸（约 4.6Å），受到研究人员的关注。得益于其结构特点，α-MnO_2 可以实现约 200mA·h/g 的比容量和 1.3V（vs. Zn/Zn^{2+}）的放电平台。然而，α-MnO_2 的循环寿命与倍率性能往往较差。

δ-MnO_2 是一种层状材料，具有较宽的层间距（7.0Å）。在循环充放电过程中，MnO_2 还原形成 Mn^{2+} 会造成活性物质的损失。而且不论初始 MnO_2 是何种晶型，在充放电过程中都容易不断转化为 δ-MnO_2，因此氧化锰的容量衰减严重。为了提升氧化锰的循环稳定性，Huang 等人利用有机/无机两相界面反应将聚苯胺预嵌入 MnO_2 层间。合成的初始二氧化锰为 δ-MnO_2，避免了上述的相转变。结构中的聚苯胺可以缓冲 MnO_2 充放电过程中的体积形变，保持材料的结构完整性。此外，电解液中加入的 Mn^{2+} 能够有效降低由氧化锰溶解导致的容量衰减。

由 [MnO_6] 八面体紧密堆积形成的 ε-MnO_2 显然不利于 Zn^{2+} 的嵌入。然而，电解反应机理使得 ε-MnO_2 可以实现两电子转移 [Mn（Ⅳ）/Mn（Ⅱ）]，具有 616mA·h/g 的理论容量和超过 2V 的理论电压平台。Qiao 课题组以碳纤维布为正极集流体，泡沫锌为负极，1mol/L $ZnSO_4$＋1mol/L $MnSO_4$ 为电解液构建 Zn//MnO_2 电解电池。在首次 2.2V 恒电位充电过程中，电解液中的 Zn^{2+} 和 Mn^{2+} 分别沉积在泡沫锌负极和碳纤维正极集流体上，形成初始的锌金属和 ε-MnO_2 活性材料。随后的恒电流放电过程经历三个步骤，依次是 MnO_2/Mn（Ⅱ）电解反应和连续的 H^+ 与 Zn^{2+} 嵌入反应（图 3-12）。向电解液中加入 0.1mol/L H_2SO_4 能够使 Zn//MnO_2 电解电池实现 1.95V 的放电电压和 570mA·h/g 的可逆容量。

钒氧化物中的钒元素可以在多种氧化态 [V（Ⅱ）、V（Ⅲ）、V（Ⅳ）、V（Ⅴ）] 之间相互转化，因此具有较大的理论比容量。许多钒氧化物是层状材料，具有较宽的 Zn^{2+} 扩散通道，利于 Zn^{2+} 可逆嵌入/脱嵌，所以钒氧化物的倍率性能通常较好。

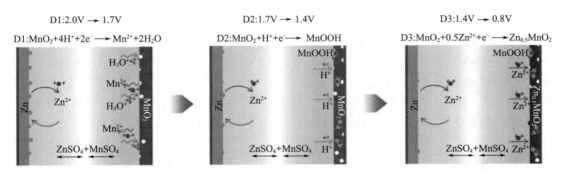

D1:2.0V → 1.7V　　　　D2:1.7V → 1.4V　　　　D3:1.4V → 0.8V

D1:$MnO_2+4H^++2e^- \longrightarrow Mn^{2+}+2H_2O$　　D2:$MnO_2+H^++e^- \longrightarrow MnOOH$　　D3:$MnO_2+0.5Zn^{2+}+e^- \longrightarrow Zn_{0.5}MnO_2$

图 3-12　$Zn//\varepsilon\text{-}MnO_2$ 电池在 $1mol/L\ ZnSO_4+1mol/L\ MnSO_4$ 电解液中电解反应机理示意图

Nazar 等人利用微波水热技术合成层状 $Zn_{0.25}V_2O_5 \cdot nH_2O$ 纳米带，并以此为正极，锌金属为负极，$1mol/L\ ZnSO_4$ 为电解液组装锌离子电池［图 3-13（a）］。$Zn_{0.25}V_2O_5 \cdot nH_2O$ 具有 $0.537nm$ 的层间距，利于充放电过程中的 Zn^{2+} 扩散。此外，充放电过程中嵌入 $Zn_{0.25}V_2O_5 \cdot nH_2O$ 的水分子能够降低 Zn^{2+} 的有效电荷密度，同时降低 Zn^{2+} 在电极界面传递的活化能。该电池表现出极高的倍率性能，在 $1/6C$ 的放电倍率下，其比容量约 $300mA \cdot h/g$，当放电倍率提升至 $8C$，其比容量仍可达到 $260mA \cdot h/g$［图 3-13（b）］。这一项工作激发了研究者对层状钒氧化物的研究兴趣，引发出大量相关工作，例如 Mg^{2+}、Ca^{2+}、NH_4^+ 和 Co^{2+} 等阳离子预嵌入 V_2O_5 作为锌离子电池正极材料。这些氧化钒大多数表现出与 $Zn_{0.25}V_2O_5 \cdot nH_2O$ 相似的电化学性能，虽然有较高的比容量，然而放电电压平台通常在 $0.6 \sim 0.9V$ 之间。只有 $Co_{0.247}V_2O_5 \cdot 0.944H_2O$ 具有超过 $1V$（$vs.\ Zn^{2+}/Zn$）的平均电压，这源于 Co-3d、V-3d 和 O-2p 轨道杂化形成的独特电子结构。Nazar 等人对比了 $V_3O_7 \cdot H_2O$ 电极在水系电解液（$ZnSO_4$/水）和非水系电解液［$Zn(CF_3SO_3)_2$/乙腈］中的电化学性能差异，发现 $V_3O_7 \cdot H_2O$ 在水系电解液中具有更高的比容量和倍率性能。为了探寻原因，作者利用原位 XRD 测试、理论计算和变温电化学阻抗等测试技术，发现 $V_3O_7 \cdot H_2O$ 在水系电解液中的电荷转移电阻和 Zn^{2+} 嵌入的脱溶剂活化能远低于其在非水系电解液中对应的数值。

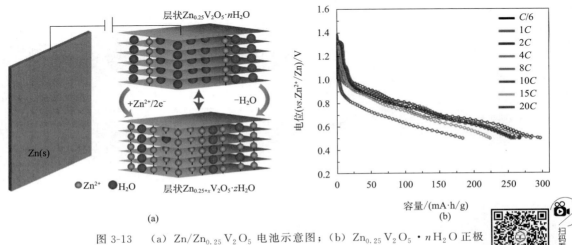

图 3-13　（a）$Zn/Zn_{0.25}V_2O_5$ 电池示意图；（b）$Zn_{0.25}V_2O_5 \cdot nH_2O$ 正极在不同放电倍率下的恒电流放电曲线（$1C=300mA/g$）

普鲁士蓝类似物（PBA）的通式为 $A_xM_1[M_2(CN)_6]y \cdot nH_2O$，其中，A 是碱金属离子，$M_1$ 和 M_2 代表过渡金属离子，$0 \leq x \leq 2$，$y \leq 1$。合成简便、成本低、结构易于调控等优势使得 PBA 广泛应用于储能领域。此外，PBA 具有三维多孔开放结构，利于电解液离子传导。PBA 表现出相当高的放电平台 $[>1.5V (vs. Zn^{2+}/Zn)]$，但是其容量通常低于 $100mA \cdot h/g$，循环寿命通常低于 100 次。作为一种高电压电池的正极材料，PBA 中 M_2 位点是主要的氧化还原活性中心，所以 M_2 的选择对 PBA 氧化还原反应电位至关重要。M_2 可以是 Cr、Mn、Fe、Co、Ni 等元素，其中 M_2 为 Fe 最常见。Zhang 等人首次以 $Zn_3[Fe(CN)_6]_2$ 为正极材料组装锌离子电池，电池表现出 $60mA \cdot h/g$ 的比容量和 1.73V 的高电压平台，在 100 次充放电之后，其容量保持率为 80%。Cui 团队报道了 $K_{0.03}Cu[Fe(CN)_6]_{0.65} \cdot 2.6H_2O$ 在水系电解液中不仅能够可逆储存 Zn^{2+}，还可以储存其他多价阳离子，如 Pb^{2+}、Cu^{2+}、Al^{3+}、Y^{3+} 和 La^{3+} 等，为 PBA 在多价离子电池中的应用提供思路（图 3-14）。然而，$Zn_3[Fe(CN)_6]_2$ 和 $K_{0.03}Cu[Fe(CN)_6]_{0.65} \cdot 2.6H_2O$ 储存的 Zn^{2+} 的多少均取决于 Fe（III）/Fe（II）的电子转移数量，即材料仅具有单氧化还原中心。由于初始材料中的 Zn 和 Cu 没有电化学活性，均为死质量，因此材料的质量比容量较低。一种提升 PBA 比容量的策略是对通式中的 M_1 和 M_2 均选取具有氧化还原活性的元素。例如，Hou 等人以具有双氧化还原中心的 $Na_2MnFe(CN)_6$ 为正极组装水系 Na-Zn 混合离子电池，该电池能够输出 $140mA \cdot h/g$ 的比容量和 $170W \cdot h/kg$ 的能量密度。在电解液中添加的十二烷基硫酸钠既拓宽了电解液的电化学稳定窗口，也抑制了 Mn 的溶解和 Zn 的腐蚀。因此，在 5C 的倍率下循环 2000 次之后，$Na_2MnFe(CN)_6$ 的容量保持率为 75%。Zhi 等人发现在高浓度的 Li-Zn 水凝胶电解液中，$0 \sim 2.3V (vs. Zn^{2+}/Zn)$ 的电位窗口内，对 $Fe[Fe(CN)_6]$ 进行循环充放电能够激活低自旋 Fe（III）与氰基中的碳配位，使得 $Fe[Fe(CN)_6]$ 电极的容量达到 $75mA \cdot h/g$，并且延长其 1.5V 的放电平台。

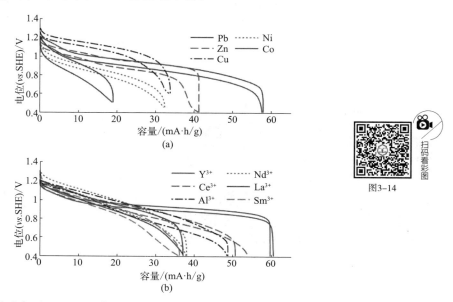

图 3-14 在 5C 的速率下，$K_{0.03}Cu[Fe(CN)_6]_{0.65} \cdot 2.6H_2O$ 在含有（a）二价离子和（b）三价离子的电解液中的恒电流充放电曲线

　　由于理论比容量高、成本低廉、结构多样化的特点，有机化合物是一种很有前景的锌离子电池正极材料。有机材料分为两种：一种是醌类化合物，另一种是导电聚合物。

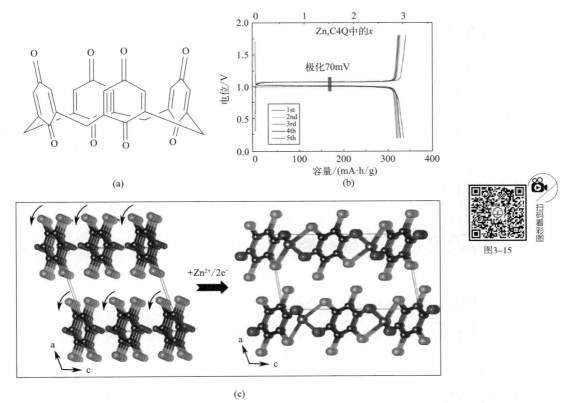

(a)　(b)　(c)

图 3-15　（a）C4Q 的结构；（b）Zn//C4Q 电池在 20mA/g 电流密度下的恒电流充放电曲线
（上部 x 轴代表 Zn^{2+} 嵌入数量，一个 Zn^{2+} 可以发生两个电子转移产生 112mA·h/g 的比容量）；
（c）通过 DFT 计算得出的四氯-1,4-苯醌在嵌入 Zn^{2+} 时发生分子扭曲的示意图

　　Chen 课题组制备了杯醌化合物（C4Q），该材料空间位阻小，利于与 Zn^{2+} 结合［图 3-15（a）］。以 C4Q 为正极的锌离子电池的比容量高达 335mA·h/g，充放电过电压仅为 70mV［图 3-15（b）］。作者利用原位紫外光谱测试发现电池采用离子选择隔膜能够有效抑制 C4Q 放电产物的穿梭效应，在 500mA/g 的电流密度下循环 1000 次之后，电池的容量保持率为 87%。Kundu 等人合成了四氯-1,4-苯醌，并以此材料为正极组装锌离子电池。在 1/5C 的充放电速率下，该电池在 1.1V 具有很平的电压平台，在此平台下能够达到约 200mA·h/g 的比容量。通过密度泛函理论（DFT）计算，在放电过程中，Zn^{2+} 嵌入四氯-1,4-苯醌分子，分子发生扭曲旋转，从而容纳 Zn^{2+}［图 3-15（c）］。此过程中分子体积改变仅为 -2.7%，因此电池的充放电过电位仅为 50mV。

　　聚苯胺是一种导电聚合物，在水系锌离子电池中，聚苯胺需要高度酸性环境保持材料的电化学活性，而酸性电解液会腐蚀锌负极。若采用低酸性电解液，聚苯胺的循环稳定性往往较差。因此，传统的聚苯胺电极与锌负极难以兼容。东北大学史华宇等人利用苯胺和间氨基苯磺酸的电化学共聚合方法在聚苯胺分子链上引入磺酸根基团，构建自掺杂聚苯胺（PANI-S）。由于磺酸基团固定在聚苯胺分子链上，聚合物自带掺杂阴离子。为了维持体系的电中性，质子会束缚于聚苯胺中，即使电解液的酸度较低，质子也不会离去，保证了聚苯胺局部的高

H^+ 浓度。在弱酸性 $ZnSO_4$ 电解液中，$10A/g$ 的电流密度下，PANI-S 电极循环充放电 2000 次之后能够保持 $110mA \cdot h/g$ 的比容量，体现出优异的循环稳定性。

 知识拓展

水凝胶电解液是一种新型电解液，使用水凝胶电解液能够提升锌离子电池循环稳定性。其中的自由水分子极少，所以这一方法有望解决锌负极上发生的锌枝晶、析氢反应和钝化反应等问题。大部分水凝胶电解液依赖各种带有其他单体、官能团或阳离子的亲水聚合物。这些部分需要具有稳定水分子、副反应少、离子电导率高等优势。亲水聚合物主要有聚乙烯醇（PVA）、聚丙烯酰胺（PAM）、聚丙烯酸（PAA）、聚丙烯腈（PAN）、聚偏二氟乙烯（PVDF）、聚甲基丙烯酸甲酯（PMMA）等。这些聚合物通常无法同时满足高机械强度与高离子传导，它们一般需要与其他聚合物或无机添加剂混合使用提升性能。

3.7 超级电容器电极材料

3.7.1 超级电容器的储能机理与分类

超级电容器按照储能机理大致可以分为三类：双电层电容器、法拉第赝电容器和混合型电容器。双电层电容器基于电极与电解液界面形成的双电层进行储能。法拉第赝电容器通过电化学活性物质在电极表面或近表面发生快速、可逆的氧化还原反应或离子吸脱附来实现能量存储。混合型电容器为电容型材料和电池型材料相结合成的新型电容器。

（1）双电层电容器。传统物理电容器由于储存电荷的面积和两个电极板之间的距离十分有限，导致能量密度通常较低。基于双电层储能机理的超级电容器，其电极材料的比表面积巨大，而且正负电荷之间的距离处于原子水平，因此超级电容器的能量密度远高于物理电容器。德国物理学家 Hermann von Helmholtz（赫尔曼·冯·亥姆霍兹）在 1887 年提出双电层理论，该理论认为在电极与电解液界面上形成两层带相反电荷的粒子，层之间的距离处于原子尺寸 ［图 3-16（a）］。后来，Gouy 和 Chapman 考虑到电解液中阴阳离子因热运动而连续分布，形成一层扩散层，因此对 Helmholtz 模型进行了修正，提出扩散层理论 ［图 3-16 （b）］。但是，Gouy-Chapman 模型错误估计了双电层电容。由于双电层电容与带相反电荷的层之间的距离成反比，当点电荷与电极之间的距离很近时，通过 Gouy-Chapman 模型计算的双电层电容将变得非常大，导致偏差。如图 3-16（c），Stern 对此进一步修正，他提出电极表面的离子分为两个区域，内部区域称为致密层（Stern 层），外部区域称为扩散层（diffusion 层）。致密层包括特性吸附离子（与电极板所带电荷相反的离子）和非特性吸附离子，这两种离子都被紧密地吸附到电极上。扩散层与 Gouy-Chapman 模型相同。双电层电容的储能过程只是单纯的物理吸附过程，不涉及任何的化学反应。因此，双电层电容可以快速充放电，能够实现超过 100000 次的循环寿命。然而，基于电极表面离子吸附的储能机理，双电层电容器的能量密度很有限。双电层电容器的电极材料通常是各类碳材料，如石墨烯、碳纳米管、活性炭等。现在对于双电层电容器的研究很多集中于如何提高其能量密度。有效的方法包括提高活性材料的比表面积、调控材料中微孔和介孔的比例或在碳材料中引入硼、氮、氧等杂原子以引入氧化还原反应等。

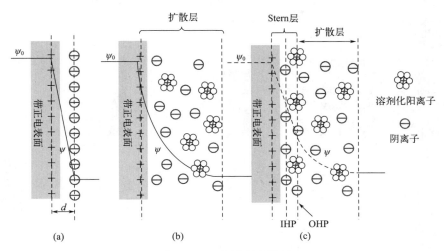

图 3-16　双电层理论模型

（a）Helmholtz 模型；（b）Gouy-Chapman 模型；（c）Stern 模型，
其中包括内 Helmholtz 面（IHP）和外 Helmholtz 面（OHP）

注：IHP 是与特异性吸附离子（通常是阴离子）最近的距离，OHP 是与非特异性
吸附离子的距离，OHP 也是扩散层的起始之处；d 是 Helmholtz 模型描述的
双电层距离；ψ 和 ψ_0 分别是电极表面和电极/电解液界面之处的电势

（2）法拉第赝电容器。1971 年，Trasatti 等人发现 RuO_2 材料表现出一种新型的电化学电容。它发生法拉第电荷转移反应，所以称之为法拉第赝电容。尽管此过程发生法拉第电荷传递，但是材料的循环伏安（CV）曲线呈现类似电容器的矩形。由于法拉第赝电容通过在电极表面或近表面发生的快速可逆的氧化还原反应进行储能，因此与双电层电容器相比，法拉第赝电容器具有更高的比电容。赝电容器的电极材料主要是导电聚合物、金属氧化物/氢氧化物及其复合物等。

赝电容材料的储能机理可以分为四类：氧化还原赝电容；插层赝电容；掺杂赝电容；欠电位沉积。氧化还原赝电容通常指电解液中的离子电化学吸附在材料的表面或近表面，伴随法拉第电荷转移［图 3-17（a）］。典型的氧化还原赝电容材料是 RuO_2 和 MnO_2。插层赝电容是离子插层到氧化还原活性物质的层间或隧道中，伴随法拉第电荷转移而不发生相变［图 3-17（b）］。例如，Li^+ 嵌入层状材料 Nb_2O_5。掺杂赝电容对应的过程是导电聚合物（如聚吡咯和聚苯胺等）发生氧化还原反应时，电解液中的对阴离子掺杂进入聚合物平衡电荷变化。其氧化还原反应高度可逆，而且不发生相变［图 3-17（c）］。当金属离子处于其氧化还原电位之上在不同金属表面上形成单层吸附时，发生欠电位沉积［图 3-17（d）］。欠电位沉积的一个典型的例子是 Pb 金属沉积在 Au 电极表面。

（3）混合型电容器。电容器按照其电极的组装形式可以分为对称型电容器和非对称型电容器。对称型电容器的正负极采用相同的电极材料，而且具有相同的电容性能。正负电极采用不同电极材料的电容器称为非对称型电容器。当电容器的一极是电容材料，另一极是电池材料时，组装的电容器称为混合型电容器。虽然混合型电容器中一极是电池型电极，另一极是电容型电极，在组装成器件之后，器件的循环伏安曲线与恒电流充放电曲线仍然表现出类似电容的电化学特性。在混合型电容器中，电池型电极具有较高的能量密度，电容型电极能

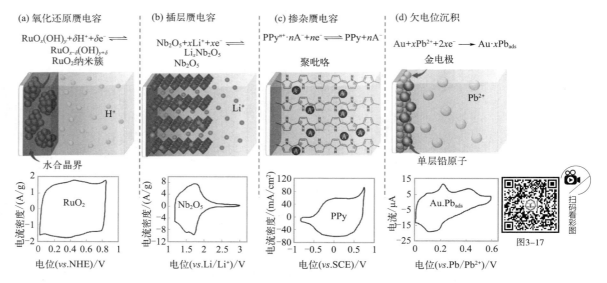

图 3-17　不同类型的氧化还原赝电容机理

够提供更高的功率输出。因此，二者结合利用各自优势，达到更好的储能性能。混合型电容器的典型例子是锂离子电容器，负极为嵌锂石墨，正极为多孔碳。混合型电容器正负极材料具有不同储能区间，这类电容器具有较高的工作电压，相比于传统超级电容器表现出更高的能量密度。虽然混合型电容器表现出很多优点，但是这种组合方式同样存在缺陷。电容型电极由于储能机理的限制，其比电容较低，拉低了混合型电容器整体电容值。而电池型电极充放电速率缓慢，很难与电容型电极相匹配而充分发挥作用。

3.7.2　超级电容器电极材料研究进展

超级电容器的储能性能主要由电极材料决定。常见的电极材料有碳材料、过渡金属氧化物和导电聚合物等。

碳材料具有储量丰富、成本低廉、制备简单、比表面积高、导电性高和化学稳定性高等优点。活性炭、碳纳米管、石墨烯等碳材料是典型的双电层电容器的电极材料。

传统双电层电容器的电极材料是多孔的活性炭（AC），其比表面积往往超过 $2000m^2/g$，在水系电解液和有机电解液中的比电容分别可以达到 $200F/g$ 和 $100F/g$。通常，碳材料储存电荷的能力与比表面积的大小有关，比表面积越大，其储存电荷的能力越大。活性炭的孔径分布很广，包括微孔、介孔、大孔和无规律的孔隙通道。活性炭中孔径小于 $0.5nm$ 的微孔，难以接触电解液中的离子。所以，以活性炭为电极材料的双电层电容器的能量密度和功率密度很有限。研究者发现有序介孔碳具有孔径均匀的介孔（2~50nm），体现出更好的电化学性能。有序介孔碳内部的有序介孔和离子传输通道利于电解液离子的渗透和传输，在大电流充放电的情况下，其性能相较活性炭有明显提升。利用硬模板法合成的有序介孔碳 CMK-3 的孔径尺寸主要为 $3.90nm$，比表面积高达 $900m^2/g$。在有机电解液中，CMK-3 作为超级电容器的电极材料比电容可以达到 $90F/g$。最近，Gogotsi 等人报道在亚纳米孔中离子溶剂化鞘会产生高度扭曲并且发生部分移除，因此碳材料在小于 $1nm$ 的孔中表现出异常的电容增加行为（图 3-18）。

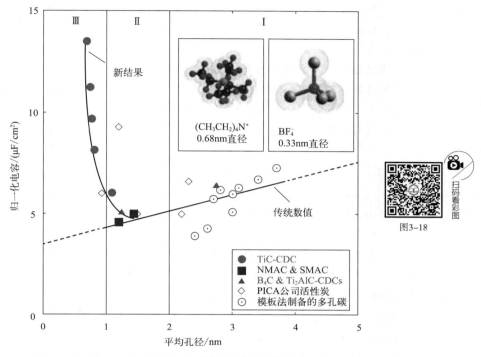

图 3-18　以 BET 比表面积归一化的各类碳材料的比电容

碳纳米管（CNT）具有导电性高、化学稳定性好的特点。碳纳米管拥有独特的一维结构，可以通过真空抽滤或化学气相沉积（CVD）等方法将其制备成自支撑的薄膜。例如，在真空抽滤方法中，用滤膜过滤碳纳米管悬浮液，形成多孔、相互交联的薄膜。如果碳纳米管膜足够厚，可以将其从滤膜上撕下，形成具有高力学性能和高导电性的自支撑碳纳米管膜。另外，通过 CVD 方法可以制备自支撑单层碳纳米管膜，这种膜能够轻松实现弯曲、扭曲和折叠等形变而不发生破裂。因此，该自支撑碳纳米管膜可以用作柔性、可伸缩或纤维状超级电容器的电极材料。碳纳米管往往因原材料昂贵、制备工艺复杂而无法大规模生产。为了便于运输矿物盐和水，一些生物质原材料具备互相连通的通道和孔结构。对合适的生物质前驱体进行炭化是制备碳纳米管的一种有效手段。

石墨烯是碳原子以 sp^2 杂化轨道排列构成的蜂巢状晶格单层二维晶体。石墨烯具有高比表面积（理论值约 $2630m^2/g$）、高导电性、高热力学稳定性和高化学稳定性等优势，是一种性能优异的双电层材料。石墨烯的制备方法多种多样，包括物理机械剥离法、化学氧化还原法、气相沉积法、高温外延生长法和电化学剥离法等。化学氧化还原法是成本最低、最易规模化生产石墨烯的方法。首先利用氧化剂将石墨粉氧化为氧化石墨，然后通过超声将氧化石墨剥离成单层氧化石墨烯，最后利用化学还原法将氧化石墨烯还原为石墨烯。此种方法得到的石墨烯也叫还原氧化石墨烯（rGO）。Ruoff 等人最先以还原氧化石墨烯为活性材料，辅以黏结剂和金属集流体，制备双电层电容电极，该电极表现出很好的电化学性能。因为石墨烯具有独特的二维结构，可以不使用黏结剂和集流体，直接作为超级电容器的电极材料。然而，具有高比表面积的二维石墨烯片层之间因为范德华力的存在，容易发生团聚和堆叠，导致制备的石墨烯电极的实际比表面积较低。因此，防止石墨烯片层互相堆叠成为构建石墨烯基超级电容器电极材料的一大挑战。为此，将石墨烯与金属氧化物或导电聚合物等赝电容材料复合是一种很好的方法。例如，在石墨烯/金属氧化物复合物中，金属氧化物能够避免石墨烯堆叠，石墨烯可以促进金属氧化物的电子传导，并且可以缓解金属氧化物循环过程中产生的体积形变。

过渡金属氧化物主要有氧化锰、氧化钒、氧化钼等。

MnO_2 具有较宽的电位窗 [例如在 1mol/L Na_2SO_4 电解液中电位窗可以达到 0～0.8V（$vs.$ Ag/AgCl）]、高理论比电容（1380F/g）、快速可逆的氧化还原反应、低成本和储量丰富等优点，是具有应用前景的赝电容正极材料。MnO_2 在水溶液中发生的氧化还原反应可以表达为式（3-11）：

$$MnO_2 + xC^+ + xe^- \Longleftrightarrow MnOOC_x \tag{3-11}$$

式中，C^+ 可以是 H^+、Li^+、Na^+ 和 K^+ 等。

低比表面积和较差的电子与离子传导是限制 MnO_2 实际应用的主要原因。Li 等人以 ZnO 纳米棒为牺牲模板制备碳/二氧化锰双层纳米管（DNTA）。独特的中空结构使得 MnO_2 暴露出丰富的活性位点，利于电解液中的离子传导。内部高导电的碳层可以作为电子传输通道。在 0.5mol/L Na_2SO_4 电解液中，0～0.8V 的电位区间内，DNTA 电极表现出优异的电化学性能。在 1.5A/g 电流密度下，其比电容高达 793F/g，当电流密度增加到 10A/g 时，电极的电容保持率为 74.5%。此外，利用预嵌阳离子的策略也可以显著提升 MnO_2 的电化学性能。此策略既能够拓宽 MnO_2 的电位窗口，也可以提升材料的比电容。Jabeen 等人利用电化学氧化法制备一种高钠含量的水钠锰材料 $Na_{0.5}MnO_2$。首先利用电化学方法沉积具有尖晶石结构的 Mn_3O_4，然后在 10mol/L Na_2SO_4 溶液中对其进行循环伏安扫描。在循环伏安正向扫描 [充电到 1.3V（$vs.$ Ag/AgCl）] 过程中，Mn_3O_4 四面体结构中的 Mn（Ⅱ）溶解，Mn（Ⅲ）氧化为 Mn（Ⅳ），结构发生重排，同时水分子嵌入层间，产生水钠锰结构。在循环伏安负向扫描（放电到 0V）过程中，Na^+ 嵌入层状结构中，形成 $Na_{0.5}MnO_2$ 纳米片（图 3-19）。$Na_{0.5}MnO_2$ 电极表现出优异的电化学性能，在 0～1.3V（$vs.$ Ag/AgCl）的电压窗口下可以实现 366F/g 的比电容。以碳包覆的四氧化三铁（Fe_3O_4@C）为负极，$Na_{0.5}MnO_2$ 为正极组装非对称超级电容器，电容器在 2.6V 的超高工作电压下可以达到 88F/g 的比电容和 81W·h/kg 的能量密度。

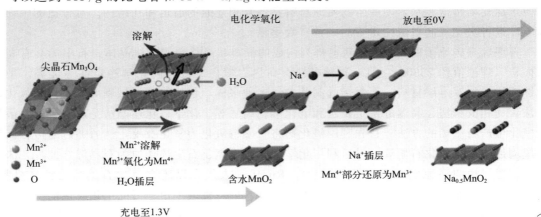

图 3-19　在电化学氧化过程中，
Mn_3O_4 的结构演变

扫码看彩图

图3-19

钒（V）元素属于ⅤB族过渡金属元素，最外层有五个价电子，价态丰富，可形成多种氧化物，如 VO、V_2O_3、VO_2 和 V_2O_5 等。V_2O_5 的导电性较低（$10^{-2} \sim 10^{-3}$ S/cm），并且在水溶液中容易溶解，导致其电容性能较差。1999 年，Lee 等人将温度为 950℃ 的 V_2O_5 粉末置于去离子水中淬火，合成无定形 V_2O_5 材料，在 KCl 水溶液中 V_2O_5 电极可以达到 346F/g 的比电容。为了提升 V_2O_5 电极的电化学性能，研究者合成具有三维多孔结构的 V_2O_5 纳米材料。例如，Zhu 等人报道了一种大规模合成 V_2O_5 纳米片的方法。作者首先合成 V_2O_5 凝胶，然后将其置于液氮中冷冻干燥，得到三维多孔的超薄 V_2O_5 纳米片。在 Na_2SO_4 电解液中 V_2O_5 纳米片的比电容可以达到 451F/g。而且，V_2O_5 纳米片表现出良好的循环稳定性，在 5A/g 的电流密度下循环 4000 次，电容保持率达到约 90%。除了构建三维结构 V_2O_5，还可以通过将 V_2O_5 与其他高导电性材料复合提高材料的电化学性能。Wu 等人以刮涂的方法制备自支撑 V_2O_5 纳米线/CNT 复合膜。V_2O_5/CNT 膜表现出高导电性，而且其三维网状多孔结构便于电解液离子传输，因此材料具有较高的倍率性能。东北大学宋禹等人从防止氧化钒结构破裂和抑制氧化钒化学溶解两方面解决了氧化钒寿命差的问题。作者首先以电化学方法剥离碳布（CC），制备剥离的碳布（ECC）。然后在 ECC 上以电化学方法沉积氧化钒材料（VO_x），并将材料在 $-1.5V$ (*vs.* SCE) 的电位下还原 1min，制备混合价态氧化钒（RVO_x）。ECC/RVO_x 电极在 100000 次超长循环充放电之后容量无衰减。为了解释 ECC/RVO_x 电极循环稳定性高的原因，作者对循环之后的电极进行 XPS 和 SEM 测试。结果表明，氧化钒中适当的 V（Ⅳ）/V（Ⅴ）比例能够有效抑制氧化钒的化学溶解，混合价氧化钒与 ECC 上的含氧官能团之间形成 C—O—V 键，防止氧化钒的结构粉化与坍塌。

由于理论比电容高（1256F/g）、成本低、自然储量高等优点，氧化钼材料是一种很有潜力的赝电容材料。常见的氧化钼有 MoO_2、MoO_3 和 MoO_{3-x} 等。

MoO_2 可以作为导电基底，与其他赝电容材料结合形成复合电极。例如，Mai 等人在三维泡沫镍上先后电沉积 MoO_2 薄膜和 $Co(OH)_2$ 纳米片，制备 MoO_2/$Co(OH)_2$ 复合电极。其中，MoO_2 层作为导电层便于电子传输，$Co(OH)_2$ 纳米片可以促进电解液离子扩散。MoO_2/$Co(OH)_2$ 复合电极在 20A/g 的电流密度下电容可以达到 800F/g。在相同电流密度下循环 5000 次之后，其电容保持率为 97%。

α-MoO_3 是一种二维层状材料，每个 α-MoO_3 化学式可以容纳 1.5 个锂离子，相邻的层之间通过较弱的范德华力连接。为了研究层状 α-MoO_3 材料的赝电容性能，Dunn 等人通过蒸发诱导自组装方法合成了有序介孔 α-MoO_3 膜。电化学测试结果表明，具有介孔结构且生长取向相同的 α-MoO_3 膜具有插层赝电容的特性，其性能好于介孔无定形 MoO_3 和非多孔具有晶体结构的 α-MoO_3。

作为一种超级电容器负极材料，MoO_{3-x}（$0 < x < 1$）在中性或微酸性电解液中具有较好的电化学性能。Liu 等人在 Ti 纳米棒阵列（TiNAs）上电沉积 MoO_x 薄膜，制备具有核壳结构的 TiNAs@MoO_x 电极。三维导电 TiNAs 集流体促进了 MoO_x 中的电子和离子传导，因而提升了材料的倍率性能。Xiao 等人通过化学气相沉积方法在碳纤维上制备 WO_{3-x} 纳米线［图 3-20（a）］，然后利用电化学沉积方法在其上生长 MoO_{3-x} 外壳，制备具有核壳结构的 WO_{3-x}@MoO_{3-x} 复合电极［图 3-20（b）］。作者以 WO_{3-x}@MoO_{3-x} 为负极，PANI 为正极，组装柔性全固态非对称超级电容器。该电容器可以在 $0 \sim 1.9V$ 的电位窗口下工作，在 $2mA/cm^2$ 的电流密度下，其面积比电容达到 $216mF/cm^2$，器件的能量密度最高可达 $0.0019W \cdot h/cm^3$。

图 3-20　(a) WO$_{3-x}$ 纳米线和 (b) WO$_{3-x}$@MoO$_{3-x}$ 纳米线的 SEM 图像

聚吡咯、聚苯胺和聚噻吩等导电聚合物是常见的超级电容器电极材料。早在 1916 年，Angeli 通过化学法在酸性吡咯与过氧化氢的混合溶液中首次合成聚吡咯（PPy），并将其命名为"吡咯黑"，但是没有引起广泛的关注。1979 年，Diaz 等人首次利用电化学方法在乙腈中合成电导率高达 10～100S/cm 的聚吡咯薄膜，从此，引发了研究者对聚吡咯的研究热潮。

Wang 等人以气相聚合的方法在屋根草状 Fe$_2$O$_3$ 上生长聚吡咯，制备 T-Fe$_2$O$_3$/PPy 纳米线。该材料具有分级结构，便于电解液离子传输，而且聚吡咯外壳能够提升材料的整体导电性。在 0.5mA/cm^2 的电流密度下，T-Fe$_2$O$_3$/PPy 电极能够达到 382mF/cm^2 的面积比电容。Chen 等人先以 ZnO 为牺牲模板合成三维中空镍纳米管集流体，然后在该集流体上沉积多孔的聚吡咯，制备 NiNTAs@PPy 电极。独特的结构能够增加活性材料在电解液中的可接触面积，暴露更多的活性位点。在 5mV/s 的扫速下，多孔聚吡咯电极可以达到 474.4F/g 的比电容。

聚苯胺具有合成简单、氧化还原可逆性好、导电性高等优点。设计具有微纳结构的聚苯胺可以有效提升其赝电容性能与循环稳定性。Wang 等人利用化学氧化法合成有序聚苯胺晶须。纳米尺寸的聚苯胺晶须在介孔碳表面形成 V 形空隙，这些空隙促进了电解液中离子的快速传输。此外，一维纳米线结构可以缓解循环充放电过程产生的体积形变。因此，该电极在 1mol/L H$_2$SO$_4$ 电解液中，−0.2～0.7V（$vs.$ SCE）的电位窗口下的比电容最高可达 900F/g。在 5A/g 的电流密度下充放电 3000 次之后，其电容保持率为 95％。

聚噻吩（PTh）同样具有高导电性的特点，但是其掺杂方式较为特殊。聚吡咯与聚苯胺均发生 p 型掺杂，然而聚噻吩既可以发生 p 型掺杂，也可以发生 n 型掺杂。在阳极电位，PTh 发生氧化反应，电解液中的阴离子掺杂进入聚合物，此时 PTh 发生 p 型掺杂。在阴极电位，PTh 发生还原反应，同时电解液中的阳离子掺杂进入聚合物，此时 PTh 发生 n 型掺杂。Patil 等人利用离子层吸附方法合成无定形 PTh 薄膜，在 0.1mol/L LiClO$_4$ 溶液中，PTh 薄膜可以达到 252F/g 的比电容。将 PTh 与碳材料复合能够有效提升其比电容。Wang 等人在高比表面积的珊瑚状多孔碳（PC）上制备 PTh。在 0.5A/g 的电流密度下，PTh/PC 电极可以达到 720F/g 的比电容。

 知识拓展

赝电容材料与二次电池材料都是利用法拉第反应储存能量，不同之处在于：赝电容过程由于发生于材料的表面或近表面，所以不受固态扩散限制，倍率性能较好。而二次电池材料

利用体相储能，受材料内部固态扩散影响，因此这类材料的倍率性能往往较差。这是区分赝电容材料与二次电池材料的一个重要依据。此外，赝电容材料反应过程中不发生相转变，因此 CV 曲线中没有尖锐的氧化还原峰。赝电容材料的 CV 曲线是对称的图形，如果存在氧化还原峰，这些峰应该是宽峰，而且氧化还原峰之间的电位差很小。

本章小结

　　本章首先简要介绍了电化学储能器件的种类。然后举例说明了储能器件的基本性能参数，包括库仑效率、电位窗、容量/电容、等效串联电阻、能量密度、功率密度、倍率性能、循环稳定性、自放电等。然后详细介绍了锂离子电池、钠离子电池、钾离子电池、锌离子电池和超级电容器的先进正负极材料的合成方法、结构特点与储能性能。在介绍锌离子电池部分时，额外介绍了限制锌离子电池实际应用的主要问题，电解液与隔膜对于锌离子电池储能性能的影响。

复习思考题

　　1. 如何选取电化学储能器件的电位窗？

　　2. 如果一节 5 号电池的容量为 2700mA·h，充放电倍率 0.1C 对应的电流密度为多少？

　　3. 锂枝晶是如何产生的？锂枝晶有什么危害？如何抑制锂枝晶的产生？

　　4. 在以四氧化三铁为正极材料的锂离子电池中，假设放电时材料中的铁元素可以完全转化为零价铁，求四氧化三铁的理论比容量是多少（mA·h/g）？锂负极的理论比容量是多少（mA·h/g）？

　　5. 商业锂离子电池的正极材料有哪些？这些正极材料各有什么优点与缺点？

　　6. 什么是合金化反应？利用合金化反应制备的电极材料具有什么优势？

　　7. 钠离子电池相较于锂离子电池具有什么优势？

　　8. 磷的同素异形体有哪些？哪种磷可以用作钾离子电池负极材料？磷作为钾离子电池负极存在什么问题？如何解决？

　　9. 锌离子电池负极主要面临哪些问题？在锌离子电池中为什么会发生析氢反应？析氢反应有什么危害？

　　10. 什么是 SEI 膜？在锂离子电池和锌离子电池中 SEI 膜有什么不同？

　　11. 抑制锌枝晶的方法有哪些？

　　12. 锌与哪些元素形成的合金可以提升其在锌离子电池中的电化学性能？

　　13. 锌离子电池电解液的添加剂有什么作用？电解液添加剂有哪些种类？

　　14. 超级电容器的储能机理有哪些？这些储能机理有什么特点？

　　15. 什么是欠电位沉积？

　　16. 什么是孔径？按孔径大小区分，活性炭含有哪些种类的孔？活性炭储能过程中这些孔有什么作用？

　　17. 氧化钒作为超级电容器电极材料进行充放电发生容量衰减的原因有哪些？怎样抑制容量衰减？

参考文献

[1] Wan F, Niu Z. Design Strategies for Vanadium-based Aqueous Zinc-Ion Batteries. Angew Chem Int Ed, 2019, 58(46): 16358-16367.

[2] Yang Z, Zhang J, Kintner-Meyer M C W, et al. Electrochemical Energy Storage for Green Grid. Chemical Reviews, 2011, 111(5): 3577-3613.

[3] Zhou G, Xu L, Hu G, et al. Nanowires for Electrochemical Energy Storage. Chemical Reviews, 2019, 119(20): 11042-11109.

[4] Zhu Z, Jiang T, Ali M, et al. Rechargeable Batteries for Grid Scale Energy Storage. Chemical Reviews, 2022, 122(22): 16610-16751.

[5] Ding Y, Cai P, Wen Z. Electrochemical neutralization energy: from concept to devices. Chem Soc Rev, 2021, 50(3): 1495-1511.

[6] Noori A, El-Kady M F, Rahmanifar M S, et al. Towards establishing standard performance metrics for batteries, supercapacitors and beyond. Chem Soc Rev, 2019, 48(5): 1272-1341.

[7] Wang H, Li J, Li K, et al. Transition metal nitrides for electrochemical energy applications. Chem Soc Rev, 2021, 50(2): 1354-1390.

[8] Zhang K, Han X, Hu Z, et al. Nanostructured Mn-based oxides for electrochemical energy storage and conversion. Chem Soc Rev, 2015, 44(3): 699-728.

[9] Zhang N, Chen X, Yu M, et al. Materials chemistry for rechargeable zinc-ion batteries. Chem. Soc. Rev., 2020, 49(13): 4203-4219.

[10] Zhang Q, Uchaker E, Candelaria S L, et al. Nanomaterials for energy conversion and storage. Chem Soc Rev, 2013, 42(7): 3127-3171.

[11] Zhou J, Wang B. Emerging crystalline porous materials as a multifunctional platform for electrochemical energy storage. Chem Soc Rev, 2017, 46(22): 6927-6945.

[12] Gür T M. Review of electrical energy storage technologies, materials and systems: challenges and prospects for large-scale grid storage. Energy Environ Sci, 2018, 11(10): 2696-2767.

[13] Ji X. A paradigm of storage batteries. Energy Environ Sci, 2019, 12(11): 3203-3224.

[14] Blanc L E, Kundu D, Nazar L F. Scientific Challenges for the Implementation of Zn-Ion Batteries. Joule, 2020, 4(4): 771-799.

[15] Xu W, Wang Y. Recent Progress on Zinc-Ion Rechargeable Batteries. Nano-Micro Letters, 2019, 11(1): 90.

[16] Liu G, Xun S, Vukmirovic N, et al. Polymers with Tailored Electronic Structure for High Capacity Lithium Battery Electrodes. Adv Mater, 2011, 23(40): 4679-4683.

[17] Goodenough J B, Kim Y. Challenges for Rechargeable Li Batteries. Chem Mater, 2010, 22(3): 587-603.

[18] Tukamoto H, West A R. Electronic Conductivity of $LiCoO_2$ and Its Enhancement by Magnesium Doping. J Electrochem Soc, 1997, 144(9): 3164.

[19] Li Y, Yang Z, Xu S, et al. Air-Stable Copper-Based P2-$Na_{7/9}Cu_{2/9}Fe_{1/9}Mn_{2/3}O_2$ as a New Positive Electrode Material for Sodium-Ion Batteries. Advanced Science, 2015, 2(6): 1500031.

[20] Lee M, Hong J, Lopez J, et al. High-performance sodium-organic battery by realizing four-sodium storage in disodium rhodizonate. Nat Energy, 2017, 2(11): 861-868.

[21] Jiang L, Lu Y, Zhao C, et al. Building aqueous K-ion batteries for energy storage. Nat Energy, 2019, 4(6): 495-503.

[22] Huang X L, Zhao F, Qi Y, et al. Red phosphorus: A rising star of anode materials for advanced K-ion

batteries. Energy Storage Mater. , 2021, 42: 193-209.

[23] Nie C, Wang G, Wang D, et al. Recent Progress on Zn Anodes for Advanced Aqueous Zinc-Ion Batteries. Adv Energy Mater, 2023, 13(28): 2300606.

[24] Zhang H, Li S, Xu L, et al. High-Yield Carbon Dots Interlayer for Ultra-Stable Zinc Batteries. Adv Energy Mater, 2022, 12(26): 2200665.

[25] Xie D, Wang Z W, Gu Z Y, et al. Polymeric Molecular Design Towards Horizontal Zn Electrodeposits at Constrained 2D Zn^{2+} Diffusion: Dendrite-Free Zn Anode for Long-Life and High-Rate Aqueous Zinc Metal Battery. Adv Funct Mater, 2022, 32(32): 2204066.

[26] Li Y, Yu Z, Huang J, et al. Constructing Solid Electrolyte Interphase for Aqueous Zinc Batteries. Angew Chem Int Ed, 2023, 62(47): e202309957.

[27] Yuan D, Zhao J, Ren H, et al. Anion Texturing Towards Dendrite-Free Zn Anode for Aqueous Rechargeable Batteries. Angew Chem Int Ed, 2021, 60(13): 7213-7219.

[28] Zhao Z, Zhao J, Hu Z, et al. Long-life and deeply rechargeable aqueous Zn anodes enabled by a multifunctional brightener-inspired interphase. Energy Environ Sci, 2019, 12(6): 1938-1949.

[29] Zhou W, Chen M, Tian Q, et al. Cotton-derived cellulose film as a dendrite-inhibiting separator to stabilize the zinc metal anode of aqueouszinc ion batteries. Energy Storage Mater. , 2022, 44: 57-65.

[30] Smith G D, Bell R, Borodin O, et al. A Density Functional Theory Study of the Structure and Energetics of Zincate Complexes. The Journal of Physical Chemistry A, 2001, 105(26): 6506-6512.

[31] Wang D, Lv D, Peng H, et al. Site-Selective Adsorption on ZnF_2/Ag Coated Zn for Advanced Aqueous Zinc-Metal Batteries at Low Temperature. Nano Letters, 2022, 22(4): 1750-1758.

[32] Gong Y, Wang B, Ren H, et al. Recent Advances in Structural Optimization and Surface Modification on Current Collectors for High-Performance Zinc Anode: Principles, Strategies, and Challenges. Nano-Micro Letters, 2023, 15(1): 208.

[33] Wang F, Borodin O, Gao T, et al. Highly reversible zinc metal anode for aqueous batteries. Nat Mater, 2018, 17(6): 543-549.

[34] Bin D, Liu Y, Yang B, et al. Engineering a High-Energy-Density and Long Lifespan Aqueous Zinc Battery via Ammonium Vanadium Bronze. ACS Applied Materials & Interfaces, 2019, 11(23): 20796-20803.

[35] Ming F, Liang H, Lei Y, et al. Layered $Mg_x V_2 O_5 \cdot n H_2 O$ as Cathode Material for High-Performance Aqueous Zinc Ion Batteries. ACS Energy Lett, 2018, 3(10): 2602-2609.

[36] Wang R Y, Shyam B, Stone K H, et al. Reversible Multivalent (Monovalent, Divalent, Trivalent) Ion Insertion in Open Framework Materials. Adv. Energy Mater. , 2015, 5(12): 1401869.

[37] Zhang L, Chen L, Zhou X, et al. Towards High-Voltage Aqueous Metal-Ion Batteries Beyond 1. 5 V: The Zinc/Zinc Hexacyanoferrate System. Adv Energy Mater, 2015, 5(2): 1400930.

[38] Ma L, Li N, Long C, et al. Achieving Both High Voltage and High Capacity in Aqueous Zinc-Ion Battery for Record High Energy Density. Adv Funct Mater, 2019, 29(46): 1906142.

[39] Yan J, Ang E H, Yang Y, et al. High-Voltage Zinc-Ion Batteries: Design Strategies and Challenges. Adv Funct Mater, 2021, 31(22): 2010213.

[40] Yang Q, Mo F, Liu Z, et al. Activating C-Coordinated Iron of Iron Hexacyanoferrate for Zn Hybrid-Ion Batteries with 10 000-Cycle Lifespan and Superior Rate Capability. Adv Mater, 2019, 31(32): 1901521.

[41] Chao D, Zhou W, Ye C, et al. An Electrolytic $Zn-MnO_2$ Battery for High-Voltage and Scalable Energy Storage. Angew Chem Int Ed, 2019, 58(23): 7823-7828.

[42] Xia C, Guo J, Li P, et al. Highly Stable Aqueous Zinc-Ion Storage Using a Layered Calcium Vanadium Oxide Bronze Cathode. Angew Chem Int Ed, 2018, 57(15): 3943-3948.

[43] Xu C, Li B, Du H, et al. Energetic Zinc Ion Chemistry: The Rechargeable Zinc Ion Battery. Angew Chem Int Ed, 2012, 51(4): 933-935.

[44] Jia X, Liu C, Neale Z G, et al. Active Materials for Aqueous Zinc Ion Batteries: Synthesis, Crystal Structure, Morphology, and Electrochemistry. Chemical Reviews, 2020, 120(15): 7795-7866.

[45] Kundu D, Oberholzer P, Glaros C, et al. Organic Cathode for Aqueous Zn-Ion Batteries: Taming a Unique Phase Evolution toward Stable Electrochemical Cycling. Chem Mater, 2018, 30 (11): 3874-3881.

[46] Guo C, Liu H, Li J, et al. Ultrathin δ-MnO_2 nanosheets as cathode for aqueous rechargeable zinc ion battery. Electrochim Acta, 2019, 304: 370-377.

[47] Kundu D, HosseiniVajargah S, Wan L, et al. Aqueous vs. nonaqueous Zn-ion batteries: consequences of the desolvation penalty at the interface. Energy Environ Sci, 2018, 11(4): 881-892.

[48] Hou Z, Zhang X, Li X, et al. Surfactant widens the electrochemical window of an aqueous electrolyte for better rechargeable aqueous sodium/zinc battery. J Mater Chem A, 2017, 5(2): 730-738.

[49] Huang J, Wang Z, Hou M, et al. Polyaniline-intercalated manganese dioxide nanolayers as a high-performance cathode material for an aqueous zinc-ion battery. Nat Commun, 2018, 9(1): 2906.

[50] Kundu D, Adams B D, Duffort V, et al. A high-capacity and long-life aqueous rechargeable zinc battery using a metal oxide intercalation cathode. Nat Energy, 2016, 1(10): 16119.

[51] Zhao Q, Huang W, Luo Z, et al. High-capacity aqueous zinc batteries using sustainable quinone electrodes. Science Advances, 4(3): eaao1761.

[52] Shi H Y, Ye Y J, Liu K, et al. A long-cycle-life self-doped polyaniline cathode for rechargeable aqueous zinc batteries. Angew Chem Int Ed, 2018, 57(50): 16359-16363.

[53] Liu L, Niu Z, Chen J. Unconventional supercapacitors from nanocarbon-based electrode materials to device configurations. Chem Soc Rev, 2016, 45(15): 4340-4363.

[54] Wang G, Zhang L, Zhang J. A review of electrode materials for electrochemical supercapacitors. Chem Soc Rev, 2012, 41(2): 797-828.

[55] Wang Y, Song Y, Xia Y. Electrochemical capacitors: mechanism, materials, systems, characterization and applications. Chem Soc Rev, 2016, 45(21): 5925-5950.

[56] Zhang L L, Zhao X S. Carbon-based materials as supercapacitor electrodes. Chem Soc Rev, 2009, 38 (9): 2520-2531.

[57] Zhou H, Zhu S, Hibino M, et al. Electrochemical capacitance of self-ordered mesoporous carbon. J Power Sources, 2003, 122(2): 219-223.

[58] Stoller M D, Park S, Zhu Y, et al. Graphene-Based Ultracapacitors. Nano Letters, 2008, 8(10): 3498-3502.

[59] Chmiola J, Yushin G, Gogotsi Y, et al. Anomalous Increase in Carbon Capacitance at Pore Sizes Less Than 1 Nanometer. Science, 2006, 313(5794): 1760-1763.

[60] Li Q, Lu X F, Xu H, et al. Carbon/MnO_2 Double-Walled Nanotube Arrays with Fast Ion and Electron Transmission for High-Performance Supercapacitors. ACS Applied Materials & Interfaces, 2014, 6(4): 2726-2733.

[61] Xiao X, Ding T, Yuan L, et al. WO_{3-x}/MoO_{3-x} Core/Shell Nanowires on Carbon Fabric as an Anode for All-Solid-State Asymmetric Supercapacitors. Adv Energy Mater, 2012, 2(11): 1328-1332.

[62] Huang J, Yuan K, Chen Y. Wide Voltage Aqueous Asymmetric Supercapacitors: Advances, Strategies, and Challenges. Adv Funct Mater, 2022, 32(4): 2108107.

[63] Wu J, Gao X, Yu H, et al. A Scalable Free-Standing V_2O_5/CNT Film Electrode for Supercapacitors with a Wide Operation Voltage (1. 6 V) in an Aqueous Electrolyte. Adv Funct Mater, 2016, 26(33): 6114-6120.

［64］Choudhary N，Li C，Moore J，et al．Asymmetric Supercapacitor Electrodes and Devices．Adv Mater，2017，29(21)：1605336．

［65］Jabeen N，Hussain A，Xia Q，et al．High-Performance 2.6 V Aqueous Asymmetric Supercapacitors based on In Situ Formed $Na_{0.5}MnO_2$ Nanosheet Assembled Nanowall Arrays．Adv Mater，2017，29(32)：1700804．

［66］Liu C，Xie Z，Wang W，et al．The Ti@MoO_x nanorod array as a three dimensional film electrode for micro-supercapacitors．Electrochem Commun，2014，44：23-26．

［67］Lee H Y，Goodenough J B．Ideal Supercapacitor Behavior of Amorphous $V_2O_5 \cdot nH_2O$ in Potassium Chloride (KCl) Aqueous Solution．Journal of Solid State Chemistry，1999，148(1)：81-84．

［68］Hercule K M，Wei Q，Khan A M，et al．Synergistic Effect of Hierarchical Nanostructured $MoO_2/Co(OH)_2$ with Largely Enhanced Pseudocapacitor Cyclability．Nano Letters，2013，13(11)：5685-5691．

［69］Zhu J，Cao L，Wu Y，et al．Building 3D Structures of Vanadium Pentoxide Nanosheets and Application as Electrodes in Supercapacitors．Nano Letters，2013，13(11)：5408-5413．

［70］Brezesinski T，Wang J，Tolbert S H，et al．Ordered mesoporous α-MoO_3 with iso-oriented nanocrystalline walls for thin-film pseudocapacitors．Nat Mater，2010，9(2)：146-151．

［71］Song Y，Liu T Y，Yao B，et al．Amorphous Mixed-Valence Vanadium Oxide/Exfoliated Carbon Cloth Structure Shows a Record High Cycling Stability．Small，2017，13(16)：1700067．

［72］Zhang X，Han R，Liu Y，et al．Porous and graphitic structure optimization of biomass-based carbon materials from 0D to 3D for supercapacitors：A review．Chem Eng J，2023，460：141607．

［73］Wang L，Yang H，Liu X，et al．Constructing hierarchical tectorum-like α-Fe_2O_3/PPy nanoarrays on carbon cloth for solid-state asymmetric supercapacitors．Angew Chem Int Ed，2017，56(4)：1105-1110．

［74］Chen G F，Li X X，Zhang L Y，et al．A porous perchlorate-doped polypyrrole nanocoating on nickel nanotube arrays for stable wide-potential-window supercapacitors．Adv Mater，2016，28(35)：7680-7687．

［75］Wang Y G，Li H Q，Xia Y Y．Ordered whiskerlike polyaniline grown on the surface of mesoporous carbon and its electrochemical capacitance performance．Adv Mater，2006，18(19)：2619-2623．

［76］Nyholm L，Nystrom G，Mihranyan A，et al．Toward flexible polymer and paper-based energy storage devices．Adv Mater，2011，23(33)：3751-3769．

［77］Patil B H，Jagadale A D，Lokhande C D．Synthesis of polythiophene thin films by simple successive ionic layer adsorption and reaction (SILAR) method for supercapacitor application．Synth Met，2012，162(15-16)：1400-1405．

［78］Wang Y，Tao S，An Y，et al．Bio-inspired high performance electrochemical supercapacitors based on conducting polymer modified coral-like monolithic carbon．J Mater Chem A，2013，1(31)：8876-8887．

第 4 章

太阳能电池

📋 学习目标

1. 掌握不同类型太阳能电池光电转化的原理。
2. 掌握评价太阳能电池性能指标的意义。
3. 对于每种类型的太阳能电池至少掌握一种具体构造及工作原理。
4. 了解不同类型太阳能电池的最大理论光电转化效率。
5. 了解太阳能电池的发展趋势。

近年来，我国推出了《中共中央　国务院关于完整准确全面贯彻新发展理念做好碳达峰碳中和工作的意见》《2030 年前碳达峰行动方案》等一系列国家"双碳"政策文件。在此背景下，我国太阳能电池产品年产量达到 5.4 亿千瓦，我国光伏装机总容量约 8.4 亿千瓦。在复杂多变的国际形势下，我国光伏发电技术逆势增长，既彰显了我国政府推动实现"双碳"目标的坚定决心，也为全球清洁能源结构转型注入了强劲的发展动力。随着产业规模和应用规模的逐步扩大，我国光伏技术发展模式正在从以跟随国际为主过渡到"跟随国际与主动布局"并重，服务国家战略需求、破解行业发展瓶颈成为光伏技术进步的重要驱动力。

太阳能电池是基于光伏效应的光电转换装置。贝克勒尔（Becquerel）在 1839 年观察到浸在电解液中的电极之间产生了光致电压后首次提出了光伏效应的概念。1876 年，人们观察到在硒的全固态系统中也有类似的光伏现象。于是以硒和氧化亚铜为材料的光电池得到了一定的研究。尽管在 1941 年已经有关于硅电池的报道，但直到 1954 年才出现了现代硅电池的先驱产品。这种硅电池成为第一个能够以适当效率将光能转换为电能的光伏器件，其出现标志着太阳能电池研发工作的重大进展。早在 1958 年，这种电池就被用作宇宙飞船的电源。到 20 世纪 60 年代初，供空间应用的电池设计已经成熟。因此，在接下来的几十年中，太阳能电池主要用于空间技术。

然而，到了 20 世纪 70 年代初，硅太阳能电池经历了一次重大突破，能量转换效率显著提高。与此同时，对太阳能电池在地面应用方面的兴趣重新被唤起。到了 70 年代末，地面上使用的太阳能电池数量已超过了空间应用。随着产量的增加，成本明显下降。80 年代初，出现了一些新的制造工艺，通过试生产进行评估，为接下来的十年进一步降低成本奠定了基础。随着成本的不断降低，利用光电转化的商业化案例将越来越普及。随着对太阳能电池原理的逐步深入认识，各种类型的新型太阳能电池也被逐步开发出来。太阳能电池与化学之间存在着密切的关系，这涉及材料科学、电化学和光化学等多个化学领域。

首先，太阳能电池的核心材料是半导体，它们在化学结构和电子能带结构上具有重要的性质。半导体材料，如：硅、硒化铜、硒化镉等，具有特定的带隙（band gap），带隙决定了材料对不同波长的光的吸收能力。带隙越小，材料越容易吸收可见光的能量。这种化学特性使半导体成为太阳能电池的理想材料，因为它们可以有效地将太阳光转化为电能。

光的吸收和电子激发是太阳能电池中的关键化学过程。当太阳光射入太阳能电池时，光子被半导体吸收，激发材料中的电子从价带跃迁到导带，形成电子-空穴对。这个化学反应是太阳能电池的起点，它将太阳光的能量转化为电子能量。电子-空穴对的生成导致了电子和空穴在半导体内的运动，这也涉及化学反应。这些电子和空穴通过电场在半导体中运动，从而产生电流。这个过程涉及电子的迁移、空穴的扩散以及电荷之间的相互作用，这些都是电化学过程的一部分。

在某些类型的太阳能电池中，化学反应更加复杂。例如，某些太阳能电池采用光化学反应来促使光吸收和电子-空穴对的生成。这包括光解水过程，其中太阳光的能量被用来将水分解成氢气和氧气。这是一种重要的光催化反应，需要特定的催化剂和电极材料。这个化学过程不仅用于能量产生，还可以用于储能和燃料生产，对可再生能源的可持续利用至关重要。

此外，太阳能电池也涉及化学工程的原理。研究人员不断努力寻找更有效的太阳能电池材料，以提高效率、降低成本，并减少对稀有资源的依赖。这包括合成新型半导体材料、设计新型电极材料和改进太阳能电池的稳定性，这些工作都涉及化学合成、材料表征和性能优化等化学技术。

总之，太阳能电池与化学之间存在着紧密的联系。化学原理和技术在太阳能电池的设计、工作原理和性能优化中扮演着关键角色，这为可再生能源和可持续发展提供了强有力的支持。通过不断的研究和创新，我们可以进一步提高太阳能电池的效率，推动清洁能源的应用和发展。本章将介绍硅基太阳能电池、薄膜太阳能电池、铜铟镓硒薄膜太阳能电池和新型太阳能电池等。

4.1　硅基太阳能电池

4.1.1　原理

太阳能电池工作原理的基础是半导体的光生伏特效应，所谓光生伏特效应就是当物体受到光照时，物体内的电荷分布状态发生变化而产生电动势和电流的一种效应。晶体硅太阳能电池本质上就是一个大面积的二极管，由 pn 结、钝化膜、金属电极组成。在 n 型衬底上掺杂硼源，p 型衬底上掺杂磷源，分别形成 p^+ 或 n^+ 型发射极，并与硅衬底形成 pn 结。该 pn 结形成内建电场，将光照下产生的光生载流子（电子-空穴对）进行分离，分别被正面和背面的金属电极收集。图 4-1 是常规晶体硅太阳能电池的结构示意图，从上到下依次为正面栅线电极、正面减反膜 SiN_x、pn 结、硅衬底、背表面场（back surface field，BSF）以及背面金属电极。

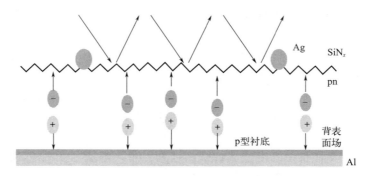

图 4-1　常规晶体硅太阳能电池的结构示意图

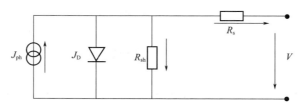

图 4-2　晶体硅太阳能电池的电路模型

图 4-2 是晶体硅太阳能电池的电路模型，电路模型主要包含五个部分，分别是恒流源、二极管、并联电阻 R_{sh}、串联电阻 R_{s} 和外界负载。其中 J_{D} 为流过二极的电流密度，J_{ph} 为光生电流密度，J 为流过外界负载的电流密度，V 为外界负载两端的电压值。

上述各参数关系如式（4-1）所示：

$$J = J_{\mathrm{ph}} - J_{\mathrm{D}} - \dfrac{V + \dfrac{J}{R_{\mathrm{s}}}}{R_{\mathrm{sh}}} \tag{4-1}$$

n 为二极管理想因子，k_{B} 为玻尔兹曼常数，则变形为式（4-2）。

$$J_{\mathrm{D}} = J_0 \left[\exp\left(\frac{qV + JR_{\mathrm{s}}}{nk_{\mathrm{B}}T} \right) - 1 \right] \tag{4-2}$$

V 与 J 随着外界负载的改变而改变。当外界负载短路时，$V=0$，此时的 J 称为短路电流密度 J_{sc}；当外界负载断开时，$J=0$，此时的 V 称为开路电压 V_{oc}。输出功率存在最大值，称为最大功率点 P_{max}，对应最大工作电压 V_{mpp} 和最大工作电流 I_{mpp}。引入填充因子 FF，定义如式（4-3）：

$$\mathrm{FF} = \frac{P_{\mathrm{max}}}{V_{\mathrm{oc}} J_{\mathrm{sc}}} \tag{4-3}$$

假设为理想的太阳能电池（即 $R_{\mathrm{s}}=0$，$R_{\mathrm{sh}}=+\infty$）时，填充因子 FF_0 有以下的经验公式：

$$\mathrm{FF}_0 = \frac{V_{\mathrm{oc}} - \ln(V_{\mathrm{oc}} + 0.72)}{V_{\mathrm{oc}} + 1} \tag{4-4}$$

其中

$$V_{\mathrm{oc}} = \frac{qV_{\mathrm{oc}}}{k_{\mathrm{B}}T} \tag{4-5}$$

当考虑到串联电阻时

$$FF = FF_0 \left(1 - \frac{R_s J_{sc}}{V_{oc}}\right) \tag{4-6}$$

太阳能电池最重要的外部参数包括开路电压 V_{oc}、短路电流密度 J_{sc}、填充因子 FF、电池光电转化效率 η、最大工作电压 V_{mpp}、最大工作电流 I_{mpp}、串联电阻 R_s 和并联电阻 R_{sh}。

4.1.2　评价参数

当受到光照的太阳能电池接上负载时，光生电流流经负载，并在负载两端产生电压。当负载 R_L 连续变化时，经过测量得到一系列 I-V 数据，由此可以作出如图 4-3 所示的太阳能电池的负载特性曲线，可计算出电池性能的外部参数，如开路电压 V_{oc}、短路电流 I_{sc}、最佳工作电压 V_m、最佳工作电流 I_m、最大功率 P_m、填充因子 FF，以及串联电阻 R_s、并联电阻 R_m 和电池效率 η。

图 4-3 曲线上的每一点称为工作点，工作点和原点的连线称为负载线，斜率为 $\frac{1}{R_L}$，工作点的横坐标和纵坐标即为相应的工作电压和工作电流。I-V 曲线与 V、I 两轴的交点即开路电压 V_{oc}、短路电流 I_{sc}。若改变负载电阻 R_L 到达某一个特定值 R_m，此时，在曲线上得到一个点 M，对应的工作电流与工作电压之积最大（$P_m = I_m V_m$），我们就称点 M 为该太阳能电池的最大功率点。其中，I_m 为最佳工作电流，V_m 为最佳工作电压，R_m 为最佳负载电阻，P_m 为最大输出功率。P_m 与开路电压、短路电流之积（$V_{oc} I_{sc}$）的比值就称为填充因子（FF），在图 4-3 中就是四边形 $OI_m M V_m$ 与四边形 $OI_{sc} A V_{oc}$ 面积之比。

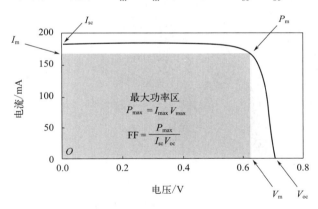

图 4-3　太阳能电池负载特性曲线

4.1.3　电池效率损失机制

造成太阳能电池效率损失的原因主要有：①能量小于电池吸收层禁带宽度的光子不能激发产生电子-空穴对。②能量大于电池吸收层禁带宽度的光子被吸收，产生的电子-空穴对分别被激发到导带和价带的高能态，多余的能量以声子形式释放，高能态的电子-空穴又回落到导带底和价带顶，导致能量的损失。③光生载流子在 pn 结内分离和输运时，会发生复合损失。④半导体材料与金属电极接触处的非欧姆接触引起电压降损失。⑤光生载流子输运过程中由材料缺陷、界面缺陷等导致的复合损失。总的来说，可分为两大类，即光学损失和电学损失。单结晶体硅太阳能电池的能量损失图见图 4-4。

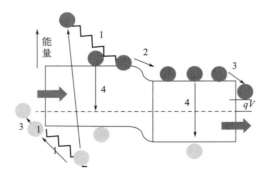

图 4-4　单结晶体硅太阳能电池的能量损失示意图
1—热弛豫损失；2,3—接触电压损失；4—载流子对的复合损失

（1）光学损失

晶体硅是光学带隙为 1.12eV 的间接带隙半导体材料。对晶体硅太阳能电池而言，太阳光中低于 1.12eV 能量的长波段光子能量太低，不足以提供足够的能量来产生自由载流子。这部分光子占比大约 30％，电池无法利用，而短波的光子能量高，激发一个电子从价带到导带只需 1.12eV 的能量，多余的光子能量又无法利用，在晶格弛豫中以热量形式散发出来。图 4-5 所示为 AM1.5G 的太阳光谱。在 AM1.5G 光谱中，权重最大的是 400～800nm 的可见光，其次是 800～1116nm 的近红外线，权重最低的是波长 400nm 以下的紫外线。

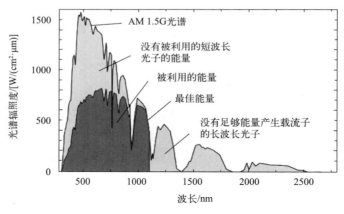

图 4-5　AM1.5G 的太阳光谱图

光学损失的另一方面还来自晶体硅太阳能电池的结构和工艺。首先，对于晶体硅而言，硅折射率在 3.8 左右，空气折射率略大于 1，两者差值很大。当太阳光照射在晶体硅表面时，由于折射率的差异，入射光中很大一部分（30％～40％）光被反射出去。其次，晶体硅是间接带隙半导体材料，光吸收系数相对较低。长波长光入射进硅片不能被充分吸收，导致部分光从电池背面透出。最后，晶体硅太阳能电池的正面金属栅线会遮挡入射光。这些都导致了电池的光学损失。

（2）电学损失

① 复合损失。半导体内的缺陷和杂质能够俘获载流子，增大载流子的复合概率。复合陷阱浓度越高，陷阱能级越靠近禁带的中央，陷阱的俘获截面积就越大；载流子的运动速度越快，被陷阱俘获的数量就会越多，从而陷阱辅助复合的速率越大，载流子寿命越短。硅片

体内由于存在掺杂、杂质、缺陷等因素，光生少数载流子在硅片内运动时，很容易被复合掉。另外，半导体材料表面高浓度的缺陷，称为表面态。电子和空穴会通过表面这些缺陷复合，称为表面复合或者界面复合。复合损失主要有辐射复合、俄歇复合、SRH 复合（Shockley-Read-Hall，非平衡载流子复合）和表面复合，如图 4-6 所示。

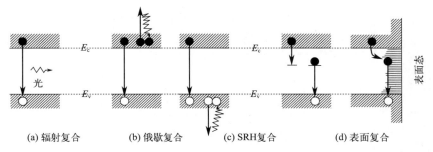

(a) 辐射复合　　(b) 俄歇复合　　(c) SRH复合　　(d) 表面复合

图 4-6　晶体硅太阳能电池的四种复合过程

a. 辐射复合。光生载流子的逆过程，对于直接带隙的半导体而言，辐射复合是半导体材料内部复合的主要方式；但对于间接带隙的硅来说，辐射复合需要声子的参与，所以其辐射复合相对要小很多，在晶体硅太阳能电池复合中不起主导作用。

b. 俄歇复合。当电子与空穴复合时，复合产生的能量会传递给另外一个电子或空穴，使其获得足够的动能，跃迁到更高能态，成为热载流子，然后在弛豫时间内，以声子的形式发散到晶格中，这就是所谓的俄歇复合。俄歇复合速率与载流子的浓度有关，是高掺杂浓度区域（发射极）的主要复合方式。

c. SRH 复合。晶格缺陷会在禁带中产生额外的能级，这些能级也会成为复合的中心。电子和空穴通过禁带中的陷阱能级进行复合，导带中的电子可通过这些复合中心跃迁至价带，这就是所谓的 SRH 复合。

d. 表面复合。晶体硅的表面同样存在大量的位错、悬挂键、晶格损伤等缺陷而导致载流子复合，这一复合可以用 SRH 模型来描述。

② 电阻损失。太阳能电池实际工作中，还会遇到串联电阻 R_s 和并联电阻 R_{sh} 等寄生电阻的问题。R_s 源于大面积太阳能电池电流流向的电阻和金属栅线等的接触电阻；并联电阻 R_{sh} 是来自 pn 结结构和制备过程中的工艺。电阻损失包括串联电阻和并联电阻两大部分。串联电阻的情况比较复杂一点，如图 4-7 所示，主要由 Si 的体电阻（r_b）、前后电极的接触电阻（r_c 和 r_{rc}）、发射极电阻（r_e）、细栅电阻（r_f）、主栅电阻（r_{bus}）和焊接带电阻（r_{tab}）组成。Ansgar Mette 使用解析的方法计算了这些串联电阻的组成。串联电阻的高低与电池的填充因子有强相关性，当串联电阻过高时，电池的填充因子会非常低。

并联电阻的形成较为简单，一般认为是在晶体硅太阳能电池边缘产生的。以 p 型硅片为例，由于发射极中的电子能够通过表面态与基区甚至是背面电极的空穴进行复合，产生电流通道，导致电池的局部漏电。不恰当的工艺也会导致并联电阻的形成，包括边缘漏电、边缘 pn 结的残留、硅片隐裂和空洞、pn 结烧穿、表面刮伤、铝对前表面的污染、严重的晶体损伤和表面反型层的形成等，都有可能降低并联电阻，形成漏电。

串联电阻增大和并联电阻减小都会对电池的填充因子有很大的影响。在相同的变化幅度下，电池效率对串联电阻比并联电阻更加敏感。串联电阻变大时，电池的短路电流逐步变小，开路电压保持不变。而当并联电阻变小时，电池的短路电流基本维持不变，而开路电压则显著下降。这是因为并联漏电会增加电池额外的复合，而开路电压对复合是非常敏感的。早期的产业化电池，并联漏电是很大的问题，但随着技术的发展，在目前的产业化电池中，背面和边缘去结的工艺能很好地控制并联漏电的问题。

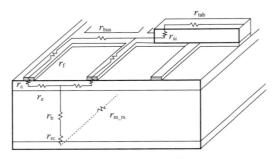

图 4-7　太阳能电池串联电阻的组成

太阳能电池材料内部由于并联电阻 R_{sh} 和串联电阻 R_s 等本身寄生电阻的影响，在太阳能电池工作过程中也会造成一部分电子-空穴对复合损失。通常硅片表面由晶格断裂造成的悬挂键是严重的复合中心，需要对其表面进行钝化以降低表面复合速率。但在硅与金属接触的位置，不存在介质钝化膜，因而硅金属接触区域复合速率很高，这将对电池性能产生影响，造成电学损失。

从降低光学损失及降低电学损失两方面加以控制可降低太阳能电池效率损失。如改善电池前表面低折射率的减反射膜、前表面绒面结构、背部高反射等陷光结构及技术降低光学损失。同时，优先优化硅基材料，优化发射极、新型钝化材料与技术及金属接触技术可减少载流子的复合，从而提高太阳能电池转化效率。

4.1.4　太阳能电池用硅材料的制备

（1）单晶硅

Czochralski 法（以下简称直拉法、CZ 法）是利用旋转着的籽晶从坩埚里的熔体中提拉制备出单晶的办法，因波兰人 J. Czochralski 在 1918 年曾用此法测定结晶速率而得名。1950年，美国贝尔实验室的 G. K. Teal 和 J. B. Little 将该方法发展成为一种工业化的半导体单晶生长技术，并首先应用于锗单晶和硅单晶的生长。该方法现在已经被广泛应用于其他半导体材料。直拉法生长单晶已有数十年的历史，通过不断改进，其晶体生长理论以及生长技术工艺也日趋成熟。晶体尺寸，如直径和长度等不断增大，晶体缺陷不断减少，晶体中的杂质分布不均匀性也不断降低。在此期间，Keller 首先提出采用细籽晶可以显著减少区熔法单晶的位错密度，对直拉法单晶硅具有同样的意义；在此基础上 Dash 提出了完整的无位错硅单晶生长工艺，并对其机制给出了解释；Zieger 提出了快速引晶拉出细晶的方法。1970～2009年，CZ 法硅单晶生长技术的发展见表 4-1。

表 4-1　CZ 法硅单晶生长技术发展

年份	方式	装料量	特点
1970 年	高频加热，线圈移动电阻，硬轴拉晶，常压拉晶	330g	手动控制生长，有位错，无位错单晶，直径为 25～32mm
1969～1973 年	电阻加热，加热器移动，硬轴拉晶，常压拉晶	1300g	手动控制生长，无位错单晶，直径为 32～50mm

年份	方式	装料量	特点
1975～1985 年	大型化,坩埚移动,模拟控制,自动控制,硬轴拉晶,减压拉晶	4.3kg	自动温度控制,前馈控制生长,无位错,直径为 50～75mm
1978 年	全自动化硬轴拉晶,减压拉晶	20kg	模拟控制,直径为 75～100mm
1979 年	数值控制,软轴拉晶生长	30～40kg	直径为 100～150mm
1990 年	数值控制,软轴拉晶生长	40～150kg	直径为 125～200mm
1995 年	连续拉晶工艺,计算机控制	100～150kg	直径为 300mm
2009 年	全自动控制	300kg	直径为 400mm

直拉法的基本原理是：将原生多晶硅料放在石英坩埚中加热熔化，并获得一定的过热度，待温度达到平衡后，将固定在提拉杆上的籽晶浸入熔体中，发生部分熔化后，缓慢向上提拉籽晶，并通过籽晶和上部籽晶杆散热，与籽晶接触的熔体首先获得一定的过冷度而发生结晶，不断提升籽晶拉杆，使结晶过程连续进行。

（2）多晶硅

直拉单晶硅技术无论是基础理论，还是装备、配套材料以及后道加工等方面都已经十分成熟。然而，直拉单晶硅为圆柱状，其硅片制备的圆形太阳能电池不能最大限度地利用太阳能电池组件的有效空间；单台设备的产出量低，进而使得电力消耗偏高；虽然直拉单晶炉实现了自动化控制，但是直拉单晶过程的关键步骤还需要熟练技工进行监控，相对来说人力成本较高。此外，熔化的硅料与坩埚直接接触造成单晶硅中的氧含量偏高，硼氧复合体的存在使得单晶硅太阳能电池的光致衰减率偏高。

自 20 世纪 80 年代铸造多晶硅技术开发和应用以来，发展迅速。80 年代末期，产量仅占太阳能电池材料的 10％左右，但是以相对低的生产成本、高的生产效率等优势不断挤占单晶硅的市场，成为最有竞争力的太阳能电池材料，到 2012 年市场份额迅速上升到 65％以上，成为最主要的太阳能电池材料。

铸造多晶硅是利用浇铸或定向凝固的铸造技术，在方形坩埚中制备晶体硅材料，其生长简便，实现了大尺寸和自动化的生长控制，并且很容易直接切成方形硅片。同时，铸造多晶硅生长相比直拉单晶的能耗大幅下降，促使硅片生产成本进一步降低。而且，铸造多晶硅技术对硅原材料纯度的要求比直拉单晶硅低。其缺点是具有晶界、高密度的位错、微缺陷和相对较高的杂质浓度，因而铸造多晶硅太阳能电池的转换效率比单晶硅太阳能电池要略低。近年来，太阳能光伏产业的快速发展促使铸造多晶硅技术不断提升，与直拉单晶硅的电池转换效率差距也缩小到 1.0％～2.0％。

以下将介绍铸造多晶硅的制备工艺以及配套材料对品质的影响。

利用浇铸和定向凝固技术制备硅多晶体，称为铸造多晶硅（multicrystalline silicon，MC-Si）。1975 年，德国瓦克公司在国际上首先利用浇铸法制备多晶硅片（SILSO），用来制造太阳能电池。与此同时，其他科研小组也开发出不同的铸造工艺来制备多晶硅材料，如美国 Solarex 公司的结晶法、美国 GT Solar 公司的热交换法、日本电气公司和大阪钛公司的模具释放铸锭法等。铸造多晶硅含有大量的晶粒、晶界、位错和杂质，但与直拉单晶相比，由于装料量大，已经从早期的 100kg 提高到目前的 1200kg 以上，生产成本显然比单晶硅低得多。

与直拉单晶硅相比，铸造多晶硅的主要优势是材料利用率高、能耗低、制备成本低，而且其晶体生长简便，易于大尺寸生长。其缺点也十分明显，晶体的质量明显低于单晶硅，从而降低了太阳能电池的转换效率。铸造多晶硅和直拉单晶硅的比较见表 4-2。

表 4-2　铸造多晶硅和直拉单晶硅的比较

单体性质	直拉单晶硅（CZ）	铸造多晶硅（MC）
晶体形态	单晶	多晶
晶体质量	无位错	高密度位错
能耗/(kW·h/kg)	>30	<10
晶体大小/mm	ϕ300	1200×1200
晶体形状	圆形	方形
太阳能电池转换效率/%	18~25	17~20

自从铸造多晶硅技术开发以后，技术不断改进，质量不断提高，应用也更加广泛，特别是在晶体生长的模拟、装备及坩埚等辅助材料方面的改进大幅度提升了其竞争力。

利用铸造技术制造多晶硅主要有三种方法。第一种是浇铸法，即在一个坩埚内将硅原材料熔化，然后浇铸在另一个经过预热的坩埚内冷却，通过控制冷却速率，采用定向凝固技术制备大晶粒的铸造多晶硅。目前，浇铸法铸造多晶硅在国际上已很少使用。第二种是直接熔融定向凝固法，简称直熔法，又称布里奇曼法，即在坩埚内直接将多晶硅熔化，然后通过坩埚底部的热交换等方式，使熔硅从底部开始冷却最后到顶部，采用定向凝固技术制造多晶硅。因此，也有人称这种方法为热交换法（heat exchange method，HEM）。第三种方法，定向凝固生长多晶硅。从生长机理来讲，前两种技术没有根本区别，都是在坩埚容器中熔化硅材料并利用温度梯度来生长多晶硅，只是第一种技术在不同的坩埚中完成，而第二种技术在同一个坩埚中完成晶体生长。但是，采用后者生长的铸造多晶硅的质量较好，它可以通过控制垂直方向的温度阶梯，使固液界面尽量保持水平，有利于生长出取向性较好的柱状多晶硅晶锭。而且，这种技术所需的人工少，晶体生长过程容易实现全过程自动化控制。另外，硅晶体生长完成后，一直保持在高温状态下，对多晶硅晶体进行了退火热理，可降低晶体的热应力，最终减少晶体内的位错密度。

图 4-8（a）所示为浇铸法制备铸锭多晶硅的示意图。上部为预熔坩埚，下部为凝固坩埚。在制备铸造多晶硅时，首先将多晶硅的原料在预熔坩埚内熔化，然后硅熔体逐渐流入下部的凝固坩埚，通过控制凝固坩埚周围的加热装置，使得凝固坩埚的底部温度最低，从而使硅熔体在凝固坩埚底部开始逐渐结晶。结晶时始终控制固液界面的温度梯度，保证固液界面自底部向上部逐渐平行上升，最终使所有的熔体结晶。熔料与晶体生长在不同坩埚中进行。

图 4-8（b）所示为定向凝固法制备铸造多晶硅的示意图。熔料与晶体生长在同一个坩埚中进行，硅原材料首先在坩埚中熔化，坩埚周围的加热器在保持坩埚上部温度的同时，自坩埚的底部开始逐渐降温，从而使坩埚底部的熔体首先形成结晶。同样地，通过保持固液界面在同一水平面上并逐渐上升，使得整个熔体由下而上逐步生长成为多晶硅锭，把加热和冷却合在一个热场里进行。2004 年定向凝固法开始成为市场的主流技术。

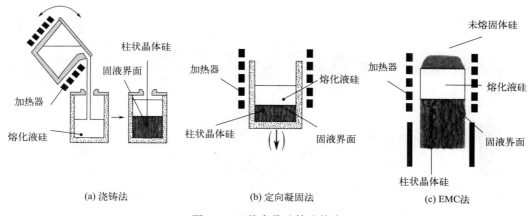

图 4-8　三种多晶硅铸造技术

实际生产时，浇铸法和定向凝固法的冷却方式稍有不同。在定向凝固法中，坩埚是逐渐向下移动，缓慢脱离加热区；或者隔热装置逐步打开，使得坩埚通过支撑坩埚底部的热交换平台与周围环境进行热交换；同时，通过真空炉体冷却水把热量交换出去，使熔体的温度自底部开始降低，使固液界面始终基本保持在同一水平面上，晶体结晶的速度为 $1\sim2$cm/h。而在浇铸法中，控制加热区的加热温度，形成自上部向底部的温度梯度，底部温度首先低于硅熔点，开始结晶，上部始终保持在硅熔点以上的温度，直到结晶完成。在整个制备过程中，坩埚是不动的。在这种结晶工艺中，结晶速度可以稍快些，但是不容易控制固液界面的温度梯度，硅锭四周和坩埚接触部位的温度往往低于硅锭中心的温度，因而不易生长出高品质的多晶硅锭。

利用定向凝固技术生长的铸造多晶硅，生长速度慢，并且每炉需要消耗一只石英陶瓷坩埚，坩埚不能重复循环使用；另外，硅锭的底部由于重金属沉淀和坩埚中杂质的扩散，顶部由于各种杂质漂浮物以及分凝作用，各有几十毫米厚区域的硅片由于性能低劣而不能利用。为了克服这些缺点，电磁感应冷坩埚连续拉晶法（electro magnetic continuous pulling）已经被开发，简称 EMC 法或 EMCP 法，其原理就是利用电磁感应来熔化硅原料。这种技术可以在不同部位同时熔化和凝固硅原材料，由于没有坩埚的直接接触和消耗，在节约生产时间的同时降低了生产成本；没有了熔体和坩埚的直接接触，因此杂质污染程度减少，特别是氧浓度和金属杂质浓度大幅度降低。另外，该技术还可以实现连续浇铸，生长速度可达 5mm/min；且由于电磁力对硅熔体的搅拌作用，掺杂剂在硅熔体中的分布更加均匀。显然，这是一种很有前途的铸造多晶硅技术。生产面积尺寸较小（350mm×350mm），但长度可达 2m，图 4-8（c）所示为电磁感应冷坩埚连续拉晶法制备铸造多晶硅的示意图。

通常，高质量的铸造多晶硅锭应该表面平整，没有裂纹、孔洞等宏观缺陷，从上面观看，硅锭呈多晶状态，晶界和晶粒清晰可见，晶粒的长度可以达到 10mm 左右；从侧面观看，晶粒呈柱状生长，其主要晶粒自底部向上部几乎垂直于底面生长。

在多晶硅锭完全冷却后，目前基本是开方切成截面积为 156mm×156mm 的小方锭，这时可以对小方锭进行电阻率测量、少子寿命扫描、硅锭内部杂质探测以及氧含量和碳含量等性能的测试和表征。根据电阻率、少子寿命和杂质情况去除小方锭的头尾部分，再利用多线切割机把小方锭切割成多晶硅片，检验包装后就可以进入电池生产工艺。多晶硅片的生产加工过程如图 4-9 所示。

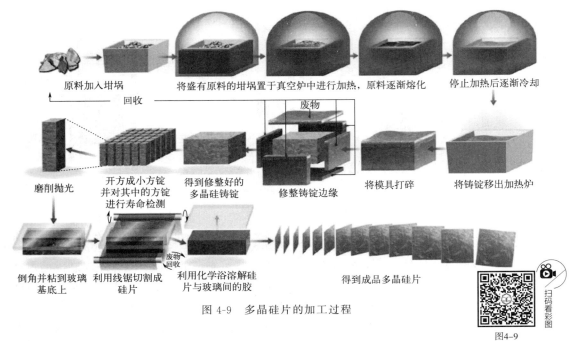

图 4-9　多晶硅片的加工过程

图4-9

4.1.5　硅基太阳能电池的产业化

太阳能光伏发电系统是直接将太阳能转化为直流电能或交流电能的光伏电源或光伏电站，其输出功率可根据需要从数瓦至数百兆瓦不等。

太阳能光伏发电系统由太阳能电池和组件、控制器、逆变器和储能装置（蓄电池组）等部件组成。太阳能光伏发电系统的基本构成框图如图 4-10 所示。

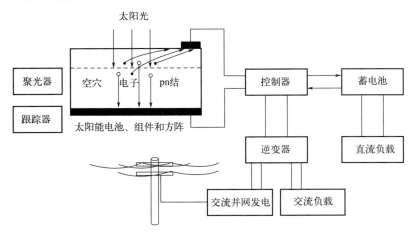

图 4-10　太阳能光伏发电系统的基本构成框图

（1）太阳能电池和太阳能电池组件

太阳能电池的作用是直接将太阳能转换成电能，其工作原理基于半导体 pn 结的光生伏特效应。单体太阳能电池的电压较低（约 0.7V）、电流较小，实际使用时需要将单体电池按要求串联及并联，形成太阳能电池组件（也称光伏组件），用于光伏电源。太阳能电池组件按用户的负载需求（电压、功率）再进行串并联就构成了太阳能电池方阵，用于光伏电站，如图 4-11 所示。

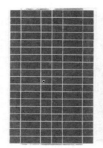  

(a) 太阳能电池　　　　　(b) 太阳能电池组件　　　　　(c) 太阳能电池方阵

图4-11

扫码看彩图

图 4-11　太阳能电池、组件和方阵

（2）变换器

太阳能电池及组件以直流方式输出电能，但是在很多情况下，用电系统都以交流供电。变换器的作用是将太阳能电池和蓄电池输出的直流电转换成与用电器相匹配的交流电或不同电压水平的直流电。变换器分为直流-交流（DC-AC）变换器和直流-直流（DC-DC）变换器。对变换器基本要求是：具有较高的变换效率和稳定的交、直流电压输出；具有一定的过载能力；在正弦逆变输出情况下，输出电压的波形失真度和频率偏差应控制在较低的范围内等。

（3）控制器

在配备蓄电池的光伏发电系统中，控制器的主要作用是针对蓄电池的特性，对蓄电池的充放电进行控制，以延长蓄电池的使用寿命。对控制器的基本要求是：确定最佳充放电方式，有效存储电能；能按照预先设定的保护模式自动切断和恢复对蓄电池的充放电；需要时有多路充放电管理功能。控制器还应有自身保护功能，如防雷击、防反充等。

在不配备蓄电池的并网光伏发电系统中，控制器应具备电能的自动监测、控制、调节和转换等多种功能。

（4）储能装置

光伏发电系统中的储能装置用于负荷调节、电能质量调节和系统暂态补偿，分化学储能和物理储能两类。在独立光伏发电系统中，通常使用化学储能的蓄电池，是系统中必须配备的部件，主要用于储存光照下系统转换的电能，供给无光照（晚间或阴雨天）时使用。对这类蓄电池的基本要求是在深放电条件下的使用循环寿命长、工作温度范围宽、充电效率高、少维护或免维护和价格低廉等，而且使用时必须配置控制器对蓄电池的充放电进行控制，延长蓄电池的使用寿命。对光伏电站来说，钠硫电池等新兴电池的性能更优于传统的铅酸电池。新近开发的铅炭电池性能也优于通常的铅酸电池。超级电容器等由于其响应速度快，瞬时输出功率较大，更适合作为暂态补偿和短时间的备用电源。

（5）负载

光伏发电系统对负载有一定的要求，容量较大的负载的启动和停止将对光伏发电系统的输出造成较大的冲击，导致系统不能正常运行。特别是当负载为感性负载和容性负载时，在系统启动时往往会产生远大于额定电流的浪涌电流，在系统断开时由于电感的续流效应，也会在开关两端产生很大的感应电压，容易击穿和烧毁系统变换器中的电力电子器件。因此，设计光伏发电系统时，不仅应考虑负载的容量，还应考虑负载的性质。同时，系统运行时，为了使负载与系统输出的最大功率相匹配，必要时应调整负载，以提高系统利用率。

 知识拓展

　　建筑光伏一体化（建筑集成光伏，双光伏）是一种将太阳能电池发电集成到建筑上的技术。与传统光伏组件相比，双光伏具有很大的优势，因为既不需要单独占据土地资源，也不需要光伏支架安装。现如今的光伏建筑一体化主要有以下几个部分：当谈到建筑物的光伏应用时，光伏屋顶是最常见的一种应用方式，它通过在建筑物顶部安装光伏组件来实现发电、采光和承重的多重目标。目前，中空的光伏组件被广泛采用，因为它们能够有效地阻止热量和噪声的传递。光伏幕墙是一种常见的光伏应用方式，主要用于向阳、面积较大的建筑物，例如大楼、酒店、公寓和办公楼。光伏建筑一体化具有绿色节能、减少碳排放、节约土地资源、提升建筑美学、降低建筑物造价、替代部分建筑材料、提高用电效率、减少大气和固废污染、保护生态环境等一系列巨大的优势。光伏建筑一体化如果能大面积铺开有利于错开电力尖峰负荷，有利于节约优化配电网投资，引导居民绿色能源消费。

4.2　薄膜半导体太阳能电池

4.2.1　非晶硅

（1）非晶硅材料的结构和电子态

非晶硅基薄膜材料的结构：晶体硅中硅原子的键合为 sp^3 共价键，原子排列为正四面体结构，具有严格的晶格周期性和长程序（LRO）。而非晶硅中原子的键合也为共价键，原子的排列基本上保持 sp^3 键结构，只是键长和键角略有变化，这使非晶硅中原子的排列保持短程序（SRO），丧失了严格的周期性和长程序。

晶体硅的 X 射线衍射谱和电子衍射谱呈现明亮的点状（单晶）或环状（多晶）。而非晶硅的 X 射线衍射谱和电子衍射谱呈现两圈模糊的晕环，表明非晶硅中短程序的保持范围大体在最近邻和次近邻原子之间。

图 4-12 给出非晶硅的三维原子结构模型，每个硅原子与其他 4 个硅原子成键，其结构特征由 5 个几何结构参数及一个环状结构"参数"决定。这 5 个几何结构参数分别是：最近邻原子间距（Si-Si1），即键长 r_1，键角 θ，次近邻原子间距（Si-Si2）r_2，第 3 近邻原子间距（Si-Si3）r_3 和二面角 φ。这里 φ 是指由 Si-Si1 键和 Si1-Si2 键构成的晶面之间的夹角，所以称为二面角。为清晰起见，图示的 φ 选取了另一组参考原子。关于环状结构"参数"，图中示出一个五环结构。在晶体硅中硅原子是呈六环结构排列，只有在非晶硅中才有五环或七环结构生成。

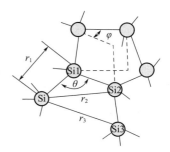

图 4-12　非晶硅的三维原子
结构模型和相关参数

晶体硅和非晶硅的结构特征可以用其原子排列的径向分布函数 $g(r)$ 来说明。图 4-13 示出由 X 射线衍射谱（XRD）得到的非晶硅与晶体硅原子排列的径向分布函数图。分子动力学模拟计算表明，晶体硅的径向分布函数具有一系列的峰值，相应于一系列的原子配位壳层，显示出晶体硅中所存在的短程序和长程序。而非晶硅的径向分布函数只显示出第一个和第二个峰值，表明非晶硅中只存在最近邻和次近邻的短程序。

图中非晶硅 $g(r)$ 第一峰的位置、强度和宽度与晶体硅都很相近。此峰位相应于 Si 原子与最近邻 Si1 原子的间距 $r_1 = 2.34\text{Å} \pm \Delta r_1$。与晶体硅比较，非晶硅键长 r_1 的相对偏差 $\Delta r_1/r_1$ 在 2%～3% 以内。由此峰的积分面积得到最近邻硅原子数或配位数，与晶体硅一样都为 4。

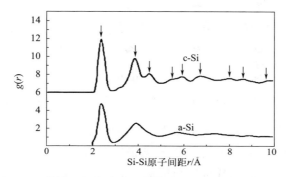

图 4-13　晶体硅与非晶硅原子排列的径向分布函数 $g(r)$

非晶硅 $g(r)$ 第二峰的位置与晶体硅也相近，相应于 Si 原子与次近邻 Si2 原子的间距 $r_2 = 3.82\text{Å} \pm \Delta r_2$，但峰的强度降低，宽度增加，表明非晶硅中次近邻原子间距的偏差 Δr_2 有较宽的分布范围，这主要是由键角 θ（$\theta = 109.28° \pm \Delta\theta$）的偏差引起的，因为 r_2 由键长 r_1、键角 θ 决定：$r_2 = 2r_1 \sin(\theta/2)$。其中，$\Delta\theta/\theta < 10\%$。这一结果表明，同 r_1 比较，r_2 表征的短程序已有所降低。

非晶硅与晶体硅径向分布函数的主要差别在于，非晶硅 $g(r)$ 的第三峰已不复存在，表明非晶硅中 Si 原子与第 3 近邻 Si3 原子的间距 r_3 已不再有序。从图 4-12 可以看出，r_3 取决于键长 r_1、键角 θ 和二面角 φ。通常晶体硅中 $\varphi = 60°$，其内能最低，形成类金刚石结构。而非晶硅中，模型计算表明，只需一部分 $\varphi = 0°$（类纤锌矿结构特征），就会导致 r_3 的有序性消失。

氢化使非晶硅的结构发生变化。但 a-Si:H 的 $g(r)$ 与不含氢的 a-Si 相似，只是随着 H 含量的增加，a-Si:H 的密度和表观配位数降低，其网络结构得到弛豫。从拉曼散射谱的结果推知，a-Si:H 的键角偏差 $\Delta\theta$ 下降，表明 H 的键入导致短程序的改善。

在 a-Si:H 网络中，无序结构的应变还导致多种结构缺陷和微空洞的形成。除正常 4 配位键 $T_4°$ 外，主要结构缺陷如图 4-14 所示，其中包括 Si-Si 弱键（WB），三配位 Si 悬键 $T_4°$（D°）及其原生共轭对缺陷，五配位 Si 浮键 $T_5°$，以及 Si-H-Si 三中心键（TCB）等。此外，还有多种结构缺陷与杂质形成的络合物。

从非晶硅的短程序到晶体硅的长程序之间，还存在着一个过渡尺寸范围，即中程序（IRO），这大体上相应于 4～20Å。上面讲过，非晶硅短程序保持为大体上到次近邻原子排列 $r_2 = 3.82\text{Å}$；而从热力学观点来看，纳米硅颗粒得以稳定存在的最小尺寸是 1～2nm。上面讨论的二面角和环状结构应属中程序范围，中程序对于非晶硅的光电性质和相变过程有重要影响，H 的键入也有助于中程序的改善，但至今研究还很不充分。近年来发展了一种涨落电镜技术（fluctuation electron microscopy），可以对中程序加以表征。

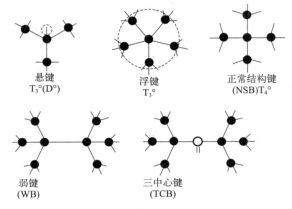

图 4-14　a-Si：H 正常网络结构和几种主要的结构缺陷

非晶硅基薄膜材料的电子态：每个硅原子与最近邻 4 个硅原子之间形成了 8 个 sp^3 杂化轨道，它们分为成键态和反键态两组，分别构成价带和导带。价带充满电子，导带没有电子，其间隔为禁带或带隙。无论成键态和反键态都是一种周期函数（Bloch 函数）的线性组合，所以这些电子态是共有化的态或扩展态。晶体硅中电子的价带和导带的特征可以用电子的能态密度分布函数 N（E）和电子的能量 E 与波矢 κ 的色散关系 $E=E$（κ）来描述。

由于非晶硅的原子排列基本上保持了 sp^3 键结构和短程序，非晶硅中的电子态保持了晶体硅能带结构的基本特征，同样具有价带和导带，其间隔为禁带。无序结构对非晶硅电子态的影响主要表现在：非晶硅中原子排列的周期性和长程序的丧失，使电子波矢 κ 不再是一个描述电子态的好量子数。E 与 κ 的色散关系不确定，所以只能用电子的能态密度分布函数 N（E）来描述非晶硅能带的特征。因此，非晶硅是间接带隙还是直接带隙材料的问题也就无从谈起。

无序结构的另一影响是使价带和导带的一些尖锐的特征结构变得模糊，一些奇点（如范霍夫奇点）消失，特别是使明锐的能带边向带隙延伸出定域化的带尾态。而且，在带隙中部形成了由结构缺陷如悬键等引起的呈连续分布的缺陷态。

（2）非晶硅材料的电学特性

用辉光放电分解硅烷（SiH_4）或乙硅烷（Si_2H_6）制备的 a-Si：H 的光电性质密切依赖于沉积参量。具有器件质量（device quality）本征 a-Si：H 薄膜中，一般含有 8％～12％（原子分数）的氢，光学带隙宽度 E_g 为 1.7～1.8eV。导带尾和价带尾的斜率分别约为 25meV 和 40meV。深带隙态密度在 1015～1016cm^{-3}。在室温下，器件质量本征 a-Si：H 的暗电导率 σ_d 小于 10^{-10}S/cm，暗电导激活能 E_a 为 0.8～0.9eV，大约相当于 E_g 的 1/2。在 AM1.5，100mW/cm 光照下的光电导率大于 10^{-5}S/cm，相应的光灵敏度达到 10^5～10^6。

本征非晶硅基薄膜材料的电学特性：本征 a-Si：H 的直流暗电导率 σ_d 主要由电子的输运特性决定，表现出弱 n-型电导特征，这主要是因为电子的漂移迁移率［约 1cm^2/（V·s）］

远大于空穴的漂移迁移率 ［约 $0.01 \mathrm{cm}^2 /(\mathrm{V \cdot s})$］。本征 a-Si:H 的直流暗电导率 σ_d 随温度 T 的变化关系大约可分为 4 段：迁移率边上的扩展态电导率、带尾态跳跃电导率、费米能级 E_F 附近的近程和变程跳跃 （variable-range hopping） 电导率，如图 4-15 所示。在室温和较高温度下，电子电导率表现为由激发到迁移率边 E_C 以上的扩展态电子的输运。

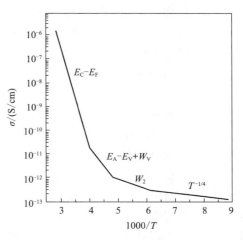

$$\sigma_\mathrm{d} = \sigma_0 \exp\left(-\frac{E_\mathrm{C} - E_\mathrm{F}}{kT}\right) \quad (4\text{-}7)$$

式中，k 为玻尔兹曼常量。σ_d 为指数前因子，$\sigma_\mathrm{d} = q\mu_\mathrm{e} N_\mathrm{C}$，其中，$q$ 为电子电荷，μ_e 为电子漂移迁移率，N_C 为导带的有效态密度，它与导带迁移率边的态密度 $N(E_\mathrm{C})$ 的关系近似为 $N_\mathrm{C} = kTN(E_\mathrm{C})$，因为激发到导带迁移率边的扩展态电子大约只占据迁移率边以上 kT 宽度的能量范围。由于电子漂移迁移率随温度变化不大，$\ln\sigma_\mathrm{d}$ 与 $1/T$ 近似呈热激活线性关系，由直线的斜率可导出

图 4-15　非晶硅直流电导率的温度依赖关系

激活能 $E_\mathrm{a} = E_\mathrm{C} - E_\mathrm{F}$。在某些场合，由于 E_a 与 σ_d 之间存在一定的依存关系 （Meyer-Nedel 定律），需要对所导出的 E_a 值进行修正。

第二段为激发到带尾定域态中去的载流子的跳跃电导

$$\sigma_\mathrm{d} = \sigma_1 \exp\left(-\frac{E_\mathrm{A} - E_\mathrm{F} + W_1}{kT}\right) \quad (4\text{-}8)$$

式中，E_A 是导带尾特征能量；W_1 是带尾定域态上跳跃激活能，随温度的降低而减小。但是温度关系主要由载流子激发项决定，σ_0 可能比 σ_1 大几十倍。

如果在费米能级 E_F 附近缺陷态密度 （DOS） 不为 0，则在 E_F 附近的载流子也将通过在这些缺陷态上的跳跃对电导有贡献。

$$\sigma_\mathrm{d} = \sigma_2 \exp\left(-\frac{W_2}{kT}\right) \quad (4\text{-}9)$$

其中，$\sigma_2 < \sigma_1$。W_2 是载流子在费米能级附近缺陷态上的跳跃激活能，约为 E_F 附近缺陷态带宽的一半。

最后，当温度很低时，就会出现变程跳跃电导。

$$\sigma_\mathrm{d} = \sigma_2 \exp\left(-\frac{B}{T^{\frac{1}{4}}}\right) \quad (4\text{-}10)$$

即电子倾向于越过近邻跳到更远的格点上去，以寻求在能量上比较相近的格点，其中 $B = 1.66 \times [\alpha^3 / kN(E_\mathrm{F})]^{1/4}$。$\alpha$ 为原子间距，$N(E_\mathrm{F})$ 为费米能级处的缺陷态密度。

对于 a-Si:H 太阳能电池应用，我们主要关心在室温或更高温度下激发到迁移率边 E_C 以上和 E_V 以下的载流子的扩展态输运。带尾定域态对于这种输运的影响主要是起一定的陷阱作用，使在扩展态中漂移的载流子陷落，停留一段时间后再加以释放，因而使载流子的漂移迁移率比其扩展态迁移率低很多。常温下，电子的漂移迁移率为 $1 \sim 10 \mathrm{cm}^2 /(\mathrm{V \cdot s})$ 量级。同时，这种陷阱效应还使得载流子输运表现出弥散输运的特征，特别是对低迁移率的空穴，其弥散输运特征表现得更为明显。

（3）n 型和 p 型非晶硅基薄膜材料的电学特性

与没有氢化的非晶硅（a-Si）相比，氢化非晶硅（a-Si：H）具有较低的带隙态密度，可以进行 n 型和 p 型掺杂以控制电导率，使室温电导率的变化达到约 10 个数量级。像晶体硅一样，加入ⅤA族元素磷得到 n 型掺杂，加入Ⅲ族元素硼就得到 p 型掺杂。通常在辉光放电分解硅烷制备 a-Si：H 过程中，掺入 $[PH_3]/[SiH_4]=1\%$ 气体体积比的磷烷，可将 a-Si：H 费米能级的位置从带隙中部提高到接近导带尾，距导带迁移率边约 0.2eV，相应其暗电导率增大为 $\sigma_d \approx 10^{-2} S/cm$。掺入 $[B_2H_6]/[SiH_4]=1\%$ 气体体积比的乙硼烷，可将费米能级的位置从带隙中部降低到接近价带尾，距价带迁移率边 0.3～0.5eV，相应其暗电导率 σ_d 约为 $10^{-3} S/cm$。

三甲基硼 $[B(CH_3)_3]$ 和三氟化硼（BF_3）也常被用作硼掺杂源。

然而，在非晶硅中，磷和硼的替位式掺杂效率很低。因为无序结构，原子排列没有严格的拓扑结构限制，使磷或硼原子可以处于 4 配位，也可以处于 3 配位的状态。而且，3 配位状态的能量更低，化学上更有利，所以大部分磷或硼原子处于 3 配位态，它的能级位置处于硅的价带之中，起不了掺杂作用。只有小部分磷或硼原子处于 4 配位态，它的能量位置处于非晶硅带尾的一定的范围内，起浅施主或浅受主作用。

而且，掺杂会在带隙中部引入缺陷态，因为伴生硅悬键缺陷的形成可降低生成 4 配位态的总能量，促进 4 配位态的生成。这样一来，大多数施主电子和受主空穴将被这些伴生悬键缺陷态所俘获，降低了自由载流子的密度。所以，n 型和 p 型 a-Si：H 层具有高的缺陷态密度，光生载流子复合速率较高，它们只能在非晶硅电池中用来建立内建电势和欧姆接触，而不能用作光吸收层，这就是为什么非晶硅太阳能电池要依靠本征层（i 层）吸收阳光，采用 p-i-n 结构，而不能像晶体硅太阳能电池那样采用 pn 结构。同时，p-i-n 结构还有助于光生载流子的场助收集。

此外，重掺硼所形成的杂质带与价带边相连接，使有效带隙宽度降低，p 型 a-Si：H 的光吸收增加，不利于用作太阳能电池窗口层材料。

（4）非晶硅材料的光学特性

非晶硅基薄膜材料的光吸收：本征非晶硅的光吸收谱可分为三个区域，即本征吸收、带尾吸收和次带吸收区，如图 4-16 所示。

本征吸收（A 区）是由电子吸收能量大于光学带隙的光子从价带跃迁到导带而引起的吸收。本征吸收的长波限，也称吸收边，就是光学带隙 E_g，器件质量 a-Si：H 的 E_g 为 1.7～1.8eV，它比由电导激活能确定的迁移率带隙稍小些，因为迁移率边位于更高态密度的能量位置。内光电发射测量表明两者的差值约为 0.16eV。

本征 a-Si：H 的光吸收系数 α，在其吸收边处为 $10^3 \sim 10^4 cm^{-1}$，以后随光子能量增大而增加。在可见光谱范围，非晶硅的本征光吸收系数要比晶体硅大得多（高 1～2 个数量级），所以有人称非晶硅为准直接带隙材料。因为晶体硅的本征光

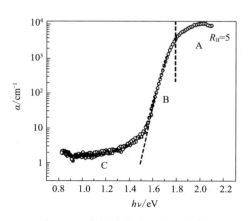

图 4-16　本征非晶硅的光吸收谱

吸收存在严格的选择定则，除能量守恒外，还必须遵守准动量守恒，而晶体硅是间接带隙（约 1.1eV）材料，本征光吸收过程必须有声子参与，直到光子能量达到晶体硅的第一直接带隙（约 3eV）。而在非晶硅中由于结构无序，电子态已没有确定的波矢，电子在吸收光子从价带跃迁到导带的过程中，也就不受准动量守恒的限制；或者也可以理解为在非晶硅中，由于电子的运动在晶格长度范围就会受到散射，按照测不准原理，粒子的位置与动量不可同时被确定，位置的不确定性越小，则动量的不确定性越大，从而准动量守恒限制被大大放宽。

然而，a-Si:H 的光吸收系数 α 随光子能量 $h\nu$ 的变化关系在吸收边附近遵循 Tauc 规律：

$$(\alpha h\nu)^{1/2} = B(E_g - h\nu) \tag{4-11}$$

式中，B 是一个与带尾态密度相关的参数。这是一个典型的间接带隙半导体材料的本征吸收关系式，所以从这种意义上说，a-Si:H 仍然保持着间接带隙半导体材料的特征。实验上，常利用光透射谱来导出 a-Si:H 的复折射率，计算出 Tauc 光学带隙 E_g。

带尾吸收（B 区）相应于电子从价带扩展态到导带尾态或从价带尾态到导带扩展态的跃迁。在这一区域，$1\text{cm}^{-1} < \alpha < 10^3 \text{cm}^{-1}$，$\alpha$ 与 $h\nu$ 呈指数关系，α 正比于 $\exp(h\nu/E_{t0})$，所以也称指数吸收区。这一指数关系来源于带尾态的指数分布，特征能量 E_{t0} 与带尾结构有关，它标志着带尾的宽度和结构无序的程度，E_{t0} 越大，带尾越宽，结构越无序。E_{t0} 也称为 F. Urbach 能量，而指数分布的带尾也称为 Urbach 带尾。这是因为 F. Urbach 在 1953 年首先发现，无序固体中电子从价带尾跃迁到导带尾的光吸收系数随光子能量呈指数变化，并指出它起源于电子带尾态密度的指数分布。

次带吸收（C 区），$\alpha < 10\text{cm}^{-1}$，相应于电子从价带到带隙态或从带隙态到导带的跃迁。这部分光吸收能提供关于带隙态的信息。在 C 区，若材料的 α 在 1cm^{-1} 以下，则表征该材料具有很高的质量。

非晶硅基薄膜材料的光电导：在光照下非晶硅的电导会显著增加，这部分增加的电导就是光电导。在室温下，a-Si:H 的暗电导率 σ_d 很小（$< 10^{-10}\text{S/cm}$），而在太阳光照下（AM1.5，100mW/cm^2）a-Si:H 的光电导率大于 10^{-5}S/cm，相应的光电导灵敏度达 $10^5 \sim 10^6$。依赖照射光波长的不同，光生载流子可以来源于从价带到导带的激发（本征激发），也可以来源于从隙态到扩展态（导带或价带）的激发。对于本征激发，同时产生电子和空穴对，但由于非晶硅的空穴迁移率远小于电子的迁移率，光电导主要来自电子的贡献。

非晶硅光电导的大小不仅取决于光吸收和激发情况，还与材料中复合和陷阱有关。因而可以通过对光电导的测量，确定光吸收和带隙态的情况。非晶硅薄膜的稳态光电导 σ_{ph}，可写成

$$\sigma_{ph} = q\eta\mu t F(1-R)[1-\exp(-\alpha d)] \tag{4-12}$$

式中，q 为电子电荷；η 为量子产额；μ 为光生载流子的迁移率；t 为寿命；F 为入射到薄膜表面单位面积上的光子数（或光通量）；R 为薄膜表面的反射系数；α 为吸收系数。在高吸收区（本征吸收区），$\alpha d \gg 1$，式（4-12）变为

$$\sigma_{ph}(H) = e\eta\mu t F(H)(1-R) \tag{4-13}$$

式中，$\sigma_{ph}(H)$ 为 σ_{ph} 在高吸收区的值。而在低吸收区，即 $\alpha d \ll 0.4$ 的区域

$$\sigma_{ph} = e\eta\mu t F(1-R)\alpha d \tag{4-14}$$

如果 R 和 $\eta\mu t$ 不随入射光子能量 $h\nu$ 而变化，则在低吸收区的光电导正比于吸收系数 α，

比较式（4-14）和式（4-13），得到式（4-15）。

$$\alpha = \frac{\sigma_{ph}}{\sigma_{ph}(H)d} \times \frac{F(H)}{F} \tag{4-15}$$

我们可以在强吸收区选定一点，如光子能量为 2.0eV 处，测定 F（2.0）和 σ_{ph}（2.0），这两个量与样品厚度 d 对光子能量 σ_{ph} 而言，都是常量，因而

$$\alpha(h\nu) \propto \frac{\sigma_{ph}(h\nu)}{F(h\nu)} \tag{4-16}$$

只要测出光电导谱 σ_{ph}（$h\nu$）和入射光通量 F（$h\nu$），就可以得到光吸收谱 α（$h\nu$）。

上面假设 $\eta\mu t$ 不随入射光子能量而变化，这一假设只有在小信号时，即光电导远小于暗电导时才成立，也就是说，要求光照时准费米能级不能偏离平衡费米能级太远。因为 μt 乘积很依赖于复合中心的情况，而准费米能级的位置对复合中心的情况影响很大。如果小信号的条件不能满足，我们可以采用恒定光电导法（CPW），来保持准费米能级的位置不变，也就是在保持光电导 σ_{ph}（$h\nu$）恒定下，测量入射光通量 F（$h\nu$），再按式（4-16）求出吸收系数 α（$h\nu$）。这样得到的次带吸收区的光吸收谱可以给出费米能级以下带隙态的信息。带尾吸收区的光吸收谱则能提供带尾态的信息。

4.2.2 硅基薄膜太阳能电池的结构与工作原理

（1）单结硅基薄膜太阳能电池的结构及工作原理

在常规的单晶和多晶太阳能电池中，通常是用 pn 结结构。由于载流子的扩散长度很长，所以电池中载流子的收集长度取决于所用硅片的厚度。但对于硅基薄膜太阳能电池，所用的材料通常是非晶和微晶材料，材料中载流子的迁移率和寿命都比在相应的晶体材料中低很多，载流子的扩散长度也比较短。如果选用通常的 pn 结电池结构，光生载流子在没有扩散到结区之前就会被复合。如果用很薄的材料，光的吸收率会很低，相应的光生电流也很小。为了解决这一问题，硅基薄膜电池采用 p-i-n 结构。其中，p 层和 n 层分别是硼掺杂和磷掺杂的材料；i 层是本征材料。图 4-17 所示是非晶硅 p-i-n 电池的能带示意图，其中 E_C 和 E_V 分别是导带底和价带顶；E_F 是费米能级。对于 p-i-n 结构，在没有光照的热平衡状态下，p-i-n 三层中具有相同的费米能力，这时本征层中导带和价带从 p 层向 n 层倾斜形成内建势。

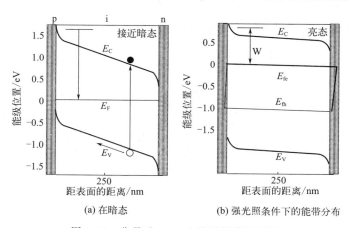

(a) 在暗态　　　　　　(b) 强光照条件下的能带分布

图 4-17　非晶硅 p-i-n 电池的能带示意图

在理想情况下，p 层和 n 层费米能级的差值决定电池的这个内建势，相应的电场叫内建场。鉴于掺杂层内缺陷态浓度很高，对光电流有贡献的光生载流子主要产生在本征层中。在内建势的作用下，光生电子流向 n 层，而光生空穴流向 p 层。在开路条件下，光生电子积累在 n 层中，而光生空穴积累在 p 层中。这时积累在 p 层和 n 层中的光生电荷在本征层中所产生的电场抵消部分内建场。n 层中积累的光生电子和 p 层中的光生空穴具有向相反方向扩散的趋向，以抵消光生载流子的收集电流。当扩散电流与内建场作用下的收集电流与这两个方向相反的电流之间达到动态平衡时，本征层中没有净电流。此时在 p 层和 n 层中累积的电荷产生的电压叫开路电压，用 V_{oc} 表示。开路电压是太阳能电池的重要参数之一，其大小与许多材料特性有关。首先它取决于本征层的带隙宽度，宽带隙的本征材料可以产生较大的开路电压，而窄带隙的材料产生较小的开路电压，如非晶锗硅电池的开路电压比非晶硅电泡的开路电压小。其次开路电压也取决于本征层的带尾态的宽度和缺陷态的密度，较宽的带尾态宽度和较高的缺陷态密度都会降低开路电压。开路电压的大小还取决于掺杂层的特性，特别是掺杂浓度和掺杂效率。n 层和 p 层的费米能级的差值决定开路电压的上限，所以掺杂层的优化也是相当关键的，特别是 p 层。为了增加开路电压，人们通常采用非晶碳化硅合金（a-SiC：H）或微晶硅（Me-Si：H）作为 p 层材料。虽然非晶碳化硅合金通常有较高的缺陷态，但其较宽的带隙，使其费米能级可以较低。另外其宽带隙可以减少 p 层中的吸收。而微晶硅的带尾态宽度较小，掺杂效率高，费米能级可以接近价带顶，所以微晶硅也可以增加开路电压的幅度。

p-i-n 单结非晶硅薄膜太阳能电池：非晶硅基薄膜电池通常分为两种结构，即 p-i-n 和 n-i-p 结构。所谓 p-i-n 结构的电池一般沉积在玻璃衬底上，以 p、i、n 的顺序连续沉积各层而得。此时由于光是透过玻璃入射到太阳能电池的，所以人们也将玻璃称为衬顶（superstate）。在玻璃衬底上先要沉积一层透明导电膜（TCO）。透明导电膜有两个作用，其一是让光通过衬底进入太阳能电池，其二是提供收集电流的电极（称顶电极）。在透明导电膜上依次沉积 p 层、i 层和 n 层，其中 p 层通常采用非晶碳化硅合金（a-SiC：H）。由于非晶碳化硅合金的禁带宽度比非晶硅宽，其透过率比通常的 p 型非晶硅高，所以 p 型非晶碳化硅合金也叫窗口材料（window material）。一方面使用 p 型非晶碳化硅合金可以有效地提高电池的开路电压和短路电流；另一方面由于 p 型非晶碳化硅合金和本征非晶硅在 p/i 界面存在带隙的不连续性，在界面处容易产生界面缺陷态，从而产生界面复合，降低电池的填充因子（FF）。为了降低界面缺陷态密度，一般采用一个缓变的碳过渡层（buffer layer），这样可以有效地降低界面态密度，提高填充因子。在过渡层上面可以直接沉积本征非晶硅层，然后沉积 n 层。在沉积完非晶硅层后，背电极可以直接沉积在 n 层上。常用的背电极是蒸发铝（Al）和银（Ag）。一方面由于银的反射率比铝高，使用银电极可以提高电池的短路电流，所以实验室中常采用银作为背电极；另一方面由于银的成本比铝高，而且在电池的长期可靠性方面存在一些问题，在大批量非晶硅太阳能电池的生产中铝背电极仍然是常用的。为了提高光在背电极的有效散射并降低 n 层/金属界面的吸收，在沉积背电极之前可以在 n 层上沉积一层氧化锌（ZnO）。氧化锌有三个作用，首先，它有一定的粗糙度，可以增加光散射；其次，它可以起到阻挡金属离子扩散到半导体中的作用，从而降低由于金属离子扩散所引起的电池短路；最后，它还可有效地改变 n 层/金属界面的等离子体频率，从而降低界面的吸收。具体细节将在以后章节中讨论。

n-i-p 单结非晶硅薄膜太阳能电池：与 p-i-n 结构相对应的是 n-i-p 结构。这种结构通常是沉积在不透明的衬底（substrate）上，如不锈钢（stainless steel）和塑料（polyimide）。由于非晶硅基薄膜中空穴的迁移率比电子要小近两个数量级，所以硅基薄膜电池的 p 区应该生长在靠近受光面的一侧。以不透光的不锈钢衬底为例，制备电池结构的最佳方式应该是 n-i-p 结构，亦即首先在衬底上沉积背反射膜。常用的背反射膜包括银/氧化锌（Ag/ZnO）和铝/氧化锌（Al/ZnO）。同样考虑到性能和成本的因素，银/氧化锌常用在实验室中，而铝/氧化锌多用在大批量太阳能电池的生产中。在背反射膜上依次沉积 n 型、i 型和 p 型非晶硅或微晶硅材料，然后在 p 层上沉积透明导电膜。常用的透明导电膜是氧化铟锡（indium tin oxide，ITO）。由于 ITO 膜的表面电导率不如通常在玻璃衬底上的透明导电膜的表面电导率高，加上为达到起减反作用，ITO 厚度一般仅为 70nm，厚度很薄，所以要在 ITO 面上添加金属栅线，以增加光电流的收集率。

与 p-i-n 结构相比，n-i-p 结构有以下几个特点。首先是在背反射膜上沉积 n 层，由于通常的背反射膜是金属/氧化锌，氧化锌相对稳定，不易被等离子体中的氢离子刻蚀，所以 n 层可以是非晶硅或微晶硅。另外，电子的迁移率比空穴的迁移率高得多，所以 n 层的沉积参数范围比较宽。其次，p 层是沉积在本征层上，所以 p 层可以用微晶硅。使用微晶硅 p 层有许多优点。微晶硅对短波吸收系数比非晶硅小，所以电池的短波响应好。微晶硅 p 层的掺杂效率比非晶硅高，相应的电导率高，所以使用微晶硅 p 层可以有效地提高电池的开路电压。n-i-p 结构也有一些缺点。首先，由于要在顶电极 ITO 上加金属栅电极来增加其电流的收集率，所以电池的有效受光面积会减小。其次，由于 ITO 的厚度很薄，ITO 本身很难具有粗糙的绒面结构，所以这种电池的光散射效应主要取决于背反射膜的绒面结构，因此对背反射膜的要求比较高。

（2）单结非晶锗硅合金薄膜太阳能电池

由于非晶硅的禁带宽度在 1.7～1.8eV，相应的长波吸收比较少。为了提高电池的长波响应，非晶锗硅（a-SiGe:H）合金成为本征窄带隙材料的首选。通过调整材料中的锗硅比，材料的禁带宽度可以得到相应的调整。随着锗含量的增加，材料的禁带宽度相应降低。电池的长波响应随之得到提高，相应的短路电流会增加。然而，电池的开路电压会降低，表 4-3 列出了 a-Si:H/a-SiGe:H/a-SiGe:H 三结电池中相应的 a-Si:H 顶电池、a-SiGe:H 中间电池和 a-SiGe:H 底电池参数的一般示例。其中，中间电池的本征层中锗的含量在 15%～20%，而底电池的本征层中锗的含量在 35%～40%。为了模拟单结电池在三结电池中的特性，a-Si:H 顶电池和 a-SiGe:H 中间电池是沉积在不锈钢衬底上，而 a-SiGe:H 底电池是沉积在 Ag/ZnO 背反射膜上。表 4-3 中顶电池是直接在 AM1.5 太阳能模拟器下测量的，而中间电池和底电池分别是在 AM1.5 太阳能模拟器并通过 530nm 和 630nm 长通滤波片测量的。背反射薄膜起到提高长波光吸收的作用，进而提高电池的短路电流密度。图 4-18 给出了沉积在不锈钢衬底和 Ag/ZnO 背反射膜衬底上的单结 a-SiGe:H 电池的量子效率光谱。从实验结果可以看出，一方面沉积在背反射薄膜上的电池的光谱响应明显比沉积在不锈钢衬底上的电池要宽，特别是长波响应得到显著的提高；另一方面也注意到，随着锗含量的增加，在增加短路电流和降低开路电压的同时，电池的填充因子也随之降低。这是由于随着材料中锗含量的增加，缺陷态密度也相应增加。其原因是非晶锗硅合金中锗氢键的强度比硅氢键的强度低。

表 4-3　a-Si:H 顶电池、a-SiGe:H 中间电池和 a-SiGe:H 底电池的特性参数

电池类型	状态	$J_{SC}/(\text{mA/cm}^2)$	V_{OC}/V	FF	$P_{max}/(\text{mW/cm}^2)$
a-Si:H 顶电池	初始值	9.03	1.024	0.773	
	稳定值	8.76	0.990	0.711	6.17
a-SiGe:H 中间电池	初始值	10.29	0.754	0.679	5.27
	稳定值	9.72	0.772	0.660	4.21
a-SiGe:H 底电池	初始值	12.2	0.631	0.671	5.17
	稳定值	11.1	0.609	0.622	4.21

　　和 a-Si:H 材料一样，a-SiGe:H 中空穴的迁移率比电子的迁移率低得多，S. Guha 和他的同事利用这一特性设计了一种新颖的方式来提高 a-SiGe:H 太阳能电池的转换效率。这一方法叫能带渐进法（bandgap profiling）。图 4-19 所示是四种能带渐进分布图，其中图 4-19（a）是通常的平能带结构；图 4-19（b）是能带增加的结构；图 4-19（c）是能带降低的结构；图 4-19（d）是先有一个小部分的能带降低，再有大部分的能带增加的结构。首先从载流子传输的角度来考虑，能带增加的结构 [图 4-19（b）] 比平能带结构图 4-19（a）有利于空穴的收集，一方面因为在靠近 p 层的区域本征层的禁带较窄，光生电子空穴对密度较高，大部分空穴只要经过较短的距离就可以到达 p 层而被收集，另一方面变换的能带结构有利于空穴传输。而降低电子的传输，这两种因素弥补了电子和空穴迁移率不同的问题。从光吸收的角度来考虑，能带降低结构 [图 4-19（c）] 对于光的吸收较为合理，靠近 p 层处较大的能带吸收短波光，而在靠近 n 层处较窄的能带吸收长波光。然而 a-SiGe:H 电池的主要问题是填充因子较小，因此逻辑上讲能带增加结构 [图 4-19（b）] 应有利于电池的性能。实验结果也证明了这种推断的正确性。然而能带增加结构也有一个问题，就是在 p/i 界面处 a-SiGe:H 较小的能带容易和 p 层形成能带的不连续，从而形成较高的界面缺陷态，降低电池的填充因子。解决界面缺陷态的方法是加入一个较薄的过渡层，在过渡层中能带是逐渐降低的，这样形成"V"形能带结构 [图 4-19（d）]。这样既改进了空穴的输运，又降低了 p/i 界面的缺陷态密度，从而有效地提高 a-SiGe:H 电池的性能。图 4-20 所示是美国联合太阳能公司报道的利用优化的"V"形能带结构所制备的高效 a-SiGe:H 中间电池和底电池的特性曲线，两个电池的效率都超过了 10%。

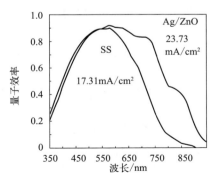

图 4-18　美国联合太阳能公司报道的沉积
在不锈钢衬底和 Ag/ZnO 背反射膜上的单结
a-SiGe:H 电池量子响应谱的比较

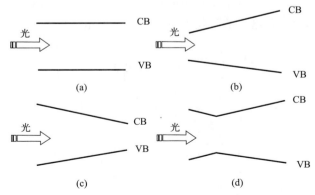

图 4-19　a-SiGe:H 太阳能电池中的
不同能带渐进结构
CB—导带底；VB—价带顶

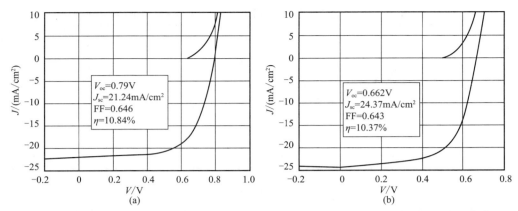

图 4-20　美国联合太阳能公司报道的 a-SiGe:H 中间电池（a）和底电池（b）的特性曲线

（3）单结非晶和微晶混合相薄膜太阳能电池

如前所述，氢稀释在非晶硅和非晶锗硅的优化过程中起到了重要的作用。当氢稀释度达到一定程度时，材料的结构从非晶转变到出现原子排列有序的纳米尺度小晶粒。当材料中的这种小晶粒含量较小时，可称为纳米晶。它们表现出许多奇特的性质。我们把这种含有少量纳米晶的材料称为混合相材料，相应的电池称为混合相电池。混合相电池的典型特点是电池的特性参数对沉积参数非常敏感，比如辉光等离子体中很小的变化都会引起材料特性及电池性能的明显变化。其次是电池的开路电压介于非晶硅电池和微晶硅电池之间。通常较好的非晶硅电池的开路电压在 1.0V 左右，而微晶硅电池的开路电压在 0.5V 左右。混合相硅薄膜电池的开路电压介于 0.5～1.0V，并随材料中纳米晶成分的多少而有明显的变化。

由于混合相材料的结构对辉光等离子体的特性非常敏感，所以通常在一块衬底上可以得到不同特性的电池分布。图 4-21 所示是在 4in×4in（1in＝2.54cm）衬底上电池开路电压的分布。从图中可以看出，在衬底的中间，电池表现出常规的非晶硅电池的特征，其开路电压在 0.9～1.0V，在边缘区域电池的开路电压在 0.7～0.8V，而衬底的四个角，电池的开路电压在 0.4～0.6V。由此可见，在衬底的边缘区，电池中材料的结构具有明显的混合相特征。

混合相电池具有一些特性。首先是光诱导使开路电压增加。对于通常的非晶硅电池，由于 Staebler-Wronski 效应，经过长时间的光照非晶硅和非晶锗硅电池的开路电压都有明显的降低，这是由于材料中的缺陷态增加。而混合相电池表现出相反的结果。图 4-22 所示是光诱导开路电压的变化和电池初始开路电压的关系。从图中可以看出，当电池具有非晶结构时

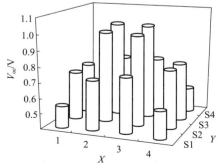

图 4-21　在 4in×4in 衬底上混合相硅薄膜电池开路电压的分布

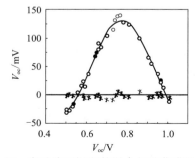

图 4-22　在过渡区沉积的混合相硅薄膜电池的光诱导开路电压的变化和初始开路电压的关系
○光照后的开路电压变化；＊退火后的开路电压变化

（高区）光诱导开路电压的变化为负值；而当电池具有混合相特性时（中间区），光诱导开路电压的变化为正值；随着材料中微晶硅成分的增加，电池表现出明显的微晶硅特性（低 V_{oc} 区），此时的光诱导开路电压的变化又变成负值。

对于混合相硅薄膜电池的光诱导开路电压增加的最初解释为光诱导的结构变化导致。由于非晶硅电池的开路电压高于微晶硅电池的开路电压，并且电池的开路电压随纳米晶相的增加而降低，所以人们自然地认为在长时间的光照条件下材料中的部分纳米晶相结构变成非晶相结构。这种假设得到了理论分析和计算机模拟的证实。然而人们试图通过各种测试手段来观察混合相材料中光诱导的结构变化。但是到目前为止还没有可靠的证据来证明光诱导的晶相结构变化。其原因首先是光诱导结构变化可能根本难以发生。其次是即使在长时间光照条件下，其晶相结构发生变化，但变化量太小，通常的拉曼谱和 X 射线散射难以观察到。B. Yan 等人提出了两个二极管并联的模型来解释混合相电池的开路电压随晶相比的变化，他们利用这一模型解释了光诱导开路电压的增加。对于一个混合相的电池，可以将其看成是由两个并联的电池构成，其一具有非晶硅电池的特性，开路电压为 1.0V 左右；其二是具有微晶硅电池的特性，开路电压为 0.5V 左右。当外加电压介于两个开路电压之间时，含微晶硅的电池处于正电流状态（其电流主要是二极管的正向注入电流），而非晶硅电池处于负电流状态（其电流主要是光电流）。当含微晶硅的电池的正电流和非晶硅电池的负电流相等时，混合相电池处于开路电压状态。由于微晶硅电池的正向电流与含纳米晶相的多少成正比，所以混合相电池的开路电压与纳米晶相结构的多少成正比。在长时间光照的条件下，不仅非晶硅电池在衰退，微晶硅电池也有一定的衰退。如果长时间光照使微晶硅的正向电流降低，测量开路电压时，为了达到相同的微晶硅电池正向注入电流和非晶硅电池负向光电流相抵，所需外加的正偏压就要增加，由此导致混合相电池具有光诱导的开路电压增加。这一解释得到了导电模式的原子力显微镜（C-AFM）测量的证实。

（4）单结微晶硅薄膜太阳能电池

近年来，微晶硅电池作为多结电池的底电池或中间电池，已经得到广泛的研究和初步的应用。与非晶硅相比，尽管微晶硅中载流子的传输特性有了显著改善，但材料中载流子的扩散长度仍然较小。例如，在高质量的微晶硅中，空穴的扩散长度仍然小于为了有效收集光生载流子而需要的长度。因此，微晶硅电池仍然采用与非晶硅类似的 p-i-n 或 n-i-p 结构。一般情况下，p-i-n 结构被沉积在玻璃衬底上，而 n-i-p 结构则沉积在不锈钢或塑料衬底上。

与非晶硅相比，微晶硅的长波吸收系数要高，但短波吸收系数要低得多。为了提高电池的短路电流，微晶硅电池的本征层通常比非晶硅电池的本征层更厚。通常情况下，微晶硅的本征层厚度在 $15\mu m$ 范围内。由于微晶硅电池具有出色的长波响应，单结电池的短路电流比非晶硅电池更大。在波长为 800nm 时，非晶硅电池的光谱响应基本为零。这是因为非晶硅的禁带宽度通常在 $1.75\sim1.85eV$ 之间。而微晶硅电池的光谱响应延伸到超过 1000nm，在 1000nm 处，光谱响应仍然保持在 15%～20% 左右。这种良好的长波响应是由于微晶硅的禁带宽度较小。微晶硅的光学禁带宽度介于非晶硅和单晶硅之间，其大小取决于材料中纳米晶粒的含量，这直接影响电池的长波响应。

微晶硅的迁移率禁带宽度接近单晶硅，通过测量微晶硅电池的反向饱和电流的温度依赖关系，研究者们发现微晶硅的迁移率禁带宽度约在 $1.1\sim1.2eV$ 之间，并且与材料中的晶相无关。这较小的禁带宽度导致微晶硅电池的开路电压相对较低，一般情况下微晶硅电池的开路电压在 0.5V 左右。

与非晶硅电池相比，微晶硅电池表现出对杂质相对敏感。微晶硅电池对杂质的敏感性主要表现在对氧的敏感性上，因为氧原子在微晶硅中引入了弱施主掺杂，导致微晶硅电池的本征层中费米能级上移。同时，这些氧原子引起了本征层中的内建电场在 p/i 界面处集中，降低了本征层中大部分区域与 n 区之间的内建电场强度，从而影响了电池的长波响应。

许多微晶硅电池都表现出不同程度的光诱导衰退，主要是由短波长光引起的。对于非晶锗硅合金电池，不论是红光还是蓝光，电池的效率都会明显随光照时间降低。而对于微晶硅电池，在红光照射下电池的效率没有明显变化。这是因为通过滤光片的光子能量小于非晶硅的禁带宽度，因此这些光子只能在晶相中被吸收，而不会导致微晶硅电池效率下降。然而，在白光和蓝光照射下，微晶硅电池的效率都明显下降，而在蓝光照射下的衰退比在白光照射下更为显著。这是因为白光中包含了一部分光子能量小于非晶硅禁带宽度的红光，而这些红光不会引起光诱导缺陷。根据实验结果，可以得出结论，微晶硅电池的光诱导衰退主要是由非晶相中产生的光生电子-空穴对引起的，而在晶相中产生的电子-空穴对不会导致微晶硅电池效率下降。

微晶硅电池稳定性的另一个有趣现象是偏置电压对光诱导衰退的影响。在非晶硅电池中，光老化实验中，如果在电池上加负偏压，电池效率的衰退会明显减小，甚至根本不会发生光诱导衰退。这是因为在负偏压条件下，本征层中产生的光生电子-空穴对会被电场分离并在外部电路中收集，从而在本征层中发生复合的概率变小。

 知识拓展

太阳能发电的成本仍然要高于化石能源发电，非晶硅薄膜太阳能电池因为其所需材料体积的减少和材料价格的低廉成为降低太阳能电池成本的理想材料。但是非晶硅薄膜太阳能电池由于吸收层厚度较薄导致光吸收性能较差。所以，通过陷光结构的设计提高太阳能电池的吸收效率已成为了太阳能电池研究的热点问题。在众多的陷光结构中，金属表面等离子体纳米结构在局域能量增强和宽带吸收方面表现出优良的性能，在薄膜太阳能电池结构设计中展现出重要的价值。同时，电池表面对光的反射也会大大影响电池的性能，优化薄膜形貌可提升薄膜对光的利用率。对于电池吸收层部分，利用 Mie 共振、Fabry-Perot 共振、导模共振和衍射模式，太阳电池对入射光的吸收能力将得到进一步加强，可提升光电转化效率。目前，可通过虚拟仿真等手段预测薄膜电池形貌对光吸收的影响。

4.3 ⅢA-ⅤA 族薄膜太阳能电池

周期表中ⅢA 族元素与ⅤA 族元素形成的化合物简称为ⅢA-ⅤA 族化合物。ⅢA-ⅤA 族化合物是继锗（Ge）和硅（Si）材料以后发展起来的半导体材料。由于ⅢA 族元素与ⅤA 族元素有许多种可能的组合，因而ⅢA-ⅤA 族化合物材料的种类繁多。其中最主要的是砷化镓（GaAs）及其相关化合物，称为 GaAs 基系ⅢA-ⅤA 族化合物，其次是以磷化铟（InP）和相关化合物组成的 InP 基系ⅢA-ⅤA 族化合物。但近年来在高效叠层电池的研制中，人们普遍采用 3 元和 4 元的ⅢA-ⅤA 族化合物作为各个子电池材料，如 GaInP、AlGaInP、InGaAs、GaInNAs 等材料，这就把 GaAs 和 InP 两个体系的材料结合在一起了。

以 GaAs 为代表的ⅢA-ⅤA 族化合物材料有许多优点，例如：它们大多具有直接带隙的能带结构，光吸收系数大，还具有良好的抗辐射性能和较小的温度系数，因而 GaAs 材料特别适合于制备高效率、空间用太阳能电池。尽管 GaAs 太阳能电池及其他ⅢA-ⅤA 族化合物太阳能电池具有上述诸多优点，但由于其材料价格昂贵，制备技术复杂，导致其太阳能电池的成本远高于 Si 太阳能电池，因而至今为止，除了空间应用之外，GaAs 太阳能电池的地面应用很少。

GaAs 是一种典型的ⅢA-ⅤA 族化合物半导体材料。GaAs 的晶格结构与硅相似，属于闪锌矿晶体结构；与硅不同的是，Ga 原子和 As 原子交替地占位。与 Si 材料相比较，GaAs材料具有以下优点：

① GaAs 具有直接带隙能带结构，其带隙宽度 $E_g = 1.42$ eV（300K），处于太阳能电池材料所要求的最佳带隙宽度范围。目前 GaAs 太阳能电池，无论是单结电池还是多结叠层电池所获得的转换效率都是至今所有种类太阳能电池中最高的，如图 4-23。

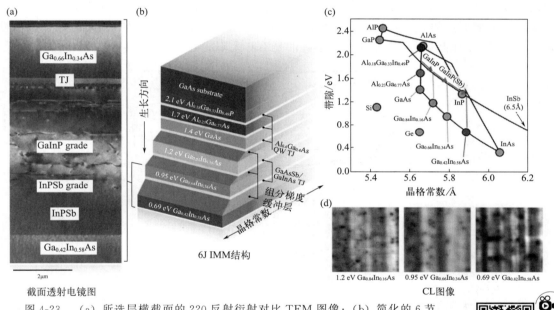

截面透射电镜图

图 4-23　（a）所选层横截面的 220 反射衍射对比 TEM 图像；（b）简化的 6 节叠层结构示意图。厚度从顶部算起分别约为 $1.2\mu m$、$2.6\mu m$、$1.6\mu m$、$3.0\mu m$、$3.2\mu m$ 和 $2.2\mu m$；（c）6J IMM 半导体设计的带隙与晶格常数；（d）异质 GaInAs结的平面阴极发光（CL）图像，CL 图像的面积为（65×65）μm^2

图4-23

扫码看彩图

② 由于 GaAs 材料具有直接带隙结构，因而它的光吸收系数大。GaAs 的光吸收系数，在光子能量超过其带隙宽度后，剧升到 $10^4\,cm^{-1}$ 以上，如图 4-24 所示。经计算，当光子能量大于其 E_g的太阳光进入 GaAs 后，仅经过 $1\mu m$ 左右的厚度，其光强因本征吸收激发光生电子-空穴对便衰减到原值的 $1/e$ 左右，这里 e 为自然对数的底；经过 $3\mu m$ 以后，95% 以上的这一光谱段的阳光已被GaAs 吸收。所以 GaAs 太阳能电池的有源区厚度多选取在 $3\mu m$ 左右。这一点与具有间接带隙的 Si材料不同。Si 的光吸收系数在光子能量大于其带

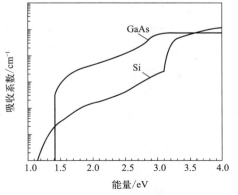

图 4-24　Si 和 GaAs 材料的光吸收系数随光子能量的变化

隙宽度（E_g＝1.12eV）后是缓慢上升的，在太阳光谱很强的可见光区域，它的吸收系数都比 GaAs 的小一个数量级以上。因此，Si 材料需要厚达数十甚至上百微米才能充分吸收太阳光，而 GaAs 太阳能电池的有源层厚度只有 3～5μm。

③ GaAs 基系太阳能电池具有较强的抗高能粒子辐照性能。辐照实验结果表明，经过 1MeV 高能电子辐照，即使其剂量达到 1×10^{15} cm^{-2} 之后，GaAs 基系太阳能电池的能量转换效率仍能保持原值的 75％以上，而先进的高效空间 Si 太阳能电池在经受同样辐照的条件下，其转换效率只能保持其原值的 66％。对于高能质子辐照的情形，两者的差异尤为明显。以低地球轨道的商业卫星为例，对于初期（beginning of life，BOL）效率分别为 18％和 13.8％的 GaAs 电池和 Si 电池，两者的 BOL 效率之比为 1.3。然而经低地球轨道运行的质子辐照后，其终期（end of life，EOL）效率将分别下降为 14.9％和 10.0％，此时 GaAs 电池的 EOL 效率为 Si 电池的 1.5 倍。图 4-25 示出了各类太阳能电池在 1MeV 电子辐照后效率衰退与辐照剂量的关系曲线。大多数 ⅢA-ⅤA 族化合物太阳能电池的抗高能粒子辐照性能都好于 Si 太阳能电池，抗辐照性能最好的是 InP 太阳能电池。

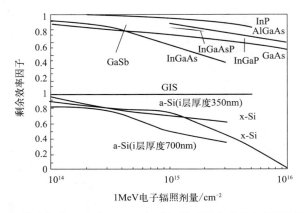

图 4-25　各类太阳能电池在 1MeV 电子辐照后效率衰退与辐照剂量的关系

④ GaAs 太阳能电池的温度稳定性较好，能够在较高温度下正常工作。然而，太阳能电池的效率会随着温度的升高而下降，主要是由于电池的开路电压（V_{oc}）随温度升高而下降，而电池的短路电流（ISC）略微增加。在较宽的温度范围内，电池效率与温度变化之间存在近似线性关系，GaAs 电池的效率温度系数约为 −0.23％/℃，而硅电池的效率温度系数约为 −0.48％/℃。由于 GaAs 电池效率随温度升高下降较为缓慢，因此可以在更高的温度范围内工作。例如，当温度升高到 200℃时，GaAs 电池的效率下降约 50％，而硅电池的效率下降约 75％。这使得 GaAs 太阳能电池在高温环境下表现出色，非常适合一些特殊应用，尤其是在空间领域。

然而，GaAs 太阳能电池也存在一些固有的缺点，主要包括以下几方面：①GaAs 材料的密度较高（5.32g/cm^3），是硅材料密度（2.33g/cm^3）的两倍多；②GaAs 材料的机械强度相对较低，容易受到物理损伤；③GaAs 材料价格昂贵，约为硅材料价格的 10 倍。因此，尽管 GaAs 基太阳能电池具有高效率的特点，但由于这些缺点，多年来在地面应用领域未能广泛应用。但在空间科学领域，由于其高效率、辐射抗性、高温耐性和可靠性等特点，GaAs 基太阳能电池成为空间能源的重要组成部分。

4.3.1 铜铟镓硒（CIGS）薄膜太阳能电池

铜铟硒薄膜太阳能电池是一种利用多晶 $CuInSe_2$（CIS）半导体薄膜作为吸收层的太阳能电池，其中金属铟部分被金属镓取代，也被称为铜铟镓硒（CIGS）薄膜太阳能电池。CIGS 材料属于 I-III-VI 族四元化合物半导体，具有类似黄铜矿的晶体结构。自 20 世纪 70 年代问世以来，CIGS 薄膜太阳能电池迅速发展，并已成为国际光伏领域的研究热点，逐渐走向产业化。该电池具备以下特点：①光吸收带隙可调性。CIGS 薄膜太阳能电池的吸收层由 $CuInSe_2$ 构成，通过适量的镓（Ga）取代铟（In），可以实现 $CuIn_{1-x}Ga_xSe_2$ 多晶固溶体，其光吸收带隙可以在 $1.04\sim1.67eV$ 范围内连续调整。②高吸收系数。CIGS 是直接带隙材料，其可见光的吸收系数高达 10^5cm^{-1} 数量级，非常适合用于制造薄膜太阳能电池。CIGS 吸收层的厚度仅需 $1.5\sim2.5\mu m$，整个电池的厚度约为 $3\sim4\mu m$。③低制造成本。技术成熟后，CIGS 薄膜太阳能电池的制造成本和能量回收时间预计将明显低于晶体硅太阳能电池。④抗辐射性。CIGS 薄膜太阳能电池具有良好的辐照抗性，因此在空间电源应用中具有竞争优势。⑤高转换效率。CIGS 薄膜太阳能电池具备高效转换太阳能的能力。⑥电池稳定性。CIGS 薄膜太阳能电池具有出色的稳定性，不容易退化。⑦弱光特性。在弱光条件下，CIGS 电池表现出较好的性能。因此，CIGS 薄膜太阳能电池有望成为新一代太阳能电池技术中的主流产品之一。

1994 年，美国国家可再生能源实验室（NREL）在小面积 CIGS 电池研究领域取得了重要突破，这主要归功于成功应用了"三步共蒸发工艺"。使用这一工艺制备的 CIGS 太阳能电池在同年实现了 15.9% 的转换效率，如图 4-26 所示的器件结构展示了这一高效率 CIGS 薄膜电池的典型构造，这一成就至今仍然是 CIGS 电池领域的标志性里程碑。

小面积 CIGS 薄膜太阳能电池性能得以显著提高的主要原因是：①S 和 Ga 的掺入不仅增加了吸收层材料的带隙，还可控制其在电池吸收层中形成梯度带隙分布，调整吸收层与其他材料界面层的能带匹配，优化整个电池的能带结构。②用 CBD 法沉积 CdS 层和双层 ZnO 薄膜层取代蒸发沉积厚 CdS 窗口层材料，提高了

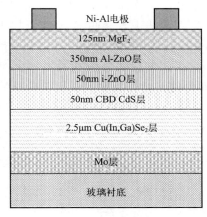

图 4-26　NREL 研制的
CIGS 电池的典型结构

电池异质结的质量，改善了短波区的光谱响应。③用含钠普通玻璃替代无钠玻璃，Na 通过 Mo 的晶界扩散到达 CIGS 薄膜材料中，改善了 CIGS 薄膜材料结构特性和电学特性，提高了电池的开路电压和填充因子。

（1）CIGS 薄膜的制备方法

CIGS 薄膜材料的制备方法很多，一般认为有真空沉积和非真空沉积两大类。从多年实验研究和产业化发展历史过程来看，依其工艺程序又可分为多元素直接合成法和先沉积金属预制层后在硒气氛中硒化的两步法。各种共蒸发工艺属于第一种方法，这种方法必须在高真空条件下沉积，因此属于真空沉积一类。后硒化方法中金属预制层可用蒸发、溅射等真空工艺沉积，也可用电化学法、纳米颗粒丝网印刷等非真空工艺制备。这里重点介绍多元共蒸发

方法和金属预制层后硒化法，同时也对其他非真空工艺做简单介绍。

多元共蒸发法是沉积 CIGS 薄膜使用最广泛和最成功的方法，用这种方法成功地制备了最高效率的 CIGS 薄膜电池。典型共蒸发沉积系统结构如图 4-27 所示。Cu、In、Ga 和 Se 蒸发源提供成膜时需要的四种元素。原子吸收谱（AAS）和电子碰撞散射谱（EE-IS）等用来实时监测薄膜成分及蒸发源的蒸发速率等参数，对薄膜生长进行精确控制。

高效 CIGS 电池的吸收层沉积时衬底温度高于 530℃，最终沉积的薄膜稍贫 Cu，Ga/(In+Ga) 接近 0.3。沉积过程中，Cu 蒸发速率决定薄膜的生长机制，而 In/Ga 蒸发流量的比值对 CIGS 薄膜生长动力学影响不大的变化强烈影响薄膜的生长机制。

根据 Cu 的蒸发过程，共蒸发工艺可分为一步法、两步法和三步法。所谓一步法就是在沉积过程中，保持 Cu、In、Ga、Se 四蒸发源的流量不变，沉积过程中衬底温度和蒸发源流量变化如图 4-28（a）所示。这种工艺控制相对简单，适合大面积生产。不足之处是所制备的薄膜晶粒尺寸小且不形成梯度带隙。

两步法工艺又叫 Boeing 双层工艺，是由 Boeing 公司的 Mickelsen 和 Chen 提出的。两步法工艺的衬底温度和蒸发源流量变化曲线

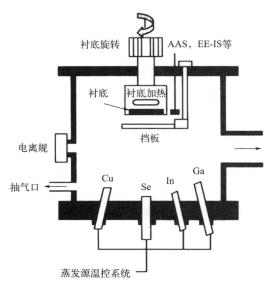

图 4-27　共蒸发制备 CIGS 薄膜的设备示意图

如图 4-28（b）所示。首先在衬底温度为 400～450℃时，沉积第一层富 Cu（Cu/Ⅲ>1）的 CIS 薄膜，薄膜具有小的晶粒尺寸和低的电阻率。第二层薄膜是在高衬底温度 500～550℃（对于沉积 CIGS 薄膜，衬底温度为 550℃）下沉积的贫 Cu 的 CIS 薄膜，这层薄膜具有大的晶粒尺寸和高的电阻率。"两步法工艺"最终制备的薄膜是贫 Cu 的。与一步法比较，双层工艺能得到更大的晶粒尺寸。

三步法工艺过程如图 4-28（c）所示。第一步，在衬底温度为 250～300℃时共蒸发 90% 的 In、Ga 和 Se 元素形成 $(In_{0.7}Ga_{0.3})_2Se_3$ 预制层（precursors），Se/(In+Ga) 流量比大于 3；第二步在衬底温度为 550～580℃时蒸发 Cu 和 Se，直到微富 Cu 时结束第二步；第三步，保持第二步的衬底温度，在稍微富 Cu 的薄膜上共蒸发剩余 10% 的 In、Ga 和 Se，在薄膜表面形成富 In 的薄层，并最终得到接近化学计量比的 $CuIn_{0.7}Ga_{0.3}Se_2$ 薄膜。三步法工艺是目前制备高效率 CIGS 太阳能电池最有效的工艺，所制备的薄膜表面光滑、晶粒紧凑、尺寸大且存在着 Ga 的双梯度带隙。

因为 Cu 在薄膜中的扩散速度足够快，所以无论采用哪种工艺，在薄膜的厚度中，Cu 基本呈均匀分布。相反 In、Ga 的扩散较慢，In/Ga 流量的变化会使薄膜中Ⅲ族元素存在梯度分布。在三种方法中，Se 的蒸发总是过量的，以避免薄膜缺 Se。过量的 Se 并不化合到吸收层中，而是在薄膜表面再次蒸发。

后硒化工艺的优点是易于精确控制薄膜中各元素的化学计量比、膜的厚度和成分的均匀分布，且对设备要求不高，已经成为目前产业化的首选工艺。后硒化工艺的简单过程是先在覆有 Mo 背电极的玻璃上沉积 Cu-In-Ga 预制层，后在含硒气氛下对 Cu-In-Ga 预制层进行后

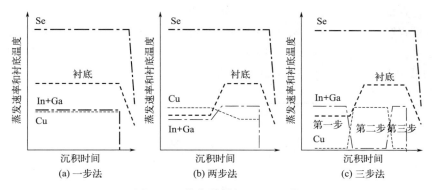

图 4-28　共蒸发制备 CIGS 工艺

处理，得到满足化学计量比的薄膜。与蒸发工艺相比，后硒化工艺中，Ga 的含量及分布不容易控制，很难形成双梯度结构。因此有时在后硒化工艺中加入一步硫化工艺，掺入的部分 S 原子替代 Se 原子，在薄膜表面形成一层宽带隙的 Cu（In，Ga）S_2。这样可以降低器件的界面复合，提高器件的开路电压。

后硒化工艺流程如图 4-29 所示。预制层的沉积有真空工艺和非真空工艺。真空工艺包括蒸发法和溅射法沉积含 Se 或者不含 Se 的 Cu-In-Ga 叠层、合金或者化合物。非真空工艺主要包括电沉积、喷洒热解和化学涂层等。其中溅射预制层后硒化法已成为目前获得高效电池及组件的主要工艺方法。一般采用直流磁控溅射方法制备 Cu-In-Ga 预制层，在常温下按照一定的顺序溅射 Cu、Ga 和 In。溅射过程中叠层顺序、叠层厚度和 Cu-In-Ga 元素配比对薄膜合金程度、表面形貌等影响尤为明显，并直接影响薄膜与 Mo 电极间的附着力。后硒化工艺的难点在于硒化过程。硒化过程中，使用的 Se 源有气态硒化氢（H_2Se）、固态颗粒和二乙基硒 $[（C_2H_5）Se_2：DESe]$ 等，下面介绍这三种硒源的硒化过程。

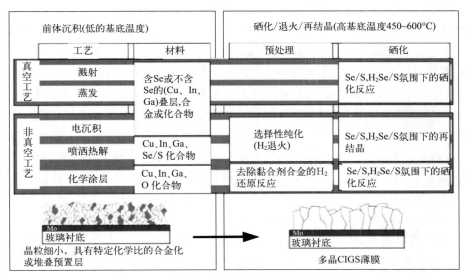

图 4-29　后硒化工艺制备 CIGS 薄膜的流程图

（2）Mo 背接触层及其制备方法

背接触层是 CIGS 薄膜太阳能电池的最底层，金属 Mo 是 CIGS 薄膜太阳能电池最佳的背接触层，它直接生长于衬底上，与衬底有良好的附着又不发生化学反应。背接触层上直接沉积太阳能吸收层。因此二者之间需有良好的欧姆接触。同时优良的导电性能有利于保证电池的功率输出。图 4-30 给出了 Mo/CIS 间的能带图，可以看出，由于 Mo 和 CIS 之间形成了 0.3eV 的低势垒，可以认为是很好的欧姆接触。

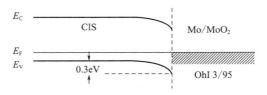

图 4-30　Mo/CIS 欧姆接触能带图

Mo 薄膜一般采用直流磁控溅射的方法制备。先在较高 Ar 气压下沉积一层具有较强附着力的 Mo 膜，然后在低气压下沉积一层电阻率小的 Mo 膜，这样在增强附着力的同时降低背接触层的电阻，可以制备出适合 CIGS 薄膜电池应用的 Mo 薄膜。Mo 的结晶状态与 CIGS 薄膜晶体的形貌、成核、生长和择优取向等有直接的关系。一般来说，希望 Mo 层呈柱状结构，以利于玻璃衬底中的 Na 沿晶界向 CIGS 薄膜中扩散，也有利于生长出高质量的 CIGS 薄膜。

（3）CdS 缓冲层及其制备方法

高效率 Cu（In，Ga）Se$_2$ 电池大多在 ZnO 窗口层和 CIGS 吸收层之间引入一个缓冲层。它在低带隙的 CIGS 吸收层和高带隙的 ZnO 层之间形成过渡，减小了两者之间的带隙台阶和晶格失配，调整导带边失调值，对于改善 pn 结质量和电池性能具有重要作用。目前，CdS 是一种比较优秀的缓冲层材料。它是一种直接带隙的 n 型半导体，其带隙宽度为 2.4eV。由于沉积方法和工艺条件的不同，所制备的 CdS 薄膜具有立方晶系的闪锌矿结构和六角晶系的纤锌矿结构。这两种结构均与 CIGS 薄膜之间有很小的晶格失配。CdS 层还可防止射频溅射 ZnO 时，对 CIGS 吸收层的损害；同时，Cd、S 元素向 CIGS 吸收层中扩散，S 元素可以钝化表面缺陷，Cd 元素可以使表面反型。

CdS 薄膜可用蒸发法和化学水浴法（CBD）制备。CBD 法得到广泛的应用。它具有如下一些优点：①CBD 法可以做出既薄又致密、无针孔的 CdS 薄膜，可覆盖 CIGS 的表面，保护其在 ZnO 磁控溅射时免受损害，并且有较低的串联电阻。②CBD 法沉积过程中，氨水可溶解 CIGS 表面的自然氧化物，起到清洁表面的作用。③Cd 离子可与 CIGS 薄膜表面发生反应生成 CdSe 并向贫 Cu 的表面层扩散，形成 CdCu 施主，促使 CdS/CIGS 表面反型，使 CIGS 表面缺陷得到部分修复。④CBD 工艺沉积温度低，只有 60～80℃，且工艺简单。

CdS 材料存在着明显的绿光（$h\nu > 2.42eV$）吸收，会导致短路电流密度（JSC）降低，还会使 CuInSe$_2$ 和低 Ga 含量 CIGS 电池出现明显的 J-V 扭曲现象（crossover）。薄化 CdS 层（≤50nm）可以基本消除 J-V 扭曲，从而提高填充因子值。另外，工艺过程中含 Cd 废水的排放以及报废电池中 Cd 的流失均造成环境污染。

（4）氧化锌（ZnO）窗口层

在 CIGS 薄膜太阳能电池中，通常将生长于 n 型 CdS 层上的 ZnO 称为窗口层。它包括本征氧化锌（i-ZnO）和铝掺杂氧化锌（Al-ZnO）两层。它既是太阳能电池 n 型区与 p 型 CIGS 组成异质结成为内建电场的核心，又是电池的上表层，与电池的上电极一起成为电池功率输出的主要通道。作为异质结的 n 型区，ZnO 应当有较大的少子寿命和合适的费米能级的位置。而作为表面层则要求 ZnO 具有较高的电导率和光透过率。因此 ZnO 分为高、低阻两层。由于输出的光电流是垂直于作为异质结一侧的高阻 ZnO，但却横向通过低阻 ZnO 而流向收集电极，为了减小太阳能电池的串联电阻，高阻层要薄而低阻层要厚。通常高阻层厚度取 50nm，而低阻层厚度选用 300～500nm。

ZnO 是一种直接带隙的金属氧化物半导体材料，室温时禁带宽度为 3.4eV。自然生长的 ZnO 是 n 型，与 CdS 薄膜一样，属于六方晶系纤锌矿结构。其晶格常数为 $a = 3.2496$Å，$c = 5.2065$Å，因此 ZnO 和 CdS 之间有很好的晶格匹配。

由于 n 型 ZnO 和 CdS 的禁带宽度都远大于作为太阳能电池吸收层的 CIGS 薄膜的禁带宽度，太阳光中能量大于 3.4eV 的光子被 ZnO 吸收，能量介于 2.4～3.4eV 之间的光子会被 CdS 层吸收。只有能量大于 CIGS 禁带宽度而小于 2.4eV 的光子才能进入 CIGS 层并被它吸收，对光电流有贡献。这就是异质结的"窗口效应"，如果 ZnO 和 CdS 很薄，可有部分高能光子穿过此层进入 CIGS 中。可以看出，CIGS 太阳能电池似乎有两个窗口。由于薄层 CdS 被更高带隙且均为 n 型的 ZnO 覆盖，所以 CdS 层很可能完全处于 pn 结势垒区之内使整个电池的窗口层从 2.4eV 扩大到 3.4eV，从而使电池的光谱响应得到提高。

（5）顶电极和减反膜

CIGS 薄膜太阳能电池的顶电极采用真空蒸发法制备的 Ni-Al 栅状电极。Ni 能很好地改善 Al 与 ZnO：Al 的欧姆接触，如图 4-31 所示。同时，Ni 还可以防止 Al 向 ZnO 中的扩散，从而提高电池的长期稳定性。整个 Ni-Al 电极的厚度为 1～2μm，其中 Ni 的厚度约为 0.05μm。

太阳能电池表面的光反射损失大约为 10%。为减少这部分光损失，通常在 ZnO：Al 表面上用蒸发或者溅射方法沉积一层减反（射）膜。在选择减反射材料时要考虑以下一些条件：在降低反射系数的波段，薄膜应该是透明的；减反膜能很好地附着在基底上；要求减反膜要有足够的力学性能，并且不受温度变化和化学作用的影响。目前，仅有 MgF$_2$ 减反膜广泛应用于 CIGS 薄膜电池领域，并且在最高效率 CIGS 薄膜电池中得到应用。

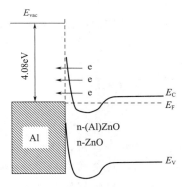

图 4-31　前电极 Ni-Al 与低阻 ZnO 之间的欧姆接触

4.3.2　CIGS 薄膜光伏组件

太阳能电池组件一词来源于晶体硅太阳能电池。为了适应实际应用中对电源电压和电流的要求，必须把多个单体太阳能电池进行串联和并联，并使用能够经受自然环境等外界条件的支撑板、填充剂、涂料等进行保护。这样的大功率实用型器称为太阳能电池组件。

大面积、大功率薄膜太阳能电池是用与小面积电池基本相同的工艺做成。虽然它也是由多个小电池串联而成，但互联工艺与电池生长工艺交互同时完成。可以认为大面积薄膜的互联是内部连接。人们习惯上把这种由若干个子电池串联而成的大面积电池也称为光伏组件。应当注意的是，目前大面积薄膜光伏组件子电池间只有串联。CIGS 薄膜光伏组件制备工艺与单体电池的主要区别是大面积均匀性和极联技术两个问题。前者取决于大型设备的设计与加工，后者取决于划线技术的精度。

4.3.3　CIGS薄膜太阳能电池行业现状分析

基于薄膜太阳能电池的本质特性，即短时间内能够回收能源投资成本并且利用最少的高纯度材料，薄膜太阳能电池的发电成本可明显低于传统能源方式。特别是，铜铟镓硒（CIGS）技术在光伏规模化应用方面被认为是一种高度可持续的解决方案。近年来，铜铟镓硒柔性薄膜太阳能电池的销量持续增长。据估计，2021年全球铜铟镓硒柔性薄膜太阳能电池的总产量已经超过400MW，并且预计到2028年，这一产量有望超过800MW。在这期间，2023～2028年的年复合增长率预计将超过10%。在市场销售方面，铜铟镓硒柔性薄膜太阳能电池的销售表现持续增长。截至2021年底，全球市场的总销量接近100MW，较上一年有显著的增长。随着欧美和中国等地区的需求不断增加，未来一段时间内，全球铜铟镓硒柔性薄膜太阳能电池的销量将继续增长，预计到2028年有望超过200MW。与其他国家相比，美国的铜铟镓硒柔性薄膜太阳能电池行业发展速度较快。从地区生产角度来看，美国可视为铜铟镓硒柔性薄膜太阳能电池的主要生产地之一。截至2021年底，美国市场的产量约占全球总产量的33%，其次是欧洲和中国，产量占比分别约为26%和15%。目前，铜铟镓硒柔性薄膜太阳能电池行业的下游应用主要分布在能源、交通、建筑和电子等领域。根据各应用领域所占比例，2021年全球铜铟镓硒柔性薄膜太阳能电池下游需求最大的市场是能源领域，占据30%的市场份额。其次，建筑等领域占据了市场份额的70%左右。随着清洁能源的普及和同类产品的竞争力逐渐增强，这两个因素将相互作用，未来能源市场份额有望进一步提高。

 知识拓展

CIGS薄膜太阳能电池被业界视为"太阳能能源的未来"，CIGS薄膜已经取代硅基薄膜成为转换效率较高、性能稳定、成本较低的新一代薄膜光伏技术。柔性CIGS薄膜电池产品具有广泛的应用领域和市场，包括建材一体化产品、特殊用途移动电源、便携式民用军用充电电源、智能化基站电源系统产品等。作为CIGS太阳能电池的柔性衬底材料，通常需要满足以下基本条件：①热稳定性，能承受制备吸收层时的高温环境，同时要有与电池的吸收层材料相近的热膨胀系数；②化学稳定性，制备吸收层时，不与Se反应，在CBD法制备CdS时不会分解；③真空适应性，真空中加热时不放气；④适合卷绕工艺。目前使用的柔性衬底材料有聚酰亚胺和金属衬底（主要有钛、钼、不锈钢、铜和铝等金属箔材料）。

4.4　新型太阳能电池

4.4.1　染料敏化太阳能电池

染料敏化太阳能电池（dye sensitized solar cell，DSSC）是一种基于光电现象的新型太阳能电池。1991年，M. Graetzel于《Nature》上发表了关于染料敏化纳米晶体太阳能电池的文章，以较低的成本得到了＞7%的光电转化效率，开辟了太阳能电池发展史上一个崭新的时代，为利用太阳能提供了一条新的途径。1993年，M. Graetzel等人研制出光电转换效率达 10％ 的染料敏化太阳能电池，已接近传统的硅光伏电池的水平。1997 年，该电池的光电转换效率达到了 10％ ～ 11％，短路电流达到 18mA/cm^2，开路电压达到 720mV。

染料敏化太阳能电池的工作原理与自然界中的光合作用类似。光合作用是绿色植物通过叶绿素，利用光能把二氧化碳和水转化为储存能量的有机物，并且释放出氧的过程。染料敏化太阳能电池是将光能转换为电能。

液体电解质染料敏化太阳能电池主要是由光阳极、液态电解质和光阴极组成的"三明治"结构电池。在太阳光的驱动下，由染料产生的光生电子由阳极流出，电子定向流动，由阴极返回电池，电子在电解质的帮助下传递给氧化态染料，使染料再生，完成一个循环。

（1）染料敏化太阳能电池的结构和组成

染料敏化太阳能电池主要由以下几部分组成：导电基底材料（透明导电极）、纳米多孔半导体薄膜、染料光敏化剂、电解质和对电极。其结构如图 4-32 所示。以下分别介绍各部分组成和性能要求。

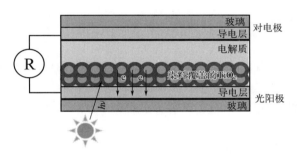

图 4-32　染料敏化太阳能电池结构示意图

① 导电基底材料。导电基底材料又称为导电电极材料，分为光阳极材料和光阴极（或称反电极）材料。目前用作导电基底材料的有透明导电玻璃、金属箔片、聚合物导电基底材料等。一般要求导电基底材料的方块电阻越小越好，由于导电基底内的光敏剂需要吸收太阳光产生光生电子，所以要求两极中至少要有一极是透明的，透光率一般要在 85％ 以上。

② 纳米多孔半导体薄膜。它是染料敏化太阳能电池的核心之一，其作用是吸附染料光敏化剂，并将激发态染料注入的电子传输到导电基底。除了 TiO$_2$ 以外，适用于作光阳极半导体材料的还有 ZnO、Nb$_2$O$_5$、WO$_3$、Ta$_2$O$_5$、CdS、Fe$_2$O$_3$ 和 SnO$_2$ 等，其中 ZnO 因来源比较丰富、成本较低、制备简便等优点，在染料敏化太阳能电池中也有应用，特别是近年来在柔性染料敏化太阳能电池中的应用取得了较大进展。

制备半导体薄膜的方法主要有化学气相沉积、粉末烧结、水热反应、RF 射频溅射、等离子体喷涂、丝网印刷和胶体涂膜等。

目前，纳米 TiO$_2$ 是最为成熟的 DSSC 阳极的半导体材料，其制备方法多样，在实验室溶胶-凝胶法可制备出多种尺寸分布的 TiO$_2$ 纳米粒子便于研究。目前有商品化的适合制备 TiO$_2$ 薄膜的浆料，如澳大利亚 Greatcell Solar$^\circledR$ 18NR-T 为 18nm TiO$_2$ 粒子浆料，适合丝网印刷制备透明 TiO$_2$ 光阳极，通常在透明 TiO$_2$ 薄膜表面还会制备一层 200nm 粒径 TiO$_2$ 作为散射层增加染料分子对可见光的利用率。通常在丝网印刷制备 TiO$_2$ 前，FTO 导电玻璃会在 TiCl$_4$ 水溶液中进行浸泡处理，在 FTO 表面形成致密层减小暗电流的产生。随着膜厚的增加，光吸收效率显著增加，但界面复合反应也增大，电子损耗增加，最适的纳米

TiO$_2$ 薄膜厚度在 $10\sim15\mu m$，其光电转换效率能达到最大值。

纳米 TiO$_2$ 薄膜对染料敏化太阳能电池中电子传输和界面复合起着很重要的作用。在染料敏化太阳能电池中，并不是所有激发态的染料分子都能将电子有效地注入到 TiO$_2$ 导带中，并有效地转换成光电流，有许多因素影响着电流输出，从染料敏化太阳能电池的工作原理可以看出，主要有以下三方面产生的暗电流影响着电流的输出：a. 激发态染料分子不能有效地将电子注入到 TiO$_2$ 导带，而是通过内部转换回到基态；b. 氧化态染料分子不是被电解质中的 I$^-$ 还原，而是与 TiO$_2$ 导带电子直接复合；c. 电解质中 I$_3^-$ 不是被对电极上的电子还原成 I$^-$，而是被 TiO$_2$ 导带电子还原。

因此，纳米 TiO$_2$ 多孔薄膜通过影响染料的吸附量、吸光效率和电子转移决定了电池的光电转换效率。因此对于 TiO$_2$ 的优化对提升 DSSC 的性能至关重要。

③ 染料光敏化剂。染料光敏化剂是影响电池对可见光吸收效率的关键，其性能的优劣直接决定电池的光利用效率和光电转换效率。应用于染料敏化太阳能电池的染料光敏化剂一般应具备以下条件：

a. 具有较宽的光谱响应范围，其吸收光谱尽量与太阳的发射光谱相匹配，有高的光吸收系数；

b. 具有可与半导体表面形成良好结合的官能团，使光生电子以高的量子效率注入到半导体的导带中；

c. 具有高的稳定性，能经历 10 亿次以上可逆的氧化还原循环，寿命相当于在太阳光下运行 20 年或更长；

d. 它的氧化电势应高于电解质的还原电势，这样能迅速结合电解质中的电子给体而再生。

经过 20 多年的研究，人们发现卟啉和第ⅧB族的 Os 及 Ru 等多吡啶配合物能很好地满足以上要求，后者尤其以多吡啶钌配合物的光敏化性能最好。

④ 电解质。电解质是染料敏化太阳能电池的一个重要组成部分，其主要作用是在光阳极将处于氧化态的染料还原，同时自身在对电极接受电子并被还原，以构成闭合循环回路。其可分为液态、固态和准固态电解质三大类。从现阶段染料敏化太阳能电池的研究和发展状况看，基于液体电解质的太阳能电池已经在中试规模实验中获得初步成功，在澳大利亚 STA 公司、荷兰 ECN 研究所和中国科学院等离子体物理研究所等单位的大面积染料敏化太阳能电池研发中得到了充分的应用，且已在电池稳定性实验中证明了其长期稳定性，有希望进入产业化。

⑤ 对电极。对电极又称光阴极，它是在导电玻璃等导电基底上沉积一层金属或碳等材料，其作用是收集从光阳极经外电路传回的电子，并将其传输给氧化态的电解质。研究表明，对电极还可对电解质的氧化还原反应起到催化作用，提升电子转移效率。目前最常用的对电极材料为铂和碳，铂可以大大提高电子的交换速度，另外铂镜阴极还能反射从光阳极方向照射过来的太阳光，提高太阳光的利用效率。目前可以采用多种途径来获得铂对电极，如电子束蒸发、DC 磁控溅射以及氯铂酸高温热解等方法。

（2）染料敏化太阳能电池中涉及的电化学反应

图 4-33 中描述了电池内部的主要电子转移反应，这些过程基本可以用下面表达式来描述：

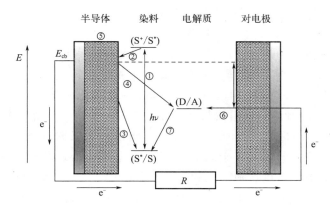

图 4-33　液态电解质染料敏化太阳能电池电子传输示意图

光电流产生涉及的反应：

① 染料受光激发由基态 S 跃迁到激发态 S^*：

$$S + h\nu \longrightarrow S^* \tag{4-17}$$

② 激发态染料分子 S^* 将电子注入到半导体的导带（CB）中：

$$S^* \longrightarrow S^+ + e^-(CB) \tag{4-18}$$

⑤ 导带电子在纳米薄膜中传输至导电玻璃导电面（bc：背接触面），然后流入到外电路：

$$e^-(CB) \longrightarrow e^-(bc) \tag{4-19}$$

⑥ I_3^- 扩散到对电极上得到电子变成 I^-：

$$I_3^- + 2\,e^- \longrightarrow 3I^- \tag{4-20}$$

⑦ I^- 还原氧化态染料而使染料再生完成整个循环：

$$3I^- + 2S^+ \longrightarrow 2S + I_3^- \tag{4-21}$$

产生暗电流（削弱光电流）的反应：

③ 导带电子与氧化态染料的复合：

$$S^+ + e^-(CB) \longrightarrow S \tag{4-22}$$

④ 导带电子与 I_3^- 的复合：

$$I_3^- + 2\,e^-(CB) \longrightarrow 3I^- \tag{4-23}$$

为了保证电池能够正常工作，应满足以下要求：

① 光敏化染料分子能够在较宽的光谱范围内吸收太阳光，尽可能充分利用太阳能；

② 染料分子的激发态能级与半导体的导带底能级相匹配，尽可能减少电子转移过程中的能量损失；

③ 电解质中的氧化还原电位和染料分子的氧化还原电位能级匹配，保证染料分子通过电解质中的电子给体或空穴材料中的电子再生。

（3）可用于染料敏化太阳能电池的染料光敏化剂

染料光敏化剂作为染料敏化太阳能电池的光吸收剂，其性能直接决定染料敏化太阳能电池的光吸收效率和电池的光电转换效率。理想的染料光敏化剂应能够吸收尽可能多的太阳光，吸收波长范围宽，摩尔吸光系数大。染料的激发态能级应比纳米半导体氧化物的导带底位置略高，以使激发态染料的电子能够顺利地注入到纳米半导体氧化物的导带中。染料光敏化剂可根据其是否含有金属分为无机染料和有机染料两大类。无机类的染料光敏化剂主要集中在钌、锇等金属多吡啶配合物、金属卟啉和酞菁等；有机染料包括合成染料和天然染料。

① 无机染料。无机染料是以金属有机配合物为代表的一类光敏化剂，其化学稳定性和热稳定性都比较高，多吡啶钌配合物类染料光敏化剂是研究最深入的一类染料。这类染料通过羧基或膦酸基吸附在纳米 TiO_2 薄膜表面，使得处于激发态的染料能将其电子有效地注入到纳米 TiO_2 导带中。多吡啶钌染料按其结构分为羧酸多吡啶钌、膦酸多吡啶钌和多核联吡啶钌三类，其中前两类的区别在于吸附基团的不同，前者吸附基团为羧基，后者为膦酸基，它们与多核联吡啶钌的区别在于它们只有一个金属中心。羧酸多吡啶钌的吸附基团羧基是平面结构，电子可以迅速地注入到 TiO_2 导带中。在这类染料中，以 N3、N719 和黑染料为代表，保持着染料敏化太阳能电池的最高光电转换效率。近年来，以 Z907 为代表的两亲型染料及以 K19 和 C101 为代表的具有高吸光系数的染料光敏化剂是当前多吡啶钌类染料研究的热点。图 4-34 为此类代表性光敏化剂的结构，表 4-4 为以其构成 DSSC 的光电性能数据。

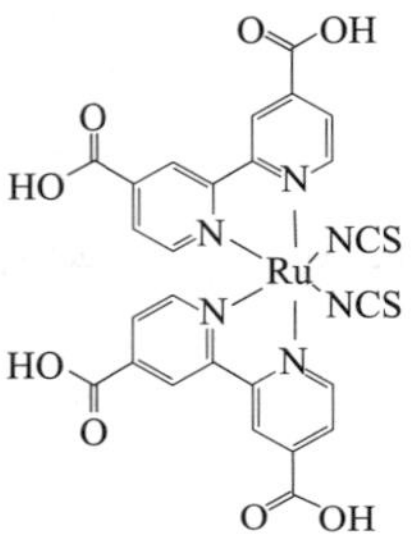

N3

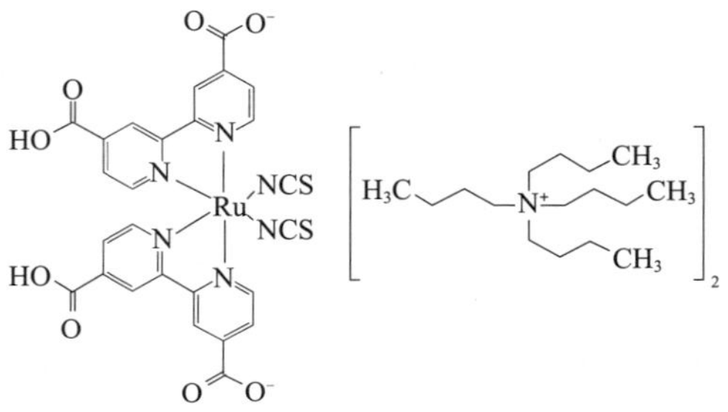

N719

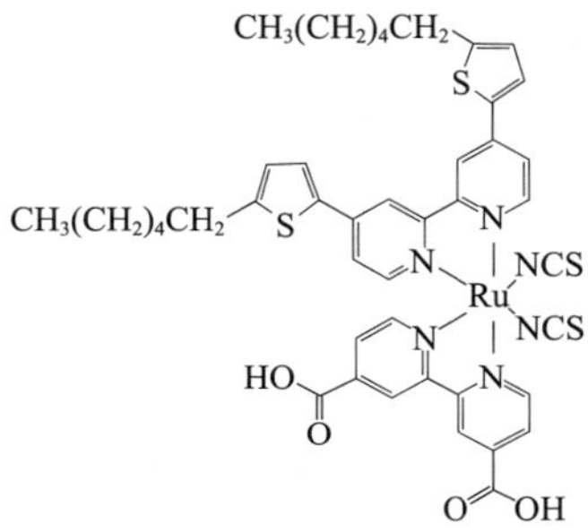

C101

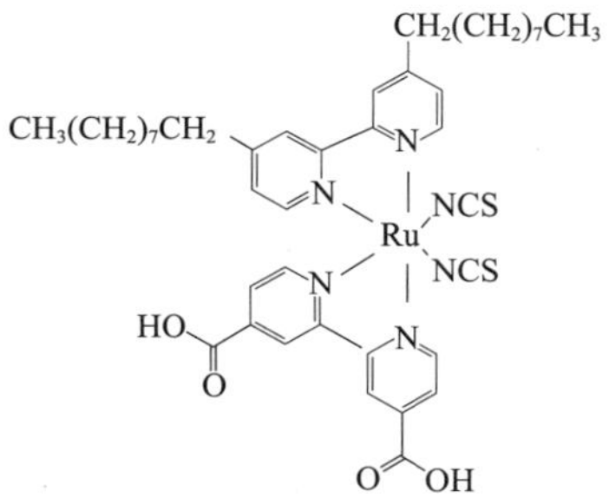

Z907

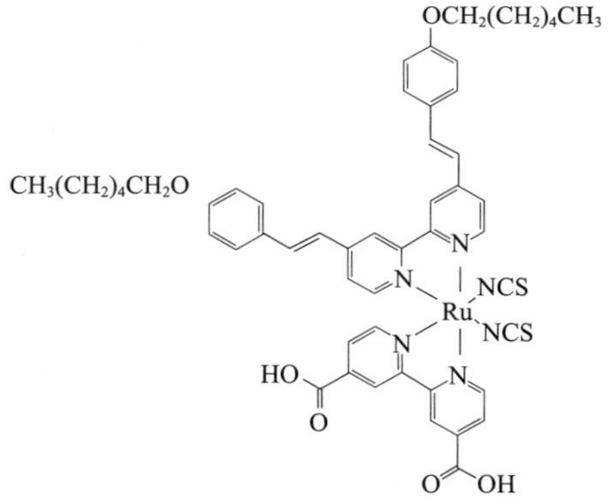

K19

图 4-34　N3、N719、Z907、K19、C101 染料的结构

表 4-4　多吡啶钌（Ⅱ）配合物的吸收光谱和光电性能

染料	λ_{abs}/nm (ε/($\times10^3 m^2$/mol))	IPCE/%	J_{sc} /(mA/cm^2)	V_{oc}/mV	FF	η/%
N3	534(1.42)	83	18.12	720	0.73	10.0
N719	532(1.4)	85	17.73	846	0.75	11.18
Z907	526(1.22)	72	13.6	721	0.692	11.1

续表

染料	λ_{abs}/nm $(\varepsilon/(\times 10^3 m^2/mol))$	IPCE/%	J_{sc} /(mA/cm²)	V_{oc}/mV	FF	$\eta/\%$
Z907	526(1.22)	72	14.6	722	0.693	7.3
K19	543(1.82)	70	14.61	711	0.671	7.0
C101	547(1.68)	80	17.94	778	0.785	11.0

注：λ_{abs} 为染料吸收峰峰值波长。

羧酸多吡啶钌染料虽然具有许多优点，但在 pH>5 的水溶液中容易从纳米半导体的表面脱附。而膦酸多吡啶钌的 pH 稳定性更好，在较高的 pH 下也不易从 TiO_2 表面脱附。但膦酸基团的中心原子磷采用 sp^3 杂化，为非平面结构，不能和多吡啶平面很好共轭，激发态电子寿命短，不利于电子快速注入 TiO_2 导带。

多核联吡啶钌染料是通过桥键把不同种类联吡啶钌金属中心连接起来的含有多个金属原子的配合物。它的优点是可以通过选择不同的配体，改变染料的基态和激发态的性质使其吸收光谱更好地与太阳光谱匹配，增加其对太阳光的吸收效率。根据理论研究，这种多核配合物的一些配体可以把能量传递给其他配体，具有"能量天线"的作用。Gratzel 等的研究认为，天线效应可以增加染料的吸收系数。可是，在单核联吡啶钌染料光吸收效率极低的长波区域，天线效应并不能增加光吸收效率。此类染料分子由于体积较大，比单核染料更难进入纳米 TiO_2 的孔洞，而且合成复杂，限制了其在染料敏化太阳能电池中的应用。

② 有机染料。有机染料因为没有贵金属中心，其具有种类多、成本低、吸光系数高和便于进行结构设计等优点。近年来，基于有机染料的 DSSC 光电转换效率与多吡啶钌类染料敏化太阳能电池相当。有机染料光敏化剂一般具有"给体（D）-共轭桥（Ⅱ）-受体（A）结构"。借助电子给体和受体的推拉电子作用，使得染料的可见吸收峰向长波方向移动，有效地利用近红外线和红外线，进一步提高电池的短路电流。图 4-35 分别列出了几种具有较高摩尔消光系数的高效有机染料的结构及其相应敏化电池的效率。

黄春辉等以半花菁染料 BTS 和 IDS 作敏化剂的 TiO_2 电极经盐酸处理之后，电池效率分别达到 5.1%（BTS）和 4.8%（IDS）。Yang 等合成了两种包含并噻吩基和噻吩基共轭结构单元的有机染料，用 D-SS（结构式如图 4-35 所示）作敏化剂的太阳能电池获得了 6.23% 的光电转换效率。Yanagida 组分别用多烯染料或称苯基共轭寡烯染料作敏化剂，获得了 6.6% 和 6.8% 的光电转换效率。

Hara 及其合作者合成了系列香豆素衍生物染料作敏化剂，获得了与 N719 染料接近的光电转换效率。Uchida 组用二氢吲哚类染料 D149 作敏化剂，在没有反射层的情况下获得了 8% 的光电转换效率，对 TiO_2 膜等进行优化后，得到了 9% 的光电转换效率。近年来，基于有机染料的染料敏化太阳能电池发展较快，最高的电池效率已经超过 10%。

（4）电解质

目前，根据电解质的状态来分，在 DSSC 中使用的有液态电解质、准固态电解质和固态电解质，常用的液态电解质又可分为有机溶剂电解质和离子液体电解质。

① 有机溶剂电解质。以腈类有机溶剂作为溶剂，氧化还原电对作为活性物质，并添加适当的添加剂便可构成典型 DSSC 用电解质。以 I^-/I_3^- 为代表的卤素类电对最为常用，性能最佳，但是长期使用也会对阴极产生一些腐蚀等。另外，腈类具有一定的毒性，某些有机

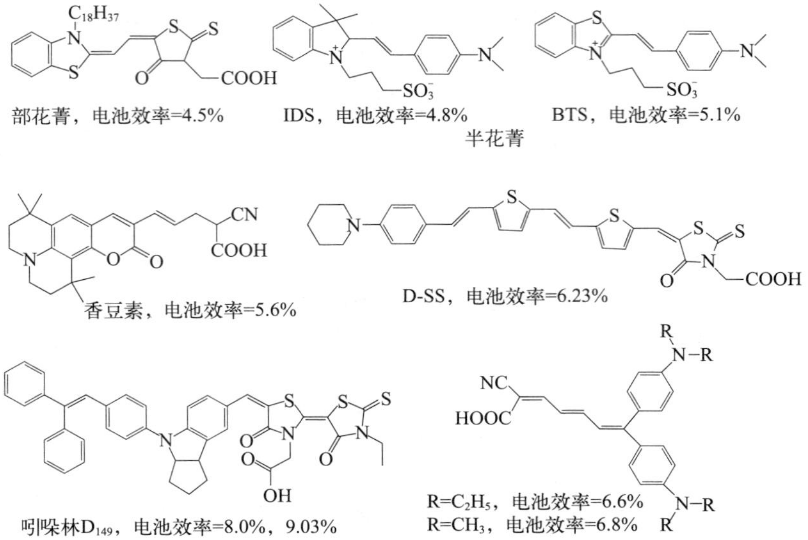

图 4-35　几种有代表性有机染料结构示意图

溶剂在光照下容易降解，使用有机溶剂制备的染料敏化太阳能电池内部蒸气压较大，不利于电池的长期稳定性等。添加剂也是 DSSC 电解质溶液的重要组成部分，常用的添加剂是 4-叔丁基吡啶（TBP）或 N-甲基苯并咪唑（NMBI）。由于 TBP 可以通过吡啶环上的 N 原子与 TiO$_2$ 膜表面上不完全配位的 Ti 原子配合，阻碍了导带电子在 TiO$_2$ 膜表面与溶液中 I$_3^-$ 复合，可明显提高太阳能电池的开路电压、填充因子和光电转换效率。LiClO$_4$ 可提升溶液的电导率，进而提升 DSSC 的短路电流。

② 离子液体电解质。离子液体电解质具有非常小的饱和蒸气压，不挥发，无色无臭，具有较大的稳定温度范围，较好的化学稳定性及较宽的电化学稳定电位窗口。以离子液体介质为基的染料敏化太阳能电池中构成离子液体的有机阳离子常用的是二烷基取代咪唑阳离子。

染料敏化太阳能电池适用的离子液体其阴离子主要有 I$^-$、N（CN）$_2^-$、B（CN）$_4^-$、(CF$_3$COO)$_2$N$^-$、BF$_4^-$、PF$_6^-$ 和 NCS$^-$ 等。虽然离子液体在室温下呈液态，但其黏度远高于有机溶剂电解质，I$_3^-$ 扩散到对电极上的速率慢，传质阻力会影响 DSSC 的性能，因此降低离子液体的黏度，增大扩散速率成为研究人员选择离子液体的主要依据。虽然离子液体的黏度与结构之间的关系尚未完全清楚，但采用大阴离子可以显著降低阴阳离子的离子间作用力，从而降低黏度。基于上述原因人们开发和研究了多种低黏度离子液体。采用低黏度离子液体和 MPⅡ混合溶剂制备离子液体电解质，获得了很好的结果。

③ 准固态电解质。为了解决液态电解质可能泄漏的问题，人们发展了准固态电解质，在有机溶剂或离子液体基液态电解质中加入胶凝剂即可形成凝胶电解质，从而增强体系的稳定性。准固态电解质可根据胶凝前的液体电解质不同，分为基于有机溶剂的准固态电解质和基于离子液体的准固态电解质。根据胶凝剂的不同，分为有机小分子胶凝剂、聚合物胶凝剂和纳米粒子胶凝剂。

基于有机溶剂介质的有机小分子胶凝剂，主要包括氨基酸类化合物、酰胺（脲）类化合物、糖类衍生物、联（并）苯类化合物和甾族衍生物等，其中最为典型的是含有酰胺键和长脂肪链的有机小分子。通过酰胺键之间的氢键和在有机液体中伸展开的长脂肪链之间的分子间力，能够使液态电解质固化形成准固态的凝胶电解质。有机小分子胶凝属于物理胶凝型，该凝胶化过程是热致可逆的。用于胶凝液态电解质的有机小分子胶凝剂还可以通过胺与卤代烃形成季铵盐的反应在有机液体中形成凝胶网络结构而使得液态电解质固化。

Murai 等利用各种多溴代烃和含杂原子氮的芳香环（如吡啶、咪唑等）的有机小分子或有机高分子这两者之间能形成季铵盐的反应，也能够胶凝有机溶剂液态电解质，得到准固态电解质，这类胶凝属于化学胶凝型，其凝胶化过程是热不可逆的。用于有机溶剂电解质胶凝的聚合物胶凝剂可以分为高分子胶凝剂和低聚物胶凝剂。其中高分子胶凝剂常见的有聚氧乙烯醚(PEO)、聚丙烯腈(PAN)和聚硅氧烷、聚（偏氟乙烯-六氟丙烯）[P（VDF-HFP）] 等，这些有机高分子化合物在液态电解质中形成凝胶网络结构而得到准固态的聚合物电解质。在有机溶剂电解质中加入有机小分子胶凝剂或聚合物胶凝剂，虽然能使其固化得到准固态的凝胶电解质，有效地防止电解质的泄漏和减缓有机溶剂的挥发，但是这类电池长期使用仍存在有机挥发的问题。表 4-5 列举了部分具有代表性的准固态电解质 DSSC 的性能。

表 4-5　基于不同胶凝剂和有机溶剂的准固态电解质的光电性能

电解质组成	胶凝剂	染料	效率/%
DMPII,LiI, I_2, TBP, MePN	有机小分子	N719	7.4
DMPII,LiI, I_2, TBP, MePN	有机小分子	N719	5.91
DMPII, I_2, NMBI, MePN	山梨糖衍生物	Z907	6.1
NaI, I_2, EC, PC, ACN	PAN	N3	3～5
KI, I_2, EC, PC	聚硅氧烷	N3	3.4
NMPI, EC, PC	PAN-PS 共聚物	N719	3.1
DMPII,LiI, I_2, TBP	PVDF-HFP	N719	6.61
MPII, NMBI, I_2, PC	纳米 SiO_2	N3	5.4
DMPII, I_2, NMBI, MePN	PVDF-HFP	Z907	6.1
PMII, I_2, NMBI, MePN	PVDF-HFP 和纳米 SiO_2	Z907	6.7,6.6
KI,I_2	聚氧丙烯低聚物 聚（氧乙烯-共-氧丙烯）	N3	5.3
DMPII,LiI, I_2, EC, GBL	三（甲基丙烯酸酯）低聚物	N3	8.1
MPII,LiI, I_2, TBP, PC, ACN	PEO,PPO 和 PPO-PEO-PPO 共聚物	N3	4.7～5.0

注：NMPI—N-甲基吡啶碘；PAN-PS 共聚物—苯乙烯和丙烯腈的共聚物；PVDF-HFP—聚（偏氟乙烯-六氟乙烯）；PPO—聚氧丙烯醚，PEO—聚氧乙烯醚。

④ 固体电解质。固体电解质可以解决液态、准固态电解质在 DSSC 中存在的泄漏、不易密封等问题。固态染料敏化太阳能电池电解质包括离子导电高分子电解质、空穴导电高分子电解质、无机 p 型半导体电解质和有机小分子固态电解质等。

导电高分子有着相对高的离子迁移率和较易固化等优点，因而逐渐成为近年来固态电解质的一个研究热点。用于固态电解质的离子导电高分子可以采用多种方法进行合成。Paoli 等将环氧氯丙烷和环氧乙烷的共聚物溶于丙酮溶液中与 9% NaI 和 0.9% I_2 混合后制成聚合物固体电解质，组装成固态染料敏化太阳能电池，其光电转换效率达 2.6%。然而，与液态染料敏化太阳能电池相比，其效率还是很低，主要原因是室温下全固态电解质的电导率很低，并且电解质与电极的界面接触不充分。因此，改善电解质的电导率及界面接触，有望提升全固态 DSSC 的光电转化效率。

无机复合型聚合物固体电解质是由聚合物、盐和无机粉末组成的多组分体系。与单纯的 PEO/盐复合物相比，体系的离子传导率有较大幅度的提高，可以抑制 PEO 的结晶，增大电解质与电极界面的稳定性。聚环氧乙烷（PEO）是一种常见的高分子，其醚氧链中的氧原子可以与 Li^+ 配位，常用于锂电池电解质，但由于室温下聚合物电解质的黏度大、流动性小、易结晶，导致其室温下离子电导率较低，不能满足电池电解质的需要。向 PEO 电解质中加入无机氧化物最初目的是提高聚合物电解质的力学和界面性能，但当加入纳米或微米的无机氧化物（TiO_2、SiO_2 和 $LiAlO_2$ 等）添加剂时，PEO 室温下的结晶也受到了抑制并增大电解质的电导率。Katsaros 等在高分子聚环氧乙烷（PEO，分子量 2000000）中加入纳米 TiO_2 作为增塑剂，组装成固态染料敏化太阳能电池，其光电转换效率也有明显的提高。

（5）对电极

对电极是染料敏化太阳能电池的重要组成部分，用作对电极的材料主要是铂、碳等。目前，广泛应用于染料敏化太阳能电池的对电极是表面镀有一层 Pt 膜的导电玻璃，其中 Pt 用作 I_3^- 还原反应的催化剂。铂对电极的制备方法主要有磁控溅射、溶液热解和电镀等。Fang 等研究了溅射铂层的厚度对太阳能电池性能的影响，发现铂层的厚度大于 100nm 后，铂层的厚度对电阻和电池性能的影响很小，但出于成本考虑，一般溅射层厚度为 10nm。Wei 等采用室温下两步浸泡包覆方法制备聚乙烯基吡咯烷酮包覆的铂纳米簇作为对电极，获得 2.8% 的光电转换效率，该方法不需要高温条件，制备容易且载铂量少。铂对电极由于其电阻小和催化效果好在太阳能电池中应用最为广泛，然而由于其为贵金属，成本高，人们尝试了采用其他材料替代铂作太阳能电池的对电极材料。

碳基材料因为成本低廉成为 DSSC 对电极的备选，以碳纳米管为对电极的 DSSC 已获得与普通铂对电极相当的光电转换效率。为增强碘还原催化性能，在 PEDOT-PSS 的水-乙醇分散相中加入一定量的纳米 TiO_2 颗粒制成浆料，通过压印包覆的方法制备出半透明的对电极，可将柔性太阳能电池的效率提高到 4.4%，Hino 等采用电解胶束破裂方法和二茂铁基表面活性剂，在 ITO 导电玻璃上沉积一层 C_{60} 富勒烯及其衍生物作为对电极材料，这些都是寻求替代贵金属铂的有益尝试。

4.4.2 钙钛矿太阳能电池

（1）钙钛矿太阳能电池介绍

这种电池是在染料敏化太阳能电池基础上发展起来的，用具有钙钛矿结构的有机金属卤化物（$CH_3NH_3PbX_3$，X＝Br，I，Cl）代替了传统染料，材料吸收系数高达 10^5；通过调节钙钛矿材料的组成，可改变其带隙和电池的颜色，制备彩色电池。另外，钙钛矿太阳能电池还具有成本低，制备工艺简单，以及可制备柔性、透明及叠层电池等一系列优点，而且其独特的缺陷特性，使钙钛矿晶体材料既可呈现 n 型半导体的性质，也可呈现 p 型半导体的性质，故而其应用更加多样化。而且 $CH_3NH_3PbX_3$ 具有廉价、可溶液制备的特点，便于采用不需要真空条件的卷对卷技术制备，这为钙钛矿太阳能电池的大规模、低成本制造提供可能。

（2）钙钛矿太阳能电池结构

经典的钙钛矿太阳能电池的结构如图 4-36 所示，从下至上依次为导电基底（FTO），致

密 TiO_2 阻挡层（blocking layer，BL），介孔 TiO_2 层，钙钛矿层，空穴传输层（HTM），金属对电极。

当有太阳光激发时，能量大于光吸收层禁带宽度的光子将钙钛矿吸收层中价带电子激发到导带，产生光生载流子或者称为光激子，载流子在电子传输层与钙钛矿材料的界面和空穴传输层与钙钛矿材料的界面处发生分离，电子通过电子传输层到顶光阳极；空穴通过空穴传输层到达对电极，通过外电路连接，光阳极电子和对电极空穴在对电极处复合，构成一个回路。

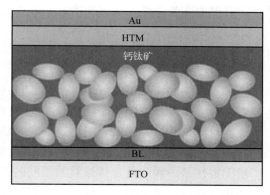

图 4-36 钙钛矿太阳能电池结构示意图

钙钛矿作为吸收层，在电池中起着至关重要的作用。以 $CH_3NH_3PbI_3$ 为例，钙钛矿薄膜作为直接带隙半导体，禁带宽度为 1.55eV，电导率为 10^{-3} S/m，载流子迁移率为 $50cm^2/(V \cdot s)$，吸收系数 10^5，消光系数较高，几百纳米厚薄膜就可以充分吸收 800nm 以内的太阳光，对蓝光和绿光的吸收明显要强于硅电池。且钙钛矿晶体具有近乎完美的结晶度，极大地减小了载流子复合，增加了载流子扩散长度，可高达 $1\mu m$（掺 Cl），这些特性使得钙钛矿太阳能电池表现出优异的性能。

HTM 为空穴传输层，必须满足以下条件：①HOMO 能级要高于钙钛矿材料的价带最大值，以便于将空穴从钙钛矿层传输到金属电极；②具有较高的电导率，这样可以减小串联电阻及提高 FF；③HTM 层和钙钛矿层需紧密接触。目前应用最广泛的 HTM 层材料 spiro-OMeTAD 是小分子结构，可与钙钛矿层保持良好的接触，能够更好地实现空穴的传输。

在钙钛矿太阳能电池中致密 TiO_2 作为阻挡层（BL 层），在 FTO 与 TiO_2 之间形成了肖特基势垒，有效地阻止了电子由 FTO 向 HTM 及空穴由 HTM 向 FTO 的回流。致密层的厚度对电池的性能起着重要的影响，一般取 40～70nm。

电子传输层（ETM）需要具有较高的电子迁移率，其导带最小值要低于钙钛矿材料的导带最小值，便于接收由钙钛矿层传输的电子，并将其传输到 FTO 电极中。目前，钙钛矿太阳能电池中多采用介孔 TiO_2 作为 ETM。介孔 TiO_2 层的厚度对电池的短路电流（J_{sc}）影响不大，但对开路电压（V_{oc}）影响显著。但是 TiO_2 的制备过程需要经过 500℃的高温热处理，这使得电池衬底的选择受到很大限制。

从效率提升进程来看，钙钛矿太阳能电池诞生十余年，单结效率从 3.8% 跃升至 25.7%；单结/叠层理论极限效率分别高达 33%/45%，仍有较大提升空间。钙钛矿电池具有降本增效和应用场景广泛等优势，仍面临稳定性差和大面积制备效率下降的挑战。优势包括：①低成本，钙钛矿原材料成本低且用量和纯度要求小，生产过程能耗低，大规模量产后钙钛矿组件总成本约为 0.5～0.6 元/W，是晶硅组件极限成本的 50%；②高效率，钙钛矿材料带隙更接近最优带隙，且带隙可调，适合做效率潜力更高的叠层电池；③应用场景广泛，柔性和轻质特点使其适用于 BIPV 和汽车光伏，带隙可调性使其适用于室内光伏。挑战包括：①稳定性差导致寿命短，材料本身具有不稳定性且与各功能层易相互影响；②大面积制备效率下降，制备工艺的局限性导致大面积制备钙钛矿薄膜均匀性变差，缺陷增多，且尺寸增大时电池非光活性死区面积增大，有效光照面积减小。

4.4.3 量子点太阳能电池

（1）量子点的定义及其基本性质

量子点（quantum dots），又称为人造原子。它的尺寸接近或小于体相材料的激子玻尔半径，一般来说粒径范围为 $1\sim10nm$，是表现出量子行为的准零维半导体材料。量子点从三个维度对其尺寸进行约束，当达到一定的临界尺寸后，即纳米量子，其载流子的运动在三个空间维度上均受到限制，此时，材料表现出量子效应。

量子特性是一种与常规体系截然不同的低维物性，进而展现出与宏观块体材料截然不同的物理化学性质。量子点的尺度介于宏观固体与微观原子、分子之间。量子点的典型尺寸为 $1\sim10nm$，包含几个到几千个原子，由于载流子的运动在量子点中受到三维方向的限制，能量发生量子化。量子点具有许多特性，如具有巨电导、可变化的带隙以及可变化的光谱吸收特性等，这些特性使得量子点太阳能电池可以大大提高其光电转换效率。

量子点的特殊几何尺寸使其具备了独特的量子效应，量子效应有以下几个比较重要的特征。

① 表面效应。表面效应是指随着纳米量级的量子点尺寸的减小，量子点的比表面积增加，体内原子数目减少，而表面原子数量急剧增加。这就导致表面成键原子配位失衡，表面出现悬挂键和不饱和键。表面效应使得量子点具有了较高的表面能和表面活性。表面活性会使表面原子输运和构型发生变化，同时也将引起表面电子自旋现象和电子能谱的变化。表面效应会使量子点材料产生表面缺陷，表面缺陷能够捕获电子和空穴，引起非线性光学效应，进而影响量子点的光电性质。比如：纳米金属银由于表面效应其光反射系数显著下降，因此，表现为黑色，并且粒径越小，光吸收能力越强，颜色越深。

② 限域效应。当量子点的尺寸同电子的激子玻尔半径相接近时，电子将被限制在十分狭小的纳米空间内，在此空间内，电子的传输受到限制，平均自由程显著减小，同时局域性和相干性增强，导致量子限域效应。量子限域效应将导致材料中介质势阱壁对电子和空穴的限域作用远远大于电子和空穴的库仑引力作用，电子和空穴的关联作用较弱，而处于支配地位的量子限域效应会使得电子和空穴的波函数发生重叠，容易形成激子，产生激子吸收带。随着粒子尺寸的减小，激子吸收带的吸收系数增加，此时出现强激子吸收，激子的最低能量吸收发生蓝移。

③ 量子尺寸效应。当粒子处于纳米量级时，金属费米能级附近的电子能级由连续能级分布变为离散的分立能级，有效带隙变宽，其对应的光谱特征发生蓝移。粒子尺寸越小，光谱的蓝移现象越显著，量子点的带隙宽度、激子束缚能的大小、激子蓝移等能量态可以通过量子点的尺寸、形状和结构进行调节。尺寸效应引起的材料能级的离散是量子效应最主要的特点。比如，室温下晶体硅的禁带宽度为 $1.12eV$，当硅的直径为 $3nm$ 和 $2nm$ 的时候，它们的禁带宽度分别为 $2.0eV$ 和 $2.5eV$。

④ 宏观量子隧道效应。当运动的电子处于纳米空间尺度内时，其物理线度与电子自由程相当，会在纳米导电区域之间形成薄薄的量子势垒。当外加电压超过一定的阈值时，被限制在纳米空间内的电子穿越量子势垒形成费米子电子海。这种由电子从一个量子阱穿越量子势垒进入另一量子势垒的现象称为量子隧道效应。

基于量子效应，使得量子点材料具备独特的光、热、磁和电学性能，这种独特性使得量子点在太阳能电池、光学器件和生物标记等方面有广阔的应用前景。

（2）量子点中间能带太阳能电池的机理及分类

对于半导体来说，只有能量大于禁带宽度能量的光才能引起电子的跃迁，如果形成中间带，电子可分两步，即从价带跃迁到中间带，再吸收带隙能量的光子跃迁到导带。因此，所有光子都能够被利用起来。所以，中间能带的作用是为电子提供一个台阶，让能量低于禁带宽度的光子也能够参与到导电机制中。

最优的中间能带太阳能电池的总的能带宽度是 1.95eV，电池被中间能带分为两个子带，分别为 0.71eV 和 1.24eV，电子的准费米能级和电化学势通常是靠近能带的边缘。这是因为任何太阳能电池的电压都与靠近金属接触的价带的准费米能级和导带准费米能级的差有关，所以中间能带的太阳能电池的带宽最大限制在 1.95eV。

量子点敏化太阳能电池为光阳极、电解液以及对电极封装成的"三明治"结构。其中，光阳极由透明的导电玻璃、宽带隙氧化物半导体纳米薄膜和量子点光敏剂组成。它是量子点敏化太阳能电池的核心部分。

量子点敏化太阳能电池的结构和工作原理与 DSSC 类似，其示意图如图 4-37 所示。光阳极中的透明导电玻璃（FTO）的作用就是承载宽带隙氧化物半导体薄膜和进行电子收集。宽带隙氧化物半导体薄膜的功能是负载光敏剂和光生电子的输运通道。量子点光敏剂的作用是吸收光子产生电子和空穴。电介质包含氧化还原对，通过发生氧化还原反应，构成了电池的电流回路。对电极的作用是催化还原处于氧化态的电解质。

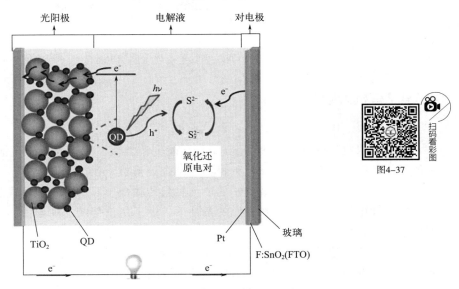

图 4-37　量子点敏化太阳能电池的结构和工作原理示意图

（3）量子点敏化太阳能电池的优势

在光伏电池领域中，量子点最具有吸引力的特点之一就是可以通过调控粒径的尺寸实现量子点的能带可调节性，进而实现对光谱吸收范围的可调节性。量子点敏化太阳能电池通过对粒子尺寸的调控，实现从可见光到近红外光区的光谱吸收。由于太阳光谱中一半以上是在红外区，因此红外光子的捕获对提高太阳能电池的光电转换效率具有重要的意义，应利用不同尺寸的量子点的不同光谱响应范围来构建多结的叠层电池或彩虹电池，对每层量子点的光谱吸收范围进行优化实现叠层电池的全光谱响应，对提高电池的光电转换效率具有重要的意义。如 PbS 量子点因其宽带隙被广泛应用于量子点敏化太阳能电池研究。利用 PbS 量子点的量子尺寸效应来构建三结叠层电池，如图 4-38 所示，第一层 2.6nm 的 PbS 量子点的吸收开始于 680nm，第二层 3.6nm 的 PbS 量子点的吸收起始端位于 1070nm，最底层 7.2nm 的 PbS 量子点的吸收开始于 1750nm，由此可以看出光子吸收覆盖可见光并延伸到红外光区。对于单结电池器件，低带隙的光吸收量子点虽然可以产生较大电流，但是开路电压小，相反宽带隙的量子点虽然开路电压较大，但是由于光子捕获的范围较小，具有较小的短路电流。因此，基于对电池光电压和光电流之间的综合考虑，量子点的最优带隙宽度为 1.1～1.4eV，在此范围内可产生较好的光电转换效率。

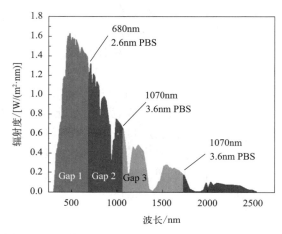

图 4-38　不同粒径量子点的太阳能电池吸收不同光谱

4.4.4　有机太阳能电池

（1）有机太阳能电池原理

有机光伏电池的基本原理与 pn 结太阳能电池类似。无机太阳能电池是由 p 型和 n 型两种能很好匹配的材料构成。在两种材料的结合处形成 pn 结，以空穴为多数载流子的 p 型材料传输空穴，以电子为多数载流子的 n 型材料传输电子，由于扩散形成了 pn 结。pn 结处存在耗尽层和电势。吸光材料在光照的条件下，电子从价带跃迁到导带，产生的电子和空穴在内建电场的作用下分别在 n 型和 p 型材料中传输，并被正负电极收集，产生光伏效应。

有机光伏电池的原理与无机太阳能电池类似，又所不同。如图 4-39 所示，首先在太阳光的照射下，吸光材料吸收光子后，电子从基态跃迁到激发态（过程 1），由于聚合物的束缚能较大（一般为 0.1～1eV），在激子寿命范围内，可以在有机材料中移动扩散（过程 2），其扩散距离约在 10nm 以内。当激子扩散到给体和受体的界面处会发生光诱导电子转移（过程 3），激子被解离成电子和空穴，电子处于受体材料的 LUMO 轨道中，空穴处于给体材料的 HOMO 轨道中，并在内建电场的作用下，电子在受体相中向阴极方向移动输运，而空穴在

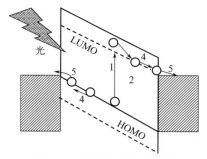

图 4-39　聚合物光伏电池中
光电转换过程示意图

给体相中向阳极移动输运（过程 4），最终被两个电极分别收集（过程 5）。

（2）有机太阳能电池结构

如图 4-40 所示，本体异质结型有机太阳能电池主要可以分为四种器件结构，分别是：正装本体异质结电池、倒装本体异质结电池、正装叠层本体异质结电池，倒装叠层本体异质结电池。

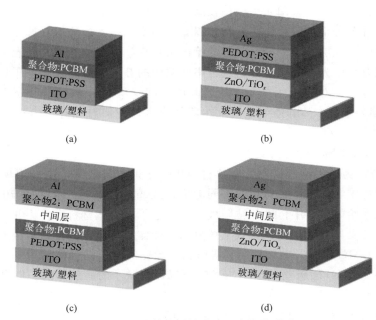

图 4-40 本体异质结型有机太阳能电池
（a）正装本体异质结电池；（b）倒装本体异质结电池；
（c）正装叠层本体异质结电池；（d）倒装叠层本体异质结电池

图 4-40（a）是正装本体异质结电池，它是一种最常见的常规器件结构。常采用 ITO 为透明阳极，在 ITO 上面旋涂一层水溶性的阳极界面层——聚苯乙烯磺酸（PSS）掺杂的聚（3,4-亚乙基二氧基噻吩）（PEDOT），然后是由给体聚合物和 C_{60} 衍生物如 $PC_{61}BM$ 组成的光吸收活性层，最后是金属阴极（如 Al）。光吸收活性层中经电荷分离产生的空穴通过给体聚合物输运至阳极界面层，然后被阳极 ITO 收集；光吸收活性层中经电荷分离产生的电子通过 $PC_{61}BM$ 输运至金属阴极。为了增强阴极对电子的收集效果，有时还采用双层复合阴极，如 LiF/Al、Ca/Al、水/醇溶性阴极界面修饰聚合物/Al 等。需要指出的是，阴极界面层 PEDOT：PSS 为酸性，容易腐蚀 ITO，使用低功函的金属（Ca）则容易在空气中发生氧化，因此图 4-40（a）这种常规器件结构的电池的稳定性一般不佳。

图 4-40（b）展示了一种倒装的本体异质结电池，ITO 作为电子收集的阴极，其中的 ZnO 或者 TiO_x 被用作阴极界面层，可以采用溶胶-凝胶法按溶液旋涂的方式成膜，再经一道高温加热处理就能很好地输运电子到 ITO 阴极。在光吸收活性层上旋涂水溶性的 PEDOT：PSS 作为阳极界面层会因附着力低而不易成膜，因此在 PEDOT：PSS 的水溶液添加一些醇类溶剂可以得到改善，也可以蒸镀 MoO_3 薄层来代替 PEDOT：PSS。在这种倒装器件结构中，常用 Al、Au、Ag 等高功函数的金属作为阳极，其中 Au 和 Ag 在空气中较为稳定。目前，倒装本体异质结电池能展现比正装结构电池大幅改善的空气稳定性。

尽管单层的有机太阳能电池的效率已经得到了很大提高，但受到给体聚合物带隙的限制，小于给体聚合物带隙的那部分能量不能被吸收利用。虽然可以通过减小给体聚合物的带隙来增大对太阳光能量的吸收宽度，但减小给体聚合物的带隙也会因其 HOMO 能级抬高导致电池的开路电压降低，对提高能量转换效率帮助不大。为此，图 4-40（c）和图 4-40（d）两种叠层器件结构提供了一种实现更好太阳光利用的例子。它们通过采用两个单独的亚电池经串联方式来获得充分利用太阳光和保持较高的开路电压。通常，其中一个亚电池中的光吸收活性层选用一种中等带隙的给体聚合物，以充分利用太阳光中的短波长光子能量，而另一个亚电池的光吸收活性层选用一种窄带隙的给体聚合物，以充分利用太阳光中的长波长光子能量，从而实现宽太阳光谱吸收能力，这种串联结构的叠层电池的开路电压是两个亚电池开路电压的加和。当前，对处于两个亚电池之间的中间层材料的研究也十分活跃。另外，图 4-40（d）这种倒装叠层本体异质结电池也在器件稳定性方面有优势。最近，倒装叠层器件已经达到了 10.6% 的效率。

（3）高效有机太阳能电池材料

① 受体材料。为了提高有机光伏电池材料中激子的分离效率，电子给体和受体材料被同时用于器件结构中，由于两种材料的不同能级，激子在给体与受体界面产生电荷分离。分离后的空穴优先在给体材料中传输并被阳极收集，电子在受体材料中传输并被阴极收集。为了使激子在给体与受体界面处实现有效电荷分离，受体材料应该具备以下特点：

a. 较低的 LUMO 能级。共轭聚合物等有机半导体的激子结合能约为 0.3eV，因此，只有给体与受体的 LUMO 能级差大于 0.3eV 才可以保证激子的有效分离。但是，过大的能级差就会导致激子电荷分离时产生能量损失，通常表现为开路电压上的损失。

b. 较高的电子迁移率，以保证较高的电子输运能力，使激子分离后的电子在受体材料的传输过程中不容易被复合掉，从而可以得到较高的填充因子。

c. 较好的成膜性，与给体材料形成合适的纳米尺度的相分离结构。在本体异质结有机太阳能电池中，光照下产生激子，只有到达界面处的激子才有可能被分离成电荷载流子，如果激子在扩散途中发生复合则对光电转换没有贡献。然而有机聚合物半导体中激子的扩散长度通常只有 10nm 左右，因此活性层中给体和受体相分离的尺寸不超过 20nm，只有合适的相分离尺度、激子才能发生有效的电荷分离，光生电荷才能有效传输。

C_{60} 有更大的电子亲和势，具有三维的共轭 π 电子结构。另外，C_{60} 的 LUMO 轨道是一个三重简并轨道，最多可以接受六个电子，这显示了 C_{60} 的电子接受能力较强，可以实现有效的电子转移，C_{60} 薄膜还具有较高的电子迁移率。C_{60} 受体材料在真空升华沉积制作的小分子太阳能电池的效率提高中扮演了重要角色，并使小分子太阳能电池的效率在 2005 年超过了 5%。但是，C_{60} 由于十分对称的化学结构容易发生结晶聚集，在溶剂中的溶解分散性不佳，所形成的较大尺度的受体相结构不仅导致活性层薄膜的粗糙度变大，还会导致其与给体相之间的异质结面积减小，从而影响激子分离效率，因此 C_{60} 受体材料在聚合物太阳能电池中的应用具有很大的局限性。

1995 年 Hummenlen 等报道了一种 C_{60} 衍生物 $PC_{61}BM$（图 4-41），这种对 C_{60} 的化学取代结构设计使它在溶解聚合物给体材料的有机溶剂中有很好的溶解度，从而解决了上述 C_{60} 容易结晶所导致的多种问题，$PC_{61}BM$ 的电子迁移率为 10^{-3} $cm^2/(V \cdot s)$，能很好地满足电子在 $PC_{61}BM$ 相中的输运。$PC_{61}BM$ 也有较好的热稳定性。$PC_{61}BM$ 的出现极大地推动了聚合物太阳能电池效率的提高，如 Brabec 等在 1999 年和 2001 年报道了效率分别为 1.5%

和 2.5％的阶段性突破结果。$PC_{61}BM$ 也因此成为了在很长时间内被广泛用于聚合物太阳能电池的受体材料。

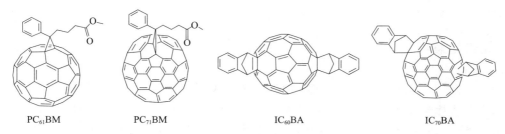

PC$_{61}$BM　　　　PC$_{71}$BM　　　　IC$_{60}$BA　　　　IC$_{70}$BA

图 4-41　四种重要的 C_{60} 衍生物类受体材料的化学结构

聚（3-己基噻吩）（P3HT）是一种分子结构相对简单、合成成本低、高空穴迁移率的聚合物给体，能与 $PC_{61}BM$ 形成理想的纳米尺度互穿网络结构，具有活性层的厚度变化对器件效率影响较小的特点，这使得 P3HT 成为制备大面积有机太阳能电池的较理想给体材料。虽然 P3HT 的带隙较大（约 2eV），但基于 P3HT：$PC_{61}BM$ 的有机太阳能电池仍能较容易地实现超过 4％的效率。但是，由于 P3HT 的 HOMO 能级较高（－5.1eV），该电池的开路电压较低，通常只有 0.6V 左右。$PC_{61}BM$ 与 P3HT 二者的 LUMO 能级匹配性不好，两者相差约 0.8eV，因此 P3HT：$PC_{61}BM$ 体系在能级匹配上并不是最佳选择。如果受体材料的 LUMO 能级更高，将可以提升 P3HT 器件的开路电压，进而提升电池的光电转化效率。

② 给体材料。聚合物给体材料与 C_{60} 衍生物类受体材料组成有机太阳能电池的光吸收活性层材料，聚合物给体在光吸收过程起到主导作用，减小给体材料的带隙可增加其对长波场太阳光的利用率。在聚合物给体材料的分子设计中的另一个考虑是需要其具有较深的 HOMO 能级，这样能拉开聚合物给体材料的 HOMO 能级与受体材料的 LUMO 能级之间的差值，从而提高开路电压。聚合物给体材料在空穴迁移率方面的提升，可以加速光生空穴向阳极的迁移，以提升短路电流和填充因子。

如图 4-42 所示，MEH-PPV 和 MDMO-PPV 是早期研究最多的两种聚合物给体。这两种 PPV 给体的 HOMO 和 LUMO 能级分别为 －5.1eV 和－2.9eV，对应的带隙是 2.2eV，因此对太阳光的利用并不佳。基于 MEH-PPV 和 MDMO-PPV 的聚合物太阳能电池可以获得 2％左右的效率，其 V_{oc} 约为 0.8V。

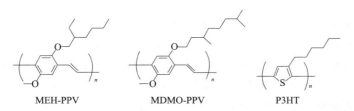

MEH-PPV　　　　MDMO-PPV　　　　P3HT

图 4-42　MFH-FPV、MDMO-PPV、P3HT 的化学结构

P3HT 可按需合成出空间排列整齐的结构，这样对于其能级的调控成为了可能。P3HT 的 HOMO 和 LUMO 能级分别为 －5.2eV 和－3.2eV，对应的带隙是 2eV，属于中等带隙给体材料。130℃ 左右的热处理可为 P3HT 分子链带来一定的结晶，可进一步促进光电效率的

提升，相应的 P3HT：$PC_{61}BM$ 电池的效率可以超过 4%，其 V_{oc} 约为 0.6V。采用 $IC_{60}BA$ 和 $IC_{70}BA$ 为受体材料能大幅提高 P3HT 器件的效率至 6.5% 左右，主要是 V_{oc} 被提高到约 0.85V。

 知识拓展

废弃光伏组件的处理

在光伏扶持政策推广的背景下，我国的光伏新增装机量达到全球第一的位置，我们要警觉的是，当光伏电站服务期达到 25 年或 30 年时，大批量的报废光伏产品将成为重点关注的问题，对报废光伏组件的回收处理将会成为新的问题。光伏组件在安装过程中，主要以水泥支架作为支撑，因此当组件报废时，安装遗留下的混凝土结构将难以处理，会形成大面积的混凝土桩林，而光伏电站占地面积大，如不好好处理，将大大限制土地资源的再利用。光伏组件达到寿命年限后如果不妥善回收处理，将给环境带来巨大的污染。光伏组件主要由玻璃、铝边框、层压件、电池片、EVA 膜、接线盒、光伏背板等组成，其组成材料主要包括玻璃（70%），铝（10%），密封胶（10%），硅（5%），银、铟、镓等稀有金属（约占1%），而这些材料大多可以循环再利用。未来光伏组件材料最大的供应来源将不再是矿山，而是来自光伏组件自身的循环再利用。组件的回收处理将成为一个新兴市场，这将为社会带来大量的就业机会。

光伏组件回收可分为拆解、分离、回收三大步骤。将光伏组件各结构设法分离回收或进行物理拆解并破碎，再通过筛分等方法将不同粒径的颗粒分离，分别回收处理各粒径中相对富集的成分，最后通过湿法冶金等方式回收。

① 拆解。接线盒与铝边框一般为手工或机械自动化拆解，技术相对成熟。目前，国内光伏组件拆解主要是靠人工手动进行，无法跟上晶硅光伏组件的废弃速度。接线盒通过硅胶与光伏组件连接，其中还存在铜线，拆除要做到在光伏组件上无硅胶残留，还要注意拆除后组件的完整性。光伏组件的尺寸规格并不完全一致，接线盒的位置也不尽相同，在设计拆解过程和拆解设备时需考虑结构的通用性。

② 分离。在接线盒与铝边框去除后，需要进行盖板玻璃、封装层胶膜、光伏电池以及背板所组成的层压件的分离，分离层压件是光伏组件回收最为困难的部分。此部分结构层与层之间的粘接强度大，难以通过人工手动分离，一般通过化学法、热处理法或机械处理法分离或去除。

③ 回收。当光伏组件中的晶硅电池出现裂片、热斑等现象无法回收完整时，常使用物理回收法实现资源的最大化利用。物理回收法是将组件破碎成较小的颗粒，进行筛分获得不同粒径的颗粒，然后除去 EVA 等有机物，初步回收玻璃、晶硅、金属等，但后续仍需化学回收法处理。化学回收法是指通过化学试剂对电池片进行处理，回收晶硅并进行湿法冶金回收金属。常使用酸和碱对电池片进行湿法浸出，除去焊带、金属电极、铝背电极、减反射层和 pn 结，最终获得裸高晶硅片。此方法成本高、工艺复杂，且强酸强碱会对硅片造成一定损伤，需要平衡硅片纯度和回收率之间的关系。

每项大规模应用的新型技术会给人们的生活造成深远的影响，当沉浸在这种科技带来变革的同时，也应考虑未来其对环境是否造成有害影响，并制定预案。这样，不仅当代人享受科技成果对生活质量的提升，同时也保证后代人有良好的生存环境。

本章小结

　　本章主要介绍了几种不同类型的太阳能电池，包括硅基太阳能电池、薄膜太阳能电池、ⅢA-ⅤA 族薄膜太阳能电池以及新型太阳能电池的原理、结构及性能。通过学习太阳能电池构建的基本原理，读者将深入理解光电之间的转换机制，通过对不同类型太阳能电池的学习，将启发读者对光电转换形式的思考，有助于读者设计、开发新型的光电转化系统。本章所介绍的太阳能电池有的已经产业化，有的还在实验室研发阶段，学习本章后将有助于读者从不同角度理解光伏领域的问题。

复习思考题

1. 硅基太阳能电池的原理是什么？
2. 评价太阳能电池的指标有哪些？如何测量与计算？
3. 硅基太阳能电池效率损失机制是什么？
4. 单晶硅、多晶硅的制备方法有哪些？
5. 非晶硅的结构与单晶硅的区别是什么？
6. 单结硅基薄膜太阳能电池的结构及工作原理是什么？
7. ⅢA-ⅤA 族薄膜太阳能电池的材料有哪些？
8. ⅢA-ⅤA 族薄膜太阳能电池的结构如何？
9. 产业化铜铟镓硒（CIGS）薄膜太阳能电池有何优势？
10. 铜铟镓硒（CIGS）薄膜的制备工艺是什么？
11. 染料敏化太阳能电池结构及工作原理是什么？
12. 染料敏化太阳能电池的光敏剂举例。
13. 钙钛矿太阳能电池的结构及工作原理是什么？
14. 查阅文献说明目前效率最高的钙钛矿太阳能电池的结构。
15. 何为量子点？
16. 量子点太阳能电池的机理是什么？
17. 有机太阳能电池的结构及机理是什么？
18. 有机太阳能电池中的受体材料有哪些？

参考文献

［1］Gonella F，Spagnolo S. Chapter Fourteen-On sustainable PVâ"solar exploitation：an emergy analysis，in Solar Cells and Light Management. F Enrichi and G C Righini，Editors，2020. 481-507.

［2］Meadows D H，Meadows D I，Randers J. Limits to growth：the 30-year update. 2004.

［3］Lee S W，et al. Historical Analysis of High-Efficiency，Large-Area Solar Cells：Toward Upscaling of Perovskite Solar Cells. Adv Mater，2020，32(51)：e2002202.

［4］Romeo A，et al. Development of thin-filmCu(In,Ga)Se2 and CdTe solar cells. Progress in Photovoltaics：Research and Applications，2004，12(2-3)：93-111.

[5] Wada T, et al. Characterization of the Cu(In,Ga)Se2/Mo interface in CIGS solar cells. Thin Solid Films, 2001, 387(1): 118-122.

[6] Orgassa K, Schock H W, Werner J H. Alternative back contact materials for thin film Cu(In,Ga)Se2 solar cells. Thin Solid Films, 2003, 431-432: 387-391.

[7] Cheng Y J, Yang S H, Hsu C S. Synthesis of Conjugated Polymers for Organic Solar Cell Applications. Chemical Reviews, 2009, 109(11): 5868-5923.

[8] Coakley K M, McGehee. M D. Conjugated Polymer Photovoltaic Cells. Chemistry of Materials, 2004, 16 (23): 4533-4542.

[9] Zhang L, et al. Bulk-Heterojunction Solar Cells with Benzotriazole-Based Copolymers as Electron Donors: Largely Improved Photovoltaic Parameters by Using PFN/Al Bilayer Cathode. Macromolecules, 2010, 43 (23): 9771-9778.

[10] Wang E, et al. An Easily Synthesized Blue Polymer for High-Performance Polymer Solar Cells. Advanced Materials, 2010, 22(46): 5240-5244.

[11] Chen H Y, et al. Polymer solar cells with enhanced open-circuit voltage and efficiency. Nature Photonics, 2009, 3(11): 649-653.

[12] Hau S K, et al. Interfacial modification to improve inverted polymer solar cells. Journal of Materials Chemistry, 2008, 18(42): 5113-5119.

[13] Tao C, et al. Performance improvement of inverted polymer solar cells with different top electrodes by introducing a MoO3 buffer layer. Applied Physics Letters, 2008, 93(19): 193307.

[14] Sista S, et al. Tandem polymer photovoltaic cells-current status, challenges and future outlook. Energy & Environmental Science, 2011, 4(5): 1606-1620.

[15] Kim J Y, et al. Efficient Tandem Polymer Solar Cells Fabricated by All-Solution Processing. Science, 2007, 317(5835): 222-225.

[16] You J, et al. A polymer tandem solar cell with 10.6% power conversion efficiency. Nature Communications, 2013, 4(1): 1446.

[17] He Y, Li Y. Fullerene derivative acceptors for high performance polymer solar cells. Physical Chemistry Chemical Physics, 2011, 13(6): 1970-1983.

[18] Xue J, et al. A Hybrid Planar-Mixed Molecular Heterojunction Photovoltaic Cell. Advanced Materials, 2005, 17(1): 66-71.

[19] Hummelen J C, et al. Preparation and Characterization of Fulleroid and Methanofullerene Derivatives. The Journal of Organic Chemistry, 1995, 60(3): 532-538.

[20] Brabec C J, et al. Photovoltaic properties of conjugated polymer/methanofullerene composites embedded in a polystyrene matrix. Journal of Applied Physics, 1999, 85(9): 6866-6872.

[21] Shaheen S E, et al. 2.5% efficient organic plastic solar cells. Applied Physics Letters, 2001, 78(6): 841-843.

[22] Irwin M D, et al. p-Type semiconducting nickel oxide as an efficiency-enhancing anode interfacial layer in polymer bulk-heterojunction solar cells. Proceedings of the National Academy of Sciences, 2008, 105 (8): 2783-2787.

[23] Chen J, Cao Y. Development of Novel Conjugated Donor Polymers for High-Efficiency Bulk-Heterojunction Photovoltaic Devices. Accounts of Chemical Research, 2009, 42(11): 1709-1718.

[24] Ma W, et al. Thermally Stable, Efficient Polymer Solar Cells with Nanoscale Control of the Interpenetrating Network Morphology. Advanced Functional Materials, 2005, 15(10): 1617-1622.

[25] He Y, et al. Indene-C60 Bisadduct: A New Acceptor for High-Performance Polymer Solar Cells. Journal of the American Chemical Society, 2010, 132(4): 1377-1382.

［26］Guo X，et al. High efficiency polymer solar cells based on poly(3-hexylthiophene)/indene-C70 bisadduct with solvent additive. Energy & Environmental Science，2012，5(7)：7943-7949.

［27］林俍佑，何世豪，王贤保．废旧光伏组件绿色回收研究综述．湖北大学学报（自然科学版）．https://link. cnki. net/urlid/42. 1212. N. 20240511. 1657. 018

［28］傅丽芝．我国光伏组件报废量预测及回收网络规划研究．南京：南京航空航天大学，2020.

［29］尹永鑫．基于表面等离子体的非晶硅薄膜太阳能电池吸收性能的研究．北京：北京邮电大学，2015.

第 5 章

氧化还原液流电池材料与应用

 学习目标

1. 了解液流电池发展过程，对液流电池的诞生过程形成正确的认识，对新能源的发展过程具有一定的认知。

2. 掌握液流电池工作原理、结构、种类和特点。

3. 掌握液流电池关键组成材料的理化性质和特性，以及关键材料的制备、设计、评价等方面的基本原理和方法。

4. 了解关键材料和技术的研究进展、液流电池评价基本方法以及液流电池的应用范围。

5.1 氧化还原液流电池概述与发展历程

氧化还原液流电池（redox flow battery，RFB）是一种大规模高效电化学储能技术，最早雏形可以追溯到 1884 年用作飞船 "La France" 动力能源的 Zn-Cl 体系。现代液流电池的概念是由美国国家航空航天局（NASA）的 L. H. Thaller 于 1974 年首次提出的 Fe-Ti 电解质。在该研究项目中也包括了对 Fe-Cr 电解质的研究，NASA 在 10 年后终止了该项目。1980 年左右，日本新能源产业技术综合开发机构（NEDO）开展了月光计划，期望开发电化学储能来补充抽水储能。在此背景下，日本电工实验室（ETL）开展了 Fe-Cr 盐酸电解液氧化还原液流电池的研究。然而，由于 Cr 半电池的反应可逆性差，Fe 和 Cr 离子透过隔膜交叉污染及电极析氢等问题，铁/铬液流电池系统的能量效率较低。因此，世界范围内对铁/铬液流电池的研究开发基本处于停滞状态。1978 年，意大利的 A. Pelligrih 和 P. M. Spaziante 在一项专利中提出了钒作为氧化还原电对，但是后续没有进行深入研究。随后在 1986 年，由澳大利亚新南威尔士大学（UNSW）的 M. Skyllas-Kazacos 带领的团队尝试在两个半电池中添加相同的成分。因钒存在数个氧化价态，半电池电位差异明显，可形成具有现实意义的电池电压，解决了 Fe-Cr 液流电池的电解液交叉问题，首次成功开发了可商业化的全钒液流电池。至此，钒氧化还原电池的开发更加深入，通过对电解液、膜、电极、流场设计和电池管理系统的研究，于 2001 年启动了第一次商业安装。随后，众多科研机构和能源企业，包括美国西北太平洋国家实验室（PNNL）、美国 UniEnergy Technologies 公司、Fraunhofer ICT 研究院等，纷纷对其进行跟进研发，大大推动了钒氧化还原液流电池工程应用的进程（图 5-1）。我国液流电池发展十分迅猛，近些年，国网英大、上海电气、北京普能、大连融科、国家电投集团科学技术研究院等从事液流电池相关业务。中国科学院大连物理化学研究所、中国科学院金属研究所、清华大学、中南大学等科研机构在该领域开展了系列持续性工作。全钒液流电池项目已陆续在我国的新疆、福建、湖北、辽宁等地投建，目前正处于大规模商业化推广阶段。钒电池的成功再次引起了科研人员的关注，基于技术和理论的完善，其他类型的液流电池，如锌-溴、溴-多硫化物、锌-碘、铅-甲基磺酸、全铁等系统也被不断进行探索和开发。严格意义上来讲，这些并不是最初所定义的液流电池，因为这些电池在充放电过程中涉及正、负极活性物质相的变化。如 Zn 基电池充电时，负极电解液中的 Zn^{2+} 在电极上发生沉积，放电时金属 Zn 发生溶解反应。

　　传统液流电池电解液是以金属盐或无机物溶解在水溶液中，受到水电解电压窗口限制，电池电压较低（一般<1.7V），部分研究工作开始转向开发新的氧化还原物质：一个研究方向是使用有机溶剂代替水的非水系液流电池体系，可大幅提高电池电压。但是此类液流电池还存在安全性差、成本高、电导率低等问题，还需要进一步研究。另一个研究方向是使用有机氧化活性材料替代金属基或无机化合物的水系有机液流电池体系，利用其丰富的元素资源、结构多样性和可调性，以及低成本提高电池竞争力。2014 年 Michael Aziz 研究组首次提出非金属蒽醌基-Br 水系有机液流电池体系，随后，Schubert 等人发表哌啶氮氧化物基液流电池体系。自此，有关水系有机液流体系的研究数量持续增加，主要包括有机金属配合物，茂金属，TEMPO 衍生物，以及羰基氧化还原物质（如各种醌类和蒽醌类）。尽管这些新型电池具备一定的商业应用前景，但它们中的大多数处于早期发展阶段，技术和应用方面并不成熟，面临着许多潜在的挑战，包括但不限于功率密度低、电解质溶解度低、循环稳定性差和存在一定的安全隐患。因而，本章聚焦传统的水系氧化还原液流电池，缘于现阶段它们是最有希望进行商业化应用的技术。除此之外，还有光催化液流电池、氧化还原介导液流电池、热再生液流电池、微生物液流电池等其他液流电池概念被提出，但是大部分仅处于实验室探索阶段。

Fe-Cr	Zn-based	All-Fe	VFB	V-Polyhalide	下一代液流电池：有机&无机			
NASA			UNSW	UNSW				
1974	1977	1981	1984	2003	2008	2013	2018	至今

NASA:美国国家航空航天局　UNSW:新南威尔士大学

图 5-1　液流电池主要体系发展历程

知识拓展

　　飞艇作为早期航空器的一种形式，其历史可追溯至 19 世纪初期。早在 1852 年，法国人 Henri Giffard 就驾驶了世界上第一艘以蒸汽机动力的飞艇，实现了从巴黎到特拉普斯的飞行。1884 年 8 月 9 日，"La France" 号飞艇在巴黎附近的沙莱-默东机场试飞成功。它在巴黎上空进行了 25min 的精彩飞行，并且准确无误地回到了起飞点，成为世界上第一艘可操纵的飞艇。"La France" 号飞艇采用了当时尖端的电动驱动技术，使用 435kg 重的锌氯液流电池作为动力源，能够驱动直径 5m 的四叶螺旋桨，实现最高速度约 24km/h。这种电动驱动方式在当时是一个巨大的技术进步，不仅提高了飞艇的安全性，也增强了其操控性，使得飞艇能够在没有外燃机的情况下飞行，减少了火灾的风险，这种设计在当时被认为是飞艇技术的一大突破，为后续飞艇的发展奠定了基础。随着时间的推移，飞艇技术经历了从初步探索到广泛应用的过程，不仅在民用领域取得了进展，在军事领域也发挥了重要作用。尽管后来由于飞机的兴起，飞艇逐渐淡出了人们的视野，但它们在航空史上的地位和对后世的影响仍不可忽视。

5.2 液流电池工作原理

5.2.1 工作原理与电化学基础

氧化还原液流电池是一种将电能存储在可流动的氧化还原活性溶液中的一类电化学装置。单体电池主要由电解液、电极、隔膜、储液罐和循环泵组成，其结构和工作原理如图 5-2 所示。

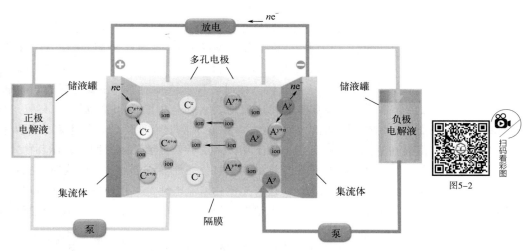

图 5-2 液流电池工作原理示意图

氧化还原活性物质在电极上得失电子进行充放电，从而实现电能和化学能之间相互转化。氧化还原活性物质是储能介质，称为电解液，根据电位的高低区分正负极。正负极电解液分别存储于两个独立的储液罐中。电池运行时，在循环泵的推动下，电解液在两个半电池及储液罐中循环流动，在电极上发生氧化还原反应，通过泵的驱动进入电堆中进行循环完成电能与化学能的转换。在充电过程中，液流电池负极一侧的氧化还原电对被还原，同时正极一侧的氧化还原电对被氧化，电子沿着外电路从电池的正极传导到负极，电池内部则通过电荷跨膜转移，构成电池回路。放电过程正负极反应相反，电池自发电化学反应，向外部负载释放电能。氧化和还原反应的化学方程式表示如下：

正极反应：$C^{x+n} + ne^- \rightleftharpoons C^x$ $\qquad E_C$

负极反应：$A^y \rightleftharpoons A^{y+n} + ne^-$ $\qquad E_A$

电池反应：$C^{x+n} + A^y \rightleftharpoons C^x + A^{y+n}$ $\quad E_{Cell} = E_C - E_A$

式中，x、y 分别为电池在放电状态下正、负极活性物质的电荷数；n 为正负极反应中转移的电子数；E_C、E_A 分别为正极、负极电极平衡电势；E_{Cell} 为电池电压。由热力学基本原理可知，封闭系统在恒温、恒压条件下，可逆过程所做的最大非体积功等于系统摩尔吉布斯（Gibbs）自由能的变化，对可逆电极反应而言：

$$\Delta_r G_m = -nFE \tag{5-1}$$

在标准状态下

$$\Delta_r G_m^\ominus = -nFE^\ominus \tag{5-2}$$

式中，$\Delta_r G_m$ 为摩尔 Gibbs 自由能的变化；$\Delta_r G_m^\ominus$ 为标准状态下摩尔 Gibbs 自由能的变化；$E^\ominus$ 为标准状态下的电池电动势。

对于反应 $A+B \Longleftrightarrow C+D$，根据等温反应可知：

$$\Delta G = \Delta G^\ominus + RT \ln \frac{a_C a_D}{a_A a_B} \tag{5-3}$$

整理可得：

$$E = E^\ominus - \frac{RT}{nF} \ln \frac{a_C a_D}{a_A a_B} \tag{5-4}$$

氧化还原电极反应可表示为 $O + ne^- \Longleftrightarrow R$，则可推导出能斯特方程，即

$$E = E^\ominus - \frac{RT}{nF} \ln \frac{a_R}{a_O} = E^\ominus + \frac{RT}{nF} \ln \frac{a_O}{a_R} = E^\ominus + \frac{RT}{nF} \ln \frac{\gamma_O c_O}{\gamma_R c_R} \tag{5-5}$$

或 $\quad E = E^\ominus - \frac{2.3RT}{nF} \lg \frac{a_R}{a_O} = E^\ominus + \frac{2.3RT}{nF} \lg \frac{a_O}{a_R} = E^\ominus + \frac{2.3RT}{nF} \lg \frac{\gamma_O c_O}{\gamma_R c_R} \tag{5-6}$

式中，$E^\ominus$ 为标准状态下的平衡电势，也叫标准电势；E 为平衡电势；角标 O 和 R 分别代表氧化活性物质和还原活性物质；a 为活度；γ 为活度系数；c 为物质浓度。

只要相关参数已知，包括标准反应电位、组分活度系数、浓度和温度，就可以计算出电极的平衡电势。以全钒液流电池为例，通过这个方程式，可分别计算出正负极两个半电池的电极电势。

正极电极反应： $\quad VO^{2+} + H_2O \underset{\text{放电}}{\overset{\text{充电}}{\rightleftharpoons}} VO_2^+ + 2H^+ + e^- \tag{5-7}$

负极电极反应： $\quad V^{3+} + e^- \underset{\text{放电}}{\overset{\text{充电}}{\rightleftharpoons}} V^{2+} \tag{5-8}$

根据能斯特方程式（5-6），在 25℃下，浓度为 1mol/L 时：

正极电极平衡电势：

$$E_{VO^{2+}/VO_2^+} = E^\ominus_{VO^{2+}/VO_2^+} + \frac{2.303RT}{F} \lg \frac{a_{VO_2^+} a_{H_2}^2}{a_{VO_2^+}} = 1.00V(vs.\ SHE) \tag{5-9}$$

负极电极平衡电势：

$$E_{V^{2+}/V^{3+}} = E^\ominus_{V^{2+}/V^{3+}} + \frac{2.303RT}{F} \lg \frac{a_{V^{3+}}}{a_{V^{2+}}} = -0.26V(vs.\ SHE) \tag{5-10}$$

则标准电池电位为 $E=1.26V$：

$$E_{Cell} = E^\ominus_{VO^{2+}/VO_2^+} - E_{V^{2+}/V^{3+}} = 1.00 - (-0.26) = 1.26V(vs.\ SHE) \tag{5-11}$$

在选择氧化还原电对时，如果从能量密度的角度考虑，高电位和低电位的氧化还原电对的组合对提高电池电压是有利的，但是同时也可能增加副反应趋势。另外还需要同时兼顾氧化还原物质的溶解度、电化学反应动力学和成本等因素。表 5-1 列举了一些已提出的典型液流电池无机氧化还原电对。

表 5-1　液流电池无机氧化还原电对选例

阴极	$E^\ominus$/V	$MnO_2/$ Mn_2O_3	$Fe(CN)_6^{3-}/$ $Fe(CN)_6^{4-}$	$Cu^+/$ Cu	$Fe^{3+}/$ Fe^{2+}	$VO_2^+/$ VO^{2+}	$ClBr_2^-/$ Br^-	$Br_2/$ Br^-	$NpO_2^+/$ NpO_2^{2+}	$IO_3^-/$ I_2	$O_2/$ O^{2-}	$HCrO_4^-/$ Cr^{3+}	$Cl_2/$ Cl^-	$PbO_2/$ Pb^{2+}	$Mn^{3+}/$ Mn^{2+}	$Ce^{4+}/$ Ce^{3+}
		0.15	0.36	0.52	0.77	0.99	1.04	1.09	1.14	1.2	1.23	1.35	1.36	1.46	1.54	1.72
$Zn(OH)_4^{2-}/Zn$	-1.22	B	B													
Zn^{2+}/Zn	-0.76					B	B	C					B			B
Fe^{2+}/Fe	-0.45				A											
S/S_2^{2-}	-0.43							C								
Cr^{3+}/Cr^{2+}	-0.41				C			A				B				
Cd^{2+}/Cd	-0.40				B											
V^{3+}/V^{2+}	-0.26				B	C	B				B				B	B
Pb^{2+}/Pb	-0.13			B										B		
H^+/H_2	0				B	B		B					B			
TiO^{2+}/Ti^{3+}	0.04				A		A						A			
Cu^+/Cu	0.15															
Np^{4+}/Np^{3+}	0.15								B							
Cu^{2+}/Cu	0.34													B		
I_2/I^-	0.54									A						

注：表栏中颜色深浅对应于电解液 pH 值，红色——碱性，橙色——中性，酸性·蓝色——……发展阶段，A—半电池研究，B—初步测试，C—商业化应用。

扫码看彩表　表5-1

与其他电化学装置类似,液流电池在转换能量时会发生活化极化。根据 Butler-Volmer 公式,可得到过电势与电流密度的关系:

$$i = i_0 \left\{ \frac{c_O(0,t)}{c_O^*} \exp\left(\frac{\alpha F}{RT}\eta\right) - \frac{c_R(0,t)}{c_R^*} \exp\left[-\frac{(1-\alpha)F}{RT}\eta\right] \right\} \tag{5-12}$$

式中,i_0 为交换电流密度;η 为过电势;c_O 和 c_R 分别为氧化物和还原物的浓度;α 为转移常数;F 为法拉第常数;R 为气体常数;T 为热力学温度;c_i^* 为平衡浓度。

交换电流密度是电化学测量和模拟中重要的基本动力学参数,外电流一定的条件下,交换电流密度越高,过电势越低,可以提高电池性能和循环效率。在低电流密度下,活化过电势是电池内部损失的主要原因。交换电流密度与电化学反应和电极结构有关。提高电流密度的方法包括提高浓度、降低活化能垒,增加活化面积和使用高孔隙电极等。

液流电池在转换能量时会发生极化,输出电压偏离理想电压,总电压损失主要包括活化极化、欧姆极化、浓差极化,可表示为:

$$\Delta\eta_{Tol} = \eta_{act} + \eta_{ohm} + \eta_{trans} \tag{5-13}$$

式中,η_{act} 为活化电压损失,主要是在电化学反应过程中电荷转移引起的,可以看作是反应极化产生的过电位。可以通过选择或修饰合适的电极材料来增加交换电流密度,降低活化电压损失。η_{ohm} 为欧姆电压损失,是电流通过欧姆电阻（如集流体、隔膜和电解液等）时产生的。欧姆电压损失可以看作由内阻引起的过电位。欧姆电压损失符合欧姆定律。通过降低电池材料的电阻,提高电解液的电导率和改善各组件的连接情况可以降低电池的欧姆电压损失。η_{trans} 为传质电压损失,是由电极表面和本体溶液之间的浓度差引起的浓差极化。可以通过提高传质速率来降低传质电压损失。

这三种类型的电压损失在一个电化学反应中同时存在,控制步骤随着反应的进行会发生变化,如图 5-3 所示。一般研究认为工作电流密度较小时,反应速率主要取决于电极表面电子传递速度,主要为活化电压损失;在中等电流密度下,电压损失主要为欧姆损失;在高电流密度下,电极表面反应物浓度急剧降低,液相传质成为控制步骤,电压损失主要为低传质损失。

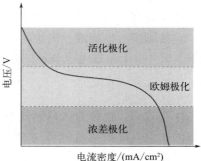

图 5-3　液流电池极化曲线示意图

5.2.2　液流电池性能主要参数

关于液流电池系统的评价标准、组成部分和关键参数如图 5-4 所示。

液流电池性能主要由电池电压（battery voltage）、容量（capacity）、能量密度（energy density）、功率密度（power density）、库仑效率（coulombic efficiency，CE）、电压效率（voltage efficiency，VE）、能量效率（energy efficiency，EE）、循环寿命（cycling life）等参数评价。电池的理论电压是正负电解质的电位差,而实际电压由于电池内阻、电化学极化等的存在通常小于理论电压。理论容量和理论能量密度反映了电池单位体积的电量和能量。受电池电阻、操作电流密度和荷电状态（state of charge，SOC）的影响,实际容量小于理论容量,即容量利用率小于 100%。容量计算方法如下。其中,n 是电解质反应转移电子数;c 是电解质浓度,其上限是电解质的溶解度;F 是法拉第常数;U 是电池电压;μv 是体积因子,等于 1＋较低电解质浓度/较高电解质浓度。

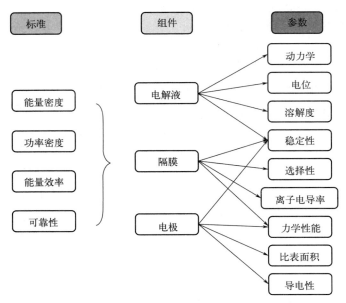

图 5-4　液流电池系统的评价标准、组成部分和关键参数

$$容量 = ncF \tag{5-14}$$

$$能量密度 = \frac{ncFU}{\mu v} \tag{5-15}$$

功率密度是指电池单位体积的最大输出功率，除了电池电压，一切影响电池电阻的因素，包括隔膜、电解液、电极、电子转移过程都会影响电池的功率密度。功率密度计算方法如下。其中，I 是放电电流；U 是放电电流对应的输出电压；S 是隔膜或电极的有效面积。

$$功率密度 = \frac{IU}{S} \tag{5-16}$$

库仑效率，也称为法拉第效率或电流效率，是指在同一次充放电过程中，放电与充电电荷量的比值，反映电池的可逆性。电解液跨膜交叉渗透或者发生了不可逆的副反应，如析氢、氧化、聚合反应等都会降低库仑效率。

$$库仑效率 = \frac{Q_{放电}}{Q_{充电}} = \frac{\int i_{放电}(t)\mathrm{d}t}{\int |i_{充电}(t)|\mathrm{d}t} \tag{5-17}$$

电压效率是平均放电电压与平均充电电压之比。和功率密度相似，一切影响电池电阻的因素都会造成过电位的产生，从而降低电压效率。一般而言，在欧姆过电位的影响下，电流密度越大，电压效率越低。

$$电压效率 = \frac{\bar{E}_{放电}}{\bar{E}_{充电}} = \frac{\dfrac{\int E_{放电}(t)\mathrm{d}t}{T_{放电}}}{\dfrac{\int E_{充电}(t)\mathrm{d}t}{T_{充电}}} \tag{5-18}$$

能量效率是指放电过程输出能量与充电过程储存能量的比值，等于库仑效率和电压效率的乘积，是二者的集中体现。

此外，电池的开路电压（VOC）、循环寿命也是衡量液流电池性能的重要参数。在单电池体系中，VOC 等于正负极电解液中活性分子的电位差。循环寿命是指电池在循环充放电过程中容量衰减的快慢，可以用容量保留率或者容量损失来评价，主要取决于隔膜的选择性和电解液的稳定性，在实际的生产过程中，可以通过电解液再生或者更换电解液来延长电池的循环寿命。

5.2.3　液流电池性能特点及优势

液流电池的工作原理决定了它具有不同于其他二次电池的独特优势：

① 液流电池储能系统运行安全可靠、环境友好。水系液流电池没有发生着火或爆炸的潜在危险。在电池运行中，电解液在储液罐和电堆间循环流动，电堆产生的热量容易排出，电池的热管理简单；即使在短路情况下，也不会有热失控的风险，安全性高。液流电池电解液在密封空间内循环使用，使用过程中一般不会产生环境污染物质；液流电池电极使用双极板和碳毡，不需使用稀缺天然石墨和昂贵的炭黑；电解液不仅可以循环利用，还易于回收，环境负荷小。

② 储能容量和储能系统的输出功率相互独立，设计和安置灵活。与其他类型电池（如锂离子电池）不同，氧化还原液流电池的能量是储存在液体电解液中，电极本身只作为活性物质反应发生的场所，自身不发生氧化还原反应。因此，电池储能容量由储罐中电解液的体积和浓度决定，输出功率由电堆的数量和大小决定，即功率和能量独立调节。易于放大：要想增加液流电池系统的储能容量，只需增加电解质溶液的浓度和电解质溶液的体积。要增加液流电池系统的输出功率，只要增大电堆的电极面积和增加电堆的个数就可实现。这也是液流电池一个特别的优势之一。液流电池适应性强，即使安装后也可根据市场要求改变运行模式，使用灵活。

③ 能量效率高，使用寿命长，在室温条件下运行，响应速度快，可 100% 深度充放电而不造成电池损坏。液流电池储能系统运行时，电解液在电堆内循环，活性物质扩散的影响较小；电极反应活性高，活化极化小。与传统电池相比，液流电池储能系统具有两倍以上的过载能力，没有记忆效应，具有很好的深放电能力，更适应于过充、欠充及局部荷电状态区间等电网实际工况条件下运行的要求；液流电池充放电时间宽泛，可满足从亚秒到小时的供电时间范围；开路状态下的自放电可以最小化，例如停止电解液流动。传统液流电池所有的电极反应均为液相反应，而且电极本身不参与反应，仅活性物质发生价态变化，无物相变化，理论上具有无限使用寿命。

④ 液流电池储能系统采用模块化设计，方便管理、易于系统集成和规模放大。液流电池电堆是由多个单体电池按压滤机方式叠合而成的。液流电池单个电堆的额定输出功率一般为 $10 \sim 40 kW$；液流电池储能系统通常是由多个单元储能系统模块组成的，单元储能系统模块额定输出功率一般为 $100 \sim 300 kW$。与其他电池相比，液流电池电堆和电池单元储能系统模块额定输出功率大，易于液流电池储能系统的集成和规模放大。

液流电池受电池电解质溶解度等的限制，能量密度较低、比容量体积较大，另外在工作状态下需要包括循环泵、电控设备、通风设备等辅助设备的配合，所以液流电池系统目前主要应用发展目标是大规模固定储能电站，而不适合用于移动电源和动力电池。

5.2.4　液流电池系统的构成

液流电池系统主要由电堆、电解液、储液罐、电池管理系统（BMS）、控制系统（CS）

以及电力转换系统（PCS）等部分组成（图 5-5）。

图 5-5　液流电池系统示意图

电堆是液流电池储能系统的核心部件。电堆是由多个单体电池以串联或者并联的方式叠加紧固而成，具有一套和多套电解质溶液循环管道和统一的电流输出的组合体。液流电池单体电池是评价电池材料和部件、优化电池结构设计和运行条件及组装电堆的最基本单元。如图 5-6 所示，单电池主要包括：电池隔膜、电极、双极板、导电集流板和电池壳体材料。单体电池的中央是一张用于分隔正、负极电解质溶液，传导离子构成电流回路的离子传导隔膜。在隔膜的两侧对称地配置有电极、电极框、密封垫、双极板、集流板、绝缘板、端板及螺杆、螺母等。

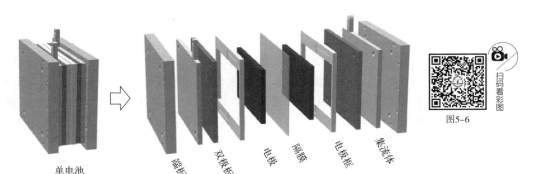

单电池　　端板　双极板　电极　隔膜　电极框　集流体

图 5-6　液流电池单体电池结构示意图

 知识拓展

电池技术的发展，给我们的生活带来了巨大的变化。电池品种繁多，用途十分多样化。我们在日常生活中使用的各种便携设备，如手机、无人机、笔记本电脑等和电动自行车、电动汽车都离不开储能电池技术的发展。电池参数直接关系到设备的使用时间、性能稳定性以及用户的体验。我们应该主要关注哪些参数来选购和使用适合的电池呢？

① 容量。容量表示电池能够存储多少电量，通常以毫安·时（mA·h）或安·时（A·h）

为单位。容量越大，电池存储的电量越多，使用时间也就越长。

②能量密度。能量密度是指单位体积或质量的电池能够存储的能量，通常以 W·h/kg 或 W·h/L 为单位，高能量密度意味着更高的性能和更轻便的设备，就像小巧克力，体积小但能提供很多能量。

③充电速度。电池的充电速度通常以 C 值表示，快速充电可以提高电池的使用效率和方便性，节省时间。

④循环寿命。循环寿命指电池可以进行充电和放电的次数。循环寿命长的电池，降低消费者的使用成本。在选择和使用电池时，还应考虑安全性、电池的化学成分、使用条件等因素。通过了解电池的基本分类、优缺点以及正确使用和维护方法，可以更加科学地利用电池，延长其使用寿命。

5.3　液流电池的分类

根据正负极电解液活性物质的形态，液流电池可分为液-液型液流电池和沉积型液流电池。电池正、负极氧化态及还原态的活性物质均为溶液状态的液流电池为液-液型液流电池，如全钒液流电池、铁铬液流电池等。沉积型液流电池是指在运行过程中伴有沉积反应发生的液流电池。正极或负极电解液中只有一侧发生沉积反应的液流电池，称为半沉积型液流电池，如全铁液流电池、锌溴液流电池；正负极电解液都发生沉积反应的为全沉积型液流电池，如铅酸液流电池等。

依据液流电池电解液溶剂的不同，又可以分为水系液流电池和非水系液流电池。水系液流电池以酸性、碱性或中性盐的水溶液为溶剂，非水系液流电池采用非水溶液作为介质。非水系液流电池不受水解电压限制而具备更高的电压范围，但是成本高昂、安全系数低，以及存在有机溶剂离子传导能力差、副反应多等问题，主要还是处于研发阶段，实现规模应用尚需破解多方面难题，因此本节主要针对水系液流电池进行介绍。

按照氧化还原活性物质类型，水系液流电池可分为无机液流电池和有机液流电池。

5.3.1　水系无机液流电池

无机液流电池活性物质包括金属基和非金属基物质，金属元素如钒、铁、铬、锰、钴、铜、锌、镍等；非金属元素如卤素（溴、碘、氯）、硫化物等。

（1）全钒液流电池

全钒液流电池是目前商业化最为成熟的液流电池，相关研究也最为深入。全钒液流电池电化学反应简单，不涉及相变；以水为溶剂，安全性高，可操作电流密度高，输出功率高。其已被成功地应用于与风能、太阳能等新能源发电过程配套的储能系统，百千瓦级及兆瓦级的示范工程也相继投入使用，取得了良好的社会收益，本章也主要以全钒液流电池为液流电池代表进行阐述。

全钒液流电池是液-液型，钒电池正负极电解液的活性离子分别是 VO^{2+}/VO_2^+ 及 V^{2+}/V^{3+} 氧化还原电对，强酸为支持电解质。正负极采用同一种元素，正负极电解液可混合后重新制备。电池的电极反应方程式如下：

$$正极：\qquad VO^{2+}+H_2O\underset{放电}{\overset{充电}{\rightleftharpoons}}VO_2^{+}+2H^{+}+e^{-} \qquad E^{\ominus}=1.00V(vs.\ SHE) \qquad (5\text{-}19)$$

$$负极：\qquad\qquad V^{3+}+e^{-}\underset{放电}{\overset{充电}{\rightleftharpoons}}V^{2+} \qquad E^{\ominus}=-0.26V(vs.\ SHE) \qquad (5\text{-}20)$$

电池反应：

$$VO^{2+}+V^{3+}+H_2O\underset{放电}{\overset{充电}{\rightleftharpoons}}VO_2^{+}+V^{2+}+2H^{+} \quad E^{\ominus}=1.26V(vs.\ SHE) \qquad (5\text{-}21)$$

（2）铁基液流电池

① 铁-铬液流电池。铁铬电解液成本较低，一般正极为 $FeCl_2$ ＋ HCl 溶液，负极为 $CrCl_3$ ＋ HCl 溶液。但是在电池运行过程中会有较为严重的析氢、电解质交叉污染以及 Cr 络合等问题发生，降低电池的能量效率和寿命。为减少电解质交叉污染问题，研究者将混合电解液，即 $FeCl_2$ ＋ HCl ＋ $CrCl_3$ 溶液作为铁铬电池的正极和负极电解液，有效地减少了电解液中活性物质的交叉污染，但同时降低了电池的能量密度。

铁铬电池的电极反应方程式如下：

$$正极：\qquad\qquad Fe^{2+}\rightleftharpoons Fe^{3+}+e^{-} \qquad E^{\ominus}=0.77V\ (vs.\ SHE) \qquad (5\text{-}22)$$

$$负极：\qquad\qquad Cr^{3+}+e^{-}\rightleftharpoons Cr^{2+} \qquad E^{\ominus}=-0.41V\ (vs.\ SHE) \qquad (5\text{-}23)$$

$$总反应：\qquad Fe^{2+}+Cr^{3+}\rightleftharpoons Fe^{3+}+Cr^{2+} \qquad E^{\ominus}=1.18V\ (vs.\ SHE) \qquad (5\text{-}24)$$

② 全铁液流电池。全铁液流电池电解液成本非常低，与全钒液流电池相似，全铁液流电池正负极间采用相同元素，减少交叉污染，利于电解液回收。目前有碱性体系、中性体系和全溶性三种全铁电池。碱性体系比其他两种电压窗口宽，但其理论容量会受限于负极电极 Fe_3O_4 的负载量。其负极反应分别为：

$$负极：\quad Fe_3O_4+4H_2O+2e^{-}\rightleftharpoons 3Fe(OH)_2+2OH^{-} \quad E^{\ominus}=-0.88V(vs.\ SHE) \quad (5\text{-}25)$$

$$Fe(OH)_2+2e^{-}\rightleftharpoons Fe+2OH^{-} \qquad E^{\ominus}=-0.76V(vs.\ SHE) \qquad (5\text{-}26)$$

全溶性全铁电池正负极电解液以各类不同电位的铁盐螯合物作为氧化还原活性物质，正负极均为 Fe^{3+}/Fe^{2+} 反应，而不涉及铁沉积过程，但是铁盐螯合物溶解度过低，电压窗口不高，能量密度较低，目前研究较少。

中性全铁液流电池以中性氯化亚铁作为活性物质，成本低廉，负极为 Fe^{2+}/Fe 的沉积溶解反应，其标准电极电位为 -0.44V，全电池电压 1.2V。但是负极存在析氢、水解和铁枝晶团簇问题，需要进一步进行研究。

（3）锌基液流电池

锌基液流电池以 Zn/Zn^{2+} 氧化还原对为负极，正极包括卤素、锰、铁等，具有能量密度高、安全性好和环境友好等优点。负极锌电对氧化还原电位较低，使得其具有较大电压窗口，但是在充放电过程中涉及锌的沉积—溶解的相变过程，属于混合液流电池类型，该类电池的能量和功率并不完全独立。另外，锌负极存在沉积溶解反应可逆性差、析氢和水解问题，而且锌易枝晶，降低负极电活性物质浓度，另外还容易刺破隔膜，导致自放电。为了抑制析氢问题和进一步扩大锌电池的电化学窗口，采用碱性电解液，反应如下：

$$Zn(OH)_4^{2-}+2e^{-}\rightleftharpoons Zn+4OH^{-} \qquad E^{\ominus}=-1.22V(vs.\ SHE) \qquad (5\text{-}27)$$

酸性或中性则：

$$Zn^{2+}+2e^{-}\rightleftharpoons Zn \qquad E^{\ominus}=-0.76V(vs.\ SHE) \qquad (5\text{-}28)$$

锌卤素液流电池主要以锌-溴和锌-碘液流电池为代表，目前锌-溴液流电池也较为成熟，也已开发出千瓦级示范电堆投入运行。

① 锌-溴液流电池。锌-溴液流电池选取 Zn/Zn^{2+} 和 Br_2/Br^- 氧化还原物种作为电池负极和正极反应的活性物质，具有较高比能量、单电池电压高和低成本的优势。在电池进行充电的过程中，正极中的 Br^- 被氧化为 Br_2。但是正极溴易挥发和跨膜渗透，需要选择合适的络合剂与溴络合或者提高隔膜的阻溴能力。

电池放电和充电过程中，电极上发生的电化学反应如下：

$$正极：\qquad 2Br^- \Longrightarrow Br_2 + 2e^- \qquad E^\ominus = 1.08V\ (vs.\ SHE) \tag{5-29}$$

$$负极：\qquad Zn^{2+} + 2e^- \Longrightarrow Zn \qquad E^\ominus = -0.76V\ (vs.\ SHE) \tag{5-30}$$

$$总反应：\qquad 2Br^- + Zn^{2+} \Longrightarrow Zn + Br_2 \qquad E^\ominus = 1.84V \tag{5-31}$$

② 锌-碘液流电池。锌-溴液流电池正极溴反应极化大，且易挥发，具有毒性和腐蚀性。相比而言，锌-碘液流电池更加环境友好。其正负极可均采用高溶解度的 ZnI 作为活性物质（中性条件最高可溶解 6mol/L）。但是 I_2 在电解液中易与 I^- 络合生成可溶性的 I_3^-，因此实际容量比理论容量低。与锌-溴液流电池类似，电化学反应如下：

$$正极：\qquad 3I^- \Longrightarrow I_3^- + 2e^- \qquad E^\ominus = 0.54V\ (vs.\ SHE) \tag{5-32}$$

$$负极：\qquad Zn^{2+} + 2e^- \Longrightarrow Zn \qquad E^\ominus = -0.76V\ (vs.\ SHE) \tag{5-33}$$

$$总反应：\qquad 3I^- + Zn^{2+} \Longrightarrow Zn + I_3^- \qquad E^\ominus = 1.3V \tag{5-34}$$

③ 锌-锰液流电池。锌-锰液流电池正极采用 Mn^{2+}/Mn^{3+} 或 Mn^{2+}/MnO_2 作为活性物质，其最大优势在于高电压、高比能。然而正极 Mn^{3+} 易发生歧化反应，而 MnO_2 沉积溶解反应可逆性欠佳，所以锌-锰液流电池存在活性物质容量利用率低和容量衰减等问题。正极电化学反应如下：

$$Mn^{2+} \Longrightarrow Mn^{3+} + e^- \qquad E^\ominus = 1.54V(vs.\ SHE) \tag{5-35}$$

$$或 \qquad Mn^{2+} + 2H_2O \Longrightarrow MnO_2 + 4H^+ + 2e^- \qquad E^\ominus = 1.23(vs.\ SHE) \tag{5-36}$$

④ 锌-铈液流电池。锌-铈液流电池采用酸性电解液，Ce^{4+}/Ce^{3+} 电对具有较高的正的标准电位，且在各种介质中的动力学相对较快。正极电化学反应如下：

$$Ce^{3+} \Longrightarrow Ce^{4+} + e^- \qquad E^\ominus = 1.44V(vs.\ SHE) \tag{5-37}$$

除此之外，常见水系液流电池体系还有 Fe-V、V-X（X 指多卤化物）、V-Ce、Br-S（S 指多硫化物）、Zn-Ce 等。

图 5-7 为一些典型液流电池无机氧化还原电对的电位示意图。

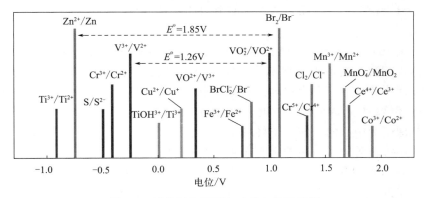

图 5-7　无机氧化还原电对的电位示意图

5.3.2　水系有机液流电池

水系有机液流电池（aqueous organic redox flow batterie，AORFB）的结构和工作原理与传统液流电池类似，采用水溶性有机化合物作为电化学活性分子，利用有机分子的可逆氧化还原反应来传递电子，从而进行电化学能量的存储与释放。与水系无机液流电池相比，AORFB 中使用的有机化合物由地球上储量丰富的碳、氢、氧、氮、硫、磷等元素组成，种类更丰富、来源更广泛，可实现低成本。此外，氧化还原有机分子还可由生物质再生获取；备选分子种类多，开发空间大；可以根据不同需求对分子进行设计，如改变电位、溶解度和循环稳定性等关键性质，结构高度可调。在 AORFB 体系中，理想的有机活性分子需具备良好的水溶性、合适的氧化还原电位、高电化学活性、高化学及电化学稳定性以及较低的运行成本等。

水系有机液流电池活性物质目前主要包括醌类、紫精类、吩嗪类、2,2,6,6-四甲基哌啶氮氧化物基（TEMPO）、以氮原子为中心的杂芳分子材料、二茂铁类、具有扩展 π 共轭结构的偶氮苯类、种联苯酚衍生物、有机聚合物等活性材料。

（1）茂铁基

二茂铁是一种具有夹心状结构的有机过渡金属化合物，其中心铁原子可以进行可逆的单电子转移反应，具有稳定的电化学性质和中等氧化还原电位，但其水溶性较差，一般通过有机胺链、磺酸盐基团的修饰，或采用高分子包覆等手段，提升二茂铁衍生物的溶解度，使其可在水系液流电池中应用。

（2）醌基

醌是在一个芳香环中含有两个羰基（C＝O）的一类有机化合物，具有反应动力学速率快、电化学可逆性好等优点，是一种低成本、可持续、高能量密度的电极活性材料。苯醌（benzoquinone，BQ）和蒽醌（anthraquinone，AQ）具有良好的氧化还原活性，但是在水中溶解度较低。研究者通过接枝极性/亲水基团增加其水溶性，如磺酸基、氨基、羟基、羧基、磷酸基等对蒽醌分子进行功能化设计，提高溶解度和稳定性。

（3）TEMPO 基

2,2,6,6-四甲基哌啶氮氧化物（TEMPO）是一种含氮氧基的化合物，广泛用作生物抗氧化剂、聚合中间体、催化剂和电荷储存材料。虽然 TEMPO 水溶性较差，但是可以通过引入亲水官能团提高其在水中的溶解度。TEMPO 类化合物易分解，导致电池容量迅速衰减，可以通过分子结构调控策略得到稳定的新型 TEMPO 分子。

（4）紫精基

紫精（viologen，MV）是另一类常见有机物，骨架为一对通过碳碳链连接的吡啶环，其出色的电活性和溶解度使得其在 AORFB 中的应用被高度重视。MV 本身携带两个正电荷，两个吡啶环为其提供了两个单电子还原步骤。由于 MV 在碱性条件下极易降解，而在中性和弱酸性环境稳定，因此常用于近中性 AORFB 中。

（5）以氮原子为中心的杂芳分子材料

氮原子为中心杂芳分子，主要包括苯并 [b] 吡嗪（benzo [b] pyrazine）、2,4-二羟基苯并 [g] 蝶啶（24-dihydroxybea [g] pteridine）、二苯并 [b,e] 吡嗪（benzo [b,e] pyrazine）、二苯并 [b,e] 噻嗪（dibenzo [b,e] thiazine）等。

（6）有机聚合物

采用分子量大的有机聚合物作为活性分子，可以减少跨膜渗透，从而降低电池对隔膜的要求。聚合物采用简单透析膜即可有效阻断电解液的交叉渗透，降低了隔膜成本。但是聚合物溶液黏度较大，会额外增加流动阻力，降低活性分子传输速率，能量效率较低，远未达到实际应用要求。

 知识拓展

我们在平日里接触到最多的可充电电池就是锂离子电池，比如手机、智能手表、笔记本电脑、电动车等都有锂离子电池的身影，但是很少能看到液流电池，那么全钒液流电池和锂离子电池有什么区别呢？全钒液流电池和锂离子电池是两种不同类型的储能电池。首先两者工作原理和结构不同，全钒液流电池采用金属钒离子作为储能介质，通过钒离子在正负极之间的转移来存储和释放能量。全钒液流电池具有非常高的可充性，可以进行数千次的充放电循环而不发生显著容量损失。但钒电池的能力密度相对较低，适用于大规模储能系统和长时储能需求，如可再生能源并网、电网调峰等。由于使用了无机盐水溶液作为电解液，安全性高，没有燃烧和爆炸危险。锂电池则使用锂离子在正负极之间的嵌入和脱嵌来进行储能。锂电池具有较高的能量密度，适用于便携移动设备和电动车等领域。锂电池成本相对较高，存在热失控的风险，在高循环次数后容量会逐渐下降，需要进行频繁的维护和更换。锂离子电池和全钒液流电池各有千秋，选择哪一种技术取决于具体的应用需求。随着技术的进步和成本的降低，这两种电池技术都将继续发展，为未来的能源存储提供更多可能性。

5.4　液流电池关键材料

液流电池的主要组件及关键材料包括电解液、隔膜、电极、双极板、储罐、集流板和循环泵。其中作为关键材料的电解液、电极和隔膜，在很大程度上影响甚至直接决定了全钒液流电池的性能。

5.4.1　电解液

与其他电池不同，液流电池的电解质溶液既是导电介质，更是实现能量存储的电活性物质，是液流电池储能系统的核心部分之一，它不仅决定液流电池储能系统的储能容量，而且还直接影响系统的性能及稳定性。为提高电池能量密度，确保电池运行稳定性，要求电解液既有高浓度，又需要在一定温度范围内具有稳定性。

（1）全钒液流电池电解液

钒电池电解液是由不同价态的钒化合物与支持电解质硫酸组成。正极电解液为 $V(V)/V(IV)$ 混合溶液，在完全充电状态时钒离子呈五价，完全放电时呈四价。负极电解液则为 $V(II)/V(III)$ 混合溶液，在完全充电状态时钒离子呈二价，完全放电时呈三价。钒电解液中，五价钒常被认为是以淡黄色的 $[VO(H_2O)_4]^+$ 形式存在，四价钒以亮蓝色的 $[VO(H_2O)_5]^{2+}$ 形式存在，二价钒以亮紫色的 $[V(H_2O)_6]^{2+}$ 形式存在，而三价钒以绿色的 $[V(H_2O)_6]^{3+}$ 形式存在，如图 5-8 所示。并且四种价态的水合钒离子易与硫酸水溶液中的 SO_4^{2-} 和 HSO_4^-

缔合，形成大分子离子对。钒电解质根据氧化态不同呈现出不同的颜色，因此电解液中钒离子的浓度可以通过紫外可见光谱进行原位测定。其他方法如电位滴定法、原子吸收光谱、电感耦合等离子体质谱等适用于电解液的非原位测定。

扫码看彩图
图5-8

图 5-8　不同价态钒溶液

　　① 电解液中钒离子的结构组成。V（Ⅴ）在不同的浓度和 pH 下展现出复杂多样的化学性质（如图 5-9），而在实际钒电池电解液中，钒离子的真实存在形态更加复杂。研究者通过光谱、电化学动力学和模拟计算等多种手段分析钒离子在硫酸中的存在形式，发现 V（Ⅴ）在不同 pH（1～14）区间具有不同的离子结构。Kausar 采用拉曼光谱研究了高浓度 V（Ⅴ）在硫酸溶液中的存在形式，结果表明主要有 $VO_2SO_4^-$、$V_2O_3^{4+}$、$VO_2(HSO_4)_2^-$、VO_3^-、V（Ⅴ）和 $V_2O_3^{4+}$、$V_2O_4^{2+}$ 的二聚物中性离子。$V_2O_3^{4+}$、$VO_2(SO_4)_2^{3-}$ 或它们的聚合物在钒电池电解液中可以稳定存在；但是在温度高于 50℃ 时，上述离子会分解生成 V_2O_5 沉淀。同时对 V（Ⅴ）/V（Ⅳ）混合溶液研究发现，有 V（Ⅴ）-V（Ⅳ）复合物形成，并且这些混合价态的 V（Ⅴ）-V（Ⅳ）复合物在高氯酸、硫酸和盐酸中也有发现。通过电化学手段检测 V（Ⅳ）和 V（Ⅴ）离子在硫酸中的 Stokes 半径、扩散系数等，认为在低于 7mol/L 硫酸溶液中，V（Ⅳ）和 V（Ⅴ）并不与 HSO_4^-、SO_4^{2-} 形成配合物；而在高浓度硫酸溶液中，V（Ⅴ）以聚合物的形式存在。Vijayakumar 等利用核磁共振谱图（NMR）和密度泛函理论（DFT）得到 V（Ⅴ）是以 $[VO_2(H_2O)_3]^+$ 的形式存在的结论。另外他们还利用 NMR 研究了不同浓度、不同温度下的 V（Ⅳ）电解液，结果发现 V（Ⅳ）是以 $[VO(H_2O)_5]^{2+}$ 水合钒离子的形式

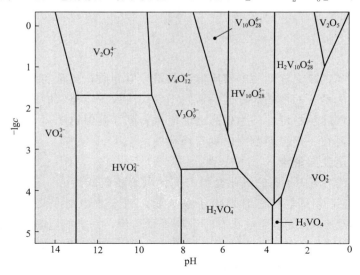

图 5-9　钒酸类盐和聚钒酸类盐稳定区域与 pH 和浓度的关系

存在。处于轴向位置的 VO^{2+} 和其余的水分子一起形成八面体结构。随后他们还利用 NMR、光电子能谱和 DFT 深入研究了 V(Ⅲ) 在盐酸和硫酸混合水溶液中的结构。理论模拟和实验结果表明，相比于 $[V(H_2O)_6]^{3+}$ 结构，V(Ⅲ) 离子更倾向于与 SO_4^{2-} 和 Cl^- 配位形成配合物 $[V(SO_4)_2\text{-}(H_2O)_5]^+$ 和 $[V(Cl)\text{-}(H_2O)_5]^{2+}$，其能否配位取决于 V(Ⅲ) 溶剂化离子的组成。

② 电解液物理化学性质。电解液物理化学性质与电池性能密切相关，钒电解液的物理化学性质不仅可以描述溶液的自身性质，也影响和决定了钒电池的大部分性能。Kazacos 课题组和中国科学院金属研究所严川伟课题组在此方向开展了系列工作。

a. 电导率。电解液电导率是液流电池电化学研究的一个重要参数，与电池欧姆电阻密切相关。Kazacos 课题组测定了钒电解液的电导率，如表 5-2 所示。结果表明，所有价态的钒离子电解液都随着钒浓度的增加，电导率降低，这种现象与硫酸解离平衡的移动相关：

$$H_2SO_4 \rightleftharpoons H^+ + HSO_4^- \tag{5-38}$$

$$HSO_4^- \rightleftharpoons H^+ + SO_4^{2-} \tag{5-39}$$

随着硫酸氧钒的加入，SO_4^{2-} 含量增加，引起式（5-38）和式（5-39）的平衡向左移动，降低 H^+ 和 HSO_4^- 的浓度，导致电导率下降。在固定钒浓度下，增加硫酸浓度，电导率由于质子浓度增加而提高。

$VOSO_4$ 作为 2∶2 型电解质，离子和溶剂间存在复杂和强烈的相互作用，并且离子在电解质溶液中离子缔合和离子溶剂化共同存在。钒电池电解液中同时存在 $VOSO_4$ 和 H_2SO_4，两者具有同离子效应，对离子平衡会产生重要影响；$VOSO_4$ 离子对的解离常数也是研究溶液中各离子平衡关系的基础。李享容研究了 5～45℃下 $VOSO_4$ 稀水溶液的电导率，并基于 Fuoss 和 Shedlovsky 两种方法计算了 $VOSO_4$ 离子对的解离常数、平均活度系数、离子半径、迁移数、扩散系数、及 $[VOSO_4]^0$ 离子对解离过程的热力学函数等。

$[VOSO_4]^0$ 离子对解离过程可表示为：

$$[VOSO_4]^0 \longrightarrow VO^{2+} + SO_4^{2-} \tag{5-40}$$

结果显示，在 25℃下，离子对 $[VOSO_4]^0$ 的解离常数为 307.69，与其他二价金属硫酸盐（$CuSO_4$、$NiSO_4$、$CoSO_4$、$ZnSO_4$、$MgSO_4$）相比，$[VOSO_4]^0$ 的缔合常数更高，说明 $VOSO_4$ 在水溶液中非常容易缔合成离子对。

表 5-2　钒电解液电导率（$T=22$℃）

钒离子	钒浓度/(mol/L)	总硫酸浓度/(mol/L)	电导率/(mS/cm)	钒离子	钒浓度/(mol/L)	总硫酸浓度/(mol/L)	电导率/(mS/cm)
V^V	2.0	5.0	365	V^{IV}	2.0	5.0	200
	2.0	4.5	350		2.0	4.5	200
	2.0	4.0	335		2.0	4.0	175
	1.5	4.0	385		1.5	4.0	229
	1.0	4.0	420		1.0	4.0	285
	0.5	4.0	440		0.5	4.0	340

续表

钒离子	钒浓度 /(mol/L)	总硫酸浓度 /(mol/L)	电导率 /(mS/cm)	钒离子	钒浓度 /(mol/L)	总硫酸浓度 /(mol/L)	电导率 /(mS/cm)
V^{III}	2.0	5.0	220	V^{II}	2.0	5.0	240
	2.0	4.5	190		2.0	4.5	230
	2.0	4.0	160		2.0	4.0	210
	1.5	4.0	210		1.5	4.0	260
	1.0	4.0	270		1.0	4.0	320
	0.5	4.0	339		0.5	4.0	370

除此之外，他们以全钒液流电池为例，在极化曲线测试时发现，在大电流密度区间，欧姆极化在总极化中占比最大，而在各个组件的欧姆内阻中，电解液内阻占比最大，超过70%。为了降低电解液内阻极化，适当降低电解液钒离子浓度，可以有效提高电导率，从而使得传统结构全钒液流电池实现了 $250mA/cm^2$ 电流密度和 80% 能量效率（图5-10）。

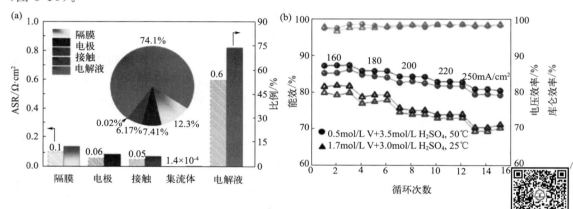

图5-10　（a）电池各组件面电阻分析及（b）电解液电导率对电池影响

b. 黏度。黏度作为电解液的传输性质决定了溶液的传质能力，直接影响溶液驱动系统的泵耗以及能量效率。Mousa系统研究了 V（Ⅲ）电解液在 15～40℃下的黏度并阐述了溶质-溶剂的作用关系，提出电解液黏度预测方程。

电解液黏度与温度和浓度关系：

$$\eta = A + B[V_2(SO_4)_3]^{2.32} + C'[H_2SO_4]^{2.12} + C'T^{2.05} + E'[V_2(SO_4)_3]^{0.59}$$
$$[H_2SO_4]^{1.40} + F'[V_2(SO_4)_3]^{1.36}T^{1.83} + G'[H_2SO_4]_T^{1.44}T^{0.89} \tag{5-41}$$

$$\eta = A' + B'[V_T]^{3.13} + C'[SO_4^{2-}]_T^{0.61} + D'T^{0.73} + E'[V_T]^{0.74}[SO_4^{2-}]_T^{2.05}$$
$$+ F'[V_T]^{2.02}T^{1.99} + G'[SO_4^{2-}]_T^{0.75}T^{0.89} \tag{5-42}$$

式中，η 为电解液黏度；T 为摄氏温度；A、B、A'、B'、C'、D'、E'、F'、G' 为经验常数；$[V_T]$ 和 $[SO_4^{2-}]_T$ 分别是总钒离子、硫酸根离子浓度。

李享容在钒电池电解液黏度研究方面进行了系列工作，基于 Jones-Dole 方程获得了 $VOSO_4$ 水溶液的黏滞流动活化能、黏度 B 系数、黏滞流动活化参数及其他热力学参数。结果表明，$VOSO_4$ 是一种能够促进水分子团簇缔合的电解质，VO^{2+} 作为结构缔造者

（structure maker），对水分子团簇结构缔合起促进作用。与 $VOSO_4 + HCl + H_2O$ 体系相比，$VOSO_4 + H_2SO_4 + H_2O$ 的黏度较高，表明 $VOSO_4$ 与 H_2SO_4 之间具有更强烈的相互作用。基于 Eyring 过渡态理论提出了可以预测高浓度混合电解液黏度的半经验方程：

$$\ln\eta = \ln\frac{hN_A}{V} + \frac{1}{RT}\sum_{i=0}x_i\Delta\mu_i^{0\neq} + \frac{\Delta\mu^{E\neq}}{RT} \tag{5-43}$$

式中，η 为溶液黏度；R、h、N_A 分别为气体常数、普朗克常数、阿伏伽德罗常数；T、V 分别为热力学温度、溶液的平均摩尔体积；i 为混合溶液中各组分；x_i 为各组分的摩尔分数；$\Delta\mu_i^{0\neq}$ 为组分 i 对溶液活化自由能的贡献；$\Delta\mu^{E\neq}$ 为过量活化 Gibbs 自由能。与实验值相比较，该方程预测结果平均相对偏差 $<1\%$。

随后，研究者发现电解液黏度同时与 SOC 和温度有关，并且呈现出复杂、高度非线性的关系，如图 5-11，难以通过具体的数学函数或模型来准确地描述。因此采用人工神经网络精准建立黏度、SOC 和温度之间的关系，结合 Darcy 定律提出了一种实时在线、可独立在线监测 SOC 状态的方法。同时发现在液流电池工作过程中，电解液正负极黏度存在微小差别，但是该黏度差会引起离子膜两侧电解液体积定向迁移，造成电池容量衰减（图 5-12）。随后由迁移机制提出通过流速优化可以有效抑制电解液体积迁移，从而减小金属基液流电池长期循环中的容量损耗。

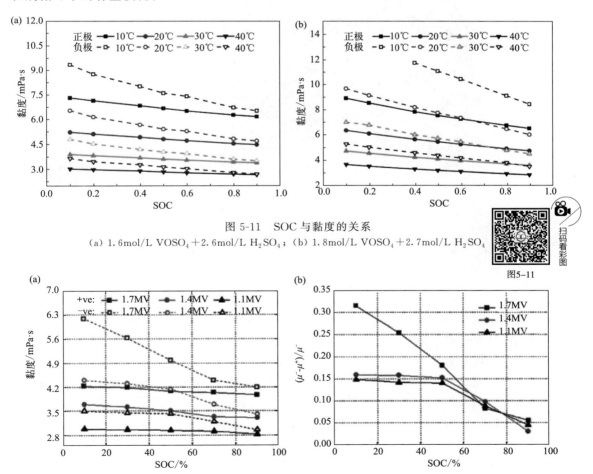

图 5-11　SOC 与黏度的关系
(a) 1.6mol/L $VOSO_4$ + 2.6mol/L H_2SO_4；(b) 1.8mol/L $VOSO_4$ + 2.7mol/L H_2SO_4

图 5-12

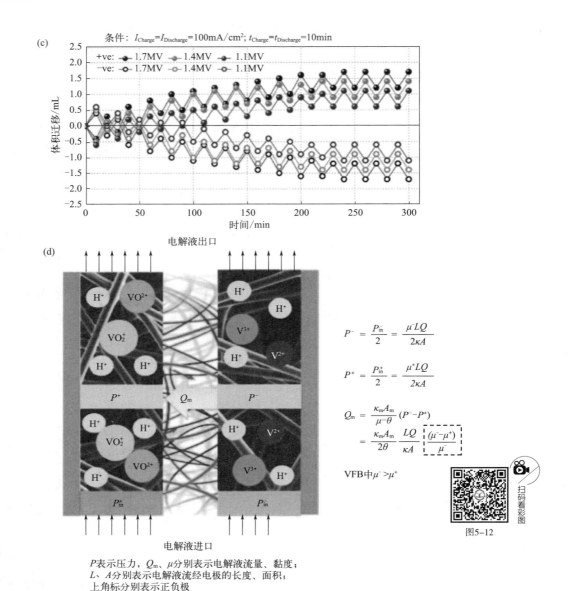

图 5-12　(a) 正负极电解液黏度；(b) 不同 SOC 下电解液黏度差异；(c) 正负极电解液体积迁移随充放电时间变化；(d) 电解液迁移机制

c. 密度。电解质溶液密度等体积性质在流体流动和质量、动量及热量传递等过程研究中占有重要地位；对于研究电解质的相平衡、溶剂化、电离和离子缔合等都具有重要意义；同时它也是计算热力学函数、建立状态方程、预测和计算溶液其他性质的基础数据。在钒电池中，电解液是密封在储液罐中，随着温度的升高，电解液会发生体积膨胀，这对电池的设计和操作具有很大影响。通过电解液密度的研究，可以计算电解液热膨胀系数等，定性或定量地评估不同使用条件下电解液体积的变化规律。

Mousa 在 $15\sim40℃$ 温度范围内测定了 V（Ⅲ）溶液的密度，最终通过数学拟合的方法得到了一个推测 $V_2(SO_4)_3$ 在硫酸水溶液中密度值的数学模型：

$$d=A+Bm_{V_2(SO_4)_3}+C(m_{V_2(SO_4)_3})^2+Dm_{H_2SO_4}+E(m_{H_2SO_4})^2+FT \tag{5-44}$$

式中，d 为溶液密度；m 为质量浓度；A、B、C、D、E、F 均为经验回归参数；T 为以摄氏度为单位的温度。另外，Mousa 也给出了以钒离子浓度 $[V]$ 和总 SO_4^{2-} 浓度 $[SO_4^{2-}]_T$ 为变量的表达式：

$$d=A'+B'[V]+C'[V]^2+D'[SO_4^{2-}]_T+E'[SO_4^{2-}]_T^2+F'T \tag{5-45}$$

式中，离子浓度以体积浓度（mol/L）为计算单位。

③ 电解液性能优化。影响钒电解液稳定性的因素非常复杂，如温度、酸度、电解液配比、充放电程度和支持电解质等。大量实验研究表明，V（Ⅱ）、V（Ⅲ）和 V（Ⅳ）溶液在低温下（＜10℃）易沉析，但是随温度升高沉淀可自行溶解。然而在浓度高于 2mol/L 和温度高于 40℃时，V（Ⅴ）易析出红色多钒酸盐沉淀或 V_2O_5 沉淀，并且 V（Ⅴ）的沉淀不能自行溶解，易堵塞多孔电极和循环泵。提高电解液稳定性方法主要包括添加稳定剂、优化电解液配比和新型电解液开发三个方面。

a. 添加电解液稳定剂。含有不同官能团的添加剂作为稳定剂可提高 V（Ⅴ）的稳定性。例如添加 1%～3%环状或链状醇类稳定剂可抑制钒离子的沉淀，但是 V（Ⅴ）具有强氧化性，使 C＝C、—OH、CHO 和 C＝O 官能团不能稳定存在，而且 V（Ⅴ）还会参与电化学反应，造成容量损失。在所研究的添加剂中，K_2SO_4、六偏磷酸钠、无机硅胶化合物、H_2O_2、多羟基仲醇和叔醇以及具有类似结构的硫醇和胺、D-山梨醇、聚丙烯酸及其与甲磺酸的混合物等均可在不同程度上抑制钒的沉淀。另外，也有研究者发现加入的钾盐、磷酸盐及多聚磷酸盐会与 V（Ⅴ）形成 $VOPO_4$ 沉淀，不适合用作稳定剂。

b. 优化电解液配比。稳定剂可在相对宽泛温度范围（−5～40℃）和一定时间内显著提高电解液的稳定性，但是一种添加剂很难同时提高所有价态钒离子的稳定性。研究发现，当电解液组成是 1.5～2mol/L V（Ⅳ）＋3～4mol/L H_2SO_4 时，不仅可提高电解液稳定性，还可提高电解液的电导率和电池的电压效率。另有报道称，当钒的浓度提高到 3mol/L 以上时，V（Ⅴ）长时间处于 50～60℃也不会发生沉淀。

c. 新型电解液开发。除添加电解液稳定剂和优化电解液配比外，开发新型电解液也是提高电解液稳定性和电池效率的有效途径之一。美国西北太平洋实验室（PNNL）的 Yang 首先采用 HCl 作为支持电解质，各价态的钒浓度可以达到 2.3mol/L，并在 0～50℃范围内保持稳定，该电解液显示出良好的稳定性。其认为电解液具有良好稳定性的原因可能是形成了双核物 $[V_2O_3 \cdot 4H_2O]^{4+}$ 或双核钒-氯复合离子 $[V_2O_3Cl \cdot 3H_2O]^{3+}$。Li 等人随后提出采用混酸体系（$H_2SO_4$＋HCl）作为支持电解质来替代纯 H_2SO_4 溶液，使钒浓度提高到 2.5mol/L（6mol/L HCl），并且具有更好的热稳定性和反应活性。与传统的纯硫酸体系相比，其能量效率提升近 70%。在混酸电解液中，反应过程如下：

正极：
$$VO^{2+}+Cl^-+H_2O-e^- \xrightleftharpoons[\text{放电}]{\text{充电}} VO_2Cl+2H^+ \tag{5-46}$$

负极：
$$V^{3+}+e^- \xrightleftharpoons[\text{放电}]{\text{充电}} V^{2+} \tag{5-47}$$

电池：
$$VO^{2+}+Cl^-+H_2O+V^{3+} \xrightleftharpoons[\text{放电}]{\text{充电}} VO_2Cl+V^{2+}+2H^+ \tag{5-48}$$

同时 PNNL 也研究了 V（Ⅲ）和 V（Ⅴ）的分子结构。在混酸中 V（Ⅴ）生成 $VO_2Cl(H_2O)_2$，在硫酸中生成 $[VO_2(H_2O)_3]^+$ [图 5-13(a)]，后者不稳定，会转化为 V_2O_5 沉淀。研究认

为造成这种结果的原因是 Cl^- 的引入增加了电解液的稳定性。在 HCl 中，V（V）可能形成双核物 $[V_2O_3 \cdot 4H_2O]^{4+}$ 或双核钒-氯复合离子 $[V_2O_3Cl \cdot 3H_2O]^{3+}$，其结构如图 5-13（b）所示。V（Ⅲ）在不同溶剂中的分子构型如图 5-13（c）所示。

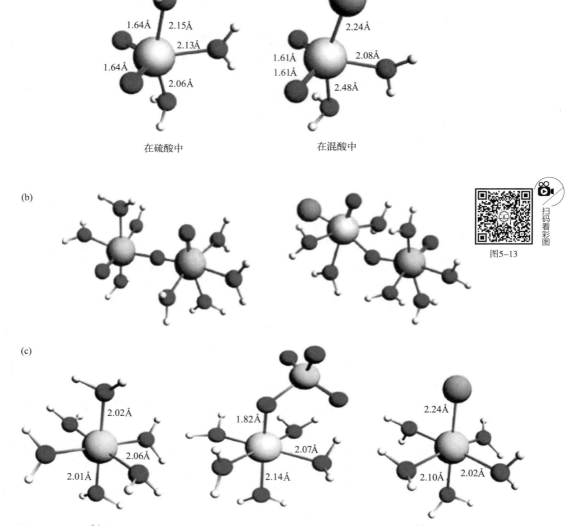

图5-13

图 5-13 （a）V^{5+} 在 H_2SO_4 和混酸中的结构；（b）在 HCl 溶液中，双核 $V_2O_3^{4+}$ 水化结构，依次为 $[V_2O_3 \cdot 8H_2O]^{4+}$、Cl 复合物 $[V_2O_3Cl \cdot 7H_2O]^{3+}$；（c）V（Ⅲ）的优化几何结构，依次为 $[V \cdot 6(H_2O)]^{3+}$、硫酸复合物 $[V(SO_4)_2 \cdot 5(H_2O)]^+$、氯复合物 $[V(Cl) \cdot 5(H_2O)]^{2+}$
V—粉色，O—红色，Cl—绿色，S—黄色，H—白色

2013 年 PNNL 报道了以混酸体系为支持电解质的 1kW 钒电池系统，能量效率达 82%，在高于 45℃ 时长时间循环未发现任何沉淀；相同条件下，传统的硫酸支持电解液在 80 个循环下即出现沉淀。除了引入 HCl 作为支持电解质外，$CH_3SO_3H + H_2SO_4$ 混合溶液等也可以作为支持电解质。

④ 电解液制备。在 UNSW 早期的钒电池研究中，电解液通过将 $VOSO_4$ 直接溶解在

H_2SO_4 中可得到 $1.6 \sim 2mol/L$ 的钒溶液，后来改用价格便宜的 V_2O_5 或 NH_4VO_3。

　　a. 化学法。化学法主要是以 V_2O_5 或其他钒盐为原料，通过氧化还原反应将不易溶于水的钒高价氧化物还原为较易溶于水的低价态的钒离子。目前所采用的化学合成法主要有如下几种：用含钒矿石制备，由于含钒石煤在我国非常丰富，可从石煤中提取 V_2O_5 来制取 $VOSO_4$ 用作钒电池电解液；在 H_2SO_4 溶液中加入还原剂如 S、SO_2、草酸、甲酸和铵化合物等化学还原 V_2O_5 制备低价易溶的钒化合物，从而制得一定浓度的钒电解液；用钒的不同价态氧化物反应制备，将细化后的 V_2O_3 和 V_2O_5 粉末按一定比例混合溶于硫酸溶液中，在可控电炉上加热搅拌，可得到相应比例的 V（Ⅲ）/V（Ⅳ）混合溶液。化学合成法速度快，但是生产规模小，难制备高浓度电解液，并且还原剂难除尽，难以得到高纯度钒电解液。

　　b. 电化学合成法。电解法是目前制备高浓度钒电池电解液的主要方法。电化学法主要以 V_2O_5 或 NH_4VO_3 为原料，在有隔膜的电解池负极区加入含 V_2O_5 或 NH_4VO_3 的硫酸溶液，正极区加入相同浓度的硫酸溶液；在电解池两极加上适当的直流电，V_2O_5 或 NH_4VO_3 粉末在负极还原，同时原料粉末也可被电解生成的 V（Ⅱ）、V（Ⅲ）和 V（Ⅳ）还原并溶解。由于电解法涉及 V_2O_5 或偏钒酸盐在电极表面的还原，因此对电极的要求较高，电极的制备很重要。电解法可制得 $5mol/L\ VOSO_4 + 5mol/L\ H_2SO_4$ 的钒电池电解液，这也是提高钒电池能量密度的有效途径之一。钒电池电解液制备方法见图 5-14。

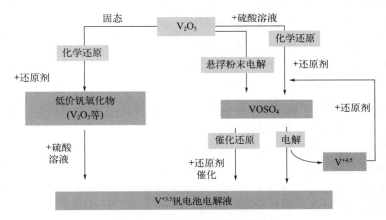

图 5-14　钒电池电解液制备方法

　　由于电解液占钒电池系统成本的 36% 左右，因此将废旧钒电解液通过提纯并重新应用于钒电池中具有重大经济价值。除此之外，将废电解液转化为其他钒产品在经济上也是有价值的。目前，以电解液租赁模式替代传统电解液购买方式也正在被行业考虑和进行经济评估。但是这种方式还需要制定通用的电解液使用和回收工艺标准，并进一步准确地计算成本。

　　(2) 其他水系无机液流电池电解液

　　① 铁基电解液。

　　a. 铁铬电解液。铁铬液流电池电解液价格低廉，但是电解液存在 Cr 离子电化学活性差，易发生析氢反应等问题。在早期的研究中，NASA 在室温下分别采用 $FeCl_2 + HCl$ 溶液和 $CrCl_3 + HCl$ 溶液作为正极和负极电解液。通过大量实验发现，$CrCl_3$ 盐酸水溶液中存在 $Cr(H_2O)_6^{3+}$、$Cr(H_2O)_5Cl^{2+}$ 和 $Cr(H_2O)_4Cl_2^+$ 三种络合离子，且三种络合离子之间存在如下动态平衡：

$$[Cr(H_2O)_4Cl_2]Cl \cdot 2H_2O \Longleftrightarrow [Cr(H_2O)_5Cl]Cl_2 \cdot H_2O \Longleftrightarrow [Cr(H_2O)_6]Cl_3 \quad (5\text{-}49)$$

其中，$Cr(H_2O)_5Cl^{2+}$ 和 $Cr(H_2O)_4Cl_2^+$ 是具有电化学活性的，而 $Cr(H_2O)_6^{3+}$ 是非电化学活性离子。新配制的电解液中是以 $Cr(H_2O)_5Cl^{2+}$ 和 $Cr(H_2O)_4Cl_2^+$ 为主，随着放置时间的增加，这两种离子容易转化成 $Cr(H_2O)_6^{3+}$，电化学活性离子转化为非活性离子的状态，电解液发生老化现象，造成电解液中可参与电化学反应的活性离子减少，并且电解液中的 Cr^{2+} 会加快电化学活性离子转化为非活性离子的速度，造成电解液利用率降低和电池性能衰减。

虽然升高电解液温度（65℃）可以促进非活性的 $Cr(H_2O)_6^{3+}$ 向活性的离子转化，同时也促进了电化学反应速率，但是温度的提升也会降低隔膜的选择性，引起电解液的交叉污染。因此，研究人员提出使用混合电解液，即以 $FeCl_2+CrCl_3+HCl$ 溶液组成同时作为正极和负极的电解液，减少电解液的交叉污染。通过对电解液体系优化，进一步提升稳定性，包括更换支持电解质，加入添加剂，如增加适量的 HBr 可降低膜电阻；添加 N-烷基胺、有机胺或氯化铵等抑制；添加 Pb^{2+} 和 Bi^{3+} 均有助于电极反应的进行，同时，Pb^{2+} 能够抑制析氢。另外，也可通过络合剂与铬离子络合作用来提升 Cr^{3+}/Cr^{2+} 电对的电化学活性和稳定性，如与乙二胺四乙酸（EDTA）、1,3-丙二胺四乙酸、吡啶二羧酸、二乙烯三胺五乙酸、二吡啶、乙酰丙酮等进行络合。

b. 全铁电解液。全铁液流电池以中性氯化亚铁作为活性物质，铁负极存在析氢、水解和铁枝晶团簇问题。Tang 等通过引入柠檬酸钠，通过羧基与 Fe^{2+} 结合形成稳定的配位结构，改变了 Fe^{2+} 在水溶液中固有的六水合结构形式，进而抑制水解及避免还原过程中的析氢反应，有效改善了 Fe/Fe^{2+} 沉积-溶解反应的可逆性。随后，他们选取富含极性基团的极性溶剂 DMSO 作为负极溶液添加剂，协同实现 Fe^{2+} 的主溶剂化鞘层重塑及 Fe^{2+} 的择优晶面生长，有效抑制了水合氢离子的析氢反应，促进了 Fe^{2+} 在平整的 Fe（110）晶面优先形核，最终形成均匀、无枝晶的铁沉积形貌。组装的全铁液流电池可实现 $134\ mW/cm^2$ 的输出功率密度、75% 的能量效率和 98.6% 的容量保持率，循环稳定性提升了 130%。

② 锌基电解液。锌基液流电池主要问题是锌负极易枝晶。其根本原因是锌溶解和沉积是随机的，造成电极表面上电荷分布不均，导致锌离子非常容易发生聚集，成为锌的成核位点，最终引起枝晶生长。锌枝晶易于刺穿隔膜，造成电池内部短路，甚至带来安全性问题；同时，当电解液流经电极材料表面时，锌枝晶易脱落，造成电池容量迅速衰退。向电解液中添加锌枝晶抑制剂是常用手段。添加剂主要分为三类：聚合物、有机分子和金属离子。聚合物容易吸附在晶核表面，调节锌尖端附近的局部电流分布，延缓晶核生长的速度，反向促进锌离子在其他部位的成核和生长，有助于沉积层的均一化。聚合物添加剂有聚乙烯亚胺（PEI）、聚乙二醇辛基苯基醚（Triton X-100）、聚乙二醇（PEG）、聚乙烯醇（PVA）等。例如，Banik 等通过添加聚乙烯亚胺（PEI）有效改善了锌枝晶。当电解液加入 10×10^{-6} PEI 后，锌沉积由锯齿状改变为球状和圆形枝晶尖端，如图 5-15 所示，且尺寸明显减小。但是添加剂剂量的增加也会增大负极极化，造成电池电压效率降低，因此需要适量的添加剂，既要抑制锌枝晶生长，也要尽量减少电极电导率的降低。

有机分子是电解质中应用最广泛的添加剂，可以是醇类、醛类、有机酸类、铵类化合物、碳水化合物、表面活性剂等。与聚合物相比，有机分子具有更短的链和更小的位阻，从而具有更高的灵活性。

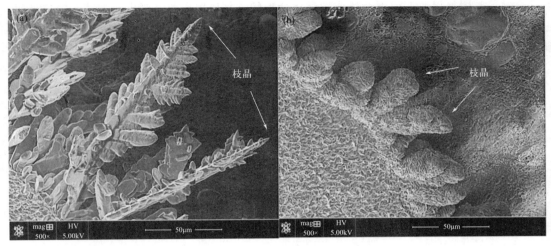

图 5-15　锌沉积形貌图：（a）无添加剂；（b）添加 10×10^{-6} PEI

③ 当加入电位大于锌的金属离子时，如铋离子和铅离子，它们可以先于锌被还原，作为锌沉积的衬底（称为衬底效应或基体效应），不仅可以提高电极的导电性，同时也可以使锌均匀沉积在电极表面，通过优化电流分布抑制锌枝晶的生长。另外，金属离子与有机分子的协同作用有利于抑制锌枝晶。Wang 等发现，在电解液中同时添加 Bi^{3+} 和 TBAB 对锌枝晶的抑制效果优于单组分添加。

a. 锌溴。由液态溴造成的存储和腐蚀问题是锌-溴电池亟待解决的主要问题。通常采取以下几种措施：完善密封系统，控制气体排放，目的是避免泄漏；在水性电解液中加入添加剂来分解和存储充电循环中生成的溴，如 N-甲基-N-丙基吡咯烷溴、N-甲基-乙基-吡咯烷、N-甲基乙基-吗啉多溴化合物及季铵多溴化合物盐等；采用多孔碳单片冷凝胶电极减轻溴的高分压。

b. 锌锰。锰基电解液中 Mn^{3+} 歧化反应，形成不稳定的 MnO_2 沉积物，导致 Mn^{2+}/Mn^{3+} 的可逆性较差和电池不稳定。以 EDTA 作为络合剂，EDTA 对 Mn^{2+} 表现出强配体场，通过从头算分子动力学证明 EDTA 中的羧基/氨基与 Mn^{2+} 成键并取代 Mn^{2+} 的溶剂化结构中的键合水，有效抑制 Mn^{3+} 的歧化反应，抑制 MnO_2 沉积在电极上。

（3）水系有机电池电解液

在 AORFB 体系中，理想的有机活性分子需具备良好的水溶性、合适的氧化还原电位、高电化学活性、高化学及电化学稳定性以及较低的运行成本等。

① 水溶性。活性分子的水溶性对电池的能量密度和运行成本具有重要影响。理论上，活性分子的溶解度直接决定了液流电池的能量密度。一般可以从两个方面提高分子的水溶性：一方面根据"相似相溶"原理，通过结构修饰来提高有机分子的极性，如引入羧基、磺酸基、羟基、氰基、氨基等极性取代基；另一方面利用异离子效应或复配原理来提高活性分子在电解质溶液中的溶解度。一般而言，电解液黏度会随着浓度增大而增大，离子扩散速度将会下降，导致电池性能下降。因此在实际应用中，需要兼顾各项参数，选择合适的电解液浓度。

② 氧化还原电位。电池的电压由正负极活性分子的电位差决定。与无机分子相比，有机分子具有电位灵活可调的优势。典型的例子是在芳香杂环或醌类化合物骨架上，引入吸电

子或给电子基团，以改变芳香杂环或醌类化合物的氧化还原电位。吸电子取代基可以使氧化还原电位向正方向移动，而给电子基团可以使氧化还原电位向负方向移动。常见的取代基对有机分子氧化还原电位的影响的排序如图 5-16 所示。

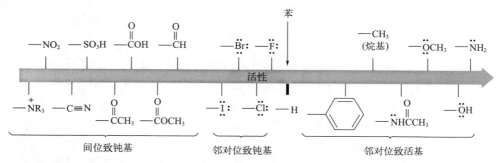

图 5-16　常见给电子基团和吸电子基团对分子电位的影响

③ 电化学活性。有机分子的电化学活性对电极反应速率、电池功率密度具有重要影响。相比无机离子，有机分子通常体积较大，在溶液中扩散、迁移速度慢，导致远离电极表面的分子在快速的充放电过程中无法充分完成氧化还原反应，使电池的实际容量低于理论容量。

④ 化学和电化学稳定性。较高的化学和电化学稳定性是有机电化学活性分子的关键性能要求，保持分子的氧化还原可逆性是实现电池长循环寿命的前提条件。通常，液流电池容量衰减的原因包括活性分子跨膜渗透导致正负极电解液交叉污染，析氢、氧化、分解或聚合等副反应，活性分子从电解液中析出等。

5.4.2　电极材料

（1）电极材料特点

电极作为氧化还原物质发生电化学反应的载体，不仅提供了物质氧化还原活性反应所需的催化位点，而且还起到为外电路进行电子传递，对泵入电池内部的电解液进行传输再分布等重要作用。理想的电极材料应具备如下性能：①对正负极氧化还原电对应具有较高的反应活性和良好的可逆性，降低电化学反应电荷转移电阻，降低在大电流密度下的电化学极化。②具有较高的电导率，且与集流板的接触电阻较小，以降低电池欧姆内阻。③具有较大的比表面积，以保证电极与电解液充分接触，提高单位体积电解液电化学反应总量，提高电解液利用率；具有稳定的三维网状结构，孔隙率适中，为电解质溶液的传输提供合适的通道，以实现活性物质的传送和均匀分布。④良好的亲水性，以降低活性物质的扩散阻力。⑤电极材料必须有足够的机械强度和韧性，以免在电池的压紧力作用下出现结构上的破坏。⑥电极材料必须有优越的化学稳定性，耐腐蚀酸氧化。⑦电极材料必须在充放电电位窗口内稳定，析氢、析氧过电位较高，副反应较少。⑧电极材料价格低廉，资源广泛，使用寿命长。

（2）电极材料分类

液流电池所用的电极材料主要分为金属类电极和碳素电极两类。相应的研究工作主要包括材料筛选、性能评价、电极的活化与改性、电极反应过程及电极相关催化机制等。

① 金属类电极。在早期对液流电池的研究中，由于金属类电极具有导电性好、机械强度高等特点而最先受到关注。从电池体系高氧化性的特点出发筛选出金、铅、钛、钛基铂、

不锈钢和氧化铱作为电极材料，进行了系统研究：金、不锈钢和铅的电化学反应可逆性差，导致电池转化效率低，且铅电极表面易形成钝化膜，阻止电化学反应继续进行；钛电极在电化学反应过程中易在电极的表面形成高电阻钝化膜，钛基铂电极和钛基镀氧化铱电极对正极和负极的钒离子电对表现出良好的电化学可逆性和导电性，多次充放电循环后，电极表面无明显变化，化学稳定性好，适合用作电极材料。但由于铱和铂都是贵金属，成本较高，很难适应钒电池大规模、低成本的商业化需要。

在钛、铅等金属基体上镀上铱、钌等贵金属或通过形成金属氧化物涂层，电化学活性和稳定性较好，但是易有大量的析氢和析氧副反应，降低电池库仑效率。另外，由于金属类电极材质重、比表面积低，无法实现大电流充放电，使电池功率密度受到限制。因此，除非在研究中需要使用金属或金属合金材料作为电极，实际工况下已很少独立使用金属类材料作为液流电池电极。

② 碳素类电极。常用的碳素类电极材料主要有石墨、石墨毡、玻碳、碳布和碳纤维等，由于碳材料具有电位窗口宽、稳定性好、导电性高、耐蚀性好、种类多样、价格低廉等特点，是一类在电化学技术性能和成本方面可以兼具的电极材料。

在早期的钒电池研究中，Skyllas-Kazacos 研究组发现玻碳作为全钒液流电池的电极时，具有电化学不可逆性。而以石墨板作为电极时，石墨电极虽然具有良好的电化学活性，但是当电池充放电接近完成时，石墨电极上会出现一定的析氢析氧副反应，使得石墨板发生严重电化学腐蚀现象。另外，由于石墨电极比表面积小、脆性大、不易大面积加工及装配等问题，不适宜直接应用在液流电池中。而以碳布、碳纸、碳毡、石墨毡为代表的三维网络结构的碳材料，因可降低大电流密度下工作的电池的极化内阻，提高转化效率而受到广泛关注。虽然这几种材料均由编织缠结的碳纤维构成，但是碳纸、碳布比表面积较小，导致电化学反应电阻较大，且尺寸受限制，难以满足大规模储能电池的应用要求。

碳毡或石墨毡均由碳纤维组成，石墨毡是将碳毡在 2000℃ 以上的高温下热处理制成的毡状多孔性材料。它们具有耐高温、耐腐蚀、良好的机械强度、表面积大和导电性好等优点，可以提供较大的电化学反应面积，从而大幅度提高碳素类电极的催化活性。而且，碳毡或石墨毡的孔隙率可达 90% 以上，纤维孔道彼此连通，使电解质溶液能够顺利流过，各向异性的三维结构还可以促使流体湍动，便于活性物质的传递。再加上碳素类材料良好的化学稳定性和导电性，碳毡或石墨毡适用于高能量密度和长时间储能的需求，目前是液流电池首选的电极材料。

碳毡或石墨毡按其纤维原料来源可分为聚丙烯腈基、黏胶基和沥青基。其中，因为聚丙烯腈基石墨毡纤维的石墨微晶小，处于碳纤维表面边缘和棱角的不饱和碳原子数目多，表面活性较高，钒离子在其表面的电化学活性更高。同时，聚丙烯腈基石墨毡也具有更好的导电性和更强的抗氧化性，是全钒液流电池的首选电极材料。

（3）电极材料的改性与处理

石墨毡或碳毡具有高比表面积和良好的电导率、优越的化学稳定性和较低的成本，适用于高能量密度和长时间储能的需求。然而，石墨毡或碳毡电极在液流电池中也存在一些挑战和限制。例如，石墨毡因其高度的石墨化结构，使其具有较高的电导率和较好的化学稳定性。但是石墨毡作为液流电池电极时，电化学活性低和亲水性较差，钒电对在石墨毡电极表面反应的电化学性能并不理想，还有一定的不可逆性；另外，在长时间循环使用中可能会发生容量衰减和动态响应速度下降的问题，需要通过优化材料结构、表面处理和改进工艺来提升电极性能。此外，碳电极的孔隙结构和表面特性对电解液的扩散和反应速度有着重要影响，因此还需要进一步研究和改进相关工艺，实现更高的能量密度和功率密度。

① 表面改性。

a. 含氧官能团活化。早期研究表明，碳材料表面的含氧官能团对很多氧化还原电对具有一定的催化作用。氧化处理主要是采用化学或电化学的方法对碳毡或石墨毡进行氧化，该方法简单，操作方便，通过氧化碳纤维表面部分碳原子，增加表面含氧官能团，如羰基、羧基、酚羟基等，改善碳纤维的浸润性，增加钒离子氧化还原反应的活性位点。化学氧化主要为在空气中热氧化处理和强氧化剂（如硫酸、硝酸、高锰酸钾等）处理。电化学氧化的方法相对条件较为缓和，可以通过控制电解液种类（如草酸、普鲁士蓝、柠檬酸等）及浓度、电极电位等条件改变碳毡类电极表面的性质。除此之外，还可采用微波辐射法、等离子体射流等处理方式。

20 世纪 90 年代初，澳大利亚新南威尔士大学 Skyllas-Kazacos 研究组分别研究了热处理和强酸氧化的方法对石墨毡电化学性能的影响，发现电极的催化活性都有提高，碳纤维表面—OH 和—COOH 等含氧官能团含量的增加，改变了活性物质与电极界面的相容性，明显降低了电极反应极化电阻，根据电极表面碳氧含量和组成的改变，推测出羟基中的 C—O 单键或羧基中的 C＝O 双键可能是活性位点，催化正负极钒离子氧化还原电对在电极表面的氧转移及电子转移过程（图 5-17）。

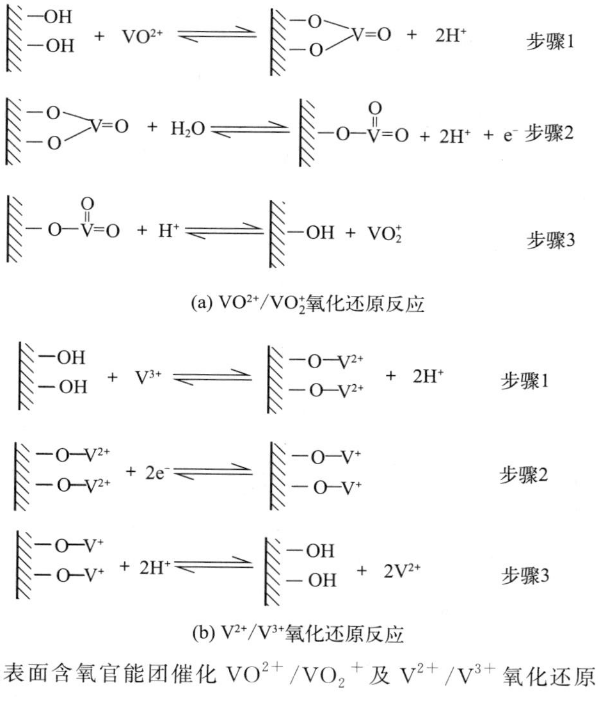

(a) VO^{2+}/VO_2^+ 氧化还原反应

(b) V^{2+}/V^{3+} 氧化还原反应

图 5-17　碳毡表面含氧官能团催化 VO^{2+}/VO_2^+ 及 V^{2+}/V^{3+} 氧化还原电对的机理

在此基础上，中国科学院金属研究所严川伟课题组又进一步研究了含氧官能团的种类及数量对钒离子氧化还原电对电化学活性的影响。当含氧量低于 3%（质量分数）时，电化学活性随着含氧量的增加而增加，但达到 3% 后，则不再明显提高；而随着含氧量继续增加，石墨电极的电化学活性甚至出现了降低的趋势。说明虽然含氧量的提高会增加电化学反应的活性位点，但同时也会降低电极的导电性。因此电极表面含氧量需要达到一个优化值，平衡好电极导电性与活性位点的关系，才能够提高电极的电化学活性，同时不会影响石墨电极的导电性。Li 等对比了碳纳米管（未进行功能化）、羟基功能化和羧基功能化碳纳米管对正极钒电对的电化学活性。结果显示，羧基功能化碳纳米管呈现出最好的电化学活性，说明含有 C＝O 双键的羧基官能团是电催化作用的关键。随后，研究人员在不同还原电位下电化学还原氧化石墨烯，严格控制碳氧比和含氧官能团的种类。结果发现，当还原电位高于 -1.0V 时，氧化石墨烯上的 C—O 单键被大量还原，而其电化学活性却大幅提高，当还原电位低于 -1.0V 时，氧化石墨烯上的 C＝O 双键被还原。此时正负极的电化学活性均开始下降，说明 C＝O 双键是真正的电化学反应活性位点。据此，研究人员进一步提出 C＝O 双键对钒电对氧化还原反应的催化作用机制（图 5-18）。

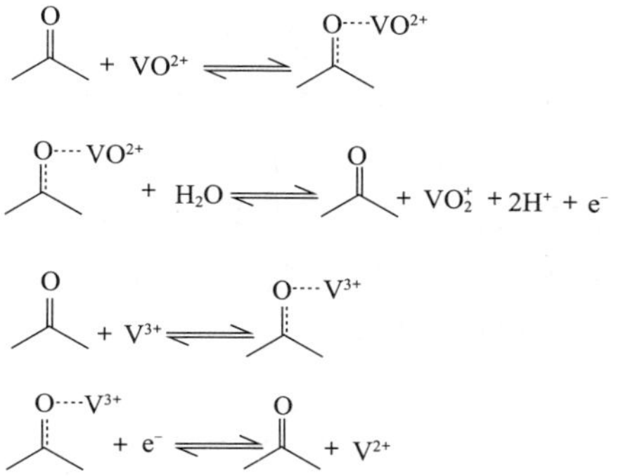

图 5-18　C＝O 双键对钒电对氧化还原反应的催化机制

　　b. 杂原子掺杂。杂原子掺杂是用其他非金属杂原子（如 N、B、F、P、S、卤素）取代碳骨架中的部分碳原子。杂原子掺杂可以诱导碳原子周围的电荷和自旋状态重新分布，改变原有碳层的电子排布，改善碳材料的导电性以及催化活性。相比昂贵的贵金属/过渡金属基催化剂，杂原子掺杂具有显著的性价比优势。N 掺杂是应用最为普遍的掺杂类型。含氮类官能团主要包括吡啶氮型（pyridinic-N）、吡咯氮型（pyrrolic-N）、石墨氮型（graphitic-N）以及吡啶氮的氧化物（pyridine-Noxide）四种类型。N 原子与 C 原子相邻，质量相近，易于被碳晶格所接受。而且，N 掺杂剂附近的碳原子具有非常高的正电荷密度，可以抵消 N 原子的强吸电子效应。N 原子诱导效应形成的带正电碳原子成为阳离子的主要吸附位点，同时 N 原子中多余价电子也能为 C 原子提供额外的电荷，从而促进电荷转移过程。

　　含氮环境下的高温处理是最为直接的 N 掺杂策略。通过对介孔碳进行 NH_3 热处理的方法进行 N 掺杂，电极面 VO^{2+}/VO_2^+ 氧化还原的电催化动力学明显提升，这主要归因于与氮相连的碳原子具有很强的电正性，有利于钒电对的氧化反应；同时氮原子可以为共轭大 π 键提供多余的电子，提高了材料的导电性，促进了电极/电解质界面上的电子转移；并且掺氮可提高碳材料的亲水性从而提高了活性位点，有利于反应的进行。由此可见，含氮官能团不仅可以提高电极材料的导电性，同时还可以提高其电催化活性。除氨气环境下的热处理外，尿素、氨水等作为水热溶剂也是 N 掺杂常用手段。Jin 等对混有尿素的氧化石墨烯（GO）进行退火处理，制备了氮掺杂石墨烯片用于改进钒电池正极催化活性。通过对比不同种类含氮官能团的含量变化，发现氮掺杂石墨烯的电化学活性与总氮含量没有必然的联系，而与氮的掺杂类型有关，石墨氮是 VO^{2+}/VO_2^+ 反应的催化活性中心，反应过程中形成的 N—V 键促进了电极界面的电荷转移过程（图 5-19）。

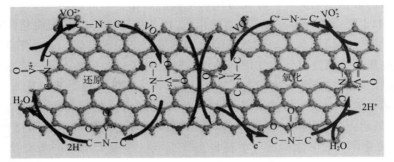

图 5-19　石墨氮对正极钒电对氧化还原反应的催化机制

He 等通过静电纺丝法、液相分散法和碳化工艺相结合制备了 N 掺杂碳纳米纤维。他们确定了碳纳米纤维的缺陷程度和亲水性随着 N 掺杂的增加而增加。N 掺杂碳纳米纤维电极显示出比原始碳纳米纤维电极更高的放电容量和能量效率。Wang 等报道了对所有 VRFB 使用等离子体处理方法的 N、O 共掺杂碳毡。N、O 共掺杂的 CF 是通过用 O_2 和 N_2 等离子体的混合物处理 CF 表面获得的，通过此方法提高了电化学活性和整体电极性能。他们解释说电极电化学性能的提升是由于共掺杂协同效应，改变了原有电子特性，增强了电极/电解质传质速率。

另外还有基于含氮有机物热解的 N 掺杂，如利用多巴胺的自聚反应，在石墨毡表面形成了含 N 聚合物，碳化后得到了 N 掺杂碳纳米球修饰的石墨毡，改善了电极的亲液性。同时，引入的 N 原子的活性中心，极大地促进了钒离子反应动力学。Zhang 等通过苯胺的氧化聚合及随后的高温热解操作，在石墨毡表面构筑了具有多级结构的 N 掺杂碳纤维网。碳网具有多尺度的孔道结构，不仅极大增加了电极比表面积，还促进了电极界面的传质过程。通过结构和化学的多重改性，电极表现出优异的电化学性能。此外，还有很多有机物和含氮生物质被广泛用于碳基材料的 N 掺杂改性，如聚吡咯、苯二胺、三聚氰胺、2-甲基咪唑、尿素，甚至是由蚕丝、玉米、胖大海等制备了钒电池催化剂。

B 作为一种缺电子原子，是一种重要的 p 型原子掺杂剂，其原子半径（0.088nm）与碳（0.077nm）相似，使 B 原子容易穿透碳晶格，可以改变碳材料的本征性质和电子结构。Zhao 等以 H_3BO_3 为硼源，合成掺 B 石墨毡，装配的电池在 320mA/cm² 和 400mA/cm² 电流密度下，EE 分别为 77.97% 和 73.63%，并表现出优异的循环稳定性。另外还有学者分别通过静电纺丝法、一步法等合成了 B、N 共掺杂碳纳米纤维和 N、P 共掺杂碳毡。Xu 等通过理论计算发现，相比 N、B，P 掺杂石墨烯对 V^{2+}/V^{3+} 反应具有更强的催化活性。包括磷酸二氢钾、磷酸在内的很多试剂都可以作为 P 源对碳基电极进行 P 掺杂改性。

此外，卤素原子和其他杂原子掺杂也广泛用于电极掺杂改性工作中。如利用浸渍后碳化的方法制备 P、F 共掺杂石墨毡，所装电池表现出良好的循环稳定性，在 120mA/cm² 下，1000 次循环后能量效率衰减仅为每循环 0.003%。Cho 等通过球磨工艺制备边缘选择性卤化石墨烯片，边缘卤素掺杂的石墨烯纳米片装饰石墨毡具有高活性缺陷，提高了石墨毡电极对 V^{2+}/V^{3+} 和 VO^{2+}/VO_2^+ 氧化还原反应的电催化活性。

c. 金属及金属氧化物修饰。金属，特别是过渡金属或贵金属，一般具有较高的活性而被广泛用作电催化剂。贵金属（如 Pt、Ir、In 等）在液流电池的高酸性环境中也非常稳定，且表现出较好的催化活性和导电性，但它们的析氢过电位往往较低，加剧了负极析氢副反应，同时，贵金属和稀土元素价格昂贵，难以大规模应用。过渡金属的 d 轨道电子构型能够提供或接受电子，赋予其良好的催化活性。

金属铋（Bi）价格较低，且析氢过电位高，被广泛用于抑制钒电池负极析氢。Suarez 等通过电化学方法将 Bi 颗粒沉积到碳毡电极表面，发现 Bi 所产生的中间产物 BiH_x 在促进 V^{2+}/V^{3+} 反应活性的同时抑制 H_2 析出，从而提升电池库仑效率。另外，Bi 可在一定程度防止含氧官能团的损失，提高了容量稳定性。Yan 基于固-固转化的电脱氧工艺方法在碱性条件下通过还原涂覆在电极界面的 Bi_2O_3 粉末，制备了具有高氧化还原可逆性的 Bi 负载电极，显著提升了负极 V^{2+}/V^{3+} 电化学动力学特性。理论计算进一步揭示了 V 3d 和 Bi 6p 轨道杂化作用对电荷转移过程的促进作用。以此为基础组装的全电池实现了 $350mA/cm^2$ 电密（电流密度）下 450 个循环 73.6% 的稳定能量转换效率输出，$400mA/cm^2$ 高电密下运行转换效率有效提升近 10%，为高功率电堆的开发提供了技术支撑。第一性原理计算表明，碳纤维表面含氧官能团可以增强 Bi^{3+} 在电极表面的吸附能，进而促进电沉积 Bi 纳米粒子的均匀分布，增加有效表面积和活性位点。同时含氧官能团和 Bi 具有协同催化作用，增强了负极氧化还原反应的动力学。Bi 修饰电极对 V^{2+}/V^{3+} 催化机理见图 5-20。Sb 修饰的电极增加了润湿表面积，降低了电荷转移电阻，对钒有较高的催化活性。Sn^{2+} 修饰电极可以有效降低负极过电位，提高能量效率和比容量。Cu 纳米颗粒沉积修饰的电极减小了 V^{2+}/V^3 的峰电位差。对于实验规模的全电池实验，在 $300mA/cm^2$ 电流密度下的能量效率可达 80.1%。在 $200mA/cm^2$ 电流密度下，经 50 次循环后，能量效率保持在 84%。

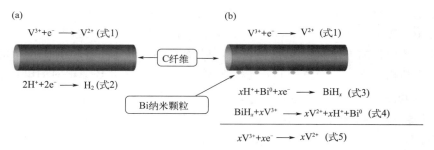

图 5-20　Bi 修饰电极对 V^{2+}/V^3 催化机理示意图

在研究金属单质的同时，研究者们还考虑 WO_3、TiO_2、Mn_3O_4、Nb_2O_5、PbO_2、ZrO_2、CeO_2、NiO、MoO_3、SnO_2、RuO_2、Cr_2O_3、Ta_2O_5、CoO、$Ti_3C_2T_x$ 等金属基氧化物作为液流电池的催化剂。

如修饰亚微米级 Mn_3O_4 颗粒的电极表现出明显增强的电化学活性，但是碳毡和 Mn_3O_4 之间的附着力非常弱，很容易脱落。通过在 Ar 气氛下将改性材料热处理，可增强附着力。Zeng 等将 MnOOH 纳米薄片电沉积在碳布表面，经过热处理得到 Mn_3O_4 纳米颗粒修饰的电极。研究表明：Mn_3O_4 主要催化了 V^{2+}/V^{3+} 反应，对于正极的催化作用则不明显。装有改性电极的电池能量效率能够达到 88%（$100mA/cm^2$），比用原始碳布组装的电池高 17%。Zhang 团队用 WO_3 修饰碳纸电极，使其电化学活性大幅提升，并提出了 WO_3 对正负极钒电对的电催化机制。随后，又用 WO_3 喷涂 Nafion 膜制备膜电极，使用此膜电极的钒电池在充放电流密度高达 $120mA/cm^2$ 的情况下能量效率为 81.2%，比未使用的电池提高了4.4%。

Kabtamu 课题组用六角钨（h-WO$_3$）纳米线修饰了碳毡电极，并掺杂了 Nb。Nb^{5+} 嵌入到 WO$_3$ 晶格中，使 h-WO$_3$ 的晶格边缘发生畸变；另外他们还制造了 WO$_3$ 纳米线改性的 3D 石墨烯片状泡沫（GSF），改性电极的电池在 160mA/cm^2 电流密度下，实现了 67.6% 的 EE。

He 等借助静电纺丝技术分别将 TiO$_2$ 和 ZrO$_2$ 嵌入碳纤维内部，高导电的碳纤维和高活性的 TiO$_2$ 和 ZrO$_2$ 表现出良好的协同催化作用，促进了钒电池负极性能的提升。Zhou 等人通过简易的浸渍-沉淀方法，合成了一系列具有不同含量 ZrO$_2$ 纳米颗粒修饰的石墨毡电极。装有该种电极的钒电池测试结果显示，在 200mA/cm^2 电流密度下，电池的电压效率和能量效率分别达到了 71.9% 和 64.7%，高于参照电池 57.3% 的电压效率和 57.8% 的能量效率。

d. 碳纳米材料修饰。碳纳米材料由于成本低、导电性好等优点也被用于石墨毡电极的改性中。碳纳米纤维、有序多孔碳、碳纳米管、碳纳米球、碳点和还原氧化石墨烯修饰在石墨毡上，用作液流电池电极材料，增加了材料的导电性和比表面积，为反应提供更多的活性位点，使得电极的电化学活性增强。相对于金属和金属氧化物的修饰，碳材料廉价易得，而且比表面积更大，活性位点更多。

Li 等将石墨毡浸泡在分散着碳纳米管的二甲基甲酰胺中，取出烘干得到负载碳纳米管的石墨毡。修饰后的石墨毡表现出优异的催化活性，显著提高了电池性能。其主要原因是修饰后的电极比表面积有明显的增大，含氧官能团的数量也因此增多。然而，这种物理吸附并不能使碳纳米管稳定地存在于电极表面。所以 Minjoon Park 等在 700℃ 下通过高温热解的方法，得到了稳定存在的碳纳米纤维/碳纳米管的石墨毡复合电极，通过性能比对，该电极在电流密度为 40mA/cm^2 和 100mA/cm^2 下放电容量和能量效率分别提高了 64% 和 25%。另外还可以通过软模板的方法合成介孔碳材料，后经 850℃ 氨气处理得到氮掺杂的介孔碳材料。循环伏安扫描发现，未经掺杂的介孔碳对 VO^{2+}/VO$_2^+$ 氧化还原电对的电化学活性及可逆性低于石墨电极，N 掺杂使介孔碳的电化学性能得到明显改善，含氮官能团作为 VO^{2+}/VO$_2^+$ 氧化还原反应的高催化活性位。还有研究通过一步溶剂水热法制备了碳点修饰的石墨毡电极（CD/GF），碳点的引入增加了电极的浸润性和电化学活性，电流密度达到 350mA/cm^2 时，仍能保持 50% 的能量效率和 300mW/cm^2 的功率密度。

② 表面结构改性。除了通过催化调控电极，还可通过刻蚀孔洞等表面结构改性来增加电极表面积，不仅可以增加反应活性位点，还能强化活性物质在电极界面的传质行为。

Xu 等利用静电纺丝技术制备了一种拥有超大孔隙率的纳米碳纤维网作为钒电池的独立电极，提升活性物质在多孔纳米碳纤维网络内部的传输速率，有效地降低了钒液流电池的浓差极化。Zhang 等在 800℃ 下以高浓度 KOH 溶液对电极纤维进行孔洞的蚀刻。改性后的电极表面出现大量微孔并富集含氧官能团。大量暴露的边缘缺陷位点和含氧基团显著改善了电极活性面积和催化活性。CO$_2$ 作为气体刻蚀剂，在高温条件下腐蚀碳纤维在其表面形成具有可调形态的孔，并引入含氧官能团。利用碳与金属氧化物的高温热还原反应是另一类重要的碳基材料刻蚀策略。Jiang 等以 FeCl$_3$ 为催化剂在 400℃ 空气环境下诱导低温刻蚀，制备的石墨毡表面积增大了 7 倍。然而，碳纤维交叉排布所构成的微米孔与蚀刻形成的纳米孔在尺度上存在较大差距，往往不利于活性物质的界面传质，导致电解液利用率降低。近年来，梯度孔的概念被提出，不同尺度的孔在碳纤维表面起到协同作用，从而促进电极综合性能的提升。Wang 等利用 K$_2$FeO$_4$ 分解后产生的 Fe$_2$O$_3$ 和 KOH 两种刻蚀剂，对碳毡纤维在不同尺度进行了刻蚀。形成的约 500nm 大孔和约 200nm 介孔，协同促进了电极表面活性物质的传输和电极界面的电化学反应过程。中国科学院金属研究所严川伟课题组在此方面也做了大量工作。采用简单的乙醇裂解策略，制备了具有双梯度结构的碳纳米纤维/石墨毡复合电极。该电极实现了碳纳米纤维在电极厚度方向上的宏观梯度分布，以及氧官能团在单根纤维径向上的微观梯度分布，表现出了优异的电化学活性和传质特性。在此基础上，经多步静电纺丝和后功能化处理，制备了具有微米和纳米尺度结构的一体化电极。在微米尺度结构上，实现了具有富氧梯度纳米孔反应区和具有无孔且低氧含量电子传输区的构建。在纳米尺度结构上，构建了具有富氧梯度纳米孔的催化层，以及具有电子传输通道的导电层。该种电极的电池在 $250mA/cm^2$ 的电流密度下，可实现 80.28% 的能量效率。随后利用有限元仿真模拟，设计了具有流道结构的电极。通过改进的淬火方法在纤维表面构建了平行排列的微米级流道，并对其进行石墨化和硫掺杂处理，装配该种电极的电池在 $500mA/cm^2$ 的高电流密度下表现出 80.44% 的能量效率。

除上述电极改性策略，一些新兴材料也被尝试用于提升钒电池电极性能，如 MXene 和 MOF 等。MXene 是一种二维材料，具有丰富的表面官能团（如氟、氧和羟基基团）、极好的亲水性和电化学稳定性，其具有独特的结构和表面化学性质，优异的导电性，良好的机械稳定性和低成本的特点。这些优越的性质使它成为一种优秀的电催化材料，并在液流电池领域也开始得到关注。金属有机骨架材料（MOF）是一种多孔晶态材料，具有比表面积高、孔隙率可调、晶体结构有序等优点，MOF 可作为多孔碳的前驱体，且具有丰富的杂原子和金属原子，有望成为新一代钒电池催化剂。

5.4.3　液流电池隔膜

（1）隔膜特点

隔膜也被称为离子传导膜，即"分隔正极和负极电解液，选择性地传导离子的隔膜"（液流电池行业标准 NBT 42080《全钒液流电池用离子传导膜测试方法》）。其主要作用是阻隔正负极电解液，防止接触短路和电解液的交叉污染，同时允许离子穿透隔膜进行传递，形成电子回路。隔膜性能关乎电池的库仑效率和容量保留率。因此理想的隔膜应该具有如下特点：①高电导率，以有效降低电池内阻和欧姆极化，提高电池电压效率。②良好的离子选择性。以全钒液流电池为例，从其工作原理和结构可知，电池工作过程中 H^+ 需要透过离子膜完成循环回路，同时又要避免正负极电解液中的钒离子穿插导致的自放电和电池容量衰减。③稳定的物理和化学性质。液流电池电解液一般为酸性、碱性或有机物，离子膜在此环境下需要具有良好的化学稳定性。同时，在电堆装配中，隔膜也需承受一定压力，需要具有良好的力学稳定性，以保证其能够长期稳定运行。④低成本和易于批量生产，以利于大规模商业化推广。

（2）主要类型

按照隔膜的微结构形貌和传导机制，液流电池隔膜目前主要分为两类：一类是以离子交换机理为主的离子交换膜；另一类为以筛分机理为主的多孔离子传导膜。

① 离子交换膜。离子交换膜由聚合物三维交联而形成，具有一定的强度和尺寸稳定性。根据隔膜基体上的固定离子交换基团不同，可分为阳离子交换膜和阴离子交换膜。同时具有阳离子和阴离子交换基团的离子交换膜称为两性离子交换膜。

阳离子交换膜的分子链上固定有磺酸基、磷酸基、羧酸基等荷负电离子交换基团，可以允许阳离子（如质子、钠离子等）自由通过。阴离子交换膜分子链上具有季铵、叔胺等荷正电离子交换基团，允许阴离子（如氯离子、硫酸根等）及少量的质子自由通过，而较大的阳离子难以通过。

磺酸型阳离子交换膜和季铵型阴离子交换膜交换机理如下：

$$R—SO_3H \longrightarrow R—SO_3^- + H^+ \quad （磺酸型阳离子）$$

$$R—N(CH_3)OH \longrightarrow R—N^+(CH_3)_3 + OH^- \quad （季铵型阴离子）$$

对于阳离子交换膜，其离子交换机制大致为：在水溶液中，隔膜吸水使膜内部形成水环境，膜内的阳离子（如 Na^+ 或者 H^+ 等）能够在隔膜内部自由移动，从而在隔膜内部和外界存在不同溶液环境，离子浓度存在差异，阳离子进行传递，在原位上存在阳离子空穴，需要溶液中阳离子进行填充，这样就完成了阳离子在隔膜内部的传递。相反，阴离子交换膜内部交换传递的为阴离子（OH^-），通过与阴离子之间产生空穴，溶液中阴离子取代交换。

根据聚合物基体，离子交换膜可分为全氟膜（全氟磺酸树脂）和非氟膜（聚醚醚酮、聚酰亚胺、聚苯丙咪唑、聚苯硫醚等）。全氟膜（如杜邦 Nafion®）是目前水系液流电池中最常用的膜。该隔膜通过将具有磺酸基团的全氟乙烯醚基团侧链与四氟乙烯（Teflon）主链结合而形成。Nafion 膜的聚四氟乙烯结构具有疏水性，为其提供了优异的力学和化学稳定性；而磺酸基团的亲水性提供了快速的质子传输通道，确保了其良好的离子电导率。Schmidt-Rohr 等提出了含水量为 11%（质量分数）的 Nafion 膜的水通道模型，如图 5-21 所示。

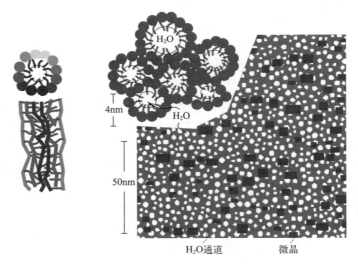

图 5-21　Nafion 树脂微观性能的水通道模型

虽然 Nafion 表现出较好的化学稳定性和电化学性能，但目前使用的全氟膜仍然存在离子选择性低和成本高的问题。研究者通过开发不同类型的聚合物和复合改性的方式来提高性能，降低成本。

a. Nafion 基无机材料复合膜。利用无机材料对钒离子渗透的屏蔽作用，将无机材料如 TiO_2、SiO_2、ZrO_2、WO_3、硅酸盐等掺入到 Nafion 基体中，制备 Nafion 复合的无机材料。无机材料的选择主要考虑其成本和稳定性。特别是在强酸/碱性电解液，或强氧化活性物质中材料的稳定性更为重要。一般将 Nafion 膜进行预处理后，用醇溶液浸泡处理后的 Nafion 膜使其溶胀，然后使用溶胶-凝胶法向 Nafion 膜中掺加无机添加剂。除此之外，还包括电化学浸泡、氧化聚合、电化学沉降和表面聚合等方法。

b. Nafion 基有机材料复合膜。改性 Nafion 膜的有机物中，最常见的是高分子聚合物。例如采用聚乙烯亚胺通过界面聚合方法改性 Nafion 膜、化学聚合法在 Nafion 表面聚合聚苯胺和聚吡咯；采用聚阳离子、聚阴离子层层自组装的方法交替吸附在膜的表面；采用聚偏氟乙烯、聚四氟乙烯等与 Nafion 聚合物共混方式制备复合膜；采用聚苯乙烯磺酸盐、甲基丙烯酸磺基苯醚等在 Nafion 基体表面接枝等改性方法。

c. PTFE 基复合膜。全氟化膜聚四氟乙烯膜（PTFE）自身没有离子交换基团，直接作为离子膜电阻较大，通常在 PTFE 基体上引入高质子传导率的基团或材料，以改善其在液流电池中的性能。

一些经过磺化或季铵化处理的多环芳烃聚合物离子交换膜，如磺化聚醚醚酮类、磺化聚酰亚胺类、聚苯并咪唑类离子交换膜及其复合膜等，相比全氟磺酸离子交换膜价格低廉、稳定性好，在液流电池中具有很好的应用前景。相较于 Nafion 膜，非氟膜的电导率较低，需要提高磺化度，但是高磺化度会降低聚合物的稳定性，造成隔膜溶胀、增加离子渗透率。此外，在含有 VO_2^+ 的高氧化和强酸性电解质中，由于引入质子交换基团（例如—SO_3H 和季铵基团），主链上苯环的电子云密度降低，导致苯环上的碳更容易受到 VO_2^+ 孤对电子的攻击，降低非氟膜的化学稳定性。对于非氟类钒电池隔膜，研究者们通过掺加纳米粒子（如 WO_3、SiO_2、TiO_2 等）限制其膨胀，降低钒离子的渗透率。还有研究通过掺加一些酸和杂多酸，提高了低磺化度下隔膜的电导率；还可将高分子聚合物（如 PVDF、多巴胺等）、碳基纳米材料（如氧化石墨烯、碳纳米管等）与非氟膜复合提高稳定性，降低离子渗透率。

除了在水系液流电池中外，离子膜在非水液流电池中也发挥着相同作用。但是，水系离子膜的选择标准并不完全适用于非水系统。首先，非水系液流电池中使用的膜处于有机溶剂介质中，因此对耐溶剂性有更高要求，以实现电池的长期稳定运行。其次，非水系液流电池中的平衡离子不是水系中的质子，而是多种多样，例如 BF_4^- 和 PF_6^-，其与有机溶剂一起时具有多种不同的离子传输机制。一般来说，当应用于非水系液流电池时，离子交换膜的离子电导率和（或）力学稳定性并不理想。一般通过增强多孔基材和合成聚合物来提高电导率和耐溶剂性。

② 多孔离子传导膜。与离子交换膜机制不同，多孔离子传导膜依靠孔径的离子筛分机理实现离子传递，其中膜中的孔作为质子的传输通道。多孔离子传导膜按照孔径由大到小，一般可粗分为微滤膜、超滤膜、纳滤膜、反渗透膜等。

以全钒液流电池为例，钒离子的斯托克斯半径>0.6nm，远远大于水合氢离子的斯托克斯半径（<0.24nm），因此可以采用筛分的原理对氢离子和钒离子进行选择性透过。为了提高氢离子的选择性，多孔膜材料需要满足以下几个条件：①具有足够高的孔隙率保证氢离子的顺利通过和足够高的通量；②孔径需要足够小以完全阻挡钒离子的透过；③膜材料上的孔必须是通孔。制备多孔膜材料的关键技术问题是如何精确灵活调控多孔膜材料的孔道结构以及膜材料的亲疏水性，从而达到荷电离子和活性物质之间的高效分离。

制造多孔离子传导膜的方法主要包括烧结、拉伸、轨迹蚀刻、模板剂法、静电纺丝和相分离法等。这些制造方法可以调控孔径大小和孔径分布，从而定制化多孔膜的性能以适应特定应用需求。由于多孔膜不含离子交换基团，与离子交换膜相比通常具有更高的稳定性和更低的成本。对于聚合物的选择，多孔膜多采用聚丙烯（PP）、聚丙烯腈（PAN）、聚偏二氟乙烯（PVDF）和聚醚砜（PES）等。此外，多孔膜还具有许多其他优良的性能，具有多种制备方法和可变膜形态等特点。

无论是离子交换膜还是多孔膜，同时提高隔膜的高导电性和选择性往往是矛盾的。增加膜材料的亲水性和增大膜材料孔径均可以提高膜的导电性，但与此同时其选择性也随之降低。例如当增大多孔膜材料的孔径，氢离子更容易通过，导电性高，但钒离子的透过率也会提高，选择性下降。通过无机材料掺杂、Donnan 排斥效应等方法可以提高膜材料选择性；通过亲水性处理、多孔膜带电基团等方法可以提高膜材料导电性。

通过引入无机材料，如二氧化硅（SiO_2）、分子筛等，可以有效降低膜材料孔径尺寸，提高膜材料的选择性，但是膜材料的导电性随之降低。利用亲水性无机材料对多孔膜材料进行改性，可有效降低膜孔径选择性的同时提高膜材料的亲水性，维持膜材料的高导电性。

大连化学物理研究所张华民课题组通过相转化方法制备了 PAN 纳滤膜，证明通过孔径调节提高钒/质子选择性的概念，随后又提出了具有高度对称海绵结构带电隔膜。为同时实现高离子选择性和高导电性，在膜材料上引入带正电荷基团，利用 Donnan 排斥效应，提高钒/质子选择性。此外，Wei 等人将二氧化硅颗粒嵌入聚四氟乙烯原纤维基质中，形成孔径为 38nm 的独特纳米孔结构充当离子传输通道，制备了低成本纳米多孔复合膜。Yuan 等采用非溶剂诱导相转化法制备的 PES/SPEEK 多孔膜，基于 Donnan 效应，在碱性锌铁液流电池中表现出优异的锌枝晶抑制作用；此外，他们又以 PES/SPEEK 为底膜，通过喷涂、原位生长等方式在膜层表面引入具有高导热性和机械强度的氮化硼纳米片以及层状 LDH，构筑了一系列具有功能表层的多孔复合膜，并在碱性锌铁液流电池中表现出优异的性能。另外，研究者通过对多孔膜材料进行亲水性处理，有效提高了膜材料的导电性；同时由于维持膜材料较小的孔径结构保持了较高的选择性。

在水系有机液流电池中，电解液活性物质由于分子结构可调节，具有比无机离子更大的空间尺寸，多孔膜有望在此类应用中展现出更好的离子选择透过性。AO-PIM-1 隔膜在 2,6-二羟基蒽醌/亚铁氰化钾体系中表现出比商业化 Nafion 膜更好的容量保持率；磺化 PIM 在碱性水系有机液流电池中，能量效率达到 79%（$100mA/cm^2$），优于商业化 Nafion 117 膜。

对于非水系有机液流电池，与离子交换膜相比，多孔膜最突出的优点是离子电导率高。目前，非水系有机液流电池主要是使用商业膜，一般常用商品化的 Celgard 和 Daramic 膜，其较低的极性，在有机溶剂中具有更好的尺寸稳定性（几乎不溶胀）。为了实现最佳的能量效率和氧化还原活性物利用率，需要平衡考虑多孔隔膜的厚度和孔径。大孔径的薄隔膜电阻低，通常有利于高电流密度。其中，Daramic-175 的能量效率高，有利于大电流密度工作。但是这些商业多孔膜最初是为其他应用而设计的，因此，当直接应用于非水系有机液流电池时还存在很多问题，仍需要开发具有良好化学和力学稳定性的高选择性膜。

 知识拓展

钒（V）是一种银灰色的过渡金属，原子序数 23，原子量 50.94，在元素周期表中属于 VB 族，具有体心立方晶体结构。钒的熔点高，具有延展性，质坚硬，无磁性，能耐多种酸腐蚀，比许多不锈钢具有更好的耐腐蚀性。1801 年，西班牙化学家德·里奥研究一种"棕铅矿"（现在叫钒铅矿），他从这种矿石里提取出各种不同颜色的盐类，而在加热后，这些盐类呈现鲜艳红色，因此命名为"爱丽特罗尼"，意为"红色"。但由于当时法国化学家认为这是一种被污染的铬矿石，这一发现未得到公认。1831 年，瑞典化学家塞夫斯特瑞姆在研究当地的铁矿石时重新发现了这种元素。由于这种元素的化合物是五颜六色的，所以用北欧神话里的一位美丽女神凡娜迪丝（vanadium，钒）命名。此后，钒的单质形式在 1869 年由英国化学家罗斯科首次制得。

我们在本节中提到钒元素有四种化合价：+2，+3，+4，+5 价，在水溶液中很容易形成各种价态的金属离子水合物，分别呈现出紫色、绿色、蓝色、黄色，多姿多彩。正是其多价态特征，在钒液流电池储能领域发挥巨大作用。同时，作为金属的钒性质较活泼，不同价态的化合物有着美丽而多变的色彩，即使在钒铅矿中，其颜色鲜艳，光泽明亮，美艳动人，具有很高的观赏和收藏价值，也被应用于彩色玻璃、各色墨水制造等多个领域。钒元素是一种非常重要的合金元素，具有许多非常优异的物理、化学性质。钒在工业中主要用作合金添加剂，在钢中加入少量的钒，可大幅度提升钢材的强度、韧性和耐磨性。之后作为稳定剂和强化剂被用于改良钛合金，使钛合金具备良好的延展性和可塑性，并因此极大地推动了航天工业的发展，被誉为"现代工业的味精"。此外，钒的氧化物是化学工业中重要的催化剂，在玻璃、光学、医药等领域大展身手，成为现代工业、国防和科学技术发展不可或缺的材料，称为"化学面包"。

5.5　液流电池的规模应用

对用于电力系统的大规模储能装备而言，由于系统输出功率和储能容量大，如果发生安全事故，会造成严重的危害和损失。因此，对大规模储能设备的首要要求就是安全可靠；其次是高性价比；再次是生命周期环境负荷低。近年来，兆瓦级以上钠/硫电池和锂离子电池储能技术在应用示范中都出现过安全事故，不仅造成了重大经济损失，还造成严重的环境污染。因此对于大规模储能技术而言，解决其安全可靠性是重中之重。

图 5-22 中定量化分析了不同储能技术的功率和持续功能时间，并与相应的需求相比较，进一步明确各自的适用范围。其中，液流电池由于安全性高、输出功率大、储能容量和功率可以分别独立等特点，适合用于输出功率为数十千瓦至百兆瓦、储能容量为数十千瓦·时至数百兆瓦·时的储能范围，最适用于需要大规模、长时间储能的能量管理领域。特别是全钒液流电池储能技术，经过长期的发展及示范应用，成熟度相对较高，在安全性、可靠性、耐久性等方面的优势已经得到普遍认可，正在由示范应用的阶段走向商业推广的初期。

全钒液流电池主要应用于以下几个领域：①大规模可再生能源发电并网。解决风能、太阳能等可再生能源发电系统发电的不连续性、不稳定性，平衡负荷，提高电能质量。②用于电力系统，调节用户端负载平衡，提高发电设备的能量效率，构建智能电网，保证智能电网稳定运行，提高电网对可再生能源发电的兼容量。液流储能电池技术是实现电力系统节能减排的重要手段。③用于电动汽车充电站，避免电动汽车大电流充电对电网造成冲击，减少电网的扩容。液流储能电池技术是电动汽车充电站基础设施建设中的重要技术。④用于通信基站的供电系统，与风能、太阳能等可再生能源发电配合，建造绿色通信基站，推进"绿色行动计划"。⑤用于高能耗企业和国家重要部门的备用电站。⑥用于边远地区可再生能源供电系统及海岛的离网风能、太阳能发电系统，为边远地区和海岛的生产与生活提供电力。

2000 年前，以澳大利亚新南威尔士大学（UNSW）和日本住友电工（SEI）为代表的机

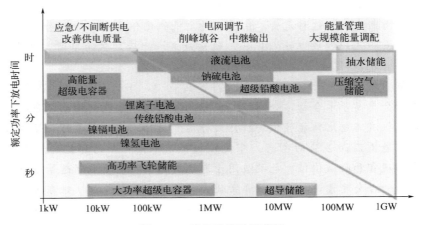

图 5-22　储能系统适用范围

构，实现了对全钒液流电池技术由机理研究、产品开发到试验示范的探索。自 2000 年后，全钒液流电池技术研究和应用进入了商业示范的初期，并延续至今。从地理分布来看，中国、日本、美国是目前全钒液流电池技术研发与应用相对活跃的国家。例如：日本住友电工与电源开发 J-power 公司合作，在日本北海道札幌风电场安装的 4MW/6MW·h 全钒液流电池储能试验示范项目为首个与可再生能源发电场结合的规模化应用案例，主要作用为平滑风电场并网功率波动和参与调频。在项目试验期内，全钒液流电池共完成了超过 20 万次的充放电。2015 年 12 月住友电工与北海道电力安装的 15MW/60MW·h 的全钒液流电池系统在北海道安平町南早来变电站投入运行。奥地利的 Cellstrom 公司于 2008 年开发出 10kW/100kW·h 的全钒液流电池储能系统，并成功用于奥地利离网光储充电站上。Gildemeister 公司于 2013 年在德国的佩尔沃姆岛建立了 200kW/1600kW·h 的全钒液流电池系统，与光伏发电系统共同构建了一套海岛微网。2015 年，UET 公司与美国 Avista 公用事业公司，在华盛顿州的 Pullman 共同实施了 1MW/3.2MW·h 的储能项目。2017 年，UET 公司又在华盛顿州的 Everett，为斯诺霍米什郡公共电网（SnoPUD）建立了一套 2.2MW/8MW·h 全钒液流储能电池系统。该储能系统采用了与 Avista 相同的集装箱电池系统，主要功能为参与电网调峰、调压，并参与提升分布式可再生能源的就地消纳。2016 年，Cellcube 为意大利国家电力公司 Terna 提供了 1 套 400kW/1.2MW·h 的全钒液流电池储能系统，布置在意大利 Sardinia 上。2017 年，NEDO 联合住友电工为美国加利福尼亚州建立了一套 2MW/8MW·h 全钒液流电池储能系统，2016 年，Gildemeister 公司在澳大利亚西澳地区靠近 Busselton 的一个农场安装了 10kW/100kW·h 的全钒液流储能电池，该电池与 15kW 太阳能发电系统配套，实现了该农场的清洁供电。2017 年，英国 RedT 公司为非洲电力通信企业在博茨瓦纳等地区的 14 个无市电供应的通信基站，分别提供了 14 套全钒液流电池，每套电池容量为 40kW·h，配合 1 个 11kWp 的光伏发电系统，为单个离网的通信基站提供工作电源。该项目中的全钒液流电池实际是替代了退役的铅酸电池或锂电池。凭借全钒液流电池的耐久性和长寿命的特点，用户有望在保证基站用电的前提下，避免铅酸电池或锂电池的频繁更换。RedT 公司于 2018 年为南非偏远地区的 Thaba 酒店建立了一套 15kW/75kW·h 全钒液流电池，配合 100kWp 光伏发电装置，为该酒店建立了光储微电网。2019 年，RedT 公司建立了一套 300kW·h 的全钒液流电池系统，配合 250kW 的光伏，实现了光伏电量的最大化本地利用，节省了外部购电费用。2020 年，全钒液流电池供应商 Invinity 在美国加利福尼亚州建立了 7.8MW·h 的全钒液流储能系统（图 5-23），并与可再生能源配套使用，实现包括削峰填谷、需求管理和提供备份电源等能源管理服务。全球部分企业全钒氧化还原液流电池系统应用项目见表 5-3。

扫码看彩图

图5-23

图 5-23　全钒液流电池储能系统

表 5-3　全球部分企业全钒氧化还原液流电池系统应用项目

地点	开发单位	项目规模	功能
国电龙源辽宁省法库县卧牛石	大连融科	5MW/10MW·h	跟踪计划发电、平滑输出、提高电网对可再生能源发电
爱尔兰风电场	加拿大 VRB Power System Inc.	2MW×6h	风储发电并网
澳大利亚全岛风场风		0.2MW×8h	风储柴联合
南非		0.25MW/0.52MW·h	应急备用
中国枣阳工业园区	湖北中钒新材料有限公司	5MW/15MW·h	光储用一体化
日本	日本住友电气工业株式会社	15MW/60MW·h	可再生能源并网
美国	加拿大 VRB Power System Inc.	250kW/2MW·h	电网削峰填谷
德国 Pellwove/Smart Region Pellowrm 岛	Gildemeister Energy Solutions	200kW/1.6MW·h	可再生能源并网

　　我国液流电池的基础研究起步于 20 世纪 80 年代末，1995 年研制出 500 W、1kW 的样机。此后，中国科学院大连化学物理研究所、清华大学、中国科学院金属研究所、大连融科储能技术发展有限公司（简称大连融科）、中南大学等多家机构开始从事全钒液流电池的研发工作，完成了从实验室基础研究到产业化应用的发展过程，推进了全钒液流电池在发电侧、输电侧、配电侧及用户侧的示范应用，如图 5-24。2011 年，北京普能世纪科技公司在河北张北县签约了国内首个 2MW/4MW·h 兆瓦级液流电池示范项目。2020 年在大连建成迄今全球功率最大、容量最大的百兆瓦级液流电池储能调峰电站，规模为 200MW/800MW·h，并于 2022 年正式并网发电。一期工程规模为 100MW/400MW·h，即电站的额定功率为每小时 10 万度电，最多可存放 40 万度电。按照中国居民日常生活每日人均用电

2 度左右计算，电站可供 20 万居民一天的用电需求。

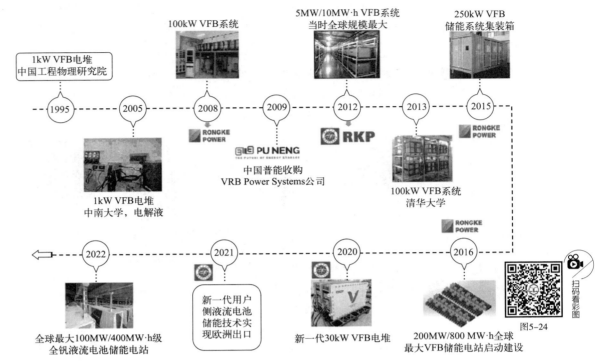

图 5-24　国内全钒液流电池发展历程

2016 年，大连融科在其位于大连的装备制造工厂，投运了一套风光储充智能微电网。该微电网配置有 1.5MWp 的屋顶光伏、30kW 风力发电机组和 750kW/3MW·h 全钒液流电池储能系统等，实现离网与并网运行的无缝切换，有效提高了重要负荷的供电可靠性。2018年，北京普能公司在湖北枣阳建立了一套 3MW/12MW·h 储能系统，与 3MW 的光伏发电系统配合，为所在的工业园区构建了并网型微电网。通过谷电峰用，节约高峰时段的电费支出，还可储存光伏系统的富余发电量，提高光伏电量的就地消纳。

除钒电池外，2019 年 11 月，由国家电投集团科学技术研究院有限公司研发的首个 31.25kW 铁铬液流电池电堆"容和一号"成功下线并通过了检漏测试，成为目前全球最大功率的铁铬液流电池电堆。2020 年 12 月，国内首个 250MW/1.5MW·h 铁铬液流电池储能示范项目在河北张家口投入应用，有效提高光伏电站能源利用效率，标志着国家电投自主研发的储能技术正式投入应用（图 5-25）。

锌溴液流电池也是目前技术成熟度最高的一类锌基液流电池体系，在国外获得了较好的发展。其中，以澳大利亚 Redflow，美国 Premium Power 和 ZBB 为代表的公司对其进行了商业化开发，并取得了较好的产业化进展（图 5-26）。但他们所研发的锌溴液流电池工作电流密度普遍较低（10～20mA/cm²），导致电堆功率密度偏低。中国科学院大连化学物理研究所于 2017 年 11 月开发出 5kW/5kW·h 锌溴单液流电池储能示范系统；于 2022 年成功集成出 30kW·h 用户侧锌溴液流电池系统。国内企业收购或与国外液流电池制造商合作，于 2019 年实施了扶贫光伏发电项目配套的 200kW/600kW·h 锌铁液流储能系统示范项目成功并网运行，又于 2020 年成功开发出 10kW 级碱性锌铁液流电池系统并投入运行。黄河水电

图 5-25　位于张家口的全球最大规模 250kW 储能示范项目内景

上游开发有限公司在中国青海省共和县建立了包含 20MW 光伏发电系统和 16MW·h 电化学储能设备的光储实证基地示范项目，于 2018 年 6 月建成并网。该项目主要以新能源与储能技术的试验和示范为目的，储能系统采用了包括磷酸铁锂、三元锂、锌溴液流和全钒液流在内的各类型电池。

澳大利亚Redflow　　　美国Primus Power　　　　美国ZBB　　　　中国DICP
3kW/10kW·h　　　　25kW/125kW·h　　　　25kW/50kW·h　　　15kW/30kW·h

图 5-26　不同研发机构所开发的锌溴液流电池技术对比

 知识拓展

在当今社会，共享经济已经成为了一种新兴的经济模式，它通过将闲置资源进行有效整合，为人们提供了更加便捷的生活方式。从共享单车、共享汽车、共享充电宝、共享办公、共享雨伞到共享按摩椅等，这些共享服务的出现，不仅极大地便利了我们的日常生活，还提高了社会资源的配置效率。但是，你知道"共享储能"吗？共享储能是一种新兴的电力系统储能方式，以电网为纽带，将独立分散的电网侧、电源侧、用户侧储能电站资源进行全网优化配置，并由交流电网统一协调。这种模式打破了传统一家发电站对应一家储能站的关系，转而实现一家储能站服务多家新能源发电站的"一对多"关系，推动电网和各端储能能力全面释放。

我们为什么要发展共享储能？风电、光伏等新能源发电量受天气条件影响较大，因此被称为"靠天吃饭"，这种不稳定性给电网的稳定运行和电力供需平衡带来了挑战。尤其是未来大规模、高比例接入新能源电力，电力系统的稳定性将面临更大的考验。为解决这些问题，共享储能电站应运而生，共享储能电站可以形象地比喻为一个巨型的"充电宝"，它能够存储过剩的绿色能源，以备不时之需。例如：山西吕梁智慧能源项目以"天河二号"吕梁云计算中心为主要负荷对象，建设了 5MW/20MW·h 的储能系统，探索绿色云计算中心的能源互联网模式。合肥供电公司建成了集光伏电站、储能站、5G 基站、电动汽车充电站、数据中心、换电站功能为一体的"多站融合"项目，形成了一个"微网系统"。三峡电能投资建设的光储充智慧能源示范项目在三峡坝区投入运营，为电动船舶提供充电服务。这些都是共享储能在生活中的应用实例。共享储能对于新能源企业来说，降低了新能源配套储能的建设成本，节省了储能设施的日常运维成本，而且未来能充分享受到电网侧储能峰谷电价差收益。对于电网企业来说，多点位集中式的中大型储能站将有利于配电网的补强，有利于电网对新能源的科学消纳。随着技术的不断进步和政策的支持，共享储能有望在未来发挥更大的作用，为实现能源转型和碳减排目标做出重要贡献。

本章小结

　　液流电池是一种电化学储能装置。电解质溶液（储能介质）存储在电池外部的电解液储罐中，电池内部正负极之间由离子交换膜分隔成彼此相互独立的正负极两室。电池工作时，正负极电解液通过泵和管路输送到电池内部，活性物质在电极上发生可逆氧化还原反应，实现电能和化学能的相互转化。不同于传统固态电池，液流电池电解液为储能介质，电极作为电化学反应场所，并不参与反应。液流电池的结构和工作原理决定其具有安全性高、电池功率与容量独立可调、使用寿命长和易于系统集成等优势，适用于大规模长时储能。

　　液流电池系统主要由电堆、电解液、储液罐、电池管理系统、控制系统以及电力转换系统等部分组成。液流电池的主要组件及关键材料包括电解液、隔膜、电极、双极板、储罐、集流板和循环泵。其中作为关键材料的电解液、电极和隔膜，在很大程度上影响液流电池的性能。对于电解液总体期望成本低廉、氧化还原可逆性好、化学性质稳定和电导率高等；对于理想的电极材料，应具备电化学活性高、较大的比表面积和电导率、良好的亲水性和化学稳定性、机械强度高等特点，目前最为常用的是碳素类电极；理想的隔膜材料应具有高电导率、良好的离子选择性、稳定的物理和化学性质和低成本的优点。

　　在各种类型的液流电池中，全钒液流电池是目前商业化最为成熟的液流电池，已被成功地应用于与风能、太阳能等新能源发电过程配套的储能系统，百千瓦级及兆瓦级的示范工程也相继投入使用。在强大的社会发展需求和巨大的潜在市场推动下，基于新概念、新材料和新技术的化学储能新体系不断涌现，储能技术也将继续向大规模、安全、高效、长寿命、低成本、无污染的方向发展。

 复习思考题

1. 简述液流电池的工作原理。
2. 列举几种常见水系液流电池。
3. 理想的电极材料应具备哪些性能？

4. 电池单体电池主要由电解液、（　　）、隔膜、储液罐和循环泵组成。

5. 液流电池的电解质溶液是导电介质，也是（　　）物质。

6. 一般而言，电解液黏度会随着浓度增大而（　　），离子扩散速度将会（　　），导致电池性能（　　）。

7. 在低电流密度下，（　　）过电势是电池内部损失的主要原因。

8. 对提高水系液流电池能量密度不利的措施是（　　）。

A. 提高活性物质溶解度

B. 提高活性物质电化学反应动力学

C. 提高析氢电位

D. 提高活性物质电化学反应窗口

9. 提高液流电池电流密度的方法不包括（　　）。

A. 降低活化能垒

B. 增加活化面积

C. 使用高孔隙电极

D. 增加接触电阻

10. 以下会降低库仑效率的是（　　）。

A. 电解液跨膜交叉渗透

B. 提高荷电状态

C. 增加电化学传质速率

D. 提高电极面积

11. 以下不属于液流电池特点的是（　　）。

A. 安全性好

B. 功率可调

C. 电极参与反应

D. 可深度充放电而不造成电池损坏

12. 可以作为液流电池负极电解液的是（　　）。

A. $MnSO_4$

B. VO_2^+

C. Br_2

D. $CrCl_3$

13. 在水系有机液流电池体系中，不属于理想有机活性分子需具备条件的是（　　）。

A. 单电子转移电化学过程

B. 良好的水溶性

C. 电化学可逆性

D. 化学及电化学稳定性

14. 以下电压最高的液流电池是（　　）。

A. 全钒液流电池

B. 铁铬液流电池

C. 锌溴液流电池

D. 锌锰液流电池

15. 目前液流电池适用于以下（ ）场景。

A. 电动汽车动力电池

B. 手机电池

C. 光储微电网

D. 便携电源

参考文献

[1] Pellegri A，Spaziante P M. Redox process and accumulator. 1983.

[2] Skyllas-Kazacos M，Rychcik M，Robins R G，et al，New All-Vanadium Redox Flow Cell. Journal of The Electrochemical Society，1986，133（5）：1057.

[3] Huskinson B，Marshak M P，Suh C，et al. A metal-free organic-inorganic aqueous flow battery. Nature，2014，505：195-198.

[4] Janoschka T；Martin N，Martin U，et al. An aqueous，polymer-based redox-flow battery using non-corrosive，safe，and low-cost materials. Nature，2016，534：S9-S10.

[5] Noack J，Roznyatovskaya N，Herr T，et al. The Chemistry of Redox-Flow Batteries. Angewandte Chemie（International ed. in English），2015，54（34）：9776-809.

[6] 刘宗浩，邹毅，高素军. 电力储能用液流电池技术. 北京：机械工业出版社，2022.

[7] Chen H，Li X，Gao H，et al. Numerical modelling and in-depth analysis of multi-stack vanadium flow battery module incorporating transport delay. Applied Energy，2019，247（AUG. 1）：13-23.

[8] Xiong J，Wang S，Li X，et al. Mechanical behavior and Weibull statistics based failure analysis of vanadium flow battery stacks. Journal of power sources，2019，412（FEB. 1）：272-281.

[9] Xiong J，Song Y，Wang S，et al. Evaluation of the influence of clamping force in electrochemical performance and reliability of vanadium redox flow battery. Journal of Power Sources，2019，431：170-181.

[10] Yang Z，Zhang J，Kintner-Meyer M C，et al. Electrochemical energy storage for green grid. Chemical reviews，2011，111（5）：3577-3613.

[11] Cao J，Tian J，Xu J，et al. Organic Flow Batteries：Recent Progress and Perspectives. Energy & Fuels，2020，34（11）：13384-13411.

[12] 钟芳芳，颜云皓，龚晶，等. 水系有机液流电池中分子体系研究进展. 长沙理工大学学报，2023，20（3）：52-68.

[13] 李彬，宋文明，杨坤龙，等. 水系有机液流电池活性材料的分子工程研究进展. 化工学报，2022，73（7）：2806-2818.

[14] 孔涛逸，董晓丽，王永刚. 水系有机液流电池活性材料研究进展. 中国科学：化学，2023，53（8）：1419-1436.

[15] Kausar N，Howe R，Skyllas-Kazacos M. Raman spectroscopy studies of concentrated vanadium redox battery positive electrolytes. Journal of Applied Electrochemistry，2001，31（12）：1327-1332.

[16] Blanc P，Madic C，Launay J P. Spectrophotometric identification of a mixed-valence cation-cation complex between aquadioxovanadium（Ⅴ）and aquaoxovanadium（Ⅳ）ions in perchloric，sulfuric，and hydrochloric acid media. Inorganic Chemistry，1982，21（8）：2923-2928.

[17] Oriji G K Y，Miura T. Investigation on V（Ⅳ）/V（Ⅴ）species in a vanadium redox flow battery. Electrochimica Acta，2004，49：3091-3095.

[18] Sadoc A，Messaoudi S，Furet E，et al. Structure and Stability of VO_2^+ in Aqueous Solution：A Car-Parrinello and Static Ab Initio Study. Inorganic chemistry，2007，46：4835-43.

[19] Vijayakumar M，Li L，Graff G，et al. Towards understanding the poor thermal stability of V^{5+} electrolyte solution in Vanadium Redox Flow Batteries. Journal of Power Sources，2011，196：3669-3672.

[20] Vijayakumar M，Burton，S，Huang，C，et al. Nuclear magnetic resonance studies on vanadium（Ⅳ） electrolyte solutions for vanadium redox flow battery. Journal of Power Sources，2010，195：7709-7717.

[21] Vijayakumar M，Li L，Nie Z，et al. Structure and stability of hexa-aqua V（Ⅲ） cations in vanadium redox flow battery electrolytes. Physical Chemistry Chemical Physics Pccp，2012，14（29）：10233-10242.

[22] Michael K. Electrolyte optimization and electrode material evaluation for the vanadium redox battery. UNSW，Sydney，1989.

[23] Li X R，Qin Y，Xu W G，et al. Thermodynamic investigation of electrolytes of the vanadium redox flow battery（Ⅴ）：conductivity and ionic dissociation of vanadyl sulfate in aqueous solution in the 278.15-318.15 K temperature range. Journal of Solution Chemistry，2016，45：1879-1889.

[24] 李享容，何虹祥，许维国，等. 钒电池五价钒溶液的电导性质. 储能科学与技术，2015，4（5）：498-505.

[25] Song Y，Li X，Yan C，et al. Uncovering ionic conductivity impact towards high power vanadium flow battery design and operation. Journal of Power Sources，2020，480.

[26] Mousa A. Chemical and electrochemical studies of V（Ⅲ） and V（Ⅱ） solutions in sulfuric acid solution for vanadium battery applications. University of New South Wales，Australia，2003.

[27] Li X，Qin Y，Xu W，et al.，Investigation of electrolytes of the vanadium redox flow battery（Ⅳ）：Measurement and prediction of viscosity of aqueous $VOSO_4$ solution at 283.15 to 323.15 K. Journal of Molecular Liquids，2016，224：893-899.

[28] Li X，Jiang C，Qin Y，et al.，Investigation of electrolytes of the vanadium redox flow battery（Ⅶ）：Prediction of the viscosity of mixed electrolyte solution（$VOSO_4 + H_2SO_4 + H_2O$）based on Eyring's theory. The Journal of Chemical Thermodynamics，2019，134：69-75.

[29] Li X，Jiang C，Liu J，et al. Prediction of viscosity for high-concentrated ternary solution（$CH_3SO_3H + VOSO_4 + H_2O$）in vanadium flow battery. Journal of Molecular Liquids，2020，297：111908.

[30] Guo Y，Wu L，Jiang C，et al. Thermodynamic properties and prediction of viscosity for ternary solution（$VOSO_4 + PAA + H_2O$）in vanadium flow battery. Journal of Molecular Liquids，2021，328：115510.

[31] Li X，Xiong J，Tang A，et al. Investigation of the use of electrolyte viscosity for online state-of-charge monitoring design in vanadium redox flow battery. Applied energy，2018，211：1050-1059.

[32] Song Y，Li X，Xiong J，et al. Electrolyte transfer mechanism and optimization strategy for vanadium flow batteries adopting a Nafion membrane. Journal of Power Sources，2020，449：227503.

[33] Song Y，Li X，Yan C，et al. Unraveling the viscosity impact on volumetric transfer in redox flow batteries. Journal of Power Sources，2020，456：228004.

[34] Qin Y，Liu J G，Yan C W. Thermodynamic investigation of electrolytes of the vanadium redox flow battery（Ⅲ）：volumetric properties of aqueous $VOSO_4$. Journal of Chemical & Engineering Data，2012，57（1）：102-105.

[35] Xu W G，Qin Y，Gao F，et al. Determination of volume properties of aqueous vanadyl sulfate at 283.15 to 323.15 K. Industrial & Engineering Chemistry Research，2014，53（17）：7217-7223.

[36] Qin Y，Qi P，Zhao J，et al. Measurement and accurate prediction of surface tension for $VOSO_4$-H_2SO_4-H_2O ternary electrolyte system at high-concentration in vanadium redox flow batteries. Journal of Molecular Liquids，2022，365：120079.

[37] Qin Y，Liu J G，Di Y，et al. Thermodynamic investigation of electrolytes of the vanadium redox flow battery（Ⅱ）：a study on low-temperature heat capacities and thermodynamic properties of VOSO$_4$ · 2. 63 H$_2$O（s）. Journal of Chemical & Engineering Data，2010，55（3）：1276-1279.

[38] Li X，Zhao J，Qin Y，et al. Investigation of the electrolyte properties for the vanadium redox flow battery（VI）：Measurement and prediction of surface tension of aqueous VOSO$_4$ at 283. 15 to 313. 15 K. Journal of Molecular Liquids，2017，225：296-301.

[39] Lu X. Spectroscopic study of vanadium（Ⅴ）precipitation in the vanadium redox cell electrolyte. 2001，46.

[40] Menictas C，Cheng M，Skyllas-Kazacos M. Evaluation of an NH$_4$VO$_3$ derived electrolyte for the vanadium-redox flow battery. Journal of Power Sources，1993，45：43-54.

[41] Chang F，Hu C，Liu L，et al. Coulter dispersant as positive electrolyte additive for the vanadium redox flow battery. Electrochimica Acta，2012，60：334-338.

[42] Zhang J，Li L，Nie Z，et al. Effects of additives on the stability of electrolytes for all-vanadium redox flow batteries. Journal of Applied Electrochemistry，2011，41：1215-1221.

[43] 崔艳华；孟凡明. 全钒离子液流电池的应用研究. 电子技术参考，2000（2）：5.

[44] Stabilized electrolyte solutions，methods of preparation thereof and redox cells and batteries containing stabilized electrolyte solutions.

[45] Wu X，Liu S，Wang N，et al. Influence of organic additives on electrochemical properties of the positive electrolyte for all-vanadium redox flow battery. Electrochimica Acta，2012，78.

[46] Skyllas-Kazacos M. Thermal Stability of Concentrated V（Ⅴ）Electrolytes in the Vanadium Redox Cell. Journal of The Electrochemical Society，1996，143：L86.

[47] Kim S，Vijayakumar M，Wang W，et al. Chloride supporting electrolytes for all-vanadium redox flow batteries. Physical chemistry chemical physics：PCCP，2011，13：18186-93.

[48] Li L，Kim S，Wang W，et al. A Stable Vanadium Redox-Flow Battery with High Energy Density for Large-Scale Energy Storage. Advanced Energy Materials，2011，1（3）：394-400.

[49] Kim S，Thomsen E，Xia G，et al. 1 kW/1 kWh advanced vanadium redox flow battery utilizing mixed acid electrolytes. Journal of Power Sources，2013，237：300-309.

[50] Roth C，Noack J，Skyllas-Kazacos M. Flow Batteries：From Fundamentals to Applications. WILEY-VCH：Germany，2023.

[51] Cheng D S，Reiner A，Hollax E. Activation of hydrochloric acid-CrCl$_3$ · 6H$_2$O solutions with N-alkyfamines. Journal of Applied Electrochemistry，1985，15（1）：63-70.

[52] Johnson D A，Reid M A. Chemical and electrochemical behavior of the Cr（Ⅲ）/Cr（Ⅱ）half-cell in the iron-chromium redox energy storage system. J. Electrochem. Soc（United States），1985，1325（5）：1058-1062.

[53] Gahn R F，Hagedorn N H，Ling J S. In Single cell performance studies on the FE/CR Redox Energy Storage System using mixed reactant solutions at elevated temperature，IECEC ′83；Proceedings of the Eighteenth Intersociety Energy Conversion Engineering Conference，1983，1.

[54] 林兆勤，江志韫. 日本铁铬氧化还原液流电池的研究进展：Ⅰ电池研制进展. 电源技术，1991（2）：9.

[55] Wang S，Xu Z，Wu X，et al. Analyses and optimization of electrolyte concentration on the electrochemical performance of iron-chromium flow battery. Applied energy，2020，271：115252.

[56] Wang S，Xu Z，Wu X，et al. Excellent stability and electrochemical performance of the electrolyte with indium ion for iron-chromium flow battery. Electrochimica Acta，2021，368：137524.

[57] Chromium redox couples for application to redox flow batteries-ScienceDirect. Electrochimica Acta，2002，48（3）：279-287.

［58］ Cabrera P J，Yang X，Suttil J A，et al. Evaluation of Tris-Bipyridine Chromium Complexes for Flow Battery Applications：Impact of Bipyridine Ligand Structure on Solubility and Electrochemistry. Inorganic Chemistry，2015：10214-23.

［59］ Gunawan Y B，Mursid S P，Harjogi D. In Composite Nafion 117-TMSP membrane for Fe-Cr redox flow battery applications，International Conference on Advanced Materials Science & Technology，2016.

［60］ Modiba P，Matoetoe M，Crouch A M. Kinetics study of transition metal complexes (Ce-DTPA，Cr-DTPA and V-DTPA) for redox flow battery applications. Electrochimica Acta，2013，94：336-343.

［61］ Robb B H，Farrell J M，Marshak M P. Chelated Chromium Electrolyte Enabling High-Voltage Aqueous Flow Batteries. Joule，2019，3 (10).

［62］ Ruan W，Mao J，Yang S，et al. Designing Cr complexes for a neutral Fe-Cr redox flow battery. Chemical Communications，2020，56 (21)：3171-3174.

［63］ Song Y，Zhang K，Li X，et al. Tuning the ferrous coordination structure enables a highly reversible Fe anode for long-life all-iron flow batteries. Journal of Materials Chemistry A，2021，9：20354.

［64］ Song Y，Yan H，Hao H，et al. Simultaneous Regulation of Solvation Shell and Oriented Deposition toward a Highly Reversible Fe Anode for All-Iron Flow Batteries. Small，2022，18 (49)：2204356.

［65］ Lu W，Xie C，Zhang H，et al. Zinc dendrites Inhibition for Zinc-based Battery. ChemSusChem，2018，11.

［66］ Banik S，Akolkar R. Suppressing Dendritic Growth during Alkaline Zinc Electrodeposition usingPolyethylenimine Additive. Electrochimica Acta，2014，179：475-481.

［67］ Li B，Nie Z，Vijayakumar M，et al. Ambipolar zinc-polyiodide electrolyte for a high-energy density aqueous redox flow battery. Nature Communications，2015，6：6303.

［68］ Wang J M，Zhang L，Zhang C，et al. Effects of bismuth ion and tetrabutylammonium bromide on the dendritic growth of zinc in alkaline zincate solutions. Journal of Power Sources，2001，102 (1-2)，139-143.

［69］ Wang K，Pei P，Ma Z，et al. Morphology control of zinc regeneration for zinc-air fuel cell and battery. Journal of Power Sources，2014，271 (dec. 20)：65-75.

［70］ Yu X，Song Y，Tang A，Tailoring manganese coordination environment for a highly reversible zinc-manganese flow battery. Journal of Power Sources，2021，507：230295.

［71］ Ding Y，Zhang C，Zhang L，et al. Molecular engineering of organic electroactive materials for redox flow batteries. Chemical Society Reviews，2018，47 (1)：69-103.

［72］ McMurry J E. Organic Chemistry. Cengage Learning，2012.

［73］ 丁玉龙，来小康，陈海生. 储能技术及应用. 北京：化学工业出版社，2019.

［74］ 李文跃，魏冠杰，刘建国，等. 全钒液流电池电极材料及其研究进展. 储能科学与技术，2013 (4)：7.

［75］ Li Q，Bai A，Zhang T，et al. Dopamine-derived nitrogen-doped carboxyl multiwalled carbon nanotube-modified graphite felt with improved electrochemical activity for vanadium redox flow batteries. Royal Society Open Science，2020，7 (7)：200402.

［76］ Li Z，Lu Y C，Polysulfide-based redox flow batteries with long life and low levelized cost enabled by charge-reinforced ion-selective membranes. Nature Energy，2021：1-12.

［77］ ChemInform Abstract：Modification of Graphite Electrode Materials for Vanadium Redox Flow Battery Application Part 1 Thermal Treatment. Cheminform，2010.

［78］ Sun B，Skyllas-Kazacos M. ChemInform Abstract：Chemical Modification of Graphite Electrode Materials for Vanadium Redox Flow Battery Application. Part 2. Acid Treatments. Cheminform，1992，23 (49).

［79］ Li W，Liu J，Yan C. Graphite-graphite oxide composite electrode for vanadium redox flow battery. Electrochimica Acta，2011，56（14）：5290-5294.

[80] Li W，Liu J，Yan C. Multi-walled carbon nanotubes used as an electrode reaction catalyst for $VO_2^{+}/$ VO^{2+} for a vanadium redox flow battery. Carbon：An International Journal Sponsored by the American Carbon Society，2011（11）：49.

[81] Li W，Liu J，Yan C. Reduced graphene oxide with tunable C/O ratio and its activity towards vanadium redox pairs for anall vanadium redox flow battery. Carbon，2013，55：313-320.

[82] Li W，Liu J，Yan C. InModified carbon felts used as positive electrode for all vanadium redox flow battery. The 7th International Green Energy Conference & The 1st DNL Conference on Clean Energy（第七届绿色能源国际会议暨第一届 DNL 洁净能源会议（IGEC），2012.

[83] Zhang K，Yan C，Tang A. Oxygen-induced electrode activation and modulation essence towards enhanced anode redox chemistry for vanadium flow batteries. Energy Storage Materials，2021，34：301-310.

[84] Gong K，Du F，Xia Z，et al. Nitrogen-Doped Carbon Nanotube Arrays with High Electrocatalytic Activity for Oxygen Reduction. Science，2009，13（195），4375-4379.

[85] Nanostructured Electrocatalysts for PEM Fuel Cells and Redox Flow Batteries：A Selected Review. ACS Catalysis，2015，5（12）：7288-7298.

[86] Shao Y，Wang X，Engelhard M，et al. Nitrogen-doped mesoporous carbon for energy storage in vanadium redox flow batteries. Journal of Power Sources，2016，195（13）：4375-4379.

[87] 苏秀丽，杨霖霖，周禹，等. 全钒液流电池电极研究进展. 储能科学与技术，2019，8（1）：10.

[88] Jin J，Fu X，Liu Q，et al. Identifying the Active Site in Nitrogen Doped Graphene For the VO^{2+}/VO^{2+} Redox Reaction. Acs Nano，2013，7（6）：4764.

[89] He Z，Li M，Li Y，et al. Electrospun nitrogen-doped carbon nanofiber as negative electrode for vanadium redox flow battery. Applied Surface Science，2018，469.

[90] Huang Y，Deng Q，Wu X，et al. O Co-doped carbon felt for high-performance all-vanadium redox flow battery. International Journal of Hydrogen Energy，2016，42（10）：7177-7185.

[91] Zhang X，Wu Q，Lv Y，et al. Binder-free carbon nano-network wrapped carbon felt with optimized heteroatom doping for vanadium redox flow batteries. Journal of Materials Chemistry A，2019，7（43）：25132-25141.

[92] Jiang Y，Du M，Cheng G，et al. Nanostructured N-doped carbon materials derived from expandable biomass with superior electrocatalytic performance towards V^{2+}/V^{3+} redox reaction for vanadium redox flow battery. Journal of Energy Chemistry，2021，59（008）：706-714.

[93] Ma Q，Zeng X X，Zhou C，et al. Designing High-Performance Composite Electrodes for Vanadium Redox Flow Batteries：Experimental and Computational Investigation. ACS Applied Materials & Interfaces，2018，10（26）：22381-22388.

[94] Park M，Ryu J，Kim Y，et al. Corn protein-derived nitrogen-doped carbon materials with oxygen-rich functional groups：a highly efficient electrocatalyst for all-vanadium redox flow batteries. Energy & Environmental Science，2014，7（11）：3727-3735.

[95] Park S，Kim H. Fabrication of nitrogen-doped graphite felts as positive electrodes usingpolypyrrole as a coating agent in vanadium redox flow batteries. Journal of Materials Chemistry A，2015，3（23）：12276-12283.

[96] Wang R，Li Y. Twin-cocoon-derived self-standing nitrogen-oxygen-rich monolithic carbon material as the cost-effective electrode for redox flow batteries. Journal of power sources，2019，421：139-146.

[97] Zhou Y，Liu L，Shen Y，et al. Carbon dots promoted vanadium flow batteries for all-climate energy

storage. Chemical Communications, 2017.

[98] Jiang H, Shyy W, Zeng L, et al. Highly efficient and ultra-stable boron-doped graphite felt electrodes for vanadium redox flow batteries. Journal of Materials Chemistry A, 2018, 6 (27): 13244-13253.

[99] Shi L, Liu S, He Z, et al. Synthesis of boron and nitrogen co-doped carbon nanofiber as efficient metal-free electrocatalyst for the VO^{2+}/VO_2^+ Redox Reaction. Electrochimica Acta, 2015, 178: 748-757.

[100] Park S E, Lee K, Suharto Y, et al. Enhanced electrocatalytic performance of nitrogen-and phosphorous-functionalized carbon felt electrode for VO^{2+}/VO_2^+ redox reaction. International Journal of Energy Research, 2021, 45 (2): 1806-1817.

[101] Xu A, Shi L, Zeng L, et al. First-principle investigations of nitrogen-, boron-, phosphorus-doped graphite electrodes for vanadium redox flow batteries. Electrochimica Acta, 2019, 300: 389-395.

[102] Huang P, Ling W, Sheng H, et al. Heteroatom-doped electrodes for all-vanadium redox flow batteries with ultralong lifespan. Journal of Materials Chemistry A, 2018, 6 (1): 41-44.

[103] Park M, Jeon I Y, et al. Edge-halogenated graphene nanoplatelets with F, Cl, or Br as electrocatalysts for all-vanadium redox flow batteries. Nano Energy, 2016, 26: 233-240.

[104] Suárez D J, González Z, Blanco C, et al. Graphite felt modified with bismuth nanoparticles as negative electrode in a vanadium redox flow battery. ChemSusChem, 2014, 7 (3): 914-918.

[105] Zhang Q, Yan H, Song Y, et al. Boosting anode kinetics in vanadium flow batteries with catalytic bismuth nanoparticle decorated carbon felt via electro-deoxidization processing. Journal of Materials Chemistry A, 2023, 11.

[106] Jiang H, Zeng Y, Wu M, et al. A uniformly distributed bismuth nanoparticle-modified carbon cloth electrode for vanadium redox flow batteries. Applied Energy, 2019, 240: 226-235.

[107] Wei L, Zhao T, Zeng L, et al. Copper nanoparticle-deposited graphite felt electrodes for all vanadium redox flow batteries. Applied Energy, 2016, 180: 386-391.

[108] Kim K J, Park M S, Kim J H, et al. Novel catalytic effects of Mn_3O_4 for all vanadium redox flow batteries. Chemical Communications, 2012, 48 (44): 5455-5457.

[109] Zeng L, Zhao T, Wei L, et al. Mn_3O_4 Nanparticle-Decorated Carbon Cloths with Superior Catalytic Activity for the VⅡ/VⅢ Redox Reaction in Vanadium Redox Flow Batteries. Energy Technology, 2018, 6 (7): 1228-1236.

[110] Yao C, Zhang H, Liu T, et al. Carbon paper coated with supported tungsten trioxide as novel electrode for all-vanadium flow battery. Journal of Power Sources, 2012, 218: 455-461.

[111] Yao C, Zhang H, Liu T, et al. Cell architecture upswing based on catalyst coated membrane (CCM) for vanadium flow battery. Journal of power sources, 2013, 237: 19-25.

[112] Kabtamu D M, Chen J Y, Chang Y C, et al. Electrocatalytic activity of Nb-doped hexagonal WO 3 nanowire-modified graphite felt as a positive electrode for vanadium redox flow batteries. Journal of Materials Chemistry A, 2016, 4 (29): 11472-11480.

[113] Kabtamu D M, Bayeh A W, Chiang T C, et al. $TiNb_2O_7$ nanoparticle-decorated graphite felt as a high-performance electrode for vanadium redox flow batteries. Applied Surface Science, 2018, 462: 73-80.

[114] He Z, Li M, Li Y, et al. Flexible electrospun carbon nanofiber embedded with TiO_2 as excellent negative electrode for vanadium redox flow battery. Electrochimica Acta, 2018, 281: 601-610.

[115] He Z, Li M, Li Y, et al. ZrO_2 nanoparticle embedded carbon nanofibers by electrospinning technique as advanced negative electrode materials for vanadium redox flow battery. Electrochimica Acta, 2019, 309: 166-176.

[116] Zhou H, Shen Y, Xi J, et al. ZrO_2-Nanoparticle-Modified Graphite Felt: Bifunctional Effects on Vanadium Flow Batteries. ACS Applied Materials & Interfaces, 2016, 8 (24): 15369-15378.

［117］Zhang D，Lan H，Li Y，The application of a non-aqueous bis（acetylacetone）ethylenediamine cobalt electrolyte in redox flow battery. Journal of Power Sources，2012，217：199-203.

［118］Shiokawa Y，Yamana H，Moriyama H. An application of actinide elements for a redox flow battery. Journal of nuclear science and technology，2000，37（3）：253-256.

［119］Xu C，Li X，Liu T，et al. Design and synthesis of a free-standing carbon nano-fibrous web electrode with ultra large pores for high-performance vanadium flow batteries. RSC advances，2017，7（73）：45932-45937.

［120］Liu T，Li X，Xu C，et al. Activated Carbon Fiber Paper Based Electrodes with High Electrocatalytic Activity for Vanadium Flow Batteries with Improved Power Density. ACS Applied Materials & Interfaces，2017，9（5）：4626-4633.

［121］Chang Y C，Chen J Y，Kabtamu D M，et al. Y. -S. ；Wei, H. -J. ；Wang, C. -H. ，High efficiency of CO_2-activated graphite felt as electrode for vanadium redox flow battery application. Journal of Power Sources，2017，364：1-8.

［122］Jiang H R，Shyy W，Wu M C，et al. A bi-porous graphite felt electrode with enhanced surface area and catalytic activity for vanadium redox flow batteries. Applied Energy，2019，233-234：105-113.

［123］Wei L，Xiong C，Jiang H，et al. Highly catalytic hollow Ti3C2Tx MXene spheres decorated graphite felt electrode for vanadium redox flow batteries. Energy Storage Materials，2020，25：885-892.

［124］Mizrak A V，Uzun S，Akuzum B，et al. Two-dimensional MXene modified electrodes for improved anodic performance in vanadium redox flow batteries. Journal of The Electrochemical Society，2021，168（9）：090518.

［125］Jiang Y，Cheng G，Li Y，et al. Promoting vanadium redox flow battery performance by ultra-uniform ZrO_2@C from metal-organic framework. Chemical Engineering Journal，2021，415：129014.

［126］Li Y，Ma L，Yi Z，et al. Metal-organic framework-derived carbon as a positive electrode for high-performance vanadium redox flow batteries. Journal of Materials Chemistry A，2021，9（9）：5648-5656.

［127］孟洪，彭昌盛，卢寿慈. 离子交换膜的选择透过性机理. 北京科技大学学报，2002，24（6）：656-660.

［128］Schmidt-Rohr K，Chen Q. Parallel cylindrical water nanochannels inNafion fuel-cell membranes. Nat Mater，2008，7（1）：75-83.

［129］Lu W，Yuan Z，Zhao Y，et al. Porous membranes in secondary battery technologies. Chem Soc Rev. ，2017，46：2199-2236.

［130］Zhang D，Yan X，He G，et al. An integrally thin skinned asymmetric architecture design for advanced anion exchange membranes for vanadium flow batteries. Journal of Materials Chemistry A，2015，3（33）：16948-16952.

［131］Yuan Z，Li X，Hu J，et al. Degradation mechanism of sulfonated poly（etherether ketone）（SPEEK）ion exchange membranes under vanadium flow battery medium. Physical Chemistry Chemical Physics，2014，16（37）：19841-19847.

［132］Fujimoto C，Kim S，Stains R，et al. Vanadium redox flow battery efficiency and durability studies of sulfonated Diels Alder poly（phenylene）s. Electrochemistry communications，2012，20：48-51.

［133］Li Y，Sniekers J，Malaquias J C，et al. Crosslinked anion exchange membranes prepared from poly（phenylene oxide）（PPO）for non-aqueous redox flow batteries. Journal of Power Sources，2018，378：338-344.

［134］Kim D H，Seo S J，Lee M，et al. Pore-filled anion-exchange membranes for non-aqueous redox flow batteries with dual-metal-complex redox shuttles. Journal of Membrane Science，2014，454：44-50.

［135］张赛，刘庆华，Lemmon，J，等. 液流电池多孔膜材料研究进展. 现代化工，2020，40（01）：50-53.

[136] 徐至，黄康. 多孔离子传导电池隔膜研究进展. 化工进展，2022，41（03）：1569-1577.

[137] Zhang H，Zhang H，Zhang F，et al. Advanced charged membranes with highly symmetric spongy structures for vanadium flow battery application. Energy & Environmental Science，2013，6（3）：776-781.

[138] Zhao Y，Li M，Yuan Z，et al. Advanced Charged Sponge-Like Membrane with Ultrahigh Stability and Selectivity for Vanadium Flow Batteries. Advanced Functional Materials，2016，26（2）：210-218.

[139] Wei X，Nie Z，Luo Q，et al. Nanoporous Polytetrafl uoroethylene/Silica Composite Separator as a High-Performance All-Vanadium Redox Flow Battery Membrane. Advanced Energy Materials，2013，3（9）：1215-1220.

[140] Yuan Z，Liu X，Xu W，et al. Negatively charged nanoporous membrane for a dendrite-free alkaline zinc-based flow battery with long cycle life. Nature Communications，2018，9.

[141] Hu J，Yue M，Zhang H，et al. A Boron Nitride Nanosheets Composite Membrane for a Long-Life Zinc-Based Flow Battery. Angewandte Chemie-International Edition，2020，59（17）：6715-6719.

[142] Hu J，Tang X，Dai Q，et al. Layered double hydroxide membrane with high hydroxide conductivity and ion selectivity for energy storage device. Nature Communications，2021，12：（1）.

[143] Hu J，Yuan C，Zhi L，et al. In Situ Defect-Free Vertically Aligned Layered Double Hydroxide Composite Membrane for High Areal Capacity and Long-Cycle Zinc-Based Flow Battery. Advanced Functional Materials，2021，31（31）.

[144] Cao L，Wu H，Cao Y，et al. Weakly Humidity-Dependent Proton-Conducting COF Membranes. Advanced Materials，2020，32（52）.

[145] Chae I S，Luo T，Moon G H，et al. Ultra-High Proton/Vanadium Selectivity for Hydrophobic Polymer Membranes with Intrinsic Nanopores for Redox Flow Battery. Advanced Energy Materials，2016，6（16）.

[146] Tan R，Wang A，Malpass-Evans R，et al. Hydrophilic microporous membranes for selective ion separation and flow-battery energy storage. Nature Materials，2020，19（2）：195.

[147] Zuo P，Li Y，Wang A，et al. Sulfonated Microporous Polymer Membranes with Fast and Selective Ion Transport for Electrochemical Energy Conversion and Storage. Angewandte Chemie-International Edition，2020，59（24）：9564-9573.

[148] Zhang C，Zhang L，Ding Y，et al. Progress and prospects of next-generation redox flow batteries. Energy Storage Materials，2018，15：324-350.

[149] 张华民. 液流电池技术. 北京：化学工业出版社，2015.

[150] Wang W，Luo Q，Li B，et al. Recent progress in redox flow battery research and development. Advanced Functional Materials，2013，23（8）：970-986.

[151] 袁治章，刘宗浩，李先锋. 液流电池储能技术研究进展. 储能科学与技术，2022，11（9）：2944.

第 6 章

氢能源材料

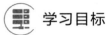 学习目标

1. 掌握氢基本概念，了解氢发展史，并在此基础上能够理解制氢技术与分类。

2. 掌握不同制氢技术工作原理、应用和特点。

3. 了解储氢材料的制备与表征，能运用储氢材料制备过程和表征手段来解决储氢问题，进一步推动氢能以及储氢材料利用与发展。

6.1　氢能的基本概念和发展史

6.1.1　氢发展史

6.1.1.1　氢的历史

氢（hydrogen）是原子序数为 1 的化学元素，化学符号为 H，是最轻、宇宙中含量最多的元素。氢的原子量是 1.00794，四舍五入为 1.008。美国根据该原子量将 10 月 8 日视为国家氢和燃料电池日，于 2015 年首次获得燃料电池和氢能协会的认可，旨在提高人们对燃料电池和氢技术的认识。氢气是氢元素形成的一种单质，化学式 H_2，分子量为 2.01588。常温常压下，氢气是一种无色、无味、无臭、无毒、极易燃烧且难溶于水的气体。

氢气是一种已经被认识了 200 多年的材料。16 世纪初，瑞士的帕拉塞尔苏斯发现硫酸与铁的反应会产生气体。Myelin 在 17 世纪报道了这种气体的燃烧。1761 年，罗伯特·博伊尔发现铁屑和稀酸反应中产生了氢气。1776 年，亨利·卡文迪什确定氢是一种独特的物质，他被称为氢的发现者，他在伦敦皇家学会发表的一篇文章中描述了主要的发现过程。1783 年，Antoine Lavoisier 制造出氢气，1788 年，他根据希腊词根 "hydro"（水）命名氢（hydrogenium）。1800 年，英国的 Nicholson 和 Carlisle 首次使用电解水生产氢。1898 年，詹姆斯·杜瓦成功将氢气液化。1839 年，英国科学家威廉·罗伯特·格罗夫开发了第一个氢燃料电池。1900 年，德国的费迪南德·冯·齐柏林发明了氢气飞艇，该飞艇于 20 世纪 20～30 年代间投入使用。美国国家航空航天局在 1958 年成立，致力于太空探索，并在氢的使用方面做出了巨大的历史贡献。美国国家航空航天局使用氢气作为燃料，1961 年成为世

界上最大的液氢用户。1988 年苏联发明了世界上第一架使用液氢燃料的喷气发动机飞机 TU-155 并完成了飞行。氢由于其极易燃烧的性质，通常是危险的代名词，特别是 1937 年 5 月 6 日兴登堡灾难，该灾难导致飞艇上 97 名乘客中 35 人死亡。尽管对一些氢气事故起源的分析表明，"组织和人为因素"是造成事故的主要原因（超过 70%），但这些事故一直被认为是人们未有效管理氢气所致（图 6-1）。

图 6-1　氢气历史事故

6.1.1.2　氢的安全性

氢气是无毒的，比空气轻得多，当氢气被释放时，会迅速消散。这使得在发生泄漏的情况下，氢气燃料的扩散相对较快，比其他泄漏燃料相对更安全。氢气最主要的安全问题是如果泄漏时未被发现，气体在密闭空间中聚集，可能会被点燃并引起爆炸。氢作为一种燃料，像所有燃料一样，具有一定程度的危险性。因此，任何燃料的安全使用都侧重于防止点火源、氧化剂和燃料同时存在。而氢的一些特性需要额外的工程控制来确保其安全使用，因为氢气在空气中可燃浓度范围广，以及点火能量低（点火能量仅为汽油的十分之一）。此外，金属氢脆化和在泄漏点损坏材料的特性需要予以注意。全面了解氢的性质、设计氢系统的安全措施、安全储氢和处理实践的培训是确保氢安全使用的关键要素。美国能源部在其网站上表示"随着越来越多的氢气示范活动的进行，氢气的安全记录可以不断增加，并建立起人们的信心，即氢气可以像今天广泛使用的燃料一样安全"。

6.1.1.3　氢经济

氢气到 H_2X 的转化过程是非常有潜力的，可以迅速地整合到现有的能源和运输系统，同时可以显著减少空气污染（使用时零碳排放）。与此同时，从石油泄漏到臭氧警报再到全球变暖，一切都归咎于我们对化石燃料的依赖。能源供应安全和价格稳定也是政治议程上的重要议题。这些促使世界从化石燃料经济转向更清洁的"氢未来"转变，这被广泛称为"氢经济"。"氢经济"是 20 世纪 70 年代初在通用汽车（GM）技术中心由约翰·博克里和"迈阿密氢会议"首次被提出。较多的文献综述和研究案例表明"氢经济"已经得到了积极广泛的研究。许多路线图报告强调了所取得的关键进展以及氢在能源部门的前景。文献中的同行评审研究表明人们对讨论"氢经济"的技术经济、环境影响、前景和社会影响越来越感兴趣。因此，许多国家和国际机构已经成立，以指导公众、行业和政策制定者为"氢经济"时代建立框架并提前做好准备。在全球范围内的文献中，"氢经济"并不是作为传统能源载体的替代品，而是作为特定应用和地点的智能低碳战略背景下的一种补充。可再生氢气（即绿色氢气）、利用可再生能源的生产以及开发氢能系统的发展是一种符合 100% 可再生电网并扩展到100％可再生能源供应的有前途的方式，因此，氢能经济环保。关于绿色氢气的共识有可能使大量工业应用脱碳，或作为储存可再生能源的清洁能源载体，并在各种应用中被利用（图6-2）。

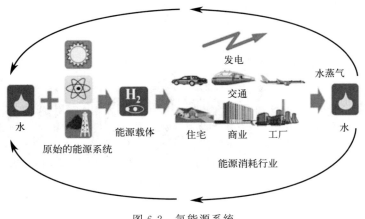

图 6-2　氢能源系统

6.1.2　从化石燃料到氢燃料

6.1.2.1　化石燃料

世界人口和经济的持续增长，以及快速的城市化发展，导致了能源需求的巨大增长。如图 6-3 所示，2004～2030 年全球一次能源消耗（包括发电能源）预期增长率为 1.1％，其中增长的 88％来自化石燃料，煤炭使用量增长 53％，石油使用量增长 34％，天然气使用量增长 20％。

能源供应的典型趋势取决于碳氢化合物（化石燃料）能源资源，这些资源由于地理分布受限和开采方便而濒临枯竭。自工业革命以来，我们利用化石燃料作为主要能源方式导致大气中二氧化碳和其他温室气体的水平大幅上升，这是全球变暖的主要原因。因此，通过使用清洁、可持续和可再生能源来实现能源供应的脱碳对未来的能源可持续性和全球安全至关重要。

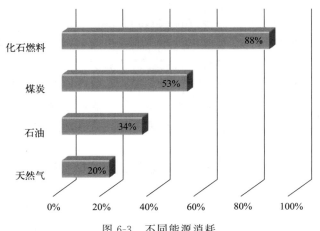

图 6-3　不同能源消耗

6.1.2.2　可再生能源

可再生能源在向清洁和可持续能源系统过渡的过程中将发挥关键作用。向 100% 可再生能源过渡的主要挑战是这些资源的可变性和间歇性。这需要进行技术调整，特别是在平衡可变的能源供应和变化的能源需求方面。可再生能源对当前能源系统渗透率的增加，增加了对大规模储能系统的需求，以应对可再生能源的可变性和间歇性。存储系统需要通过在不同的时间尺度（每小时、每天和季节性）上转换发电量来实现供需脱钩。

6.1.2.3　氢能源

氢能是指利用氢气作为能源载体，通过化学反应或物理转化释放能量的一种能源形式。氢气是一种无色、无味、无毒的气体，具有较高的能量密度，燃烧后只产生水蒸气，不会对环境造成污染。因此，氢能被认为是一种高效、清洁、可再生的能源。在能量载体中存储可再生能源是一个解决方案，例如氢是可储存、可运输和可利用的能源载体。因此，氢基储能系统用于大规模可再生能源储存、运输和出口是一种经济有效且具有潜力的方案。氢基储能系统正在引领着实现 100% 可再生能源经济的发展，即"氢经济"。因此，越来越多的研究认识到了氢基储能系统和利用氢气作为能源载体的重要性，以实现向无碳能源生产和利用的转变。然而，完全依赖氢气的经济仍然存在较大争议。

氢气可以使用不同的原料、途径和技术从广泛的资源中生产，包括化石燃料和可再生能源资源。经典方法是将化石燃料裂解或重整，该方法是一种经济高效的工业制氢途径，2016年（全球）产氢量约为 8500 万吨（超过 6000 亿米^3/年）。因此，氢能价值和清洁能源指数（清洁度）不是主要考虑因素，而是氢作为原料即工业原料，称为工业氢。工业氢气用于化肥生产、石化精炼、金属加工、食品加工、发电厂的发电机冷却和半导体制造等（图 6-4）。与此同时，随着人们对减少温室气体排放的日益关注，生产一种无碳排放的能源载体，即氢气（可再生氢气）具有很大潜力。可再生氢在可再生能源资源与能源供应、运输、工业和可

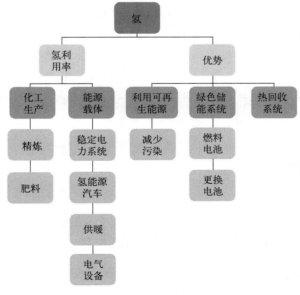

图 6-4　氢的用途和优势

再生能源出口的现代化之间建立了联系。氢基能源系统并不亚于传统的化石燃料系统，因为氢可以用作直接燃料（纯 H_2 或燃料混合物），也可以转化为其他液体/气体燃料。氢气用途广泛，其不仅是石油、化工以及冶金工业等领域非常重要的原料，还可以作为交通燃料。

1970 年美国提出"氢经济"理念，在美国能源部的主导下，期望在 2050 年建立 200 座加氢站。我国 2012～2020 年氢气产量从 1600 万吨增长至 2500 万吨，2020 年我国氢气产量同比增加了 13.6%。2021 年，我国的氢气产量约为 3300 万吨。基于氢的能源系统主要包括四个主要阶段，它们是相互关联和相互依存的。这四个阶段是氢的生产、储存、安全和利用（图 6-5）。

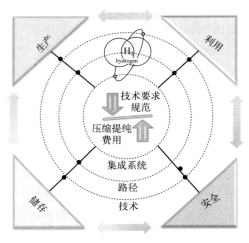

图 6-5　氢能源系统

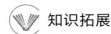

氢能是解决国家能源安全和环境问题的最佳能源载体，燃料电池技术在大功率、长距离场景应用优势显著，市场潜力巨大。现阶段的主要能源仍然是化石能源，这些能源不仅储量量有限，而且不清洁。作为清洁能源的氢能因为它的独特优势，将会逐步取代现阶段的能源，同时也可解决能源危机问题。据预测在 2050 年左右将全面进入氢能社会，氢能社会必将带来整个汽车甚至能源产业的革命性变革，也必将成为未来产业的制高点，具有极大的产业引领效应。

6.2　制氢技术

目前，制氢技术主要包括三种技术路线：灰氢，主要通过化石燃料制氢；蓝氢，通过化石燃料制氢结合 CCUS 路线；绿氢，通过可再生能源制氢。

6.2.1　化石燃料制氢

如图 6-6 所示，化石燃料制氢技术主要是碳氢化合物的重整和热解，这些方法是最发达和最常用的，几乎可以满足对氢气的所有需求。迄今为止，48％的氢气来自天然气，30％来自重油和石脑油，18％来自煤炭。目前，化石燃料制氢在世界氢气供应中保持着主导地位，由于生产成本与燃料价格密切相关，而燃料价格仍保持在可接受的水平。与化学和生物化学工业的许多领域一样，膜反应器构成了从传统燃料生产 H_2 的新方案。膜是一种允许在驱动力（浓度、压力、温度、电势等）梯度下进行传质的结构。根据分离制度的不同，膜分为致密膜、多孔膜和离子交换膜。根据其性质分成两大类：生物膜和合成膜，后者在有机（聚合物）和无机（陶瓷或金属）方面有区别。适用于 H_2 生产的膜应具有对氢气的高选择性、在高流量和有限表面下操作的高渗透性以及良好的化学和结构稳定性。因此，允许气体穿过的合适（多孔）载体，与限制金属载体中相互扩散的屏障相结合，是复合膜的必要部件。

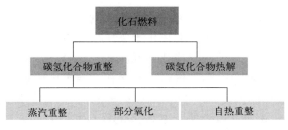

图 6-6　化石燃料制氢法

碳氢化合物重整是指通过一些重整技术将碳氢化合物燃料转化为氢气的过程。除了碳氢化合物，重整过程的其他反应物可以是蒸汽或者是氧气，吸热反应称为蒸汽重整，放热反应称为部分氧化。当这两种反应同时发生时，称为自热反应。典型的重整装置包括脱硫装置、重整和净化以及辅助装置，如泵、压缩机、膨胀机、热交换器、冷却器、燃烧器等。

6.2.1.1　蒸汽重整方法

蒸汽重整（SR）方法涉及将碳氢化合物和蒸汽催化转化为氢气和碳氧化物，主要步骤包括重整或合成气生成、水煤气变换（WGS）和甲烷化或气体净化。原料范围包括甲烷、天然气和其他含甲烷气体，以及轻质烃的各种组合，包括乙烷、丙烷、丁烷、戊烷和轻质及重质石脑油。如果原料含有机硫化合物，则在重整步骤之前进行脱硫步骤。为了生产纯化 H_2 产物并防止催化剂表面结焦，重整反应一般在高温、高压（3.5MPa）和汽碳比为 3.5 的条件下进行。在重整器之后，气体混合物通过热回收步骤，被送入 WGS 反应器，CO 与蒸汽反应以产生额外的 H_2，然后，混合物通过 CO_2 去除和甲烷化，或通过变压吸附（PSA），留下纯度接近 100％的 H_2。二氧化碳捕获和储存（CCS）技术可以有效减少二氧化碳排放，通过 CCS 将二氧化碳捕获并注入地质储层或海洋中。蒸汽重整发生的主要化学反应方程式如下：

重整装置：
$$C_nH_m + nH_2O \longrightarrow nCO + (n + \frac{1}{2}m)H_2 \qquad (6-1)$$

水煤气变换：
$$CO + H_2O \longrightarrow CO_2 + H_2 \qquad (6-2)$$

甲烷转化器：
$$CO + 3H_2 \longrightarrow CH_4 + H_2O \qquad (6-3)$$

甲烷的 SR 由式（6-1）中的 $n=1$ 和 $m=4$ 表示。蒸汽甲烷重整（SMR）是大规模制氢中最常见用和最发达的方法，其转化率约为 74％～85％。图 6-7 为蒸汽甲烷重整过程简化流程图。蒸汽和天然气在 850～900℃的镍基催化剂上反应生成合成气，通过变压吸附将 H_2 从其他组分中分离，可获得更高质量的 H_2。

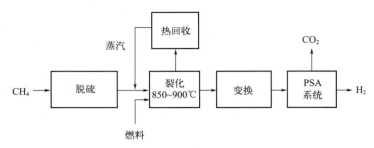

图 6-7　蒸汽甲烷重整过程流程图

膜反应器是一个非常有前景的解决方案。作为大量生产氢气的主要工艺，蒸汽甲烷重整已经直接在反应环境中集成选择性膜，对应用于下游反应单元也进行了测试。第一种方法是使用钯基膜反应器，仅在一个单元中完成化学反应和气体分离，如图 6-8 所示。重整器中产生的氢分子在膜的一侧通过吸附和原子解离进行运输，在膜中溶解、扩散以及解吸（在另一侧）。铅基膜反应器在较低的温度（450～550℃）与传统 SMR 的温度在 850～900℃条件下能够实现相同的反应物转化率（甲烷转化率高达 90％～95％）。

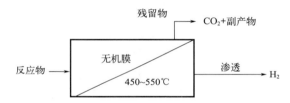

图 6-8　膜一体化蒸汽甲烷重整工艺流程图

6.2.1.2　部分氧化法

部分氧化（POX）法主要是将蒸汽、氧气和碳氢化合物转化为氢气和碳氧化物。温度在 950℃左右发生的催化过程可以使用从甲烷到石脑油之间的各种烃类原料，而温度在 1150～1315℃发生的非催化过程可以使用包括甲烷、重油和煤在内的碳氢化合物。在脱硫之后，使用纯 O_2 来部分氧化烃原料，生成的合成气按 SR 工艺的产物气进行进一步处理。制氧装置的成本和脱硫步骤的额外成本使这种装置的成本高昂。在催化过程中，热量由燃烧提供，甲烷的热效率为 60％～75％。催化和非催化重整过程分别如式（6-4）和式（6-5）所示，而 WGS 和甲烷化的化学反应如式（6-6）和式（6-7）所示。

$$C_nH_m + \frac{1}{2}nO_2 \longrightarrow nCO + \frac{1}{2}nH_2（催化） \tag{6-4}$$

$$C_nH_m + nH_2O \longrightarrow nCO + (n + \frac{1}{2}m)H_2（非催化） \tag{6-5}$$

$$CO + H_2O \longrightarrow CO_2 + H_2 \tag{6-6}$$

$$CO + 3H_2 \longrightarrow CH_4 + H_2O \tag{6-7}$$

部分氧化法是从重油残渣和煤等较重原料生产 H_2 的最合适技术。与甲烷相比，重质原料的氢碳比低，因此产生的氢气大部分来自蒸汽。残余燃料油可以通过将 $n=1$ 和 $m=1.3$ 应用于式（6-5）来表示。在 880psi 或 6MPa 下，合成气的典型组成为 46％ H_2、46％CO、

6%CO_2、1%CH_4 和 1%N_2。合成气经过脱硫、变换和提纯后，部分氧化法的组分成本占总 H_2 生产成本的百分比如下：原料 34.8%，资本投资 47.9%，运维 17.3%。

原料煤的部分氧化法可以通过将 $n=1$ 和 $m=0$ 应用于式（6-5）来表示。经典的制氢流程如图 6-9 所示，该过程被称为煤气化，是从煤中获得氢气的主要过程。这种方法的反应机理与重油裂解非常相似，但是将相对不反应的燃料作为固体进行额外处理并去除大量灰烬会对成本造成严重影响。此外，由于煤的氢含量较低，水供应了 83% 的氢气，而使用重油时含氢量为 69%。在 800psi（1psi＝6.89kPa）或 5.5MPa 条件下的德士古气化炉，合成气的典型组成为 34% 的 H_2、48% 的 CO、17% 的 CO_2 和 1% 的 N_2。合成气处理后，氢气生产的成本的分配为 25.8% 的原料、54.6% 的资本投资和 19.6% 的运维。使用德士古气化炉的工厂碳捕获和封存后与不封存相比，水力发电量分别为 276900kg/d 和 255400kg/d，氢成本分别为 1.63 美元/kg 和 1.34 美元/kg。

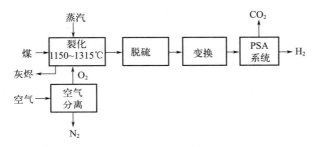

图 6-9　部分氧化（或煤气化）过程流程图

6.2.1.3　自热重整法

自热重整（ATR）法采用放热部分氧化提供热量，利用吸热蒸汽重整增加氢气产量。基本上是蒸汽和氧气或空气被注入重整器，使重整和氧化反应同时发生，如式（6-8）所示。

$$C_n H_m + \frac{1}{2}n H_2O + \frac{1}{4}n O_2 \longrightarrow nCO + (\frac{1}{2}n + \frac{1}{2}m)H_2 \tag{6-8}$$

甲烷［将 $n=1$ 和 $m=4$ 应用于式（6-8）］热效率为 60%～75%，而最佳运行值是进口温度为 700℃ 左右，S/C＝1.5 和 O_2/C＝0.45，这时最大产氢量约为 2.8。图 6-10 为甲烷自热重整法的简化流程图，其投资成本分别比蒸汽甲烷重整和煤气化低 15%～25% 和 50% 左右。先进的大型自热重整工厂，二氧化碳捕获率为 90%，效率为 73%，投资成本接近 499.23 美元/kW H_2，产氢成本为 13.48 美元/GJ 或 1.48 美元/kg。

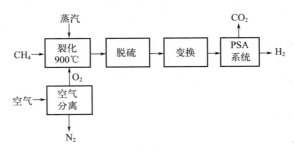

图 6-10　甲烷自热重整工艺流程图

关于自热重整反应器与 Pd 膜的集成的研究表明，总体系统效率略有提高，燃料处理器体积减小了 20%。模拟结果显示 CH_4 转化率较高，在研究的每个压力下滞留物侧的 H_2 和 CO_2 浓度较低，CO 浓度较高。由于所需的温度（900℃）可能会导致膜损坏，因此在有膜的情况下效率的提高受到限制，并且与没有膜的情况相比，这种反应器的结构更为复杂。

6.2.1.4 碳氢化合物热解

碳氢化合物热解是一个众所周知的过程，其中氢的唯一来源是碳氢化合物本身，它通过以下反应进行热分解：

$$C_n H_m \longrightarrow nC + \frac{1}{2}m H_2 \tag{6-9}$$

轻质液态烃（沸点在 50～200℃ 之间）的热催化分解产生碳元素和氢气，而重质残余馏分（沸点高于 350℃）的情况下，氢气是通过两步法产生，即甲烷的加氢气化和裂化。

$$CH_{1.6} + 1.2H_2 \longrightarrow CH_4（加氢气化） \tag{6-10}$$
$$CH_4 \longrightarrow C + 2H_2（裂化） \tag{6-11}$$
$$CH_{1.6} \longrightarrow C + 0.8H_2（总反应） \tag{6-12}$$

天然气（CH_4）的直接脱碳是在高温（980℃）、大气压、无空气和水的环境下进行的，如图 6-11 所示。产生氢气能量需求（37.6kJ/mol）低于 SMR 方法（63.3kJ/mol）。此外，热解不包括 WGS 和 CO_2 去除步骤，碳管理取代了 CCS 的能源密集型阶段，碳捕集与管理亦可以用于冶金和化工行业，甚至可以储存在水下或陆地上以供未来使用。因此，轻质液态烃大型工厂的资本投资低于蒸汽转化或部分氧化工艺，从而使氢气生产成本降低 25%～30%。

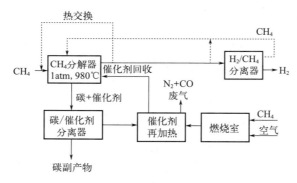

图 6-11 甲烷热解过程流程图

如果找到天然气分解产生大量碳的市场，氢的价格将进一步降低。从环境的角度考虑，通过天然气的催化离解同时生产氢气和碳将比通过 SMR 生产氢气更有利。在给定的温度下，通过膜分离连续脱氢可以提高脱碳转化率。Pd-Ag 合金通常用于 H_2 分离，允许在较低温度下操作并减少焦炭的形成。该技术的主要缺点是由于反应混合物中的低氢分压导致的氢气分离薄弱，以及脱碳反应平衡所需的高温影响膜耐久性。

6.2.2 可再生能源制氢

中国是世界上最大的制氢国，但大部分来自化石能源制氢，通过可再生能源制备的绿氢占比较低。我国《氢能产业发展中长期规划（2021—2035 年）》要求"重点发展可再生能源制氢，严格控制化石能源制氢"。可再生能源包括太阳能、生物质能、风能和海洋能等。

可再生能源制氢途径可用图 6-12 表示。

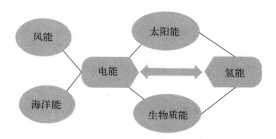

图 6-12 可再生能源制氢途径

6.2.2.1 太阳能制氢

太阳能制氢途径包括光伏直接发电制氢、光热发电制氢、太阳能热化学制氢、半导体光催化制氢以及光合作用制氢。利用太阳能制氢具有非常重要的现实意义并且受到世界各国的重视，目前已经取得多方面的进展，但同时也面临较多理论问题与工程技术难题。

半导体光催化制氢原理为当半导体被等于或高于其禁带宽度的光辐射时，电子-空穴对分离，电子从价带跃迁至导带；在半导体自由的电子-空穴的作用条件下，发生相应的氧化还原反应，水被还原成氢气和氧化形成氧气（如图 6-13 所示）。

1972 年 Fujishima 和 Honda 首次报道了 TiO_2 半导体材料可以将水分解为 H_2 和 O_2，该工作激发了半导体光催化在广泛的环境和能源应用中的发展。众所周知，传统金属氧化物光催化剂对整体水分解的光催化活性在很大程度上取决于材料的结晶度和粒度，这主要取决于制备条件。在过去的 40 年里，人们开发了各种光催化剂材料，在紫外线和可见光照射下将水分解为 H_2 和 O_2。研究表明，颗粒光催化剂直接分解水将是大规模生产清洁且可回收利用 H_2 较好的方法。目前，仍缺乏具有足够带隙位置的合适材料来进行水分解，以及需要保持实际应用所需的稳定性。通常，有效的光催化材料含有 d^0 电子构型的过渡金属阳离子（例如，Ta^{5+}，Ti^{4+}，Zr^{4+}，Nb^{5+}，Ta^{5+}，W^{6+} 和 Mo^{6+}）或典型的 d^{10} 电子构型金属阳离子（例如，In^{3+}，Sn^{4+}，Ga^{3+}，Ge^{4+} 和 Sb^{5+}），其空的 d 或 sp 轨道形成各自导带的底部。具有 d^0 或 d^{10} 金属阳离子的金属氧化物光催化剂的价带顶部通常由 O 2p 轨道组成，相对于正常氢电极（NHE），O 2p 轨道位于约 3eV 或更高的位置，因此，产生的带隙太宽，无法吸收可见光。此外，含有 d^0 过渡金属阳离子的（氧）氮化物是潜在的光催化材料，如 Ta_3N_4、TaON 和 $LaTiO_2N$。据报道，在紫外光下 NiO 改性的 $La/KTaO_3$ 光催化剂具有较高的量子效率。在紫外光照射下，在 Na_2S/Na_2O_3 水溶液作为牺牲还原剂时，ZnS 光催化剂的产氢量子效率高达 90%。然而在可见光条件下，在纯水中 Cr/Rh 改性的 GaN/ZnO 光催化剂量子效率为 2.5%。到目前为止，尚未发现可见光条件下产氢量子效率高于 10% 的光催化材料。因此，研究光催化制氢活性的物理影响因素是开发高活性光催化剂的重要问题。虽然已经提出了较多具有潜力的可见光驱动的光催化剂，但尚未开发出令人满意的材料。入射到地球表面的太阳能远远超过了人类的所有能源需求。将太阳能转化为电

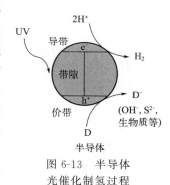

图 6-13 半导体光催化制氢过程

能的光伏和电化学太阳能电池可以达到 55%～77% 的效率，但由于制造成本高、光吸收不足和电荷转移效率低等仍然不够经济。在模仿光合作用的过程中太阳能也可以用于将水转化为 H_2 和 O_2。因此，开发一种在可见光下有效工作的光催化系统，对于太阳能的实际利用至关重要。

6.2.2.2 生物质能制氢

生物质是由天然和非化石材料通过光合作用合成的各种物质。生物质是一种可再生的一次能源，来源于植物和动物材料，如能源作物和作物残留物，森林和森林残留物中的木材、草，工业残留物，动物和城市废物，以及许多其他材料。生物质来源于植物，是一种有机物质，阳光的能量通过光合作用以化学键的形式储存在其中。尽管当生物量用于能源生产时会释放二氧化碳，但这种气体排放量等于生物体在活着时吸收的量。生物质正在取代化石能源成为可再生能源的重要来源，为绿色可持续社区提供动力，并促进循环生物经济的发展。

生物质制氢法是生物质经过预处理后，通过气化或微生物催化制氢的方法。生物质制氢法一方面可以降解生物质，另一方面降低温室气体的排放。尽管微生物催化制氢过程更环保，能耗更低，但其提供的氢气率和产率（mol H_2/mol 原料）较低。热化学过程更快并且氢气产量更高，基于经济和环境考虑，气化是一个有前途的选择。

（1）热化学制氢

热化学过程属于将生物质转化为氢气及富氢气体的技术手段。从这些过程中获得的合成气生产富氢气体是实现可持续发展有效的方法。热化学技术主要涉及热解和气化，除其他气体产物外，这两种转化过程都会产生 CH_4 和 CO 等气态产物，CH_4 和 CO 可以通过蒸汽重整和 WGS 反应进行进一步处理以生产更多的氢气。除了这些技术之外，燃烧和液化是两种氢气产量较低的方法，第一种会排放污染副产物，而第二种在没有空气的情况下难以达到的 $5～20MPa$ 的操作条件。

生物质热解是指在 $0.1～0.5MPa$ 和 $650～800K$ 下对生物质进行加热，生成液态油脂固体炭和气体化合物的热化学过程。该过程在完全缺氧条件下进行，但允许部分燃烧来提供该过程所需的热能。产生的甲烷和其他碳氢化合物气体可以进行蒸汽重整，甚至可以应用 WGS 反应生产更多的氢。在 CO 转化为 CO_2 和 H_2 后，通过 PSA 获得所需的纯化 H_2。生物质热解过程的各个步骤，如图 6-14 所示，由以下方程表示：

$$热解生物质 \longrightarrow H_2 + CO + CO_2 + 碳氢化合物气体 + 焦油 + 烧焦物 \tag{6-13}$$

$$C_n H_m + n H_2 O \longrightarrow n CO + (n + \frac{1}{2} m) H_2 \tag{6-14}$$

$$CO + H_2 O \longrightarrow CO_2 + H_2 \tag{6-15}$$

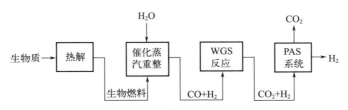

图 6-14　生物质热解过程流程图

生物质热解制氢的产量取决于原料类型、使用的催化剂类型、温度和停留时间。生物质热解的制氢成本预计在 $8.86\sim15.52$ 美元/GJ（或 $1.25\sim2.20$ 美元/kg）之间，具体取决于设施规模和生物质类型。

生物质气化是将生物质在气化介质（如空气、氧气和/或蒸汽）中热化学转化为气体燃料（合成气）。该过程发生在 $500\sim1400℃$ 的温度，大气压到 3.3MPa 条件下，具体取决于工厂规模和生产的合成气的最终应用，而反应器的类型根据气化剂的流量和速度进行区分。固定床、流化床和间接气化器是用于生物质气化的三种主要的反应器类型。式（6-16）和式（6-17）分别表示生物质与空气或蒸汽反应时转化为合成气：

$$生物质＋空气\longrightarrow H_2＋CO_2＋CO＋N_2＋CH_4＋其他CH＋焦油＋H_2O＋烧焦物 \qquad (6-16)$$
$$生物质\longrightarrow蒸汽\longrightarrow H_2＋CO＋CO_2＋CH_4＋其他CH＋焦油＋烧焦物 \qquad (6-17)$$

生物质转化为合成气后，以与热解过程的产物气体相同的方式对气体混合物进行进一步处理，如图 6-15 所示。生物质类型、粒度、温度、蒸汽与生物质的比例和所用催化剂的类型是影响氢气产量的主要参数。在蒸汽气化中，氢气的产量远高于快速热解法，总效率（热转化为氢气）可高达 52%，为可再生氢气生产提供了有效手段。据估计生物质气化-蒸汽重整 PSA 的典型路线，每太焦氢气需要 2.4TJ 的一次能源输入，对于氢气产量为 139700kg/d，生物质成本在 $46\sim80$ 美元/（d·t）范围内的工厂，氢气生产成本预计为 $1.77\sim2.05$ 美元/kg。

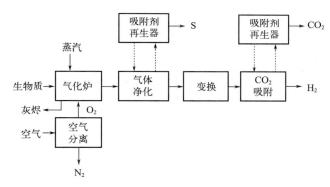

图 6-15　生物质气化过程流程图

（2）生物过程

由于人们越来越关注可持续发展和废物最小化，生物制氢的研究在过去几年中大幅增加。大多数生物过程在环境温度和压力下运行，因此能耗较低。此外，生物过程利用取之不尽用之不竭的可再生能源，还可以使用各种废料作为原料，有助于废物回收利用。

制氢的主要生物过程是直接和间接的生物光解、光和暗发酵以及多阶段或顺序的暗和光发酵。生物制氢的原料是光解用水以及用于发酵过程的生物质，其中氢气由一些细菌或藻类直接通过其氢化酶或固氮酶系统产生，含碳水化合物的材料通过使用生物处理技术转化为有机酸，然后转化为氢气。

生物光解是一种生物过程，使用与植物和藻类光合作用相同的原理，只进行二氧化碳还原。藻类含有产氢酶，在某些条件下可以产生氢气。绿藻和蓝绿藻能够分别通过直接和间接的生物光解将水分子分解为氢离子和氧。

在直接生物光解中，绿藻通过光合作用将水分子分解为氢离子和氧，如图 6-16 所示。生成的氢离子通过氢化酶转化为氢气，氢化酶对氧气非常敏感，因此有必要将氧含量保持在

0.1%以下。在充分的阳光强度下，光合作用装置（叶绿素和其他色素）捕获的90%的光子不用于光合作用，而是以热量或荧光的形式衰减。为了克服"光饱和效应"，研究发现来源于微藻的突变体具有较低的色素含量和较少量的叶绿素，并且对氧气具有良好的耐受性，从而具有更高的氢气产量。绿藻将水转化为氢可以由以下一般反应表示：

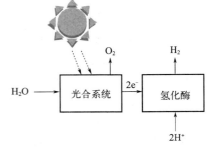

图 6-16　直接生物光解过程流程图

$$2H_2O + 光能量 \longrightarrow 2H_2 + O_2 \qquad (6\text{-}18)$$

假设光生物反应器的资本成本为 50 美元/m^2，在总体太阳能转换效率为 10% 的情况下，不包括工程、气体分离等，氢气成本估计为 15 美元/HJ 或 2.13 美元/kg。资本成本增加 20%，生产成本增加 33.33%。

在间接生物光解中，蓝藻或蓝绿藻从水中形成氢气的反应可由以下反应表示：

$$12H_2O + 6CO_2 + 光能 \longrightarrow C_6H_{12}O_6 + 6O_2 \qquad (6\text{-}19)$$

$$C_6H_{12}O_6 + 12H_2O + 光能 \longrightarrow 12H_2 + 6CO_2 \qquad (6\text{-}20)$$

间接生物光解过程如图 6-17 所示，氢气是由氢化酶和固氮酶产生，其产氢速率与绿藻基于氢化酶的产氢速率相当。虽然间接生物光解工艺仍处于概念阶段，但假设总资本成本为 135 美元/m^2，氢气生产成本估计为 10 美元/GJ 或 1.42 美元/kg。利用可再生资源（水）和消耗空气污染物（二氧化碳），藻类制氢被认为是一种经济和可持续的方法。然而，这种生物制氢方法的主要缺点是产氢潜力低、需要大的表面积来收集足够的光以及没有废物利用。

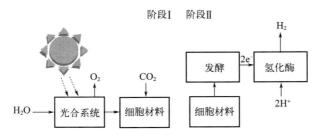

图 6-17　间接生物光解过程流程图

发酵是一种在有氧或无氧的情况下进行的生物化学过程，包括对有机原料进行微生物转化，产生少量的醇、丙酮和 H_2 以及 CO_2。该方法是一种有吸引力的生物制氢方法，因为它们利用废料，在处理废料的同时生产廉价的能源。

暗发酵主要在缺氧（无氧）、黑暗条件下于富含碳水化合物的底物上利用厌氧细菌产氢。从式（6-21）和式（6-22）中可以看出，以葡萄糖为模型底物，乙酸和丁酸占总最终产物的 80% 以上，在乙酸和丁酸型发酵中，氢气的产率分别为 4mol/mol 葡萄糖和 2mol/mol 葡萄糖。

$$C_6H_{12}O_6 + 2H_2O \longrightarrow 2CH_3COOH + 4H_2 + 2CO_2 （乙酸发酵） \qquad (6\text{-}21)$$

$$C_6H_{12}O_6 + 2H_2O \longrightarrow CH_3CH_2CH_2COOH + 2H_2 + 2CO_2 （丁乙酸发酵） \qquad (6\text{-}22)$$

葡萄糖作为该方法的首选原料，相对昂贵且不容易大量获得，但可以从农业废物中获得。自然界中丰富的含淀粉物质以及植物生物质的主要组成单位纤维素，都可以作为暗发酵原料交替使用。为了达到最佳产量，pH 值应保持在 5～6，因为该工艺产氢量在很大程度上取决于其 pH 值。另一个制约因素是氢气在产生时必须被去除，因为随着压力的增加，氢气的产量往往会减少。暗发酵是通过一个相对简单的过程实现的，该过程不依赖于光源的可用性，如图 6-18 所示。因此，不需要大量的土地，氢气可以昼夜不停地从包括垃圾和废物在内的各种潜在可利用基质中产生。

图 6-18　暗发酵过程流程图

第二个生物化学过程是利用太阳能和有机酸在缺氮条件下实现的光发酵。由于固氮酶的存在，一些光合细菌能够根据以下反应将有机酸（乙酸、乳酸和丁酸）转化为氢气和二氧化碳。以乙酸作为反应物，转化为 H_2 的总反应式如下所示：

$$CH_3COOH + 2H_2O + 光能 \longrightarrow 4H_2 + 2CO_2 \qquad (6-23)$$

增加光强度对氢气产率和生产速率有促进作用，但对光转换效率有不利影响。如果将工业废水用于氢气生产，由于废水的颜色可能会减少光穿透，以及重金属等有毒化合物的存在，需要在使用前进行预处理。尽管光照条件下的氢气产量通常高于黑暗条件下的产量，但太阳能转换效率低，对覆盖大面积的厌氧光生物反应器的需求，以及有机酸的有限可用性是限制该方法的关键障碍。图 6-19 为光合细菌产生氢气的示意图。

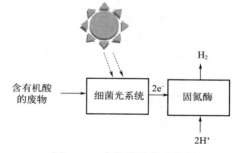

图 6-19　光发酵过程流程图

通过使用混合系统可以获得更高的氢气产量并减少对光能的需求。这样的系统包括非光合细菌或厌氧细菌和光合细菌。如图 6-20 所示，在黑暗条件下，厌氧细菌可以消化多种碳水化合物，产生的有机酸可以作为光合细菌产生额外氢气的来源。暗发酵和光发酵的结合也被称为顺序暗/光发酵，两阶段过程通过如下公式表示：

阶段 1：暗发酵 $C_6H_{12}O_6 + 2H_2O \longrightarrow 2CH_3COOH + 4H_2 + 2CO_2$ \qquad (6-24)

阶段 2：光发酵 $2CH_3COOH + 4H_2O \longrightarrow 8H_2 + 4CO_2$ \qquad (6-25)

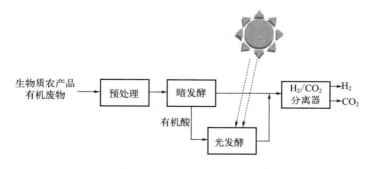

图 6-20　暗发酵和光发酵过程流程图

理论氢气产量增加到 12mol H_2/mol 葡萄糖，而在实际上报告的最大氢气产量为 7.1mol H_2/mol 葡萄糖。影响 H_2 产率的主要参数为温度和 pH 值。温度越高，氢气产量越高。发酵细菌和光合细菌的 pH 值必须分别在 4.5～6.5 和 7 以上。暗发酵和光发酵的成本估计分别为 2.57 美元/kg 和 2.83 美元/kg。

6.2.2.3 分解水制氢

在使用化石燃料的情况下，不可避免的二氧化碳排放和巨大的能源消耗显然与低碳可持续发展的目标背道而驰。因此，无污染的电解水无疑是非常有前途的制氢方法。此外，电解水与可再生能源的结合可以有效地解决可再生能源发电的不稳定问题。因此，电解水制氢将贯穿氢能发展的全过程，是实现"氢能经济"不可或缺的一部分。电解水是一个简单快速的过程，可以在室温下进行。具体而言，将正极和负极插入水溶液中并连接电源，施加一定的电压以克服水分子催化分解所需的能垒。水溶液中的氢离子在阴极进行还原反应以形成 H_2，而氢氧根离子在阳极进行氧化反应以形成 O_2。在这个过程中，在 25℃、1atm 和理论电压为 1.23V 的条件下，电解水的自由能（ΔG）为 237.2kJ/mol。然而由于电化学反应的动力学较差，需要高过电位来补偿电位损失。因此，水分解过程通常使用高活性的电催化剂来促进电极表面的电化学反应，以降低能耗。电解槽被视为下一代可再生能源设备，用于将可持续风能、太阳能和潮汐能产生的间歇性电力转换为燃料，其商业应用对解决环境问题和能源危机具有重要意义。通常，能量转换/储存过程中的析氢反应（HER）和析氧反应（OER）在提高水电解的整体效率方面发挥着关键作用。

在过去的几十年里，研究人员主要专注于电解高纯度淡水生产氢气。但是全球淡水资源严重短缺，仅占全球水资源总量的 2.5%。大规模的淡水电解将给重要的淡水资源带来沉重的压力。与淡水相比，海水是地球上最丰富的水源，占世界总水资源的 96.5%。因此，直接电解海水为大规模制氢提供了机会。这项技术不仅在一定程度上缓解了稀缺淡水资源的压力，而且对那些淡水有限但海水充足、电力可再生的干旱沿海地区也具有重要的现实意义。

电解水包括两个半反应，即阳极 OER 和阴极 HER。虽然该反应可以将水分子分解为 H_2 和 O_2，但根据电解质的 pH 值，反应的进行途径不同。在酸性、中性和碱性电解质中的整个反应和半反应如式（6-26）～式（6-30）所示。理论上，水分解的驱动电压为 1.23V。然而，OER 复杂的四电子转移过程和相对较低的质量传输导致动力学迟缓和能量效率差。在实际过程中，总是需要更大的电压（>1.23V）来实现电化学电解水。

总反应：
$$2H_2O(l) \longrightarrow 2H_2(g) + O_2(g), E^{\ominus} = 1.23V \tag{6-26}$$

在酸性条件下：

$$HER: 2H^+ + 2e^- \longrightarrow H_2(g) \tag{6-27}$$

$$OER: 2H_2O \longrightarrow 4H^+ + O_2(g) + 4e^- \tag{6-28}$$

在碱性条件下

$$HER: 2H_2O + 4e^- \longrightarrow H_2(g) + 2OH^- \tag{6-29}$$

$$OER: 4OH^- \longrightarrow O_2(g) + 2H_2O + 4e^- \tag{6-30}$$

（1）HER 机制

HER 是一种经典的双电子转移反应，其反应速率完全取决于电解质中质子的数量。因此，在不同 pH 介质中，HER 在多相催化剂上的作用机制存在差异。一般来说，酸性介质中的 HER 包括以下三个步骤：

Volmer 过程：
$$H_3O^+ + e^- + M \longrightarrow MH_{ads} + H_2O \tag{6-31}$$

| Heyrovsky 过程： | $MH_{ads}+H^{+}+e^{-} \longrightarrow H_2+M$ | (6-32) |
| Tafel 过程： | $MH_{ads}+MH_{ads} \longrightarrow H_2+2M$ | (6-33) |

对于 Volmer 过程 [式（6-31）]，水合氢阳离子（H_3O^{+}）作为质子源与电子反应，生成吸附在电催化剂表面上的氢物种（H_{ads}）。随后 H_{ads} 作为前体通过 Heyrovsky 过程 [式（6-32）] 或 Tafel 过程 [式（6-33）] 生成氢分子。在 Heyrovsky 过程中，H_{ads} 接受另一个质子和一个电子形成 H_2 分子。在 Tafel 过程中，两种 H_{ads} 物种相互作用直接产生 H_2 分子。

而在中性或碱性介质中，需要额外的能量来打破水分子以促进质子的形成。中性或碱性电解质中的 HER 也通过三个过程进行 [式（6-34）~式（6-36）]。在 Volmer 过程中，电催化剂上的水分子与一个电子偶合并还原成 H_{ads} 和吸附的 OH^{-}。形成的 H_{ads} 可以通过 Heyrovsky 或 Tafel 过程产生 H_2 分子。第一种与另一个水分子和一个电子结合形成 H_2 分子，另一种与酸性 HER 过程相同。显然，$H-O-H$ 键的断裂可以促进质子的形成，这是中性/碱性介质中 HER 的重要组成部分，也称为速率决定步骤。因此在评估电催化剂对中性或碱性 HER 的性能时，应同时考虑氢的吸附自由能和分解水的能力。

Volmer 过程：	$H_2O+e^{-}+M \longrightarrow MH_{ads}+OH^{-}$	(6-34)
Heyrovsky 过程：	$MH_{ads}+H_2O+e^{-} \longrightarrow H_2+OH^{-}+M$	(6-35)
Tafel 过程：	$MH_{ads}+MH_{ads} \longrightarrow H_2+2M$	(6-36)

（2）OER 机制

与 HER 相比，阳极 OER 是一个更复杂的四电子转移过程，反应机制相对更复杂。因此，OER 在电化学电解水制氢过程中始终起着关键作用。一般认为阳极 OER 可以通过吸附演化机制（AEM）、晶格氧介导机制（LOM）和氧化路径机制（OPM）三种机制进行。在碱性条件下以下四个过程证明了在碱性条件下通过 AEM 过程的 OER。前两个过程是 OH 和 O 物质在催化剂表面的吸附，以形成 OH_{ads} 和 O_{ads} 中间体 [式（6-37）和式（6-38）]。随后 O_{ads} 进一步转化为 OOH_{ads}，然后与另一个 OH^{-} 结合，生成 O_2 分子 [式（6-39）和式（6-40）]。

$$OH^{-}+M \longrightarrow MOH_{ads}+e^{-} \tag{6-37}$$

$$MOH_{ads}+OH^{-} \longrightarrow MO_{ads}+H_2O+e^{-} \tag{6-38}$$

$$MO_{ads}+OH^{-} \longrightarrow MOOH_{ads}+e^{-} \tag{6-39}$$

$$MOOH_{ads}+OH^{-} \longrightarrow O_2+M+H_2O+e^{-} \tag{6-40}$$

从机理上可以看出，OH_{ads}、O_{ads} 和 OOH_{ads} 三种中间体的形成在 OER 过程中起着至关重要的作用。每个过程的自由能（ΔG）都与反应动力学密切相关，ΔG 值最大值决定了整个 OER 动力学，即速率决定步骤（RDS）。通常，第二和第三过程的能耗更为密集。

（3）析氯反应

除了 HER 和 OER 外，由于海水中存在高浓度氯离子（约 0.5mol/L），在电解海水过程中析氯反应（CER）通常伴随着 OER。CER 的电化学反应式如下：

$$2Cl^{-} \longrightarrow Cl_2(g)+2e^{-}, E^{\ominus}=1.36V \tag{6-41}$$

$$Cl^{-}+2OH^{-} \longrightarrow ClO^{-}+H_2O+2e^{-}, E^{\ominus}=0.89V \tag{6-42}$$

因此，需要制备具有令人满意的活性、选择性和电化学稳定性的最佳电催化剂。

知识拓展

氢气作为二次能源，需要通过能量转化过程从煤、烃类和水等物质中提取。氢气制备途径多样，根据氢气制取过程中的碳排放量不同可以分为"灰氢"、"蓝氢"和"绿氢"。

"灰氢"指通过煤炭、石油、天然气等化石能源的重整制氢，以焦炉煤气、氯碱尾气、丙烷脱氢（PDH）等为代表的工业副产氢，生产过程中释放大量的二氧化碳，但因技术成熟且成本较低，是当前主流制氢方式；"蓝氢"是在灰氢的基础上，将 CO_2 副产品捕获、利用和封存（CCUS），减少生产过程中的碳排放，实现低碳制氢；"绿氢"是通过可再生能源（如风电、水电、太阳能）制氢、生物质制氢等方法制得氢气，生产过程基本不会产生二氧化碳等温室气体，保证了生产过程零排放。

绿氢制绿氨所面临的较大挑战，是需考虑可再生能源供给和市场需求的波动，开发充分考虑操作安全性和过程经济性的绿氢制氨工艺，包括氨合成塔、压缩机、气体分离、换热网络等适配方案与协同控制，实现冷热电互济，提升系统灵活性，提高综合转换效率。

6.3 储氢材料的制备与表征

氢气必须经过包装、运输、储存和转移，才能从生产到最终使用。可行的氢经济的主要技术问题是储存，到目前为止，寻求经济有效的氢气储存方法仍然是一项艰巨的挑战。目前，氢气可以压缩氢、液氢和储氢材料的形式储存（图 6-21）。氢在材料上的捕获和释放涉及分子吸附、扩散、化学键合、范德华吸引和离解。也可通过压力、温度和电化学电势来控制其表面结构和结合强度，以分子/离子形式吸附在合适的表面上。氢气可以在不同压力和温度条件下储存在各种各样的材料中，也可以通过化学储存或物理吸附的方法储存在某些材料中。化学储存使用的技术是通过化学反应产生氢气。通过化学储存氢气的材料有氨（NH_3）、金属氢化物、甲酸、碳水化合物、合成烃和液态有机氢载体（LOHC）。物理吸附是一个 H_2 分子弱吸附在材料表面的过程。改善储存动力学的一种方法是在过程中通过物理吸附以保持 H_2 的分子特性。研究最广泛的材料包括多孔材料，如碳材料（富勒烯、纳米管

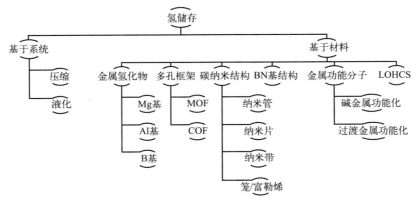

图 6-21 氢储存示意图

和石墨烯）、沸石、金属有机框架（MOF）、共价有机框架（COF）、微孔金属配位材料（MMOM）、包合物和有机过渡金属配合物等。

6.3.1　纳米材料储氢

氢气储存需要氢气通过相对较弱的相互作用与基体结合或包含在基体中，通常被理解为物理吸附。氢和基质之间的吸引力主要来源于弱的范德华相互作用，因此限制了氢在极低温度和/或极高压力条件下吸附。纳米结构材料通过物理吸附储氢，纳米材料提供高表面积或在纳米多孔介质中封装或捕获氢。此外，纳米结构中较高表面积和孔隙率在表面和孔隙中提供了额外的结合位点，从而增加氢气储存密度。因此，多孔纳米结构材料通常可以降低质量和体积储存密度。碳基纳米结构、金属有机框架、硼氮基材料和有机聚合物是物理吸附储氢材料。

6.3.1.1　碳基纳米结构

碳基材料由于其低成本、低重量、高表面积、高化学稳定性、体积和孔隙结构多样性的优点，作为潜在的储氢材料受到了广泛的关注。早期储氢研究发现碳纳米管可以提高储氢容量，并引起了广泛关注。研究表明，吸附氢的能力主要与碳基材料的比表面积有关。碳纳米纤维和碳纳米管在常温常压条件下每 $1000m^2/g$ 的氢气吸收量为 1.5%（质量分数）。比表面积为 $3200m^2/g$ 的有序多孔碳在 77K、2MPa 条件下可吸附 7%，而在相同条件下观察到具有相同比表面积的碳气凝胶可存储 5% 的氢气，这种容量的差异是由各自孔隙的不同性质造成的。实验研究和理论预测表明，体积大、尺寸分布窄小开孔是高氢气吸附能力的关键。为了探究合适的碳材料来增强氢气吸收，已经开发了模板碳来制备具有有序多孔结构的碳材料。沸石和二氧化硅在内的多种无机基质已被探索作为制备多孔碳材料的硬模板。模板碳的孔隙率与无机模板的结构复制程度有关。由于二氧化硅的孔径相对较大，因此可以很容易地复制其孔道顺序来制备介孔碳材料，而沸石的孔道结构由于通常较小的孔径而难以复制，这阻碍了碳前体分子的扩散，因此，孔径较大的沸石被认为是合成沸石模板碳的理想模板。Walker 等人通过简单的化学气相沉积（CVD）方法，使用沸石 EMC-2 作为模板，合成具有类沸石孔道有序的 N 掺杂微孔碳（图 6-22）。基底温度可以改变碳材料的结构有序性、纹理性质和石墨化程度。在 2MPa 和 469K 下，具有类沸石有序化的碳总储氢能力提高了 6%（质量分数），表明氢吸附能力依赖于类沸石有序性的水平。

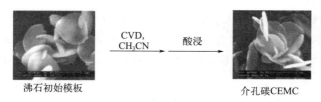

图 6-22　CVD 制备氮掺杂的微孔碳示意图

碳化物衍生碳（CDC）由于其独有的特征，即窄孔径分布、高表面积和高开孔体积，已被开发用于增强氢吸附。使用各种起始碳化物（B_4C、ZrC、TiC 和 SiC）和氯化温度，可调控 CDC 的孔隙率。如图 6-23 所示，储氢容量与孔径之间的关系表明孔径最小的储氢容量最大，证实了储氢容量与孔径有关，而不是与总表面积有关。研究表明，化学活化是提高碳材料吸氢性能的有效方法。特别是以 KOH 为活化剂生产的活性炭，其表面积大、孔径体积大，微孔尺寸分布均匀范围在 1～2nm，适用于氢吸附。因此 KOH 活性炭储氢材料得到了广泛的研究。王等人提出了一个两步流程，物理活化（CO_2）之后是化学活化（KOH）步骤。这种双活性炭在 469K 和 2MPa 条件下，氢吸附量高达 7.08%。此外，以聚吡咯为碳前驱体，通过 KOH 化学活化合成超高表面积碳材料（3000～3500m^2/g），具有高达 2.6cm^3/g 的大孔体积，并具有两种孔径分布：1～2nm 的微孔范围和 2.2～3.4nm 的小介孔范围。在 469K 和 2MPa 条件下，单步 KOH 活性炭的储氢容量可达 7.03%（质量分数）。

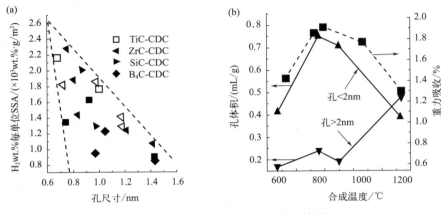

图 6-23　孔径对氢气吸附的影响示意图

石墨烯是一种二维（2D）单原子层片，具有 2630m^2/g 的高表面积，并且容易与杂原子官能化。目前各种各样的石墨烯相关材料已经被合成，并应用于气体吸附、储存、分离和传感方面。理论研究表明单层石墨烯不适合储氢，从而提出在多层石墨烯层间掺入 H_2 以提高 H_2 的吸附能力。对于相隔 6Å 距离的石墨烯层，单层氢可以储存在夹层内，提供 2%～3%（质量分数）的 H_2 吸收率。将层间距离增加到 8Å 可以存储两层 H_2，使 H_2 容量达到 5.0%～6.5%。纳米级分离器，如碳纳米管和 C_{60}，已被应用于增加石墨烯的层间距离（图 6-24）。用碱性或过渡金属修饰可以增加石墨烯的吸附能，从而增强氢的吸附能力。氧化石墨烯（GO）具有大量的官能团，被认为是锚定金属的理想材料，特别是过渡金属，它可以通过 Kubas 相互作用与 H_2 形成强键合。钛原子具有结合多个 H_2 分子的能力，因此，钛掺杂氧化石墨烯薄片的理论 H_2 吸收率高达 4.9%（质量分数）。掺杂一些轻金属的石墨烯也表现出显著增加的 H_2 吸附能力。在 Ca 掺杂的石墨烯复合材料中，由于 Ca 倾向于锚定在原子间距为 10Å 的石墨烯片的边缘，因此确定 Ca 原子可能与 6 个 H_2 分子结合，Ca 掺杂的石墨烯复合材料 H_2 理论吸收率为 5%（质量分数）。图 6-24（c）示出了石墨烯从物理吸附到化学吸附的储氢过程。理论上，在改性石墨烯中通过化学吸附的氢可以高达 10%（质量分数）。然而，H_2 的化学吸附需要克服高能垒才能在室温下实现。石墨烯独特的结构和力学性能使得氢吸附成为可能。

6.3.1.2　氮化硼纳米结构

与碳类似物相比，氮化硼纳米材料具有独特的热稳定性和耐化学性，从而提高了循环性和再生性。由于 B 和 N 原子之间的异极带，BN 表面与 H_2 分子的相互作用比碳表面强。因

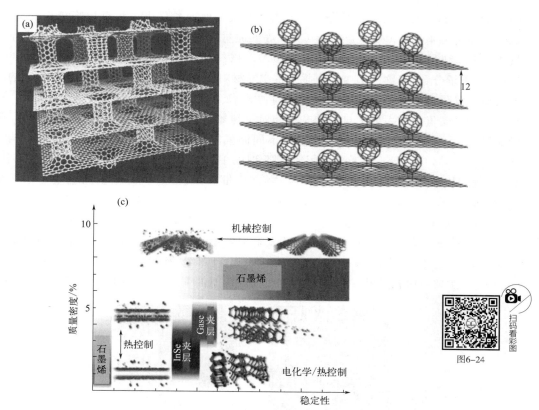

图 6-24　（a）碳纳米管；（b）富勒烯分离的多层石墨烯的优化结构；
（c）石墨烯从物理吸附到化学吸附的储氢过程

此，设计和开发具有高表面积和高孔隙率的氮化硼纳米材料用于储氢是非常有前景的。近年来，通过理论计算对氮化硼纳米材料中的储氢进行了深入研究。Han 等人通过反应力场对 H、B 和 N 原子的大分子和凝聚相系统建模，并利用该模型研究了氢与 BN 纳米管（BNNT）的相互作用。Froudakis 等人使用从头计算方法研究了单壁 BNNT 中的氢储存，并确定 BN 键的离子特性是增加氢结合能的关键。此外，还利用第一性原理方法研究了氢原子在碳化硼纳米管壁面上的化学吸附。关于化学吸附过程最基本的争论是 BN 纳米材料是否对原子氢的吸附表现出位点选择性。Marlid 等人应用密度泛函理论（DFT）对 h-BN 结构进行建模，并确定原子氢在 N 位点的吸附比在 B 位点的吸附更不稳定。Zhou 等人计算了氢原子在 BNNT 上不同位置的化学吸附能，并确定了在 N 位点上的化学吸附是吸热的，而 NAH 键是亚稳的，而在 B 位点上的化学吸附是放热的，并且 H 原子与 B 位点的相互作用更强，因为 B 位点与 N 位点相比具有缺电子的特性。这些工作表明 BN 材料具有氢化位点依赖性。然而，一些研究报道中 BN 材料没有这种位点选择性。Wu 等人通过 DFT 计算研究了 BNNT 表面上多个氢原子的化学吸附，结果表明，第一个 H 原子倾向于吸附在 B 原子的顶部。对于第二个 H 原子的吸附，最稳定的构型是两个氢原子吸附在相邻的 B 和 N 原子的顶部位置。相对于两个 B 原子的吸附，两个 H 原子在两个 N 原子上的吸附在能量上是不稳定的。由于使用了不同的模型和计算方法得到了不同的结果，但总体结果表明 BN 纳米材料的缺陷、掺杂和/或变形可以显著提高其吸氢能力。Ma 等人证明在室温和 10MPa 的压力下，多壁 BNNT 可以使氢吸附容量高达 2.6%（质量分数）。Tang 等人合成了具有塌陷结构的 BNNT，其比面积为 789m²/g，在与 Ma 等人相似的条件下，具有塌陷结构的 BNNT 的氢吸附容量为 4.2%（质量分数）。Chen 等人通过简单的溶胶-凝胶法合成了 2～6 原子层的氧掺杂 BN 纳米片［图 6-25（a）～（c）］。该材料在室温、5MPa 条件下的储氢容量为 5.7%（质量分数），这是迄今为止报道的 BN 材料具有的最高储氢容量。由于稳定的二维纳米结构，氮化硼纳米片表现出优异的储存循环稳定性［图 6-25（d）］。研究表明，氮化硼纳米片的高储氢能力主要来自氧掺杂，相对于纯氮化硼纳米片，氮化硼纳米片的 H_2 吸附能增加了 20%～80%。氮化硼纳米材料的不同储氢能力可归因于其不同的质量和结构。为了评估这些差异，Walker 等人合成了不同类型的 BN 纳米结构，并研究了它们的储氢性能。其中，竹型 BNNT 的吸氢量最高，为 3%（质量分数），分别比花型和直壁型纳米结构高 0.5% 和 0.3%。竹型 BNNT 的高储存容量可能是由于存在较多的缺陷位点和许多开口边缘层。从比表面积的角度易于理解储氢能力的趋势，竹型 BNNT 具有最高的比表面积，最大值为 230m²/g，从而允许更多的氢分子吸附到竹型 BNNT 上。Golberg 等人通过简单的一步无模板方法合成了高多孔海绵状 BN 材料。BN 微海绵样品以微孔为主，具有高达 1900m²/g 的超高比表面积，该材料在 77K、1MPa 条件下的氢气吸收率为 2.57%（质量分数）。

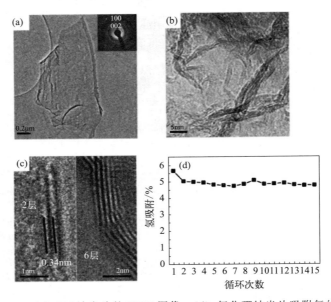

图 6-25　（a）～（c）BN 纳米片的 TEM 图像；（d）氮化硼纳米片吸附氢的循环稳定性

6.3.1.3　金属有机框架

金属有机框架（MOF）具有高结晶度、纯度和孔隙率以及可控的结构等优点，被认为是储氢领域非常具有潜力的材料。2003 年 Yaghi 等人首先提出了 MOF 在储氢方面的应用。随后，MOF 在储氢应用领域开始引起全世界的关注。MOF 是相互连接的，可以提供一个有序的通道或孔隙网络。因此，小分子气体（如 CO_2、CH_4 和 H_2）可以可逆地从骨架孔中捕获和释放。在 MOF 合成过程中可以实现特定功能的添加以及 MOF 孔径和表面积的调控，这已被证明是影响 MOF 储氢性能的关键因素。Matzger 等人已经开发了一种多配体策略来合成具有较大表面积的 MOF，制备了由 Zn_4O 金属团簇组成的多孔 MOF（UMCM-2），该金属团簇由两种线型二羧酸盐和四种排列在八面体几何结构中的三角平面配体连接在一起。UMCM-2 具有 5200m²/g 的比表面积，该记录直到 2012 年 Farha 等人合成了另一种 MOF（NU-110，比表面积 7140m²/g）才被打破。UMCM-2 在 77K 和 4.6MPa 条件下氢吸收容量为 6.9%（质量分数）。Kaskel 等人使用二级连接体构建了介孔 MOF，其稳定高度开放的框架结构使其在 77K 和 5MPa 条件下的氢吸收容量为 5.64%（质量分数）。Yaghi 等人证明 MOF 可以通过混合连接剂的方式将大量不同功能的官能团连接到基团上，通过这种方式，他们合成了一系列多变量（MTV）MOF-5 型结构，在单相中包含多达八种不同的官能团（图 6-26）。孔内几个官能团的组合排列可以产生超出单个官能团简单线性相加的性质，

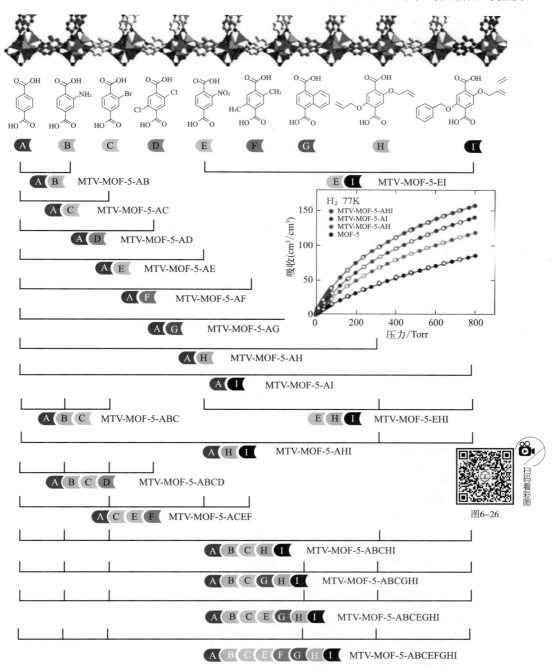

图 6-26　六位羧酸配体（LH6）的化学结构示意图

其中表示为 MTV-MOF-5-AHI 的样品比样品 MTV-MOF-5-AH、MTV-MOF-5-AI 和 MTV-MOF-3-a 的 H_2 吸收容量最大高出 84%。利用配体延伸、混合配体和超临界（SC）CO_2 干燥等复杂策略，设计了一系列具有超高孔隙率的 MOF（MOF-180、MOF-200、MOF-205 和 MOF-210）。其中，MOF-210 的比表面积最高，为 $6240m^2/g$，在 77K 和 5.5MPa 条件下 H_2 吸收容量为 8.6%（质量分数）。Zhou 等人报道了一种等网状 MOF（IRMOF）系列（PCN-61、PCN-66、PCN-68 和 PCN-610）。其中，MOF（PCN-68，$5109m^2/g$ 的 BET 表面积）在 77K 和 5MPa 条件下氢吸收容量为 7.32%（质量分数）。使用类似的合成策略，Schröder 等人制备了两种 BET 表面积分别为 $3800m^2/g$ 和 $4664m^2/g$ 的多面体介孔 MOF（NOTT-112 和 NOTT-116）。NOTT-116 在 77K 和 5MPa 条件下氢吸收容量高达 9.2%（质量分数）。

Hupp 等人通过（3,24）-桨轮连接网络来构建 MOF（NU-100），可以避免净孔互穿，并且可以创建最大表面积以及不同尺寸的空腔，以实现跨越宽压力范围的氢气储存。NU-100 在 77K 和 7.7MPa 条件下氢吸收容量为 16.4%（质量分数），创历史新高。为了进一步提高 MOF 的储氢性能，利用计算建模证明了轻金属掺杂的功效。Froudakis 等人从理论角度研究了 Li 醇盐连接体在各种 IRMOF 中的作用，并估计各种条件下的储氢能力。Li 官能化的 IRMOF 的在 77K 和 10MPa 条件下氢吸收容量高达 10%（质量分数），室温下氢吸收容量为 4.5%（质量分数）。随后，研究人员对 MOF 的这种后功能化效应进行了研究，发现一种由带负电荷的磺酸基与 Li 阳离子结合而成有机连接体可以显著提高 H_2 分子在 MOF 连接体上的结合能。Hartman 等人采用常压合成方法制备了 MIL-53（Al）的结构类似物，其中包含了羟基。通过二异丙酰胺锂处理后，悬垂羟基可以转化为醇酸锂基团，而 MOF 的结构不会发生明显变化。在 77K 和 0.1MPa 条件下锂功能化 MIL-53（Al）的 H_2 吸附量比未改性 MOF（0.5%，质量分数）高 1.7%（质量分数）。Eddaoudi 等人认为由阴离子框架组成的离子掺杂分子筛（如 MOF）的孔内存在的静电场是 H_2 结合增强的主要原因。该结果反映了这些化合物的同位吸附热，其中比中性 MOF 的吸附热高 50%。Schröder 和同事选择了体积相对较大的哌嗪（H_2ppz^{2+}）作用于孔隙内的氢键，制备了 MOF（1-ppz）。结果表明，1-ppz 内暴露的 Li^+ 位点的阳离子交换和掺入增加了孔隙率、BET 表面积（三倍）和 H_2 吸附的等容热，导致滞后吸附性能的丧失和吸收能力的提高（图 6-27）。

6.3.2 化学储氢的纳米结构氢化物

在化学储存中，氢以化学方式结合成氢化物。氢的吸收和释放过程涉及氢被吸收到主体和形成化学键之前的化学吸附步骤。因此，氢作为氢化物在化学储存模式下是强结合的，使用氢化物的主要挑战是循环脱氢的热力学和动力学上的改进。氢化物的纳米结构是解决这些问题的有效策略，与等效的块状材料相比，纳米结构显著增强了化学吸附性能。纳米结构包括通过多种方法在纳米尺度上减小颗粒尺寸和控制形态，从直接化学合成纳米结构氢化物到通过在支撑纳米材料中进行纳米限制来减小物理尺寸。当直接合成纳米结构氢化物时，与本体材料相比，由于具有更大的表面积、更多的氢反应成核位点以及更短的氢扩散距离，纳米结构氢化物具有更好的氢吸收和解吸性能。区分不同类型纳米结构的一个主要特征是其结构的维度，即零维（0D；例如纳米颗粒、量子点和空心球）、一维（1D；例如纳米线、纳米纤维、纳米棒、纳米带和分级纳米结构）、二维（2D；例如薄膜、纳米片和支链结构），三维

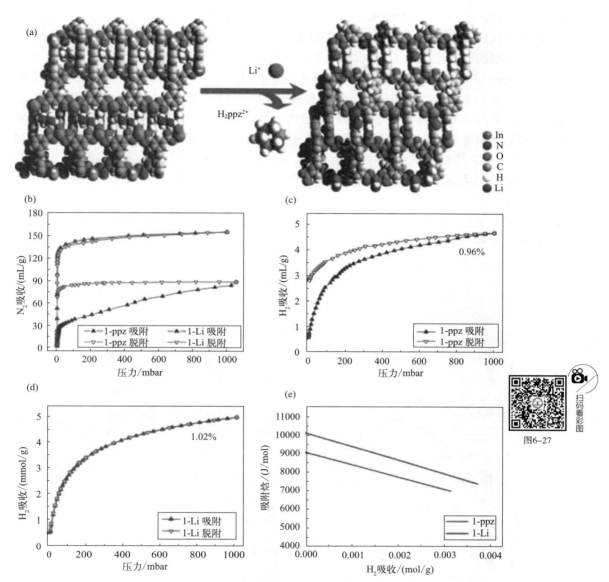

图 6-27　（a）1-ppz（左）和 1-Li（右）的空间填充框架结构；（b）1-ppz 和 1-Li 在 78K 下的 N_2 吸附等温线；（c）1-ppz 在 78K、0.1MPa 下的 H_2 吸附等温线；（d）1-Li 在 78K、0.1MPa 下的 H_2 吸附等温线；（e）低表面覆盖率下 1-ppz 和 1-Li 对 H_2 的吸附焓

（3D；例如框架、纳米花和树枝状结构）。本节主要关注具有不同尺寸的氢化物的制造，并研究颗粒尺寸减小和形状控制对储氢性能的影响。

6.3.2.1　纳米颗粒和空心球

　　球磨法制备氢化物纳米颗粒是开发储氢材料的重要合成技术，对提高储氢材料的吸收和释放动力学具有重要意义。对球磨 MgH_2 的结构进行研究，以建立粒径与储氢性能之间的相关性。Fujii 等人发现球磨时间的优化对于建立有效的氢容量和动力学性能非常重要，因为晶格应变和晶粒尺寸必须平衡才能达到最佳的氢循环性能。并证实了球磨过程中颗粒尺寸减小是改善动力学的主要原因，而不是多晶的存在或缺陷密度的变化。机械化学合成氢化物纳米颗粒不同于纯粹的物理效应，它是获得纳米级氢化物有前景的方法，其不需要长的时间和能源密集型的球磨过程。该方法需要在盐或副产品主体中加入氢化物或复合材料。通过机械化学方法将 LiH 和 $MgCl_2$ 反应合成了纳米 MgH_2 颗粒，将颗粒尺寸减小到 7nm 对降低平衡压力产生积极影响，从而降低分解焓和熵。有机表面活性剂也被用于镁纳米颗粒的合成，Aguey-Zinsou 等人使用四丁基溴化铵生成 5nm 的 Mg 胶体，脱氢从 358K 开始，这显著低于商用微米级 MgH_2（673K）。随后，Jagirdar 等人通过溶剂化金属原子分散技术，利用 THF、十六烷基胺（HDA）和 HDA-甲苯，将金属转化为有机金属胶体，制备了 Mg 基胶体。近期研究人员在各种有机钾溶液中建立 Mg 的受控合成。通过化学还原二茂镁，Prieto 等人合成了具有可控尺寸的镁纳米晶体 [图 6-28（a）]。与商业微米级材料相比，溶剂合成的 Mg 纳米晶体脱氢性能有所改善 [图 6-28（b）和（c）]，其原因不仅在于颗粒尺寸的减小，还在于表面缺陷的增加。Harder 等人报道桥接的双二甘膦酸盐配体非常适合稳定较大的多核氢化镁配合物。

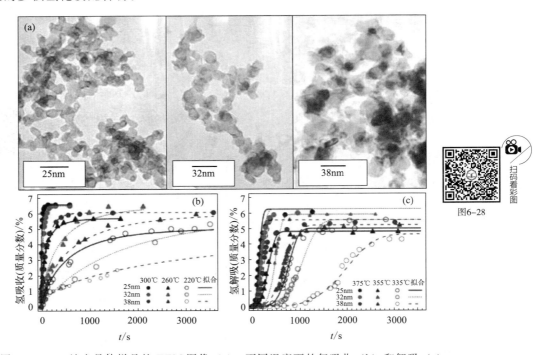

图 6-28　Mg 纳米晶体样品的 TEM 图像（a），不同温度下的氢吸收（b）和解吸（c）

2002 年 Chen 等人首次报道了金属-N-H 体系在储氢领域的应用以来，金属-N-H 在储氢领域应用引起全世界的关注。$LiNH_2$ 的分解和同时析出氨的速率取决于颗粒的大小。研究表明，对 $LiNH_2$（>100nm 粒径）进行球磨可以将粒径减小到 5.5nm，增加的表面积和缺陷密度是导致脱氢起始温度从 393K 降低到 298K 的原因。机械活化导致 Li 核周围的局部电子结构发生变化，在 $LiNH_2$ 中脱氢比氨释放更有利。质谱（MS）研究表明，球磨 $LiNH_2$-LiH 纳米复合材料消除了脱氢过程中的 NH_3 释放。研究还发现，球磨时间增加会使晶粒尺寸减小，表面积增大，但在 100 h 后，由于颗粒团聚的影响，表面积又开始减小。近期，Li 等人通过等离子体金属反应制备了 Li_2NH 空心纳米球。这些纳米球直径在 100 ～ 200nm 之间，壳厚为 20nm，与 Li_2NH 微球相比，具有更好的氢性能。后者在 550K 时开始吸收氢，而纳米球在 298K 时开始吸收氢。解吸结果表明，空心 Li_2NH 纳米球的脱氢起始温度比微粒子降低了 120K。通过使用类似的方法，制备了平均粒径为 100nm，壳厚为 10nm 的 $Mg(NH_2)_2$ 纳米球。通过将 LiH 与直径为 100nm 的 $Mg(NH_2)_2$ 纳米球和直径为 500nm 和 2000nm 的 $Mg(NH_2)_2$ 颗粒球磨实验，发现 $LiH/Mg(NH_2)_2$ 的峰值解吸温度随着 $Mg(NH_2)_2$ 粒径的减小而降低。Pan 等人也研究了 Li-Mg-N-H 体系的尺寸依赖性储氢性能。根据先前的实验结果，随着颗粒尺寸的减小，氢的吸收/解吸动力学得到了显著增强。这些结果为进一步降低酰胺/氢化物组合材料的操作温度并提高其氢吸收/解吸速率提供思路。

6.3.2.2　纳米线、纳米纤维、纳米棒、纳米带和纳米多孔结构

纳米尺度的一维 Mg/MgH_2 结构的可控制备可以通过 CVD 完成。Chen 等人利用该技术制备了直径为 30～50nm 的 MgH_2 纳米线，如图 6-29 所示。在与氢循环时直径最小的纳米线表现出最好的性能，具有更高的容量和更快的氢吸附和解吸动力学。利用 DFT 进行的理论研究解释了这一结果，并揭示了纳米线直径减小时的失稳效应，从而增强了最小纳米线的氢循环能力。经过 50 次加氢/脱氢循环后，尽管纳米线转化为纳米颗粒，但材料的动力学性能仍保持不变。通过 CVD 法合成的 MgH_2 纳米纤维，其中氢气被用作反应性蒸汽载气，

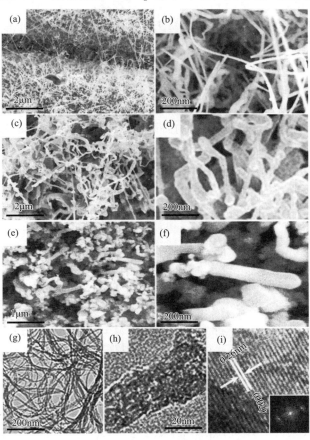

图 6-29　不同直径范围的镁纳米线样品的 SEM 图像

以直接产生所得的纳米结构氢化物。较高的氢气压力合成了更规则的针状纤维，而较低的氢气压力则产生了随机弯曲的纤维。Beltranimi 等人通过在氢压力下分解有机镁前驱体，实现了不同直径 MgH_2 纳米棒的合成。在 473K 下合成的样品显示出平均尺寸为 100nm 的多孔颗粒，经过两次加氢/脱氢循环后，颗粒尺寸增大。将合成温度提高到 493K，形成了直径为 $50\sim80nm$ 的棒状结构的 MgH_2。当进一步提高合成温度至 523K 时，观察到棒的直径减小到 $30\sim50nm$。显然，由于在成核、生长和结晶过程中氢在镁中的扩散特性，MgH_2 的形貌很大程度上取决于所采用的合成温度。Pan 等人开发了一种机械力驱动的物理气相沉积方法，用于合成一维复合氢化物，获得了直径为 $20\sim40nm$ 的 $Mg(AlH_4)_2$ 纳米棒和宽度为 $10\sim40nm$ 的 $LiBH_4$ 纳米带。1D $Mg(AlH_4)_2$ 和 $LiBH_4$ 纳米结构相对于它们的块状结构表现出优越的储氢性能。此外，$Mg(AlH_4)_2$ 纳米棒的形态在反复脱氢和加氢过程中持续存在，表明其具有良好的储氢应用可持续性。Xiao 等人通过熔炼甩带技术结合电化学脱合金法制备纳米多孔金属多孔结构，这种双连续的纳米多孔结构有利于传质与活性位点的暴露，从而提高催化性能。

6.3.2.3 薄膜

2D 薄膜制造提供了一种有效的方法来实现对储氢材料的纳米结构、组成和界面性质的精确控制。与块状和粉末储氢材料相比，薄膜通常表现出优异的性能。近年来，薄膜在镁基储氢材料中得到了广泛的应用。其中 Mg-Pd 薄膜的储氢性能研究相对较早。三层 Pd (50nm)/Mg(x nm)/Pd (50nm) 薄膜最大脱氢速率对应的温度随 x 的增加而降低，从 $x=25nm$ 时的 465K 降低到 $x=800nm$ 时的 360K。三层 Pd/Mg/Pd 薄膜的氢吸附量为 5%（质量分数）。Pd/Mg/Pd 薄膜脱氢时，上下 Pd 层中的 H_2 首先解吸，在中间 Mg 膜的上下表面产生压缩应力。Mg 膜中的 H_2 变得不稳定，导致低温脱附。这种改进可归因于纳米结构 Mg 和 Pd 层之间弹性相互作用而产生的协同现象。Baldi 等人报道 Mg 中吸氢的热力学可以通过弹性约束进行定制。如图 6-30 所示，用 Pd 或 Ni 覆盖的 Mg 薄膜的平衡压力远高于用 Ti、Nb 或 V 覆盖的薄膜，因为后者金属与 Mg 不混溶，在 H_2 吸收时可以自由膨胀。然而，Pd 和 Ni 是 Mg 合金形成元素，这导致 Mg 与 Pd 或 Ni 之间的结合作用很强。因此，界面处存在弹性夹紧，导致在高平台压力下发生氢化反应。厚度为 10nm 的 Mg 薄膜的平衡压

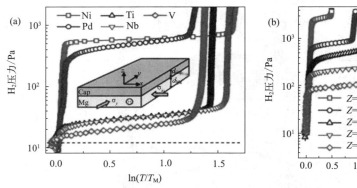
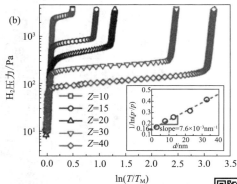

图 6-30　(a) 在 333K 下 X=Pd、Ni、Ti、Nb 和 V 沉积在 Ti (10nm) Mg (20nm) X (10nm) Pd (10nm) 样品的压力-光传输等温线 (PTI)；(b) 在 333K 下 z=10、15、20、30 和 40 的 Ti (10nm) Mg (z nm) Pd (40nm) 样品的 PTI 值

力大于块体 Mg 的 200 倍。这一发现为调整 MgAH 键的热力学提供了另一种途径。采用稀土储氢合金（MmM$_x$）取代昂贵的钯，形成多层镁基薄膜，可以引入自催化效应，其中与催化剂的密切接触进一步增强了镁的 H$_2$ 吸收和解吸动力学。Zhu 等人制备了一系列 Mg-Ni 薄膜，以及 Mg/MmM$_x$ 和 Mg-Ni/MmM$_5$ 多层薄膜。磁控溅射制备的 Mg/MmM$_5$ 多层膜研究表明，大部分 Mg 在 523K 左右被氢化和脱氢，比纯 Mg 膜的脱氢温度低 100K 左右。在纳米晶 Mg 层之间插入 MmM$_5$ 层可以改善 Mg 的加氢性能。采用蒸发沉积法制备的 Mg/Mm-Ni 多层膜，在 423K 时 Mg 被完全氢化，在 473K 时 H$_2$ 被解吸，加氢和脱氢温度显著降低。Nd(La)Ni$_3$ 相和 Mg$_2$Ni 相的催化作用增强了 Mg/Mm-Ni 多层膜的储氢性能。

纳米结构在各种氢化物的热力学和动力学方面提供了显著的改进，但由于颗粒的严重团聚和随后的纳米结构的破坏，直接合成的纳米结构氢化物在重复循环中往往会降低氢的吸收和解吸能力。

 知识拓展

随着可持续能源的发展，储氢技术将受到广泛关注与研究。因此，储氢材料的未来发展前景非常广阔。当前，研究人员致力于开发更高效、更稳定以及更深入的储氢材料。

除此之外，储氢材料也可应用于其他领域。如储氢材料可以作为非常重要的一种数据记录材料，在计算机以及移动设备等领域应用。随着技术的发展，储氢材料的应用前景也会越来越广阔，将带来巨大的经济效益和社会效益。

本章小结

氢能是指利用氢气作为能源载体，通过化学反应或物理转化释放能量的一种能源形式。本章详细介绍了氢能特点和发展史，氢能、氢能安全性和氢经济等。与其他科学技术的发展一样，氢能的发展也是在克服各种障碍和困难中不断前进的。

随着经济的发展，世界能源结构正在发生以化石燃料为主的能源系统向可再生能源与氢能等方向转变。本章着重介绍了不同制氢技术，对化石燃料制氢与可再生能源制氢技术分别进行了详细的介绍，对不同制氢技术的原理、工作条件、应用和特点进行了重点的阐述。

目前氢经济的主要技术问题是储存，氢气可以在不同压力和温度条件下储存在多种材料中，也可以通过化学储存或物理吸附的方法储存在某些材料中。本章介绍了当前国内外储氢材料的发展现状，并着重对储氢材料的制备与表征进行了描述，分别对纳米材料储氢和化学储存的纳米结构氢化物进行了详细的介绍，有望更加深入地推广氢能的制备与应用，进一步推动氢能以及储氢材料开发与发展。

 复习思考题

1. 名词解释：氢能源，化石燃料制氢，暗发酵。
2. 氢气用途和优势有哪些？

3. 一个完整的蒸汽重整制氢由哪几部分构成？各部分的作用是什么？

4. 画出生物质热解制氢流程图。

5. 简述电解水工作原理，并写出相关反应。

6. 简述不同 pH 介质中 HER 的作用机制。

7. 制氢技术有哪些？试着描述不同制氢技术的特点与区别。

8. 氢储存形式有哪些？

9. 简述当前国内外储氢材料的发展现状，并针对当前储氢材料问题发表看法。

参考文献

[1] Sasaki K，Li H W，Hayashi A，et al. Hydrogen energy engineering. Springer Japan，2016.

[2] Rivkin C.，Blake C，Burgess R，et al. FY 2009 Annual Progress Report，2009.

[3] Dohi H，Kasai M，Onoue K. Hydrogen Infrastructure. Japanese Perspective，2016.

[4] Chen Y T，Hsu C W. The key factors affecting the strategy planning of Taiwan's hydrogen economy，Int. J. Hydrogen Energy，2019，44：3290-3305.

[5] Ishaq H，Dincer I. Comparative assessment of renewable energy-based hydrogen production methods，Renewable Sustainable Energy Rev，2021，135：110192.

[6] Abe J O，Popoola A P I，Ajenifuja E，et al. Hydrogen energy，economy and storage：Review and recommendation，Int. J. Hydrogen Energy，2019，44：15072-15086.

[7] Balthasar W. Hydrogen production and technology：today，tomorrow and beyond，Int J. Hydrogen Energy，1984，9：649-668.

[8] Ersöz A. Investigation of hydrocarbon reforming processes for micro-cogeneration systems. Int J Hydrogen Energy，2008，33：7084-7094.

[9] Steinberg M，Cheng H C，Modern and prospective technologies for hydrogen production from fossil fuels，Int J Hydrogen Energy，1989，14：797-820.

[10] Damen K，Troost M V，Faaij A，et al. A comparison of electricity and hydrogen production systems with CO_2 capture and storage. Part A：Review and selection of promising conversion and capture technologies. Prog Energy Combust Sci，2006，32：215-246.

[11] Chen H L，Lee H M，Chen S H，et al. Review of plasma catalysis on hydrocarbon reforming for hydrogen production-Interaction，integration，and prospects. Appl Catal B，2008，85：1-9.

[12] Muradov N. Hydrogen via methane decomposition：an application for decarbonization of fossil fuels. Int J Hydrogen Energy，2001，26：1165-1175.

[13] Bartels J R，Pate M B，Olson N K. An economic survey of hydrogen production from conventional and alternative energy sources. Int J Hydrogen Energy，2010，35：8371-8384.

[14] Koros W J，Fleming G K. Membrane-based gas separation. J Membr Sci，1993，83：1-80.

[15] Wieland I S，Melin I T，Lamm I A. Membrane reactors for hydrogen production. Chem Eng Sci，2002，57：1571-1576.

[16] Holladay J D，Hu J，King D L，et al. An overview of hydrogen production technologies. Catal Today，2009，139：244-260.

[17] Lattner J R，Harold M P. Comparison of conventional and membrane reactor fuel processors for hydrocarbon-based PEM fuel cell systems. Int J Hydrogen Energy，2004，29：393-417.

[18] Muradov N Z. How to produce hydrogen from fossil fuels without CO_2 emission. Int J Hydrogen Energy，1993，18：211-215.

［19］ Muradov N Z，Veziroğlu T N. From hydrocarbon to hydrogen-carbon to hydrogen economy. Int J Hydrogen Energy,2005,30:225-237.

［20］ Fujishima A，Honda K. Electrochemical photolysis of water at a semiconductor electrode. Nat,1972,238:37-38.

［21］ Tong H，Ouyang S，Bi Y，et al. ChemInform Abstract: Nano-photocatalytic Materials: Possibilities and Challenges. ChemInform，2012,43(10):229-251.

［22］ Law M，Greene L E，Johnson J C，et al. Nanowire dye-sensitized solar cells. Nat Mater,2005,4:455-459.

［23］ Kato H，Asakura K，Kudo A. Highly efficient water splitting into H-2 and O-2 over lanthanum-doped NaTaO$_3$ photocatalysts with high crystallinity and surface nanostructure. J Am Chem Soc,2003,125:3082-3089.

［24］ Reber J F，Meier K. Photochemical production of hydrogen with zinc sulfide suspensions. J Phys Chem C,1984,88:5903-5913.

［25］ Maeda K，Domen K. New Non-Oxide Photocatalysts Designed for Overall Water Splitting under Visible Light. J Phys Chem C,2007,111:7851-7861.

［26］ Maeda K，Teramura K，Lu D，et al. Photocatalyst releasing hydrogen from water. Nat,2006,440:295-295.

［27］ Alivisatos A P. Hybrid Nanorod-Polymer Solar Cell. Abstr Pap Am Chem Soc,2003,233:81.

［28］ Liu S，Zhu J，Chen M，et al. Hydrogen production via catalytic pyrolysis of biomass in a two-stage fixed bed reactor system. Int J Hydrogen Energy,2014,39:13128-13135.

［29］ Ni M，Leung D Y C，Leung M K H，et al. An overview of hydrogen production from biomass. Fuel Process Technol,2006,87:461-472.

［30］ Demirbas A. Biomass resource facilities and biomass conversion processing for fuels and chemicals. Energy Convers Manage,2001,42(11):1357-1378.

［31］ Das D，Veziroğlu T N. Hydrogen production by biological processes: a survey of literature. Int J Hydrogen Energy,2001,26:13-28.

［32］ Hallenbeck P C，Benemann J R. Iological hydrogen production: fundamentals and limiting processes. Int J Hydrogen Energy,2002,27:1185-1193.

［33］Asada Y，Tokumoto M，Aihara Y，et al. Hydrogen production by co-cultures of Lactobacillus and a photosynthetic bacterium. Int J Hydrogen Energy,2006,31:1509-1513.

［34］ Dincer I，Acar C. Review and evaluation of hydrogen production methods for better sustainability. Int J Hydrogen Energy,2015,40:11094-11111.

［35］ Wang C，Xu H，Shang H，et al. Ir-Doped Pd Nanosheet Assemblies as Bifunctional Electrocatalysts for Advanced Hydrogen Evolution Reaction and Liquid Fuel Electrocatalysis. Inorg Chem，2020,59:3321-3329.

［36］ Wu H，Lu S，Yang B. Carbon-Dot-Enhanced Electrocatalytic Hydrogen Evolution. Acc Mater Res,2022,3:319-330.

［37］ He H，Yin M，Chen A，et al. Optimal Allocation of Water Resources from the "Wide-Mild Water Shortage" Perspective. Water,2018,10:1289.

［38］ Ayyub M M，Chhetri M，Gupta U，et al. Photochemical and Photoelectrochemical Hydrogen Generation by Splitting Seawater. Chem Eur J,2018,24:18455-18462.

［39］ Gupta S，Patel M K，Miotello A，et al. Metal Boride-Based Catalysts for Electrochemical Water-Splitting: A Review. Adv Funct Mater,2020,30:1906481.

［40］ Chung D Y，Jun S W，Yoon G，et al. Large-Scale Synthesis of Carbon-Shell-Coated FeP Nanoparticles for Robust Hydrogen Evolution Reaction Electrocatalyst. J Am Chem Soc,2017,139:6669-6674.

[41] Ramalingam V, Varadhan P, Fu H C, et al. Heteroatom-Mediated Interactions between Ruthenium Single Atoms and an MXene Support for Efficient Hydrogen Evolution. Adv Mater,2019,31:1903841.

[42] Wu Z P, Lu X F, Zang S Q, et al. Non-Noble-Metal-Based Electrocatalysts toward the Oxygen Evolution Reaction. Adv Funct Mater,2020,30:1910274.

[43] Song J, Wei C, Huang Z F, et al. A review on fundamentals for designing oxygen evolution electrocatalysts. Chem Soc Rev,2020,49:2196-2214.

[44] Cui B, Hu Z, Liu C, et al. A review on fundamentals for designing oxygen evolution electrocatalysts. Nano Res,2021,14:1149-1155.

[45] Xia Y, Mokaya R, Grant D M, et al. A simplified synthesis of N-doped zeolite-templated carbons, the control of the level of zeolite-like ordering and its effect on hydrogen storage properties. Carbon,2011, 49:844-853.

[46] Gogotsi Y, Dash R K, Yushin G, et al. Tailoring of nanoscale porosity in carbide-derived carbons for hydrogen storage. J Am Chem Soc,2005,127:16006-16007.

[47] Sevilla M, Mokaya R, Fuertes A B. Ultrahigh surface area polypyrrole-based carbons with superior performance for hydrogen storage. Energy Environ Sci, 2011,4:2930-2936.

[48] Georgios D K, Emmanuel T, George F E. Pillared Graphene: A New 3-D Innovative Network Nanostructure Augments Hydrogen Storage. AIP Conf Proc,2009,1148: 388-391.

[49] Bonaccorso F, Colombo L, Yu G H, et al. Graphene, related two-dimensional crystals, and hybrid systems for energy conversion and storage. Sci,2015,347: 1246501.

[50] Han S S, Kang J K, Lee H M, et al. Theoretical study on interaction of hydrogen with single-walled boron nitride nanotubes II Collision, storage, and adsorption. J Chem Phys,2005, 123(11):114704.

[51] Mpourmpakis G, Froudakis G E. Why boron nitride nanotubes are preferable to carbon nanotubes for hydrogen storage? An ab initio theoretical study, Catal. Today,2007,120:341-345.

[52] MåRlid B, Larsson K, Carlsson J O. Hydrogen and Fluorine Adsorption on the h-BN (001) Plane. J Phys Chem B,1999,103:7637-7642.

[53] Zhou Z, Zhao J, Chen Z, et al. J Comparative study of hydrogen adsorption on carbon and BN nanotubes. Phys Chem B, 2006,110:13363-13369.

[54] Ma R Z, Bando Y, Zhu H W, et al. Hydrogen uptake in boron nitride nanotubes at room temperature. J Am Chem Soc,2002,124:7672-7673.

[55] Tang C C, Bando Y, Ding X X, et al. Catalyzed collapse and enhanced hydrogen storage of BN nanotubes. J Am Chem Soc,2002,124:14550-14551.

[56] Lei W, Zhang H, Wu Y, et al. Oxygen-doped boron nitride nanosheets with excellent performance in hydrogen storage. Nano Energy,2014,6:219-224.

[57] Reddy A L M, Tanur A E, Walker G C. Synthesis and hydrogen storage properties of different types of boron nitride nanostructures. Int J Hydrogen Energy,2010,35:4138-4143.

[58] Weng Q, Wang X, Bando Y, et al. One-Step Template-Free Synthesis of Highly Porous Boron Nitride Microsponges for Hydrogen Storage. Adv Energy Mater,2014,4:1301525.

[59] Hirscher M, Panella B, Schmitz B. Metal-organic frameworks for hydrogen storage. Microporous Mesoporous Mater,2010,129:335-339.

[60] Koh K, Wong-Foy A G, Matzger A J. A Porous Coordination Copolymer with over 5000 m(2)/g BET Surface Area. J Am Chem Soc,2009,131:4184-4185.

[61] Farha O K, Eryazici I, Jeong N C, et al. Metal-Organic Framework Materials with Ultrahigh Surface Areas: Is the Sky the Limit. J Am Chem Soc,2012,134:15016-15021.

［62］Yuan D Q，Zhao D，Sun D F，et al. An Isoreticular Series of Metal-Organic Frameworks with Dendritic Hexacarboxylate Ligands and Exceptionally High Gas-Uptake Capacity. Angew Chem，Int Ed，2010，49 (31)：5357-5361.

［63］Yan Y，Telepeni I，Yang S，et al. Metal-Organic Polyhedral Frameworks：High H_2 Adsorption Capacities and Neutron Powder Diffraction Studies. J Am Chem Soc，2010，132：4092-4094.

［64］Yan Y，Lin X，Yang S，et al. Exceptionally high H2storage by a metal-organic polyhedral framework. Chem Commun，2009：1025-1027.

［65］Farha O K，Özgür Yazaydın A，Eryazici I. De novo synthesis of a metal-organic framework material featuring ultrahigh surface area and gas storage capacities. Nat Chem，2010，2：944-948.

［66］Klontzas E，Mavrandonakis A，Tylianakis E，et al. Improving Hydrogen Storage Capacity of MOF by Functionalization of the Organic Linker with Lithium Atoms. Nano Letters，2008，8：1572-1576.

［67］Mulfort K L，Farha O K，Stern C L，et al. Post-Synthesis Alkoxide Formation Within Metal-Organic Framework Materials：A Strategy for Incorporating Highly Coordinatively Unsaturated Metal Ions. J Am Chem Soc，2009，131：3866-3868.

［68］Yang S，Lin X，Blake A J，et al. Cation-induced kinetic trapping and enhanced hydrogen adsorption in a modulated anionic metal-organic framework. Nat Chem，2009，1：487-493.

［69］Hanada N，Ichikawa T，Orimo S I，et al. Correlation between hydrogen storage properties and structural characteristics in mechanically milled magnesium hydride MgH_2. J Alloys Compd，2004，366：269-273.

［70］Aguey-Zinsou K F，Ares-Fernández J R. Synthesis of Colloidal Magnesium：A Near Room Temperature Store for Hydrogen. Chem Mater，2008，20：376-378.

［71］Kalidindi S B，Jagirdar B R. Correction to Highly Monodisperse Colloidal Magnesium Nanoparticles by Room Temperature Digestive Ripening. Inorg Chem，2009，48：10856-10856.

［72］Intemann S J. Hydrogen Storage in Magnesium Hydride：The Molecular Approach，Angew. Chem Int Edit，2011，50(18)：4156-4160.

［73］Chen P，Xiong Z，Luo J，et al. Interaction of hydrogen with metal nitrides and imides. Nat，2002，420：302-304.

［74］Xie L，Zheng J，Liu Y，et al. Synthesis of Li_2NH Hollow Nanospheres with Superior Hydrogen Storage Kinetics by Plasma Metal Reaction. Chem Mater，2008，20：282-286.

［75］Liu Y，Zhong K，Luo K，et al. Size-Dependent Kinetic Enhancement in Hydrogen Absorption and Desorption of the Li-Mg-N-H System. J Am Chem Soc，2009，131：1862-1870.

［76］Li W，Li C，Ma H，et al. Magnesium Nanowires：Enhanced Kinetics for Hydrogen Absorption and Desorption. J Am Chem Soc，2007，129：6710-6711.

［77］Konarova M，Tanksale A，Beltramini J N，et al. Porous MgH_2/C composite with fast hydrogen storage kinetics. Int J Hydrogen Energy，2012，37：8370-8378.

［78］Pang Y，Liu Y，Gao M，et al. A mechanical-force-driven physical vapour deposition approach to fabricating complex hydride nanostructures. Nat Comm，2014，5：3519.

［79］Xiao L，Liang Y Q，Li Z Y，et al. Amorphous FeNiNbPC nanprous structure for efficient and stable electrochemical oxygen evolution. J Colloid Interface Sci，2022，608：1973-1982.

［80］Xiao L，Gao J，Yao X T，et al. Unraveling the role of nanocrystalline in amorphous nanoporous FeCoB catalysts for turning oxygen evolution activity and stability. Appl Surf Sci，2023，640：158395.

［81］Xiao L，Zhu S L，Liang Y Q，et al. Effects of hydrophobic layer on selective electrochemical nitrogen fixation of self-supporting nanoporous Mo_4P_3 catalyst under ambient conditions Appl. Catal B，2021，286：119895.

［82］Higuchi K，Yamamoto K，Kajioka H，et al. Remarkable hydrogen storage properties in three-layered

Pd/Mg/Pd thin films. J Alloys Compd，2002，330-332：526-530.

[83] Baldi A，Gonzalez-Silveira M，Palmisano V. Destabilization of the Mg-H System through Elastic Constraints. Phys Rev Lett，2009，102：226102.

[84] Wang H，Ouyang L Z，Peng C H，et al. MmM5/Mg multi-layer hydrogen storage thin films prepared by dc magnetron sputtering. J Alloys Compd，2004，370：L4-L6.

第 7 章

催化材料及其在能源领域中的应用

 学习目标

1. 掌握催化材料的基本概念、特点、种类。
2. 掌握催化材料性能的主要评价方法。
3. 了解催化材料的基本制备方法。
4. 了解目前催化材料在能源转化领域的应用研究，为今后的科研和开发打下良好的基础。

催化材料在能源领域中的应用非常广泛，催化材料在能源领域中的应用涵盖了燃料电池、生物质能源转化、太阳能转化、核能和风能等多个方面。这些技术能够高效地利用和转化能源，降低碳排放，为实现可持续发展目标提供有效的解决方案。

7.1 催化材料和催化作用

7.1.1 催化材料的定义

催化材料是一种物质，它能够加快反应的速率而不改变该反应的标准 Gibbs（吉布斯）自由焓变化。这种作用称为催化作用。涉及催化材料的反应为催化反应。催化材料可以被看作是一种催化剂的前体，催化材料也是催化剂的核心主体。由于催化剂具有高度的选择性，一种催化剂一般只对特定的化学反应产生催化作用。

近代的实验结果表明，许多催化反应的活性中间物种都有催化剂参与形成，即在催化反应过程中催化剂与反应物不断地相互作用，使反应物转化为产物，同时催化剂又不断被再生循环使用。催化剂在整个使用过程中变化很小，且非常缓慢。根据国际纯粹化学与应用化学联合会（IUPAC）的定义：催化剂指一种在不改变反应总标准吉布斯自由能变化的情况下提高反应速率的物质。这种作用称为催化作用，涉及催化剂的反应称为催化反应。因此，催化剂的广义概念是：催化剂是一种能够改变一个化学反应的反应速度，却不改变化学反应热力学平衡位置，本身在化学反应中不被明显消耗的化学物质。

7.1.2　催化作用及其特点

催化作用是催化剂对化学反应所产生的效应。催化作用的特点包括：

① 催化剂参与反应，而本身在反应后恢复到原来的化学状态，因此可称为催化循环。

② 催化剂只是对热力学上可能进行的反应进行加速，而不能对热力学上不可能进行的反应实现催化。例如：$2H_2O \longrightarrow 2H_2 + O_2$，在常温、常压且无其他功时，$\Delta G > 0$，所以找不到一种催化剂可以使其进行。而对 $2H_2 + O_2 \longrightarrow 2H_2O$ 反应，在常温、常压下 $\Delta G < 0$，速度极慢，但可以找到一种催化剂，如 Pt 黑，可以使其立刻全部生成 H_2O。

③ 同样性质的催化剂只能改变化学反应速度，而不能改变化学平衡的位置。因为催化剂同时加速正、负反应的速度，而使达到平衡的时间缩短。例如：$3H_2 + N_2 \longrightarrow 2NH_3$ 反应，在 400℃ 和 2.94×10^6 Pa 时，NH_3 的平衡浓度为 35.87%。不管用什么催化剂，NH_3 的最高浓度为 35.87%。

④ 催化剂对加速化学反应具有选择性。催化剂并不是对热力学上允许的所有化学反应都能起催化作用，而是特别有效地加速平行反应或串联反应中的某一个反应，这种特定催化剂只能催化加速特定反应的性能，称为催化剂的选择性。例如，以合成气（$CO + H_2$）为原料在热力学上可以沿着几个途径进行反应，但由于使用不同催化剂进行反应会得到如表 7-1 不同产物。不同催化剂之所以能促使某一反应向特定产物方向进行，其原因是这种催化剂在多个可能同时进行的反应中，使生成特定产物的反应活化能降低程度远远大于其他反应活化能的变化，使反应容易向生成特定产物的方向进行。

表 7-1　催化剂对可能进行的特定反应的选择催化作用

反应物	催化剂	反应条件	产物
$CO + H_2$	$Rh/Pt/SiO_2$	573K, 7×10^6 Pa	乙醇
	Cu-Zn-O, Zn-Cr-O	573K, (1.0133×10^7) Pa~(2.0266×10^7) Pa	甲醇
	Rh 络合物	473~563K, (5.0665×10^7) Pa~(3.0399×10^7) Pa	乙二醇
	Cu, Zn	493K, 3×10^6 Pa	二甲醚
	Ni	473~573K, 1.0133×10^5 Pa	甲烷
	Co, Ni	473K, 1.0133×10^5 Pa	合成汽油

 知识拓展

我们生活的世界存在无数的化学反应，催化剂作为一种重要的物质，催化化学反应的进行。例如，过氧化氢（H_2O_2）俗称双氧水，具有氧化性和还原性，其氧化、还原或分解的产物是水和（或）氧气，堪称洁净氧化还原剂。过氧化氢可作为氧化剂、漂白剂、消毒剂、脱氯剂，亦可以制火箭燃料、过氧化物及泡沫塑料等。过氧化氢稳定性较差，在低温时分解较慢，加热至 153℃ 以上能剧烈分解，并放出大量的热。当 MnO_2 及许多重金属离子如铁、锰、铜等离子存在时，对其分解起到了催化作用。

7.2　催化反应和催化材料分类

7.2.1　催化反应分类

催化反应具有不同特点，目前对催化反应可从不同角度进行科学分类，大致有如下几种方法。

（1）按催化反应体系中催化剂和反应物的相分类

按催化反应系统物相的均一性进行分类，可将催化反应分为均相催化、多相催化和酶催化反应。

① 均相催化反应。均相催化反应（homogeneous catalytic reaction）是指反应物和催化剂处于同一相态中的反应。催化剂和反应物均为气相的催化反应称为气相均相催化反应。如 SO_2 与 O_2 在催化剂 NO 作用下生成 SO_3 的催化反应。反应物和催化剂均为液相的催化反应称为液相均相催化反应。如乙酸和乙醇在硫酸水溶液催化作用下生成乙酸乙酯的反应。

② 多相催化反应。多相催化反应（heterogeneous catalytic reaction）也称为非均相催化反应，是指反应物和催化剂处于不同相态的反应。由气态反应物与固体催化剂组成的反应体系称为气固相催化反应。如乙烯与氧在负载银的固体催化剂上反应生成环氧乙烷。由液态反应物与固体催化剂组成的反应体系称为液固相催化反应。如在 Ziegler-Natta 催化剂作用下的丙烯聚合反应。由液态和气态两种反应物与固体催化剂组成反应体系称为气液固三相催化反应。如苯在雷尼镍催化剂上加氢生成环己烷的反应。由气态反应物与液体催化剂组成的反应体系称为气液相反应。如乙烯与氧气在 $PdCl_2$-$CuCl_2$ 水溶液催化剂作用下生成乙醛的反应。

这种分类方法对于从反应系统宏观动力学因素考虑和工艺过程的组织是有意义的。因为在均相催化反应中，催化剂与反应物是分子与分子之间的接触作用，通常质量传递过程对动力学的影响较小；而在非均相催化反应中，反应物分子必须从气相（或液相）向固体催化剂表面扩散（包括内、外扩散），表面吸附后才能进行催化反应，在很多场合下都要考虑扩散过程对动力学的影响。因此，在非均相催化反应中催化剂和反应器的设计与均相催化反应不同，它要考虑传质过程的影响。然而，上述分类方法不是绝对的，近年来又有新的发展，即不是按整个反应系统的相态均一性进行分类，而是按反应区的相态的均一性进行分类。如前述乙烯氧化制乙醛反应，按整个反应体系相态分类为非均相（气-液相）催化反应，但按反应区的相态分类则是均相催化反应，因为在反应区内乙烯和氧均溶于催化剂水溶液中发生反应。

③ 酶催化反应。酶催化反应，它的特点是催化剂酶本身是一种胶体，可以均匀地分散在水溶液中，对液相反应物而言可认为是均相催化反应。但是在反应时反应物却需在酶催化剂表面上进行积聚，因此可认为是非均相催化反应。酶催化反应同时具有均相和多相反应的性质。

（2）按催化剂的作用机理进行分类

按催化反应机理分类，可分为氧化-还原型催化反应、酸碱型催化反应和配位催化反应。

① 氧化还原型催化反应。催化剂使反应物分子中的键裂解出现不成对电子，并在催化

剂的电子参与下和催化剂形成均裂键。这类反应的重要机理是催化剂和反应物之间的单电子交换。对这类反应具有催化活性的固体（包括过渡金属及其化合物、半导体氧化物和硫化物等）具有接受和给出电子的能力。这类催化反应包括加氢、脱氢、氧化、脱硫等。

② 酸碱型催化反应。通过催化剂和反应物的自由电子对或在反应过程中由反应物分子的键非均裂形成的自由电子对使反应物与催化剂形成非均裂键。这类反应属于离子型机理，可从广义的酸碱概念来理解催化剂的作用，所用的催化剂包括主族元素的简单氧化物或它们的复合物以及具有酸碱性质的盐，不具有导电能力，一般为绝缘体。这类催化反应包括水合、脱水、裂化、烷基化、异构化、聚合等。

③ 配位催化反应。催化剂与反应物分子发生配位作用而使反应物分子活化。所用的催化剂是有机过渡金属化合物。这类反应包括烯烃氧化、烯烃氢甲酰化、烯烃聚合、烯烃加氢、烯烃加成、甲醇羰基化、烷烃氧化、芳烃氢化、酯交换等。

7.2.2 催化材料分类

（1）金属催化剂材料

金属催化剂材料是催化剂中最常见的一种，其催化活性主要来自金属原子的电子结构和表面活性位点。金属催化剂材料广泛应用于有机合成、化学能源和环境保护等领域。其中，铂、钯、铑等贵金属催化剂是高效的氧化剂和加氢剂，常用于汽车尾气处理、石油加氢和有机合成等方面。

（2）氧化物催化剂材料

氧化物催化剂材料是指由金属氧化物、稀土氧化物、过渡金属氧化物等组成的材料。这种催化剂的活性主要来自表面位点和晶格缺陷。氧化物催化剂材料广泛应用于甲烷催化燃烧、挥发性有机物催化氧化等方面。

（3）复合催化剂材料

复合催化剂材料是指由两种或两种以上催化剂材料组成的复合材料。这种催化剂具有两种或多种催化剂的优点，能够提高催化剂的活性和选择性。复合催化剂材料广泛应用于石油加工、有机合成和环境保护等方面。

（4）纳米催化剂材料

纳米催化剂材料是指粒径在 $1 \sim 100 nm$ 之间的催化剂材料。由于其具有高比表面积、优异的催化性能和表面反应活性，纳米催化剂材料在有机合成、化学能源和环境保护等领域有着广泛应用。例如，纳米银催化剂被用于有机合成、CO 氧化和氧还原反应等方面。

（5）生物催化剂材料

生物催化剂材料是指生物体内产生的具有催化活性的分子。这种催化剂具有高效、高选择性、环保等特点，广泛应用于医药、食品和环保等领域。例如，酶类催化剂被用于制备药物和生物燃料等方面。

 知识拓展

随着全球工业化进程的发展，人类面临的最大问题是资源短缺与环境污染，因此，寻求一种绿色、节能、安全的新能源替代化石燃料具有重要意义。太阳能作为新能源领域的佼佼者，具有取之不尽用之不竭、无二次污染、安全等优势，与之协同发展的是光催化材料的研发。光催化材料在催化领域应用广泛，包括：①环境治理方面，多应用于水中有机物或无机离子的降解、空气净化等；②能源方面，多应用于水解制氢及太阳能电池等；③医疗卫生方面，多用于抑菌、灭菌及遏制癌细胞等。

7.3　固体催化剂的组成

工业催化过程中普遍使用固体催化剂。催化剂通常是由催化材料和催化载体构成。固体催化剂的组成从成分上可分为单组元催化剂和多组元催化剂。单组元催化剂是指催化剂由一种物质组成，如用于氨氧化制硝酸的铂网催化剂。单组元催化剂在工业中用得较少，因为单一物质难以满足工业生产对催化剂性能的多方面要求。而多组元催化剂使用较多。多组元催化剂是指由多种物质组成的催化剂，根据这些物质在催化剂中的作用可分为主催化剂、共催化剂、助催化剂和载体。

7.3.1　主催化剂

主催化剂又称为活性组分，它是多组元催化剂的主体，是必须具备的组分，没有它就无法产生所需要的催化作用。例如，加氢常用的 Ni/Al_2O_3 催化剂，其中 Ni 为主催化剂，没有 Ni 就不能催化加氢反应。有些主催化剂由几种物质组成，但其功能有所不同，缺少其中之一就不能完成所要进行的催化反应。如重整反应所使用的 Pt/Al_2O_3 催化剂，Pt 和 Al_2O_3 均为主催化剂，缺少其中任一组分都不能催化重整反应。这种多活性组分使催化剂具有多种催化功能，所以又称为双功能（多功能）催化剂。

7.3.2　共催化剂

共催化剂是和主催化剂同时起催化作用的物质，二者缺一不可。例如，丙烯氨氧化反应所用的 MoO_3 和 Bi_2O_3 两种组分，二者单独使用时活性很低。但二者组成共催化剂时表现出很高的催化活性，所以二者互为共催化剂。

7.3.3　助催化剂

助催化剂是加到催化剂中的少量物质，这种物质本身没有活性或者活性很小，甚至可以忽略，但却能显著地改善催化剂性能，包括催化剂活性、选择性及稳定性等。根据助催化剂的功能可将其分为以下四种。

（1）结构型助催化剂

结构型助催化剂能增加催化剂活性组分微晶的稳定性，延长催化剂的寿命。结构型助催化剂通常不影响活性组分的本性。通常工业催化剂都在较高反应温度下使用，本来不稳定的微晶，此时很容易被烧结，导致催化剂活性降低。结构型助催化剂的加入能阻止或减缓微晶的增长速度，从而延长催化剂的使用寿命。有时加入催化剂中的结构型助催化剂是用来提高载体结构稳定性的，并间接地提高催化剂的稳定性。

（2）电子型助催化剂

电子型助催化剂又称为调变型助催化剂。通过改变催化剂活性组分的电子结构来提高催化剂的活性和选择。对于金属和半导体催化剂，电子型助催化剂可以改变其电子因素（d 带空穴数、电导率、电子逸出功等）和几何因素；对于绝缘体催化剂，可以改变其酸、碱中心的数量和强度，例如，合成氨催化剂中加入电子型助催化剂 K_2O，可以使铁催化剂逸出功降低，使其活性提高。

（3）扩散型助催化剂

扩散型助催化剂可以改善催化剂的孔结构，改变催化剂的扩散性能。这类助催化剂多为矿物油、淀粉和有机高分子等物质。制备催化剂时加入这些物质，在催化剂干燥焙烧过程它们被分解和氧化为 CO_2 和 H_2O 逸出，留下许多孔隙。因此，也称这些物质为致孔剂。

（4）毒化型助催化剂

毒化型助催化剂可以毒化催化剂中一些有害的活性中心，消除有害活性中心造成的一些副反应，留下目的反应所需的活性中心，从而提高催化剂的选择性和寿命。例如，通常使用的酸催化剂，为防止积炭反应发生，可以加入少量碱性物质，毒化引起积炭副反应的强酸中心。这种碱性物质即为毒化型助催化剂。

7.3.4 载体

载体是催化活性物质和助催化剂的支持物、粘接物或分散体。由于使用载体，在催化剂中的催化活性组分和助催化剂的含量可以很低。例如，在铂重整催化剂中，铂的含量只有 $0.1\%\sim1.0\%$。当催化活性组分（铂或氧化钛）或助催化剂（例如氧化钛、氧化钼）的价值较贵且它们本身又不能制成力学性能良好的催化剂时，必须使用载体。反之，可以不用载体。载体的作用是增加催化组分的比表面，抑制微晶增加，从而延长催化剂寿命，使催化剂有足够高的孔隙度、机械强度（硬度、耐磨性、耐压性等）、热稳定性、比热容和热导率。

载体可分为高比表面型（多孔型）和低表面型（表面型）两类。高比表面型载体有相当多的微孔和内表面，使反应主要在内表面上进行。例如硅胶（SiO_2）、硅铝胶（SiO_2-Al_2O_3）、氧化铝等，这类载体有较高的催化剂负荷能力，一般直径小于 20nm，比表面积大于 $50m^2/g$。低表面型载体的平均直径大于 20nm，或者是几乎没有粗孔的小颗粒，例如釉瓷球、刚玉、浮石或硅藻土等。在催化剂的活性很高时，使用低表面型载体可以防止反应物在微孔的内表面上所进行的进一步反应，提高催化剂的选择性。载体的作用是多方面的，可以归纳如下。

（1）分散作用

多相催化是一种界面现象，因此要求催化剂的活性组分具有足够的表面积，这就需要提高活性组分的分散度，使其处于微米级或原子级的分散状态。载体可以分散活性组分为很小的粒子，并保持其稳定性。例如，将贵金属 Pt 负载于 Al_2O_3 载体上，使 Pt 分散为纳米级粒子，成为高活性催化剂，从而大大提高贵金属的利用率。但并非所有催化剂都是比表面积越高越好，而应根据不同反应选择适宜的表面积和孔结构的载体。

（2）稳定化作用

除结构型助催化剂可以稳定催化剂活性组分微晶外，载体也可以起到这种作用，可以防止活性组分的微晶发生半熔或再结晶。载体能把微晶阻隔开，防止微晶在高温条件下迁移。例如，烃类蒸气转化制氢催化剂，选用铝镁尖晶石作载体时，可以防止活性组分 Ni 微晶在高温（1073K）下晶粒长大。

（3）支撑作用

载体可赋予固体催化剂一定的形状和大小，使之符合工业反应对其流体力学条件的要求。载体还可以使催化剂具有一定的机械强度，在使用过程中使之不破碎或粉化，以避免催化剂床层阻力增大，从而使流体分布均匀，保持工艺操作条件稳定。

（4）传热和稀释作用

对于强放热或强吸热反应，通过选用导热性好的载体，可以及时移走反应热量，防止催化剂表面温度过高。对于高活性的活性组分，加入适量载体可起稀释作用，降低单位容积催化剂的活性，以保证热平衡。载体的这两种作用都可以使催化剂床层反应温度恒定，同时也可以提高活性组分的热稳定性。

（5）助催化作用

载体除上述物理作用外，还有化学作用。载体和活性组分或助催化剂产生化学作用会导致催化剂的活性、选择性和稳定性的变化。在高分散负载型催化剂中氧化物载体可对金属原子或离子活性组分发生强相互作用或诱导效应，这将起到助催化作用。载体的酸碱性质还可与金属活性组分产生多功能催化作用，使载体也成为活性组分的一部分，组成双功能催化剂。

 知识拓展

染料是由发色基团、自发色素和基质组成的结构复杂的不饱和有机化合物。亚甲基蓝是一种典型的阳离子吩噻嗪类染料，在印刷、纺织、皮革工业上有广泛用途，还可以作为生化着色剂，是同类染料中最常用的着色物质，它可用于制造墨水，还被用于治疗一些疾病。虽然亚甲基蓝的危险性不大，但是过量使用会引起皮肤刺激、呼吸道疾病、精神障碍、呕吐等问题。由于染料废水所表现出来的颜色非常深，高色度染料进入水体中将使水体透明度下降，也会干扰光线的传递，从而破坏生物的代谢过程，并威胁生态系统内水生生物的生存与繁殖，因此，利用一种或多种催化剂分解亚甲基蓝具有重要意义。例如，椭球状 β-FeOOH @ MnO_2 核壳结构催化剂通过活化过一硫酸盐（PMS）能够实现亚甲基蓝的降解，β-FeOOH@MnO_2 活化 PMS 降解亚甲基蓝的过程中既有 β-FeOOH@MnO_2 自身丰富氧空位及表面低结晶度的 MnO_2 的作用，又有 Fe 和 Mn 之间存在的协同作用，提高了 Fe^{3+}/Fe^{2+} 和 Mn^{4+}/Mn^{3+} 的电子转移，同时也促进 PMS 活化产生足够的自由基降解亚甲基蓝。

7.4　催化材料的性能及评定

催化材料反应性能优劣的判断指标中最主要的是动力学指标，对于固体催化材料还有宏观结构指标和微观结构指标。

7.4.1　催化剂性能的动力学指标

衡量催化剂质量的最实用的三大指标，是由动力学方法测定的活性、选择性和稳定性。

（1）催化剂的活性

催化剂的活性，又称催化活性，是指催化剂对反应加速的程度，可作为衡量催化剂效能大小的标准。换句话说，催化活性就是催化反应速度与非催化反应速度之差。二者相比之下非催化反应速度小到可以忽略不计，所以，催化活性实际上就等于催化反应的速度，一般用以下几种方法表示。

① 反应速率表示法。对反应 A ——→ P 的反应速率有三种计算方法：

$$r_m = \frac{-dn_A}{m\,dt} = \frac{dn_P}{m\,dt} \tag{7-1}$$

$$r_V = \frac{-dn_A}{V\,dt} = \frac{dn_P}{V\,dt} \tag{7-2}$$

$$r_S = \frac{-dn_A}{S\,dt} = \frac{dn_P}{S\,dt} \tag{7-3}$$

式中，反应速率 r_m、r_V、r_S 分别代表在单位时间内，单位质量、体积、表面积催化剂上反应物的转化量（或产物的生成量）；m、V、S 分别代表固体催化剂的质量、体积、表面积；t 代表反应时间（接触时间）；n_A、n_P 分别代表反应物、产物物质的量。

上述三种反应速率可以相互转换，三者关系为

$$r_V = \rho r_m = \rho S_g r_S \tag{7-4}$$

式中，ρ、S_g 分别代表催化剂堆密度、比表面积。

Boudart 认为三种表示活性方法中以 r_S 为最好，因为多相催化反应实质是反应物与催化剂表面起作用的结果。然而，催化剂表面不是每一个部位都具有催化活性，即使两种化学组成和比表面积都相同的催化剂，其表面上活性中心数也不一定相同，导致催化活性有差异。因此，采用转换频率（turnover frequency）概念来描述催化活性更确切一些。转换频率是指单位时间内每个催化活性中心上发生反应的次数。作为真正催化活性的一个基本度量，转换频率是很有用的。但是，目前对催化剂活性中心数目的测量还有一定困难。尽管用化学吸附方法可测定出金属催化剂表面裸露的原子数，但仍不能确定有多少处于活性中心状态；同样，用碱吸附或碱中毒方法测量的酸中心数也不是十分确切。因此，用这一概念描述催化活性受到限制。

用反应速率表示催化活性时要求反应温度、压力及原料气组成相同，以便于比较。方便起见，工业上常用一个与反应速率相近的时空收率来表示活性。时空收率有平均反应速率的含义，它表示每小时每升或每千克催化剂所得到的产物量。用它表示活性时除要求温度、压力、原料气组成相同外，还要求接触时间（空速）相同。收率可分为单程收率和总收率，单程收率是指反应物一次通过催化反应床层所得到的产物量。当反应物没有完全反应，再循环回催化床层，直至完全转化，所得到产物总量称为总收率。

② 反应速率常数表示法。对某一催化反应，如果知道反应速率与反应物浓度（或压力）的函数关系及具体数值，即 $r = kf(c)$ 或 $R = kf(p)$，则可求出反应速率常数 k。用反应速率常数比较催化剂活性时，只要求反应温度相同，而不要求反应物浓度和催化剂用量相同。这种表示方法在科学研究中采用较多，而实际工作中常常用转化率来表示。

③ 转化率表示法。用转化率表示催化剂活性是工业和实验室中经常采用的方法，转化

率表达式为

$$C_A = \frac{反应物 A 转化掉的量}{流经催化床层进料中反应物 A 的总量} \times 100\% \qquad (7\text{-}5)$$

转化率可用物质的量、质量或体积表示。用转化率比较催化活性时要求反应条件（温度、压力、接触时间、原料气组成）相同。此外，还可用催化反应的活化能高低、一定转化率下所需反应温度的高低来比较催化剂活性大小。通常，反应活化能越低，或者所需反应温度越低，催化剂活性越高。

（2）催化剂的选择性

催化剂除了可以加速化学反应进行（即活性）外，还可以使反应向生成某一特定产物的方向进行，这就是催化剂的选择性。这里介绍两种催化剂的选择性的表示方法。

① 选择性（S）

$$S = \frac{目的产物的产率}{转化率} \times 100\% \qquad (7\text{-}6)$$

所谓目的产物的产率是指反应物消耗于生成目的产物的量与反应物进料总量的百分比。选择性是转化率和反应条件的函数。通常产率、选择性和转化率三者关系为

$$产率 = 选择性 \times 转化率 \qquad (7\text{-}7)$$

催化反应过程中不可避免会伴随副反应的发生，因此选择性总是小于 100%。

产率是工程和工业上经常使用的术语，它指反应器在总的运转中，消耗单位数量的原料（反应物）所生成产物的数量。在总的运转中分离出产物之后，各种反应物可再循环回反应器中进行反应。产率若以物质的量表示，其数值小于 100%。但是，若以质量表示，产率超过 100 是可能的。例如在部分氧化反应中，氧被高选择性地结合到产物分子中，此时每分子产物质量大于每分子原料质量，因此，质量产率可超过 100%。

② 选择性因素

$$s = \frac{k_1}{k_2} \qquad (7\text{-}8)$$

选择性因素 s 是指反应中主、副反应的表观速率常数或真实速率常数之比。这种表示方法在研究中用得较多。

对于一个催化反应，催化剂的活性和选择性是两个最基本的性能。人们在催化剂研究开发过程中发现，催化剂的选择性往往比活性更重要，也更难解决。因为一个催化剂尽管活性很高，若选择性不好，会生成多种副产物，这样给产品的分离带来很多麻烦，大大地降低了催化过程的效率和经济效益。反之，一个催化剂尽管活性不是很高，但是选择性非常好，仍然可以用于工业生产中。

（3）催化剂的稳定性

催化剂的稳定性指催化剂对温度、毒物、机械力、化学侵蚀、结焦积污等的抵抗能力，分别称为耐热稳定性、抗毒稳定性、机械稳定性、化学稳定性、抗污稳定性。这些稳定性都各有一些表征指标，而衡量催化剂稳定性的总指标通常以寿命表示。

催化剂稳定性通常用催化剂寿命来表示，催化剂的寿命是指催化剂在一定反应条件下维持一定反应活性和选择性的使用时间，这段使用时间称为催化剂的单程寿命。活性下降后经再生又可恢复活性，继续使用，累计使用时间称为总寿命。

7.4.2 固体催化剂的宏观结构指标

（1）几何形状和粒度

固体催化剂的几何形状有粉末、微球、小球、圆柱体（条形或片状）、环柱体、无规则颗粒以及丝网、薄膜等，粒度小至几十微米，大到几十毫米。工业上常见的催化剂外形及其粒度如下：固定床催化剂为小球、条形、片状及其他无规则颗粒，一般直径在 4mm 以上；移动床催化剂为小球，直径 3mm 左右；流化床催化剂为微球，几十至几百微米。

粒度可用筛析法、卡尺法直接测定，或由有关物理量间接计算。

（2）密度

通常所说的密度 ρ 是质量 m 与其体积 V 之比，即 $\rho = m/V$。然而，对于多孔性催化剂来说，因为颗粒堆积体积 V' 是由颗粒间的空隙体积 V_1、颗粒内的孔隙体积 V_2 和颗粒真实的骨架体积 V_3 三项共同组成的，即 $V' = V_1 + V_2 + V_3$，所以同一个质量除以不同含义的体积，便得堆积密度、颗粒密度、骨架密度。堆积密度 ρ_1 是单位堆积体积的多孔性物质所具有的质量，即 $\rho_1 = m / (V_1 + V_2 + V_3)$；颗粒密度 ρ_2 是单位颗粒体积的物质具有的质量，即 $\rho_2 = m / (V_2 + V_3)$；骨架密度 ρ_3 是单位骨架体积的物质具有的质量，即 $\rho_3 = m / V_3$。

测定堆积密度通常使用量筒法；颗粒密度则用汞置换法；骨架密度多用苯置换法或氦、氩、氮等置换法。

（3）孔结构

许多多孔性催化剂含有大量的微孔，宛如一块疏松的海绵。催化反应顺利进行依靠反应物与产物分子扩散自由出入微孔。描述微孔结构的主要参数有孔隙率、比孔容、孔径分布、平均孔径等。

催化剂的孔隙容积与颗粒体积之比称为孔隙率；单位质量催化剂具有的孔隙容积称为比孔容。孔隙率的大小与孔径、比表面、机械强度有关，较理想的孔隙率多在 0.4～0.6 之间。用四氯化碳吸附法测定比孔容，方法简单，操作方便，一次可同时测定几个样品。理想的孔隙结构应当孔径大小相近、孔形规整。但是，除分子筛之类的物质外，绝大部分固体催化剂的孔径范围非常宽，而且比孔容按孔径分布的曲线可能出现若干个高峰。孔径分布一般用气体吸附法与压汞法联合测绘。硅胶等物质只有一个微孔体系，大部分孔径偏离中央平均值不远，可用平均孔径代表孔径大小。其值可由实验测得的比孔容（V_g）和比表面（S_g）按下式计算：平均孔径 $= 2V_g / S_g$。

（4）比表面

多孔性固体催化剂由微孔的孔壁构成巨大的表面积，为反应提供广阔的场地。1g 催化剂所暴露的总表面积称为总比表面（简称比表面）。1g 催化剂中活性组分暴露的表面积称为活性组分比表面。于是，催化剂的总表面积是活性组分、助催化剂、载体以及杂质各表面积的总和。

总比表面可用非选择性的物理吸附法测定，其中包括 BET 静态容量法、重量法和流动色谱热脱法、迎头法等。活性组分比表面常用化学吸附法测定，如氢吸附法、一氧化碳吸附法、二氧化碳吸附法等。

（5）机械强度

催化剂颗粒抵抗摩擦、撞击、重力、温度和相变应力等作用的能力，统称为机械稳定性或机械强度。机械强度按催化剂床层类型分为抗压强度和抗摩强度。用于固定床的催化剂主要考虑抗压强度，用于流化床的催化剂主要考虑抗摩强度，而用于移动床的催化剂则要二者同时考虑。

测定机械强度的方法有砝码法、弹簧压力计法、油压机法、刀刃法、撞击法、球磨法、气升法、破碎最小降落高度法等。

（6）热导率

热导率是当两等温面间的距离为 1m、温差为 1℃时，由于热传导在单位时间内穿过 $1m^2$ 面积的热量。催化剂的热导率对强放热反应特别重要。

7.4.3　固体催化剂的微观结构指标

（1）表面结构

固体催化剂起催化作用的部分是表面或表面若干层的原子所组成的活性中心。固体的表面结构常与固体内部不同，最明显的区别是表面原子不再受来自外侧的原子或分子的作用，表面层原子与第二层原子的间距常有 0.3%～15% 的收缩。这种表面弛豫现象向下逐层减弱，直至层间距与体相的层间距完全相同。有些固体，如铂、铱、金、铜-金合金、二氧化钛、五氧化二钒等，其最外层原子还可能按与体相原子不同的对称形式排列，发生结构重排。此外，表面原子的氧化价态、电子结构和表面的化学组成也可能不同于体相。

（2）结构缺陷

理想的固体表面是能量稳定的原子紧密堆积的晶面，但微观的实际表面是不规整的，存在某些缺陷和吸附原子，还存在高指数晶面特征的原子排列：晶阶和晶曲等。晶体的缺陷主要有：点缺陷（包括夫伦克耳缺陷——间隙原子、肖特基缺陷——空位）和线缺陷（主要形式是边缘位错和螺旋位错）。这些缺陷的存在使缺陷处的原子处于不平衡状态，与催化剂的活性有密切的关系。例如，烯烃聚合反应就是在催化剂的离子缺位上进行的。负载型催化剂中，活性组分常以 1～50nm 的尺寸高度分散在载体上，因而有占较大比例的晶阶、晶曲存在。

（3）相组成

催化剂常含有两种以上的组分。多组分催化剂在组成和结构上是不均匀的，可能是多相共存的混合物。例如，合成氨的铁催化剂是以 Fe_3O_4 添加 Al_2O_3、K_2O 等助催化剂熔融后，再用氢气还原制成的。许多实验表明，在未还原的催化剂中，Fe_3O_4 和 Al_2O_3 形成了反尖晶石型的固溶体；K_2O 则另成一相，聚集在固溶体的边界。此外，还发现可能存在体心结构的 $\alpha-Fe_2O_3$、FeO 等相。还原后催化剂的表面中约 40% 为体心结构的 $\alpha-Fe$，称为 A 相。A 相中掺杂少量助催化剂，形成难还原、耐高温的 $FeAl_2O_4$，将 $\alpha-Fe$ 微晶隔开，起稳定晶格的作用。除 A 相外，以助催化剂为主，形成矿渣似的、外壳包围着 $\alpha-Fe$ 晶粒的物质，称为 B 相。催化剂的组成对催化剂的各项性能影响很大，这些影响与催化剂组分的化学特性、原子配比和制备、活化的方式紧密相关。

一种优良的催化剂应具有以下性能：

① 活性高、选择性好、对热和毒物稳定、使用寿命长、容易再生。

② 机械强度和导热性好。

③ 具有合适的宏观结构，例如：比表面、孔径分布、颗粒度、微晶结构。这些宏观结构既要提供足够的催化表面，又要能使反应物和产物在反应过程中顺利扩散。

④ 制备简单、价格便宜。

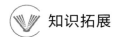 **知识拓展**

通过调控固体催化剂的宏观结构来改善其催化性能是科学研究的关键问题之一。例如，催化剂的比表面积对催化反应的速率和选择性有着重要的影响。催化反应速率与催化剂比表面积成正比，也就是说，比表面积越大，活性位点越多，催化反应速率越快。此外，催化剂的比表面积还与催化剂选择性有关。一般来说，催化剂比表面积越大，其选择性越高。这是因为更多的活性位点可以提供更多的反应路径，从而增加特定产物的生成率。

7.5 常见的催化材料的制备方法

在制备催化材料时，常常使用一系列化学的、物理的、机械的专门处理。一种催化材料尽管组分和含量完全相同，但是只要在处理细节上稍有差异，就使催化材料的微观结构改变，从而导致催化性能有很大差异，甚至不符合要求，因此必须慎重选择催化材料的制备方法，并严格控制制备过程中的每一步指标，才能获得各种性能都很优异的工业催化材料。现介绍几种常见制备方法。

7.5.1 沉淀法

沉淀法是制备催化剂最常用的一种方法，可用于单组分及多组分催化剂。此法是在搅拌的情况下将沉淀剂加入到金属盐的水溶液中，生成沉淀物质，再将后者过滤、洗净、干燥和焙烧，制得相应的氧化物。

沉淀过程是一个化学反应过程。由沉淀法制备催化剂，其活性和选择性受很多因素影响。

① 沉淀剂和金属盐类的性质直接影响沉淀过程。通常沉淀剂多用氨气、氨水、碳酸铵等物质，因为这些物质在洗涤和热处理时容易除去；而不用 KOH 和 NaOH，因为某些催化剂不希望残留 K^+ 或 Na^+，再者 KOH 价格较高。金属盐类多选用硝酸盐、碳酸盐、有机酸盐，因为这些盐的酸根在焙烧过程中可分解为气体跑掉，而不残留于催化剂中。相反，若采用氯化物或硫酸盐，焙烧后残留的阴离子（Cl^- 或 SO_4^{2-}）有时会对金属催化剂产生超强毒化作用。

② 沉淀反应条件。其中包括沉淀剂和金属盐类水溶液浓度、沉淀反应温度、pH、加料顺序、搅拌强度、沉淀物的生成速度和沉淀时间，以及沉淀物的洗涤和干燥方法等。沉淀剂和金属盐溶液的浓度、沉淀温度、搅拌强度等将直接影响沉淀产物的晶核生成和晶体生长，从而影响催化剂的分散度、孔隙率和颗粒形状，这必然会影响催化剂的催化性能。因此，必须选择适宜的温度、浓度和搅拌条件，以满足沉淀产物催化性能要求。在采用共沉淀法制备多组分催化剂时，沉淀反应的 pH 影响较大，因为不同氢氧化物沉淀需要不同 pH，而且各组分的溶度积也是不同的，这就有可能使制备的沉淀物不均匀。因此 pH 的选择必须使各种沉淀物的形成速度比较接近，以保证沉淀物均匀，或者可以采用分步沉淀法。除此之外，其他影响因素也是不可忽视的。

③ 用沉淀法制备催化剂时，沉淀终点的控制和防止杂质的引入也是很重要的。既要防

止沉淀不完全，又要防止沉淀剂过量，以免在沉淀中带来外来离子。

④ 必须注意沉淀物的洗涤。通常将所得的沉淀物洗至中性为止，这样可尽量将 OH^- 和 NO_3^- 及其他阳离子洗掉，以免带入杂质。

沉淀法制得的凝胶或溶胶在一定温度、压力和 pH 下晶化可得到各种类型的分子筛，分子筛再经过各种改性可以制备出各种酸、碱或多功能催化剂。

7.5.2　浸渍法

浸渍法是制备负载型催化剂最常使用的方法，一般是将一定形状、尺寸的载体浸泡在含有活性组分（主、助催化剂）的水溶液中。当浸渍平衡后，分离剩余液体，此时活性组分以离子或化合物形式附着在固体上。浸渍后的固体经干燥、煅烧活化等处理，即可得到所需要的催化剂。

浸渍所用活性物质应具有溶解度大、结构稳定、在煅烧时可分解为稳定的活性化合物等特点，常采用硝酸盐、醋酸盐或铵盐配制浸渍液，这些盐类煅烧后可分解逸出，不致带入其他离子。

浸渍法有如下几种：

（1）过量溶液浸渍法

将多孔性载体浸入到过量的活性组分溶液中，稍稍减压（一般为 $40\sim53kPa$）或微微加热，使载体孔隙中的空气排出。数分钟后活性组分就能充分渗透进入载体的孔隙中，用过滤或倾析法除去过剩的溶液。

（2）等体积溶液浸渍法

当某些载体能从溶液中选择性地吸附活性组分时，不宜用过量溶液浸渍。在这种情况下，可预先测定载体吸收溶液的能力，然后加入正好能使载体完全浸透所需的溶液量，这种方法称为等体积溶液浸渍法。应用此法可省去过滤多余浸渍溶液的步骤，而且便于控制催化剂中活性组分的含量。

（3）多次浸渍法

若固体的孔容较低，活性组分在液体中的溶解度甚小，或者载入活性组分量过大时，一次浸渍不能达到最终成品中所需要的活性组分含量。此时可采用多次浸渍法，第一次浸渍后将固体干燥（或焙烧），使溶质固定下来，再进行第二次浸渍。为了防止活性组分分布不均匀，可用稀溶液进行多次浸渍。

多组分溶液浸渍时，由于各组分的吸附能力不同，会使吸附能力强的活性组分富集于孔口，而吸附能力弱的组分分布在孔内，造成分布不均，改进的方法之一是用分步浸渍法分别载上各种组分。

（4）蒸气相浸渍

当活性组分是易挥发的化合物时，可采用蒸气相浸渍，即将活性组分从气相直接沉积到载体上。利用这种方法能随时补充易挥发活性组分的损失，使催化剂保持活性。

用浸渍法制备的催化剂具有许多用沉淀法得到的催化剂所不具备的优点。浸渍法所制得的催化剂，其表面积与孔结构接近于所用载体的数值，因此，可通过选择适宜的载体控制催化剂的宏观结构。另外，利用浸渍法可在合适的操作条件下，使活性组分均匀地以薄层附着在载体表面上，因此会大大提高活性组分的利用率，这对以贵金属为活性组分的场合尤为重要。此外，浸渍法工艺简单，技术易于掌握。值得注意的是，由于活性组分常常是物理附着在载体表面上，因此，在使用中有时会因附着不牢而流失活性组分。

除用浸渍法将活性组分引入催化剂中，还可采用离子交换法。该方法是利用溶液中的离子与固体催化剂中的某种可交换的离子进行离子置换。最常见的是离子交换树脂和分子筛中的 Na^+ 交换。

7.5.3　热分解法

热分解法也称为固相反应法（或干法）。该法采用可加热分解的盐类，如硝酸盐、磷酸盐、甲酸盐、醋酸盐、草酸盐等为原料经煅烧分解得到相应氧化物。热分解后的产物是一种微细粒子的凝聚体，它的结构和形状与原料的化学种类、热分解的温度、分解的气氛（周围气体的性质）及分解时间有关。而凝聚体的结构将直接影响催化剂活性及选择性。所以采用热分解法制备催化剂要注意原料及分解条件的选择。

（1）原料的影响

制备重金属或碱土金属氧化物及过渡金属氧化物，通常选用硝酸盐或碳酸盐。如用碳酸盐可制备 Co、Ni、Pd、Mg、Zn、Cd、Cu、Ca、Sr 和 Ba 的氧化物，但用碱土金属的硝酸盐热解法却得不到氧化物，而应用亚硝酸盐。

制备过渡金属低价氧化物如 FeO、MnO 等，常用草酸盐，但此法制得的产物不纯。除用盐热分解制备氧化物外，用氢氧化物热分解也可达到同样目的。如 Cr、Sn、Al、Mg、Zn、Cu、Cd、Sr、Ba 和稀有元素的氢氧化物煅烧后可变成纯粹氧化物。也可用酸酐热分解制备相应氧化物，如从钼酸酐、钨酸酐、硼酸酐、钒酸酐、铌酸酐、铂酸酐及硅酸酐等热分解制备相应的氧化物。通常不用卤化物或硫酸盐热分解，一方面分解温度高，另一方面容易带入 Cl^- 和 SO_4^{2-}。

（2）热分解条件对分解产物的影响

热分解温度和时间直接影响分解产物的颗粒度，随分解温度升高和分解时间延长，产物的颗粒度会增大；热分解的气氛对产物颗粒大小也有一定影响，真空和干燥气氛中产物颗粒较小，而空气中含水蒸气、NH_3 或 HCl 时制得的颗粒较大。热分解时需要足够氧气。此外热分解升温速度也有影响。

综上所述，用热分解法制备氧化物催化剂时，由于有些金属化合物可生成多种价态的氧化物，所以必须严格控制制备条件，才能制得性能良好的催化剂。

7.5.4　熔融法

熔融法是将所要求组分的粉状混合物在高温条件下进行烧结或熔融。其过程如下：

固体的粉碎→高温熔融或烧结→冷却→破碎成一定的粒度

例如：合成氨用铁催化剂是将磁铁矿（Fe_3O_4）、碳酸钾、氧化铝于 1600℃ 高温熔融，冷却后破碎到几毫米的粒度，然后在氢气或合成气中还原，制得 α-Fe-K_2O-Al_2O_3 催化剂。

7.5.5　涂布法

此法是将含有催化活性成分、助催化剂成分和增稠剂（例如淀粉）的浆状水溶液涂布到低比表面载体上，再经干燥、焙烧、活化，得到所需的催化剂。例如用固定床反应器由邻二甲苯制邻苯二甲酸酐所用的 V_2O_5-TiO_2/瓷球催化剂就是用该法制备的。

7.5.6　还原法

用上述方法制得的催化剂，主要成分大都是金属氧化物或金属盐。为了制备含有金属元素催化活性组分的催化剂，可以把沉淀法或浸渍法制备得到的催化剂放到还原反应器中，然后在一定条件下通入 H_2 使某些金属氧化物还原为金属元素。例如，用于硝基苯加氢制苯胺的催化剂 Cu/SiO_2 就是用这种方法制备的。

此外，固体催化剂的制备方法还有很多，如烧结法、溶胶-凝胶法、溅射法、化学气相沉积法等。

 知识拓展

氧化锌纳米材料是一种多功能性的新型无机材料，其颗粒大小在 $1\sim100nm$。由于晶粒的细微化，其表面电子结构和晶体结构发生变化，产生了宏观物体所不具有的表面效应、体积效应、量子尺寸效应和宏观隧道效应，以及高透明度、高分散性等特点，因此，它在催化、光学、磁学、力学等方面展现出普通氧化锌所无法比拟的特殊性和用途。目前已经制备出多种氧化锌纳米结构，如纳米管、纳米棒、纳米线、纳米带等，同一种制备方法在不同条件下可以制备不同形貌的氧化锌纳米材料，同一种氧化锌纳米材料也可以由不同的方法制备获得。

7.6　催化材料在能源领域的应用

催化材料在能源领域中扮演着至关重要的角色。催化材料在能源领域中的应用非常广泛，包括燃料电池、生物质能源转化、太阳能转化、核能和风能等方面。

7.6.1　燃料电池

燃料电池（图 7-1）是一种通过化学反应产生电能的设备，燃料电池由三个有效成分组成：燃料电极（阳极）、氧化电极（阴极）和夹在两者之间的电解质。电极由多孔材料组成，表面覆盖一层催化剂。产生电力的反应发生在电极处：阳极处的燃料氧化和阴极处的氧化剂（通常是 O_2）还原。此外，燃料电池还包括加速电极处氧化还原反应的催化剂和负责将离子从一个电极传输到另一个电极的电解质（固体或液体）。在燃料电池中，氢气和氧气通过一个由铂等贵金属催化剂组成的电极进行反应，产生电能、热和水。这种技术可以高效地将化学能转化为电能，同时不经历燃烧过程，因此不会产生碳排放。然而，铂等贵金属催化剂的稀缺性和高成本限制了燃料电池的大规模应用。因此，研究者们一直在探索新型的、更廉价的催化剂替代品。

现如今已经发展出各种各样的燃料电池类型（图 7-2），它们具有不同的特性。质子交换膜燃料电池（PEMFC）是具有竞争力的燃料电池，功率密度高，启动时间快，效率高，工作温度低，且易于维护、操作安全。然而，PEMFC 的成本过高，一定程度上不具备竞争力或经济可行性。PEMFC 使用水基酸性聚合物膜作为电解质，电极镀铂。有时，PEMFC 被定义为聚合物电解质膜燃料电池。镀铂的阳极将氢氧化为氢离子（溶液）。氢离子穿过膜到达

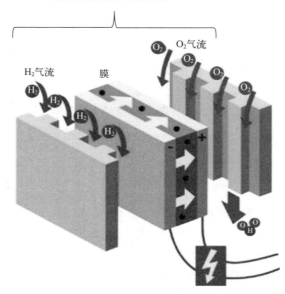

图 7-1　燃料电池工作原理

阴极（贵金属电极），然后与氧气结合产生水（以水蒸气的形式排出），而在阳极收集的电子在外部电路中行进，产生电池输出。值得注意的是，氧气既可以以纯化形式提供，也可以直接从空气中获取。

直接甲醇燃料电池（DMFC）是由美国几个机构（即 NASA 和喷气推进实验室）的研究人员开发的，与质子交换膜燃料电池类似，采用聚合物膜作为电解质，O_2 在阴极被还原。其主要优点是可以使用铂-钌（Pt-Ru）催化剂氧化液态甲醇或水溶液中的甲醇，从而避免产生氢气气体燃料。甲醇作为燃料具有许多优点。它价格便宜，具有相当高的能量密度，易于运输和储存。它可以从液体罐供应到燃料电池单元，燃料电池单元耗尽时可以很容易地更换。DMFC 的工作温度范围为 60～130℃，用于需要适度功率输出的场合，如移动电子设备、充电器或便携式电源组。

碱性燃料电池（AFC）在使用纯氢气和氧气时具有最佳性能，但其对杂质（尤其是碳氧化物）的耐受性和短寿命阻碍了其在陆地应用中的作用。众所周知，AFC 使用碱性电解质（例如水中的氢氧化钾）和纯氢气作为燃料。AFC 通常在 70℃ 左右运行，因此不需要铂催化剂。这种电池可以实现相对较高的燃料到电能的转换效率，在某些应用中高达 60%。

磷酸燃料电池（PAFC）可能是商业上开发的最能在中间温度下工作的燃料电池。PAFC 常用于高能效的热电联产应用。在 PAFC 中，阳极和阴极由精细分散的铂催化剂和容纳磷酸电解质的碳化硅结构组成。尽管 PAFC 表现出相对较高的抗 CO 中毒能力，但在发电方面的效率低于其他类型的燃料电池。然而，在 180℃ 下运行，如果考虑到该工艺热电联产，综合效率可达到 80% 以上。

熔融碳酸盐燃料电池（MCFC）和固体氧化物燃料电池（SOFC）是高温燃料电池，适用于发电和组合循环系统。MCFC 在 250kW～20MW 的范围内具有从甲烷到电力转换所能达到的最高能效，而 SOFC 最适合于在基于煤的气体上操作的基本负载公用事业应用。MCFC 利用悬浮在多孔陶瓷基质中的熔融碳酸盐（例如碳酸锂、碳酸钾和碳酸钠）作为电

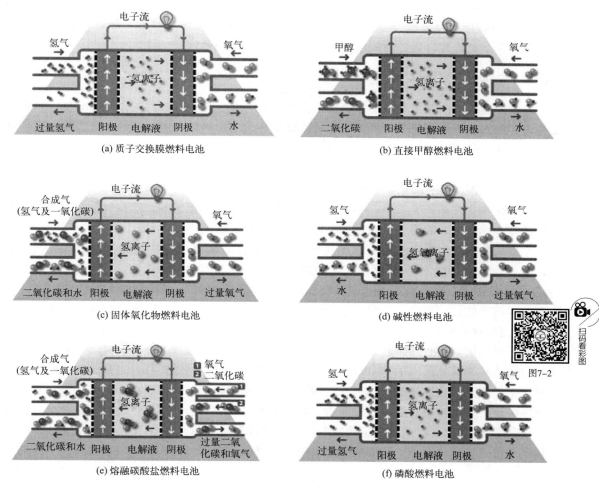

图 7-2　各种燃料电池示意图

解质。MCFC 通常在 650℃左右运行，表现出反应动力学高（不需要贵金属催化剂）和一氧化碳中毒倾向小等优点。MCFC 不需要贵金属，而是在阳极侧使用镍，在阴极侧使用氧化镍。此外，大多数碳氢化合物燃料可以在这种类型的燃料电池中进行内部重整。然而，MCFC 存在一些缺点，例如需要在阴极注入二氧化碳（CO_2），因为阳极发生的反应（尤其是液体电解质）会消耗碳酸根，并且主要归因于高温对电极表面的腐蚀很小甚至可以忽略不计。燃料到电力的转换效率约为 60%。MCFC 通常用于固定和海上应用。

固体氧化物燃料电池（SOFC）使用基于无孔金属氧化物的电解质，例如用 Y_2O_3 稳定的 ZrO_2，其工作温度约为 1000℃。随着固体电解质导热性的提高，操作温度可以降低到 600~800℃。SOFC 通常用于固定电源应用。与其他类型的燃料电池相比，SOFC 对燃料电池中的少量硫也具有相当的耐受性。

近年来，新型的电化学催化材料逐渐被应用于燃料电池的阳极和阴极。这些新材料具有良好的电化学活性和稳定性，为燃料电池的发展提供了新的可能性。例如，碳基材料上的氮杂化物（N-C）是一种极具潜力的电化学催化材料。通过在碳基材料上引入氮元素，可以形成富氮的活性位点，这些位点具有良好的电化学活性和稳定性，能够有效地催化氢气和氧气的反应。此外，一些过渡金属化合物，如过渡金属氮化物（TMN）和过渡金属碳化物（TMC），也被报道可以作为燃料电池的电化学催化材料。这些材料具有较高的电子导电性和良好的化学稳定性，能够有效地促进氢气和氧气的反应。

7.6.2 生物质能源转化

生物质能源是一种可再生的绿色能源，催化材料在生物质能源的转化过程中也扮演着重要角色。例如，通过催化裂解技术可以将生物质转化为燃料，或者通过催化合成技术将生物质转化为化学品。此外，生物质的发酵过程也需要催化剂的参与，以加快反应速度和提高产物的质量。在生物质裂解方面，一些金属氧化物催化剂被广泛应用于纤维素类生物质的裂解。这些催化剂具有良好的活性和稳定性，能够有效地促进生物质的裂解反应。此外，一些新型的催化剂也在被研究报道，如固体酸催化剂和分子筛催化剂等。这些催化剂具有较高的反应活性和选择性，能够为生物质裂解提供更高效、环保的解决方案。

左旋葡萄糖酮（LGO）是来源于生物质的一种高附加值化学品，由于其独特的化学结构，是一种极具潜力的手性原料，它主要有 3 个反应中心：碳碳双键、羰基和糖苷键。LGO 独特的刚性二环结构以及这些活泼反应中心使其在有机合成特别是手性合成中有巨大的潜在应用价值。酸催化剂具有较好的催化 LGO 的效果。酸催化剂是指本身具有酸性（广义），并能起到酸催化作用的物质。酸催化是指催化剂与反应物分子之间，通过给出质子或接受电子对作用，形成活泼的正碳离子中间化合物（活化的主要方式），继而分解为产物的催化过程。传统液体酸（如 H_3PO_4）虽然能显著提高 LGO 的选择性，但是与固体酸等新型酸催化剂相比，传统液体酸催化剂在生物质催化裂解过程中还存在着很多缺陷。例如，传统的液体酸预处理生物质的过程比较复杂，且预处理过程中还会产生大量的废液，会对环境造成一定的影响；H_3PO_4 的热稳定性较差，在裂解过程中易发生缩合反应，且反应最终得到的焦炭无法直接回收利用，造成了资源浪费；而硫酸化金属氧化物能够较好地实现催化剂与反应残渣的分离，有效地解决催化剂的回收和再生以及焦炭的回收利用等一系列问题。因此，相对于传统液体酸催化剂而言，固体酸催化裂解生物质制备 LGO 应用前景较好，具有一定的研究价值。在生物质催化裂解选择性制备糠醛的反应中，$ZnCl_2$ 拥有良好的催化活性，且被广泛应用。但是 $ZnCl_2$ 对糠醛的选择性是有限的（10％以内），而且反应中 $ZnCl_2$ 很难回收，这不符合工业上对催化剂循环利用的要求。但是将 $ZnCl_2$ 与 HZSM-5 分子筛结合起来，催化效果将会大大提高。所以有关于生物质催化裂解方面还需深入研究。

在生物质合成方面，一些过渡金属化合物和有机催化剂被广泛应用于生物质的合成。这些催化剂具有良好的活性和稳定性，能够有效地促进生物质的合成反应。例如，在生物质合成醇类物质的过程中，使用铜基催化剂可以有效地促进乙醇的合成。此外，一些新型的催化剂也被报道，如金属有机骨架（MOF）催化剂和碳基材料上的金属纳米颗粒等。这些催化剂具有高比表面积和良好的孔结构，能够为生物质合成提供更高效、环保的解决方案。

由复合氧化物、磷酸盐以及杂多酸作为催化剂催化转化生物质分子制备芳香烃的研究成果在现阶段较为有限，但由于这类催化剂的组成和修饰方法更具有可调变性和高效性，发展其作为新型的高效催化剂也备受关注。例如，采用活性组分主要为 Nb_2O_5 和 $NbOPO_4$ 的复合催化剂，能够绿色、高效地合成出对二甲苯。复合催化剂中大量的片状纳米结构，使得纳米片周围有大量孔隙，为反应底物的吸附提供了活性位点。具有无定形或结晶性的金属磷酸盐（金属磷氧化物）也可作为固体酸催化剂参与该反应，它们通常具有高稳定和可再生性。

近年来，磷酸锡和磷酸锆等物质陆续被用于催化转化呋喃类分子合成芳香烃化合物。随着对生物质转化研究的不断深入，各类催化剂不断被扩展进此体系中。考虑到固体酸催化剂中元素或结构的多样性，反应底物的范围可以进一步扩大。同时，酸位点间的协同作用和孔道结构都可促进该催化反应。

7.6.3　太阳能转化

太阳能是一种清洁、可再生的能源。催化材料在太阳能的转化过程中也扮演着重要角色。例如，在光催化反应器中，利用光能和催化剂进行化学反应，将太阳能转化为化学能。这种技术可以用于水分解制氢、光催化半导体电解水制取氧气等。此外，在太阳能电池中，催化材料也可以提高太阳能的利用率和转换效率。

在水分解制氢方面，一些半导体光催化剂被广泛应用于水分解反应。这些催化剂具有良好的光催化活性和稳定性，能够有效地促进水的分解反应。例如，二氧化钛（TiO_2）是一种极具潜力的光催化材料，其带隙能量合适且具有较高的光催化活性。此外，一些新型的光催化剂也被报道，如有机-无机杂化钙钛矿材料和过渡金属硫化物等。这些催化剂具有高光催化活性和稳定性，能够为水分解制氢提供更高效、环保的解决方案。

在光催化半导体电解水制取氧气方面，一些氧化物和硫化物光催化剂被广泛应用于水的氧化反应。这些催化剂具有良好的光催化活性和稳定性，能够有效地促进水的氧化反应。例如，氧化钨（WO_3）是一种极具潜力的光催化材料，其带隙能量合适且具有较高的光催化活性（图 7-3）。此外，一些新型的光催化剂也在研究中被报道，如铜基配合物光催化剂等。这些催化剂具有高光催化活性和稳定性，能够为水氧化反应提供更高效的解决方案。

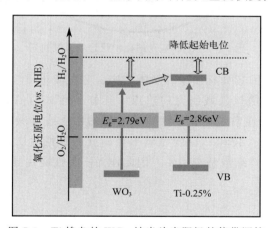

图 7-3　Ti 掺杂的 WO_3 纳米片光阳极的能带调控

钒酸铋近年来被科学家应用在光催化领域，是在可见光下催化性能较好的光催化剂，由于其具有良好的光催化特性，人们越来越关注钒酸铋在光催化领域的研究。钒酸铋催化剂具有很多优点，化学稳定性较好，在水溶液中稳定性好，在水溶液中无毒、对环境无毒，降解有机物能力强，能够达到降解有机物的目的。钒酸铋环境友好及优良的光催化特性为其未来的应用奠定了可能，研究人员通过离子掺杂、复合、形貌调控等手段，使其在可见光条件下表现出更加优异的光催化活性，但其光催化性能还未完全挖掘，需要更进一步的探索与研究。

Cu$_2$O 是一种重要的 p 型半导体，直接带隙为 2.00～2.2eV，Cu$_2$O 能吸收大部分可见光，其理论光电转换效率可达 18%，是该领域一种有潜力的光催化材料（图 7-4）。特别地，Cu$_2$O 作为一种降解有机污染物的光催化剂，受到了广泛的关注和深入的研究。然而，Cu$_2$O 由于带隙窄，光生电子-空穴对容易复合，降低了其光催化活性。另外，Cu$_2$O 在潮湿空气中会被氧化成 CuO，易发生光腐蚀等，其稳定性不好。研究表明，Cu$_2$O 可以与一些宽带隙半导体复合形成异质结材料，使其具有良好的可见光响应和丰富的反应位点，从而提高Cu$_2$O 的光催化效率。

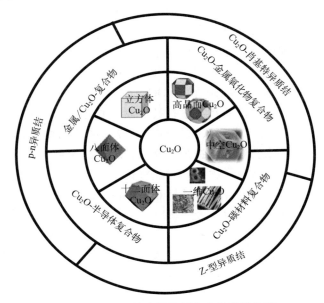

图 7-4 Cu$_2$O 基光催化剂化合物及其机理

钙钛矿型复合氧化物因其具有独特的晶体结构，在光催化降解有机物反应中表现出较高的催化性能，已经成为当前该领域研究的热点。其分子通式为 ABO$_3$，最初是指 CaTiO$_3$，其分子通式中 A 位阳离子通常是具有较大离子半径的稀土或者碱土金属元素，主要起稳定钙钛矿结构的作用。由于 A 位和 B 位皆可被半径相近的其他金属离子部分取代，合成出多种复合氧化物而保持其晶体结构基本不变，因此作为一类性能优异、用途广泛的材料而被广泛研究。

7.6.4 核能转化

核能是一种高效、清洁的能源，而催化材料在核能领域中也发挥着重要的作用。核反应过程中会产生大量的热能，而催化材料可以用于热能的转化和利用。例如，在核反应堆中，燃料核裂变产生的高温高压水蒸气可以推动蒸汽轮机发电。而在这个过程中，一些金属氧化物催化剂可以用于水蒸气的氧化反应，产生过热蒸汽，从而提高蒸汽轮机的效率。此外，核废料的处理也是核能领域中的一个重要问题，而催化材料可以用于核废料的转化和利用。例如，一些金属氧化物催化剂可以用于核废料中某些放射性元素的氧化反应，从而降低放射性元素的活度和毒性。随着对可控氚氚聚变技术的不断研究开发，必然会使核聚变工业在供能的同时会产生低浓度的含氚废气，氚会造成皮肤损伤、眼睛损伤、内分泌紊乱、免疫系统损伤、基因突变等，不及时分离净化会造成严重的安全隐患。常见的除氚金属氧化物催化剂有氧化锰、氧化铜和多种金属的复合氧化物，以 CuO、Ag_2O 和 MnO 为活性组分的三种催化剂在惰性气氛和空气气氛条件下探究其除氚能力，因为氚和氢气的化学物理性质相似，实验中用氢气代替氚。从实验结果来看，三种催化剂适合于两种气氛，并且在空气气氛中，可以长期保持催化活性，不需要活化。在温度高于 350℃ 时三种催化剂都可以实现空气的深度除氚。蜂窝状催化剂，疏水的不锈钢蜂窝状催化剂和碳化硅蜂窝状催化剂，合成方法简便，通过甲基三甲氧基硅烷与两种蜂窝状载体反应，实现两种载体的疏水化，再通过浸渍法和氢气还原，将铂负载到载体上。疏水化处理后明显改变了催化剂的抗水汽能力，蜂窝状催化剂明显增加了催化剂的传热速率，压力降明显降低。

7.6.5 风能转化

风能是一种可再生的绿色能源，而催化材料在风能转化过程中也扮演着重要的角色。风力发电是一种利用风能进行发电的方式，而风力发电的效率受到风速和涡轮机叶片性能等因素的影响。而一些金属氧化物催化剂可以用于风力发电设备的保护和修复，从而提高设备的性能和寿命。此外，一些新型的催化材料也可以用于风能转化过程中的气体净化等方面。例如，一些金属有机骨架（MOF）催化剂可以用于空气的净化，去除空气中的有害气体和微粒物等（图 7-5）。

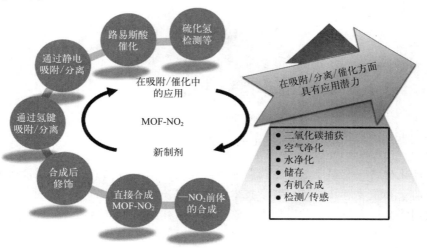

图 7-5　从新的制备方法和有吸引力的应用角度展示了 MOF-NO_2 的前景

挥发性有机物（VOC）具有挥发性、毒性和扩散性，对人类健康和生态环境构成严重威胁。催化氧化技术已被认为是处理挥发性有机物的高效选择。在各类催化剂中，二氧化锰（MnO_2）因其独特的晶体结构、高催化活性和低廉的价格，被广泛应用于催化分解苯类、醛类、酮类等挥发性有机物，并具有一定的抗菌性，锰基催化剂作为过渡金属氧化物中活性最高的催化剂，在 HCHO 氧化（图 7-6）中得到

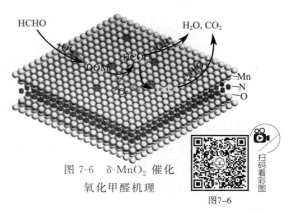

图 7-6　δ-MnO_2 催化氧化甲醛机理

图7-6

了广泛的研究。δ-MnO$_2$具有特殊的二维层隧道结构，并且催化剂表面含有最多的活性氧和最多的晶格氧，因此在 α-MnO$_2$，β-MnO$_2$，γ-MnO$_2$ 和 δ-MnO$_2$ 这四种 MnO$_2$ 催化剂中具有最高的活性。δ-MnO$_2$具有较高的催化性能和简便的制备工艺，可作为载体应用于负载型催化剂。

与贵金属催化剂相比，过渡金属氧化物（如 Co$_3$O$_4$、Fe$_2$O$_3$、MnO$_2$、CeO$_2$、CuO、NiO 和 Cr$_2$O$_3$）催化剂由于其高反应性、低成本和环境友好而引起广泛关注。在过渡金属氧化物催化剂中氧化钴被认为是一种很有前途的活性催化剂用于气体污染物降解，包括CO、NO$_x$ 和 VOC，因为它的弱氧键强度和高翻转频率适用于氧化还原反应。将 Ce 引入过渡金属氧化物中已被证明可以进一步促进氧的迁移以及氧化还原性质。Co$_3$O$_4$-CeO$_2$ 催化剂（图 7-7）由于其在 CO 和 Ce 物种之间的催化协同作用而被发现对 CO 和 VOC 的氧化具有活性。

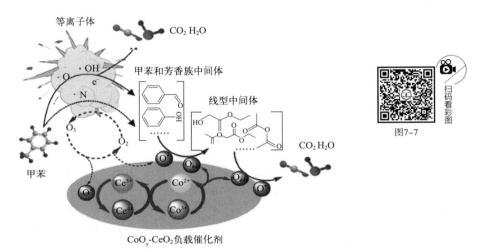

图 7-7　CoO$_x$-CeO$_2$ 负载催化剂催化反应机理

综上所述，催化材料在燃料电池、生物质能源转化、太阳能转化、核能和风能等方面的应用具有广泛的前景和重要意义。随着科学技术的不断进步和新材料的不断涌现，催化材料在这些领域的应用将会得到进一步的发展和完善。

知识拓展

石墨烯（graphene）是碳的同素异形体，碳原子以 sp^2 杂化键合形成单层六边形蜂窝晶格结构。利用石墨烯这种晶体结构可以构建富勒烯（C$_{60}$），石墨烯量子点，碳纳米管、纳米带，多壁碳纳米管和纳米角。堆叠在一起的石墨烯层（大于 10 层）即形成石墨，层间通过范德华力保持在一起，晶面间距 0.335nm。石墨烯具有独特的二维结构、较大的理论比表面积、高载流子迁移率、高弹性模量以及高热导率等特性，一直以来被视为新能源转换与存储领域的潜在应用材料。

① 催化电解水阴极析氢（HER）。石墨烯的高电导率可有效地用于改善电催化制氢的性能，其比表面积巨大，可以增加电催化剂的活性位点并降低电催化剂的超电势。

② 催化电解水阳极析氧（OER）。OER 反应的析氧过电位较高，故降低析氧过电位的

同时，如何提高 OER 效率是目前发展水电解制氢的关键，将过渡金属或其氧化物、硫化物固定在石墨烯上，协同作用，开发优异 OER 电催化剂。

③ 催化氧气还原。燃料电池中的氧还原反应（ORR）是在正极侧实现能量存储和转化的最关键的电化学反应之一，其固有的缓慢动力学阻碍了燃料电池的广泛商业化。将不同类型的氮掺入碳中可以为氮掺杂的石墨烯提供更多的官能团，进而提高电导率，从而具有广阔的应用范围。

④ 超级电容器领域。将石墨烯作为基底材料，金属氧化物负载于石墨烯表面上，可以有效提高复合材料的导电性。

⑤ 锂离子电池领域。柔性的石墨烯具有优异的导电性，将其与高容量的活性材料进行复合可以有效提高电极的电化学性能。

本章小结

　　本章主要介绍了催化材料的相关基础知识，包括催化材料的基本概念、特点、结构指标、性能评价；概括了催化材料常用的制备方法；举例介绍了催化材料在燃料电池、生物质能源转化、太阳能转化、核能和风能等能源转换方面的应用。

复习思考题

1. 什么是催化材料？它的作用是什么？
2. 试概括催化材料的特点。
3. 试列举常见的催化材料种类。
4. 固体催化剂的宏观结构和微观结构指标主要有哪些？如何表征？
5. 试分析应该从哪些方面评价新开发的催化剂的性能。
6. 试说明由沉淀法制备催化材料时，催化材料的活性和选择性会受到哪些因素影响。
7. 目前催化材料在能源转换领域中的应用如何？分析催化材料的开发方向和前景。

参考文献

[1] 王佳茹. 催化剂与催化作用. 大连：大连理工大学出版社，2015.

[2] 吴志杰. 能源转化催化原理. 东营：中国石油大学出版社，2018.

[3] 廖代伟. 催化科学导论. 北京：化学工业出版社，2006.

[4] 向德辉，翁玉攀，等. 固体催化剂. 北京：化学工业出版社，1983.

[5] Katz E，Bollella P. Fuel Cells and Biofuel Cells：From Past to Perspectives. Israel journal of chemistry，2020，60：1-18.

[6] Biert L，van Godjevac M，Visser K，et al. A review of fuel cell systems for maritime applications. Journal of Power Sources，2016，327：345-364.

[7] Sharaf O，Orhan M. An overview of fuel cell technology：Fundamentals and applications. Renewable and Sustainable Energy Reviews，2014，32：810-853.

[8] Lototskyy M，Tolj I，Pickering L，et al. The use of metal hydrides in fuel cell applications. Progress in

Natural Science：Materials International，2017，27(1)：3-20.

[9] Yang M，Shao J，Yang H，et al. Enhancing the production of light olefins and aromatics from catalytic fast pyrolysis of cellulose in a dual-catalyst fixed bed reactor. Bioresource Technology，2019，273：77-85.

[10] Wang S M，Wang K X，Cao W P，et al. Degradation of methylene blue by ellipsoidal β-FeOOH@MnO$_2$ core-shell catalyst：Performance and mechanism. Applied Surface Science，2023，619：156667.

[11] Zhang Z，Lu Q，Ye X，et al. Selective production of levoglucosenone from catalytic fast pyrolysis of biomass mechanically mixed with solid phosphoric acid catalysts. BioEnergy Research，2015，8：1263-1274.

[12] Lu Q，Wang Z，Dong C，et al. Selective fast pyrolysis of biomass impregnated with ZnCl$_2$：Furfural production together with acetic acid and activated carbon as by-products. Journal of Analytical and Applied Pyrolysis，2011，91：273-279.

[13] Yin J，Shen C，Feng X，et al. Highly Selective Production of p-Xylene from 2,5-Dimethylfuran over Hierarchical NbO$_x$-Based Catalyst. ACS Sustainable Chemistry & Engineering，2018，6(2)：1891-1899.

[14] Karthik Yadav P V，Ajitha B，Ashok Kumar Reddy Y，et al. Effect of sputter pressure on UV photodetector performance of WO$_3$ thin films. Applied Surface Science，2021，536：147947.

[15] Malathi A，Ashokkumar M，Arunachalamet P，et al. A review on BiVO$_4$ photocatalyst：Activity enhancement methods for solar photocatalytic applications. Applied Catalysis A General，2018，555：47-74.

[16] 赵强，李淑英，郭智楠，等. 氧化亚铜基光催化剂的制备及降解性能研究进展. 材料导报，2024，38(14)：1-35.

[17] Iwai Y，Kubo H，Ohshima Y，et al. hydrophobic platinum honeycomb catalyst to be used for tritium oxidation reactions，Fusion Science and Technology，2015，68：596-600.

[18] Lee G，Yoo D，Ahmed，I. Metal-organic frameworks composed of nitro groups：Preparation and applications in adsorption and catalysis，Chemical engineering journal，2022，451：138538.

[19] Zhang J，Li Y，Wang L，et al. Catalytic oxidation of formaldehyde over manganese oxides with different crystal structures. Catalysis science and technology，2015，5(4)：2305-2313.

[20] Ji J，Lu X，Chen C，et al. Potassium-modulated δ-MnO$_2$ as robust catalysts for formaldehyde oxidation at room temperature. Applied Catalysis B：Environmental. 2020，260：118210.

[21] Jiang N，Zhao Y，Qiu C，et al. Enhanced catalytic performance of CoOx-CeO$_2$ for synergetic degradation of toluene in multistage sliding plasma system through response surface methodology（RSM）. Applied Catalysis B：Environmental. 2019，259：118061.

[22] Mao H，Guo X，Fan Q，et al. Improved hydrogen evolution activity by unique NiS$_2$-MoS$_2$ heterostructures with misfit lattices supported on poly(ionic liquid)s functionalized polypyrrole/graphene oxide nanosheets. Chemical Engineering Journal，2021，404：126253.

[23] Yue X，Huang S，Cai J，et al. Heteroatoms dual doped porous graphene nanosheets as efficient bifunctional metalfree electrocatalysts for overall water-splitting. Journal of Materials Chemistry A，2017，5(17)：7784-7790.

[24] Sun Y，Wang Q，Geng Z，et al. Fabrication of two-dimensional 3d transition metal oxides through template assisted cations hydrolysis method. Chemical Engineering Journal，2021，415(10)：129044.

[25] Bezerra L，Maia G. Developing efficient catalysts for the OER and ORR using a combination of Co，Ni，and Pt oxides along with graphene nanoribbons and NiCo$_2$O$_4$. Journal of Materials Chemistry A，2020，8(34)：17691-17705.

[26] Chen H，Ma X，Shen P. NiCo$_2$S$_4$ nanocores in situ encapsulated in graphene sheets as anode materials for lithium-ion batteries. Chemical Engineering Journal，2019，364：167-176.

[27] Tsang C，Huang，H，Xuan J，et al. Graphene materials in green energy applications：recent development and future perspective. Renewable and Sustainable Energy Reviews，2020，120：109656.

磁性材料及其在能源领域中的应用

 学习目标

1. 了解物质磁性的起源。
2. 了解低维磁性材料的制备和表征手段。
3. 掌握磁制冷概念和主要原理及磁性材料在能源领域中几种典型应用。

8.1　磁性的起源

　　磁性是物质的一种基本属性。在外磁场的环境中，各种物质会呈现出不同的磁现象，任何磁现象的本质均起源于电荷的运动。物质呈现出的磁现象是构成物质的基本粒子的磁性的集体反馈。构成物质的基本粒子是原子，原子是由原子核和核外电子组成。人们常用磁矩来描述磁性，所以，原子磁矩是一切物质的磁性起源。原子磁矩由电子磁矩和原子核磁矩组成，其中电子磁矩包括由电子的轨道和自旋运动引起的自旋电子轨道磁矩及电子自旋磁矩。另一方面，原子核也具有核磁矩，但是由于原子核磁矩的量级很小，对原子磁矩的贡献可忽略不计。因此，可以认为，物质的磁性主要起源于电子轨道磁矩和电子自旋磁矩构成的电子磁矩。

8.1.1　电子轨道磁矩

　　运动的电子会产生磁矩。在经典的玻尔原子模型中，电子在绕着原子核运动。在电子绕着原子核所进行的轨道运动中，会形成一个闭合的环形电流回路，从而会产生磁矩，即电子轨道磁矩。我们以一个电子绕原子核做轨道运动的简单情况进行讨论。假设有一个质量为 m 的电子在半径为 r 的圆形轨道上以角速度 ω 绕着原子核旋转运动，此时会形成一个 $-q\omega/2\pi$ 的电流，并由此会产生如下的轨道磁矩：

$$\mu_l = iS = -\frac{q\omega}{2\pi}(\pi r^2) = -\frac{q}{2}\omega r^2 \tag{8-1}$$

电子轨道运动的动量矩 p_l 为：

$$p_l = m_q \omega r^2 \tag{8-2}$$

式中，m_q 是电子的质量。把式（8-2）与式（8-1）合并，则可以把式（8-1）进一步写成：

$$\mu_l = -\frac{q}{2m_q}p_l = -\gamma_l p_l \tag{8-3}$$

式中，$\gamma_l = \frac{q}{2m_q}$，称为轨道磁力比。式（8-3）表明，对于电子绕着原子核所做的轨道运动，其轨道磁矩和轨道动量矩的大小成正比，但是方向相反。图8-1是电子绕核做轨道运动的电子动量矩和轨道磁矩的关系示意图。

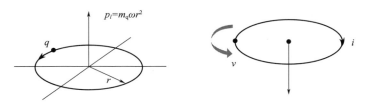

(a) 绕核运动电子的动量矩　　　　　　　　　**(b) 绕核运动电子的磁矩**

图 8-1　绕核运动电子的动量矩和磁矩关系示意图

在量子力学理论中，原子核外电子的轨道运动是量子化的，当电子运动的主量子数为 n 时，角动量由角量子数 l 确定，用角动量代替动量矩，则电子的轨道角动量 p_l 为：

$$p_l = \sqrt{l(l+1)}\frac{h}{2\pi} \tag{8-4}$$

式中，l 的可能取值为 $l = 0$，1，2，$\cdots$，$n-1$；h 为普朗克常数，其值为 6.6256×10^{-34} J·s。

把式（8-4）代入式（8-3），可以得到量子化的电子轨道磁矩表达式：

$$\mu_l = -\sqrt{l(l+1)}\frac{qh}{4\pi m_q} = -\sqrt{l(l+1)}\mu_B \tag{8-5}$$

式中，$\mu_B = \frac{qh}{4\pi m_q}$，称为玻尔磁子，$\mu_B$ 是衡量原子磁矩的最小单位，其值为 9.27×10^{-24} A·m^2。式（8-5）中的负号表示角动量与磁矩的方向相反。

磁量子数决定了电子轨道角动量在空间中的取向。当原子的次壳层已填满电子时，电子的轨道运动会占据所有的可能方向，形成一个球形对称体系，此时总轨道角动量为零。因此，在计算原子的总轨道角动量时，只需要考虑未填满的壳层中电子的贡献，而不需考虑已填满的内层电子的影响。

8.1.2　电子自旋磁矩

电子在围绕原子核转动的同时，也在做自旋运动。电子围绕自身的中心轴做自旋运动的经典物理图像如图8-2所示。

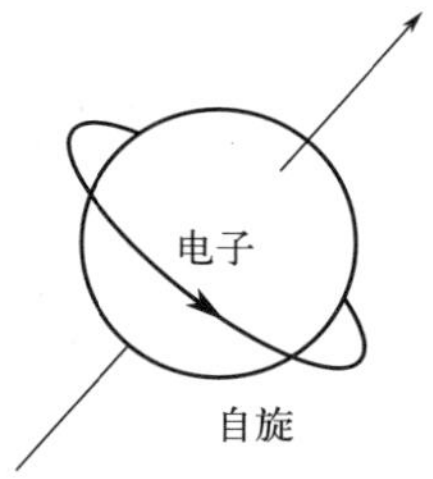

电子的自旋也会产生一定的磁矩，是除了电子轨道磁矩外的另一个电子磁矩的主要来源。在量子力学中，电子自旋角动量取决于自旋量子数 s。自旋角动量 p_s 的大小表示为：

$$p_s = \sqrt{s(s+1)}\frac{h}{2\pi} \tag{8-6}$$

由于自旋量子数 s 的值只能等于 $1/2$，是一个确定的值，所以自

图 8-2　电子的自旋运动

旋角动量 p_s 的值也是确定的，即

$$p_s = \frac{\sqrt{3}}{2} \times \frac{h}{2\pi} = \sqrt{3}\frac{h}{4\pi} \tag{8-7}$$

电子自旋磁矩 μ_s 与自旋角动量 p_s 的关系为：

$$\mu_s = -\frac{q}{m}p_s \tag{8-8}$$

式中的负号表示电子自旋磁矩和自旋角动量的方向相反，将式（8-8）代入式（8-7）可以得到自旋磁矩的绝对值大小：

$$\mu_s = \sqrt{3}\mu_B \tag{8-9}$$

一般磁性物质的电子轨道磁矩要小于电子自旋磁矩，所以，多数固态物质的磁性主要来源于电子的自旋磁矩，而不是电子轨道磁矩。另外，在已填满电子的次壳层中，各电子的自旋磁矩和自旋角动量会互相抵消，导致满电子的壳层中的总动量和总磁矩都为零，此时该原子不存在固有磁矩。因此，能显示出固有磁矩的必然是电子壳层未被填满的原子。换句话说，只有未填满电子的壳层上未成对的电子才会贡献原子的总磁矩。

另外，必须指出的是，并不是所有未被填满电子壳层的原子都会展现出磁性，例如铬、铜、钒和所有镧系元素都有未被填满的电子壳层，但是上述的三种元素和镧系中除了钆和一些重稀土元素以外的元素通常都不会展现出磁性。所以，原子内存在未被填满的电子壳层只是物质会展现出磁性的必要条件，而并不是充分条件。

 知识拓展

根据物质在外磁场中的磁化特性，可以将磁性分为五类：铁磁性、顺磁性、抗磁性、反铁磁性和亚铁磁性。这些不同的磁性类型在磁化过程中表现出不同的行为特性。

铁磁性：物质在磁场中可以产生强烈的磁化强度，并且磁化强度在外部磁场消失后仍然可以保持较长时间。铁、钴、镍及其合金是典型的铁磁性材料。

顺磁性：物质在磁场中产生的磁化强度与外部磁场方向相同，但磁化强度较弱，当外部磁场消失时，磁化强度也迅速消失。

抗磁性：物质在磁场中产生的磁化强度与外部磁场方向相反，但磁化强度较弱，通常不超过原磁场的万分之一。

反铁磁性：物质在磁场中的磁化强度与外部磁场方向相反，但磁化强度较强，且随着温度的升高，磁化强度逐渐减弱。

亚铁磁性：某些化合物如氧化铁在特定温度下表现出类似铁磁性的行为，但在更高温度下会转变为顺磁性或抗磁性。

8.2　低维磁性材料的制备与表征

8.2.1　低维磁性材料的制备

磁性材料是现代工业和科技发展中不可或缺的重要材料。以永磁材料、软磁材料和磁存

储材料等为代表的磁性材料已经在航空航天、交通和医疗等军工和民用领域发挥着不可替代的关键作用。随着科技的飞速发展，各种电子电力设备朝着小型化、扁平化方向发展。在这种趋势下，随着磁性材料维度的降低，量子效应随之增强，进一步拓展了磁性材料的研究和应用价值。低维磁性材料主要有纳米颗粒材料、纳米核壳结构材料、薄膜材料、纳米纤维材料等。制备低维磁性材料的方法有物理制备方法和化学制备方法，物理制备方法包括蒸发冷凝法、溅射法、脉冲激光沉积法等，化学制备方法包括溶胶-凝胶法、水热法与溶剂热法、热分解法和反相微乳液法等。

8.2.1.1 物理制备方法

（1）蒸发冷凝法

蒸发冷凝法也被称为惰性气体冷凝法（inert gas condensing，IGC），是较早发展起来的一种经典的制备纳米粉体的物理方法，也是目前制备具有清洁界面纳米粉体的主要手段之一。蒸发冷凝法的基本原理是在真空蒸发室内充入 50Pa～1kPa 的低压惰性气体，利用蒸发源的加热作用，使待制备材料气化或形成等离子体，然后与惰性气体原子碰撞而失去能量，继而骤冷使之凝结成纳米粉体颗粒。

蒸发冷凝法所使用的制备装置容易实现，图 8-3 是蒸发冷凝法制备粉末样品的装置示意图，主要包括热源、蒸发室、冷凝室、粉末收集室及真空系统。制备流程包括抽真空、充入惰性气体、蒸发原料、冷凝成粉几个步骤。首先，把制备原料放入蒸发室中，依次用机械泵、罗茨泵、分子泵将蒸发室、冷凝室、收集室等腔体空间抽至真空度优于 5.0×10^{-3} Pa。然后，充入 Ar、He 或 Ar、He 混合惰性气体，使蒸发室内的压力略低于标准大气压。接着，接通电源使金属块体原料迅速被熔融蒸发。最后，蒸发的金属气体将与惰性气体相互碰撞形成金属团簇，利用气体循环系统把金属团簇送到冷凝室进行冷却，形成纳米颗粒下落到收集室。

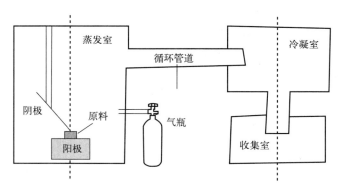

图 8-3　蒸发冷凝法制备粉末样品的装置示意图

蒸发冷凝法所制备的纳米颗粒具有表面清洁、粒径可控的特点，且具有良好的力学性能、磁性能和光学性能等功能特性。蒸发冷凝法具有多种熔化蒸发的加热方式，其中制备纳米粉体的加热方法主要包括电阻加热法、等离子束加热法、高频感应加热法、电子束加热法、激光束加热法和辉光等离子溅射法等。蒸发冷凝法制备金属纳米粉末的影响因素有很多，除了受制备样品的本征物理性质（饱和蒸气压、熔点、沸点）影响以外，还受惰性气体种类、气体压力、电弧电压、电弧电流等工艺条件的影响，上述因素均能够对纳米粉末的粒径和生产率产生重要影响。

蒸发冷凝法被广泛应用于制备金属纳米颗粒、纳米晶、纳米陶瓷、纳米金属氧化物以及磁性纳米合金等。在本小节中，我们主要介绍一下利用蒸发冷凝法制备磁性纳米颗粒。磁性材料是应用最为广泛的功能材料之一，而纳米尺度的磁性材料往往具备更加优异的磁学性能。1965 年，Tasaki 等人采用蒸发冷凝法制备了直径约为 15nm 的 Fe、Co、Ni 纳米颗粒。由于磁相互作用，这些颗粒呈链状排列，每种金属颗粒的剩余磁化强度和矫顽力都获得了极大提升。兰州大学李发伸等也利用该法制得平均粒径为 7.8nm 且稳定性较高的 Fe 纳米颗粒。此外，利用蒸发冷凝法对超细合金微粒的制备研究工作开展较少，这是因为不同合金元素熔点、沸点以及蒸气压的不同增加了制备难度。因此，蒸发冷凝法主要用于制备单质磁性纳米颗粒和蒸气压相差不大的合金。例如，可以利用蒸发冷凝法制备铁-钴、铁-镍、铁-钴-镍等粒径小于 300nm 的磁性超细合金粉末。蒸发冷凝法制备的磁性纳米颗粒具有良好的力学性能、磁性能及其他功能特性。但是，由于影响颗粒粒径及其分布的工艺参数多，限制了粉体的生产率，导致其大规模应用受到制约。

（2）溅射法

溅射法是一种利用溅射原理及技术处理加工材料表面的现代技术方法。溅射法的基本原理是：在直流或射频高压电场的作用下，利用形成的离子流轰击阴极靶材料表面，使离子的动能和动量转移给固体表面的原子，使靶材原子从其表面蒸发出来形成超细微粒，并在附着面上沉积下来。通常利用两块金属板分别作为阳极和阴极，阴极为蒸发用的材料，在两电极间充入氩气（40～250Pa），两电极间施加的电压范围为 0.3～1.5kV。

溅射法的优点是：①能在较低温度和真空系统中进行，有利于严格控制各种成分，防止杂质污染。②在制备合金薄膜或化合物薄膜时，可保持原组分不变。③既可直接利用溅射现象对固体材料表面进行精细刻蚀，又可在选定的衬底材料上沉积各种薄膜。常用的衬底材料有半导体晶片、玻璃、塑料及陶瓷片等，从阴极溅出的原子或分子沉积在这些基体材料上即可形成所需要的薄膜材料。④由于溅射沉积到硅片上的离子能量比蒸发沉积高出几十倍，所以形成的纳米材料附着力大。⑤溅射过程具有可调性，可以精确地控制离子束的能量、密度和入射角度来调整纳米薄膜的微观形成过程。

溅射法包括直流溅射、射频溅射、反应溅射、磁控溅射及其他溅射技术。直流溅射的优点是装置简单，但是难以获得浓度较高的等离子体区，沉淀速度较低，且不能用来溅射沉积绝缘介质薄膜。射频溅射是用交流电源代替直流电源，沉积速率比直流二极溅射高，且几乎可以用来沉积任何固体材料的薄膜，包括沉积各种合金膜、磁性薄膜或其他功能薄膜。反应溅射主要用于沉积化合物薄膜，可以使用化合物材料制作的靶材溅射沉积，也可以在溅射纯金属或合金靶材时，通入一定的反应气体来沉积化合物薄膜。反应溅射在沉积介电材料或绝缘材料化合物薄膜时容易出现迟滞现象，采用中频和脉冲电源是比较有效且经济的解决手段。磁控溅射是一种十分有效的薄膜沉积方法，被普遍和成功地应用于微电子、光学薄膜和磁性薄膜材料领域中，用于薄膜沉积和表面覆盖层制备，下面主要介绍一下磁控溅射法。

磁控溅射法是在直流二极溅射基础上发展而来的，在被溅射的靶极（阳极）与阴极之间加一个正交磁场和电场，电场和磁场方向相互垂直。图 8-4 是磁控溅射沉积薄膜的示意图。磁控溅射的工作原理是电子在电场的作用下，在飞向衬底过程中与氩原子发生碰撞，使其电离产生氩离子和新的电子；新电子飞向基底衬底，氩离子在电场作用下加速飞向阳极靶，并以高能量轰击靶材表面使靶材原料发生溅射。在溅射粒子中，中性的靶原子或分子沉积在衬底上形成薄膜。磁控溅射法也具备灵活的可调性，通过更换不同材质的靶材，调节预抽真空度、溅射时的氩气压力、溅射功率、溅射时间和衬底温度等因素，可以实现对薄膜的种类、厚度进行调控，甚至可以对薄膜的微观组织结构进行设计。

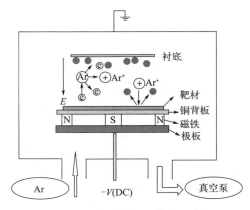

图 8-4　磁控溅射沉积薄膜示意图

磁控溅射与其他的镀膜技术相比具有如下特点：可制备成靶的材料广，几乎所有金属、合金和陶瓷材料都可以制成靶材；在合适条件下多元靶材共溅射，可沉积配比精确恒定的合金；在溅射的放电气氛中加入氧、氮或其他活性气体，可沉积形成靶材物质与气体分子的化合物薄膜；通过精确地控制溅射镀膜过程，容易获得均匀的高精度膜厚；通过离子溅射，靶材料物质由固态直接转变为等离子态，溅射靶的安装不受限制，适合于大容积镀膜室多靶布置设计。值得注意的是，利用磁控溅射制备铁磁材料时，稍有漏磁，等离子体内无磁力线通过，对此后续提出了非平衡磁控溅射来进行改进。

（3）脉冲激光沉积法

脉冲激光沉积（pulsed laser deposition，PLD）是利用激光轰击靶材并在衬底上进行沉积以制备薄膜。利用 PLD 技术制备薄膜可以精细地控制薄膜厚度，且薄膜的成分与靶材几乎一致。PLD 的工艺参数调节空间较大，可以在沉积过程原位引入多种气氛，因此可以通过调节工艺参数来生长不同需求的薄膜材料。

PLD 系统主要由脉冲激光器、光路系统和沉积系统这三个部分构成。其中，光路系统由光闸扫描器、汇聚透镜和激光窗口组成。沉积系统由充气系统、抽真空泵、真空室、衬底加热装置、靶材和真空计等构成。图 8-5 是 PLD 的基本装置示意图。光路系统是用来确保激光器发射出的激光能够平直地进入真空室，瞄准靶材并进行轰击。沉积系统可以调控多个工艺参数，例如衬底温度和沉积气氛等。

PLD 是一种物理沉积薄膜技术。当脉冲激光经过光路系统照射到靶材上时，靶材表面受到激光轰击后激发出等离子体，等离子体以定向膨胀的方式沉积到衬底上，并最终在基板上成核直至形成薄膜。PLD 沉积薄膜的过程可以分为三个步骤：第一步是利用激光对靶材轰击。当激光轰击靶材时，靶材表面受到加热而出现等离子体。等离子体是由大量的自由电子、离子及少量未电离的气体分子和原子组成。第二步是等离子体的膨胀。高温高密度的等离子体在高温和压力梯度下，由靶材向基板表面运输。第三步是烧蚀物的凝聚、形核和长大。随着烧蚀粒子的不断凝聚，粒子在基板表面沉积为薄膜。

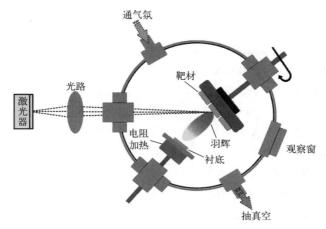

图 8-5　脉冲激光沉积设备示意图

脉冲激光沉积法是制备磁性合金和磁性氧化物薄膜的常用手段之一，由该法制得的薄膜样品不仅具有较高的晶体质量，同时也具有优异的功能特性。值得一提的是，脉冲激光沉积法制备薄膜的影响因素有很多，如靶材种类、激光频率、激光能量、衬底温度、沉积气氛、靶材与衬底之间的距离等。因此，通过灵活调节上述影响因素，可以对磁性纳米薄膜进行组分和微观组织结构的设计和调控。目前，利用脉冲激光沉积法已经可以制备多种具有自组装结构的磁性纳米复合薄膜，包括纳米颗粒结构、纳米层状结构、纳米柱状结构及纳米棋盘结构，如图 8-6 所示。

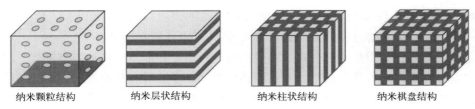

纳米颗粒结构　　　　纳米层状结构　　　　纳米柱状结构　　　　纳米棋盘结构

图 8-6　脉冲激光法沉积薄膜结构

8.2.1.2　化学制备方法

化学制备方法是制备低维磁性纳米材料最有效的方法，通过调节前驱体种类及浓度，还原剂、表面活性剂、反应时间与温度等实验参数，能够实现对形貌、粒径、化学组分和磁学性质的有效调节。由于表面包覆了表面活性剂，因此化学方法制备的磁性纳米材料通常具有良好的单分散性和化学稳定性，可以对磁性纳米颗粒进行进一步改性或者自组装，以实现在生物传感与检测、靶向药物传输、能量存储、磁记录、电催化和水处理等领域的应用。化学制备方法主要有溶胶-凝胶法、水热法与溶剂热法、热分解法和反相微乳液法等。

（1）溶胶-凝胶法

溶胶-凝胶（Sol-Gel，S-G）法是将含高化学活性组分的化合物经过溶液、溶胶、凝胶而固化，再经热处理而制成氧化物或其他化合物固体的方法。溶胶-凝胶法的原理是以无机物或金属醇盐作前驱体，在液相将这些原料均匀混合，并进行水解、缩合化学反应，在溶液中形成稳定的透明溶胶体系。溶胶经陈化，胶粒间缓慢聚合，形成三维空间网络结构的凝胶，凝胶网络间充满了失去流动性的溶剂，形成凝胶。凝胶经过干燥、烧结固化制备出分子乃至纳米亚结构的材料。

溶胶-凝胶法的主要反应步骤是：①前驱体（无机盐或金属醇盐）溶于溶剂（水或有机溶剂）中形成均匀溶液；②溶质与溶剂发生水解或醇解反应，生成物聚集成 1nm 左右的粒子，形成溶胶；③溶胶经蒸发干燥转变为凝胶。溶胶-凝胶法与其他方法相比具有许多独特的优点：①由于溶胶-凝胶法中所用的原料首先被分散到溶剂中而形成低黏度的溶液，因此可以在很短的时间内获得分子水平的均匀性，形成均匀性在分子水平的凝胶；②由于经过溶液反应步骤，因此容易均匀定量地掺入一些微量元素，实现分子水平上的均匀掺杂；③与固相反应相比，溶胶-凝胶法的化学反应更容易进行，且仅需较低的合成温度；④选择合适的条件可以制备各种新型材料。溶胶-凝胶法被广泛应用于制备磁性薄膜和纳米颗粒，图 8-7 是溶胶-凝胶法制备薄膜样品的工艺流程。利用该法制备的磁性薄膜或纳米颗粒具有组分均一、性质稳定的特点，且制备过程易控制，但是由于溶胶的陈化过程较长，从而导致样品制备的周期稍长。

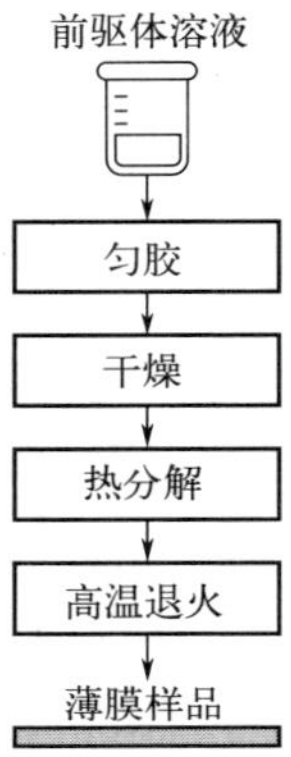

利用溶胶-凝胶法制备磁性纳米颗粒的过程中，通过调节前驱体的浓度、性质，溶液的 pH，凝胶后处理温度和时间等，不仅可以制备粒径为几到几十纳米的磁性纳米颗粒，而且能够实现对纳米颗粒的尺寸、形貌和组分的有效调控。然而，由于溶胶-凝胶法存在溶胶陈化时间较长的缺点，凝胶中的大量微孔在干燥时会溢出气体，产生收缩。对此有效的解决手段是使用有机试剂，但会增加制备成本和工艺复杂程度。

（2）水热法与溶剂热法

水热法与溶剂热法是指在一定的温度（100～1000℃）和压力（1～100MPa）条件下利用过饱和溶液中的物质化学反应所进行的合成方法。水热法合成反应是在水溶液中进行，溶剂热法合成反应是在非水有机溶剂中进行。水热法与溶剂热法是在高温高压条件下进行，水或者其他溶剂处于临界或超临界状态，既是溶剂、矿化剂，同时也可作为压力传递介质，参与渗析反应和控制物理化学因素等。溶解在水或者溶剂中的物质其物理性质和化学反应性能发生很大改变，从而可以提高反应物的活性。

图 8-7 溶胶-凝胶法工艺流程

水热法与溶剂热法在无机材料合成方面具有以下特点：①由于在水热与溶剂热条件下反应物反应性能的改变、活性的提高，水热与溶剂热合成方法有可能代替固相反应以及难于进行的合成反应，并产生一系列新的合成方法。②由于在水热与溶剂热条件下，中间态、介稳态以及特殊物相易于生成，因此能合成与开发一系列特种介稳结构、特种凝聚态的新合成产物。③能够使低熔点化合物、高蒸气压且不能在熔体中生成的物质以及高温分解相物质在水热与溶剂热低温条件下晶化生成。④水热与溶剂热的低温、等压、溶液条件，有利于生长缺陷极少、取向好、完美的晶体，且合成产物结晶度高，易于控制产物晶体的粒度。⑤由于易于调节水热与溶剂热条件下的环境气氛，因而有利于低价态、中间价态以及特殊价态化合物的生成，并能均匀地进行掺杂。

水热法与溶剂热法具有一系列工艺优点，如省略了煅烧步骤，从而也省略了研磨步骤，因此粉末的纯度高，晶体缺陷密度低；从溶液中直接合成高结晶度，不含结晶水的陶瓷粉末；粉末的大小、均匀性、形状、成分可以得到严格控制；粉末分散性比其他溶液法明显优异，而且粉末活性高，因此易于烧结；使用较廉价的原料，反应条件适中，设备较简单，耗电低。但是水热法与溶剂热法也存在缺陷，如水热法目前可以合成大多数简单氧化物，但是只能合成有限数目的多元素复杂氧化物；对设备的耐腐蚀性要求较高，需要处理反应废液。

水热法与溶剂热法是磁性纳米材料最常用的制备方法之一，可以制备磁性纳米颗粒、氧化物或铁氧体纳米晶、合金纳米材料等。水热法与溶剂热法合成的纳米颗粒尺寸分布窄、分散性好，具有很好的水溶性，既可制备单组分微小晶体，又可制备双组分或者多组分化合物。制备过程简单易控制，通过调节反应时间、温度、反应物浓度、摩尔比、溶剂、前驱体、络合强度等来调控纳米颗粒的粒径大小、结构和形貌等结构参数。同时，因为反应发生在密闭的环境中，可以有效防止对环境产生污染。由于晶体生长不需要太长时间、原料无机盐价格低廉、反应条件控制简单、容易大量生产，水热法与溶剂热法被认为是化学制备法中最环保的方法。

（3）热分解法

热分解法是以亚稳定性的金属配合物作为前驱体，在溶剂和表面活性剂的作用下经高温分解得到金属原子，再由金属原子生成金属纳米颗粒，然后控制条件将金属纳米颗粒氧化成单分散性好的磁性金属氧化物纳米颗粒。该方法通过控制加热条件、前驱体的浓度、反应时间和表面活性剂可以调控金属氧化物纳米颗粒的大小和形貌，且其产物纯度高、不易团聚。

热分解法常用来制备活泼性不强的金属颗粒，如 Fe、Co、Ni 等单质金属纳米晶或其金属氧化物。常用的前驱体主要包括铜铁试剂、硬脂酸盐、金属醇盐以及一些无机盐类等。常用的表面活性剂包括烷基酸、烷基胺和有机化合物等，常用的溶剂有十八烯、硬脂醇、油酸和油胺等。需要注意的是，热分解法要求金属的前驱体具有一定的分解温度，在加热至分解温度时能够迅速分解形核，控制生长条件可以得到单分散的纳米颗粒。另外，要求热分解温度范围要窄，否则在分解温度范围内形核与生长会同时发生，导致颗粒尺寸分布和形貌不可控。

注意，热分解法与热还原法比较相似，但是二者存在本质区别，即所依赖的化学反应不同。热分解法是指将待分析的样品加热至高温，使其发生热分解反应，从而将样品中的化合物分解成其组成元素或化合物。这种方法通常用于分析含有金属、非金属元素或其化合物的样品。例如，将含有氧化铜的样品加热至高温，氧化铜会分解成氧气和铜元素，然后可以通过化学反应来分析铜元素的含量。而热还原法是指在高温下，将待分析的样品与还原剂反应，使其发生热还原反应，从而将样品中的化合物还原成其组成元素或化合物。这种方法通常用于分析含有金属元素的样品。例如，将含有铁的样品与还原剂反应，可以将铁离子还原成铁元素，然后可以通过化学反应来分析铁元素的含量。

（4）反相微乳液法

反相微乳液法（reversed-phase microemulsion）是近年来发展起来的制备材料的新方法，通过寻找一种或多种微乳液的配制方法来合成出不同尺寸和形状的粒子，从而得到所需性质的相关材料。微乳液是在表面活性剂、助表面活性剂（醇类）的作用下，两种不互溶的液体形成的热力学稳定、各向同性、外观透明或半透明的分散体系。微观上，微乳液是由表面活性剂界面膜所稳定的一种或两种液体的微滴所构成。微乳液通常有水包油型（O/W）和油包水型（W/O）两种体系，油包水型也称反相微乳液。磁性纳米颗粒的制备通常利用反相微乳液法，这里我们主要介绍反相微乳液法。

在反相微乳液中，以微小液滴存在的水相分散在油相中，水相和油相的界面处的表面张力是通过吸附一层表面活性剂和助表面活性剂来调节的，微乳液才能稳定存在。反相微乳液中的水相液滴也称微泡，微泡的粒径尺寸范围通常为 10～100nm，每个微泡都相当于一个纳米反应器。当两种反相微乳液混合时，微泡之间相互碰撞破裂并再结合，微泡内的物质相互交换而发生化学反应，经过形核、聚集、破乳、离心分离后得到磁性纳米颗粒。水相与油相体积比、表面活性剂和助表面活性剂的种类和浓度等这些因素都可以影响微泡的结构、类型和粒径大小。因此，通过选择合适的表面活性剂、助表面活性剂、还原剂、金属离子，可以对微泡的大小、pH 和结构进行调控，进而获得尺寸和形貌可控的磁性纳米颗粒。

反相微乳液法具有制备过程简单、纳米颗粒尺寸和形貌可控的特点，在制备磁性纳米颗粒方面具有如下诸多优势：实验装置简单、能耗低、操作简单；制备的纳米颗粒粒径小、尺寸分布范围窄；颗粒表面因包覆表面活性剂而不易聚结沉降，因此具有良好的稳定性和分散性；通过使用不同的表面活性剂，可对纳米颗粒表面进行修饰，进而调节纳米颗粒的物理和化学性能。因此，反相微乳液法在磁性纳米颗粒的制备领域具有潜在的优势。

8.2.2 磁性材料的表征

8.2.2.1 晶体结构表征

（1）X 射线衍射

X 射线衍射（X-ray diffraction，XRD）是一种利用 X 射线在晶体物质中的衍射而进行物相分析的技术。测试材料具有其特定的晶体结构，利用 X 射线照射样品会产生相应的衍射谱。通过对衍射谱进行分析，可以根据衍射数据来鉴别晶体结构。通过将未知物相衍射花样与已知物相衍射花样相比较，可以逐一鉴定出样品中的各种物相，可以获得测试材料的物相成分、点阵参数、晶体取向和结晶质量等信息。

XRD 是分析材料微观结构与缺陷的最常用手段。XRD 分析在磁性材料科学中的应用大致可以归纳为：利用 XRD 来确定磁性材料的晶体结构类型和晶胞的大小，分析原子在晶胞中的配置和数量等；利用 XRD 对未知磁性材料进行物相鉴定，或者定量地分析待测磁性物质的组成；利用 XRD 测定磁性材料晶格畸变程度，计算晶格应变；利用 XRD 测定晶体取向，尤其是表征单晶和外延磁性薄膜的取向；利用 XRD 表征具有超晶格结构的磁性薄膜的衍射峰；利用高分辨 XRD 获取的倒易空间图谱，读取试样的晶格参数和取向等信息，分析单晶或外延薄膜材料的应变状态以及薄膜与沉底之间的晶体学关系；利用 XRD 观测磁畴，由于靠近磁畴的磁致伸缩应变不一样，可以测量布拉格反射角来表征磁畴结构。

Helen 等利用 XRD 表征了 $La_{0.7}Sr_{0.3}MnO_3/SrRuO_3$ 超晶格的晶体结构和外延取向，如图 8-8 所示。XRD 图谱表明，在主峰（标记为 "0"）的周围出现了一系列周期性排布的卫星峰（通常标记为 "±1" "±2" 等），意味着薄膜具有超晶格结构。根据 XRD 的主峰和卫星峰的峰位按照式（8-10）还可以估算超晶格的平均周期厚度（Λ），其中，λ_X（0.1542nm）是 X 射线的波长；θ_{n+1} 和 θ_n 分别为两个相邻卫星峰的角度。

$$\Lambda = \frac{\lambda_X}{2(\sin\theta_{n+1} - \sin\theta_n)} \tag{8-10}$$

（2）同步辐射

同步辐射（synchrotron radiation）是指速度接近光速（$v \approx c$）的带电粒子在磁场中沿弧形轨道运动时放出的电磁辐射，由于它最初是在同步加速器上被观察到的，因此被称为"同步辐射"。按照电子动力学理论，带电粒子做加速运动时都会产生电磁辐射，因此这些高能电子会在其运行轨道的切线方向产生电磁辐射。

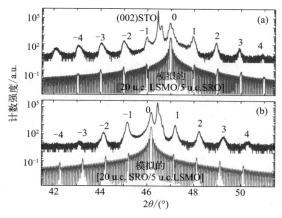

图 8-8　$La_{0.7}Sr_{0.3}MnO_3/SrRuO_3$ 超晶格的 XRD 图谱

同步辐射作为光源的主要特点如下：辐射光的波长覆盖面大且连续可调，波长范围从几微米到几百皮米，即从远红外到硬 X 射线；有强的辐射功率，功率可达几万瓦（北京同步辐射装置的辐射功率可达 6 万瓦，合肥同步辐射装置的辐射功率为 6 千瓦）；有好的准直性，同步辐射光是沿电子运动轨道的切线方向在一个很小的角度范围内发射出来的，在与轨道平面的垂直方向上所张的角度很小；具有很高的亮度，同步辐射光是由一个很小的立体角中发射出来的强功率光，能量高度集中；是有特定时间结构的脉冲光源，脉冲宽度在 $10^{-11} \sim 10^{-8}$ s 之间可调，脉冲间隔为几十纳秒至微秒量级，这种特性对"变化过程"的研究非常有用；同步辐射是高偏振光，在电子轨道平面中的同步辐射光的偏振度达为 100％，光的电矢量就在电子的轨道平面内，利用偏振光可研究生物分子的旋光性和磁性材料；同步辐射是"光谱纯"的光，是由电子在超高真空的环境中做加速运动而产生的一种"干净"而"纯"的光，可应用于微量元素的分析、表面物理研究、超大规模集成电路的光刻等；高度稳定性，电子束流在加速器中可以稳定循环运行十几到二十几个小时，保持电子能量与束流强度不变，从而使辐射光强有高度的稳定性。

同步辐射的基本构造包括电子枪、直线加速器、增强器、储存环、光束线和实验站。同步辐射光与物质相互作用时能够产生多种效应，如散射、次级发射、反射、透射、吸收和折射，如图 8-9 所示。同步辐射频谱宽，波长可调，亮度大，并具有偏振性等优异的特性，使光与物质相互作用的效应更加明显，使研究时间大大缩短，研究的范围大大扩展，并且可以研究样品在压力、温度等环境变化时的动态性质。基于同步辐射的实验方法种类繁多，如光电子能谱、扩展 X 射线吸收精细结构（EXAFS）、X 射线衍射、软 X 射线显微术、光刻和超微细加工等。本章后续介绍了 X 射线衍射和 X 射线光电子能谱这两种研究方法。

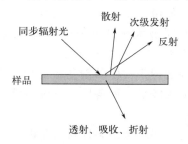

图 8-9　同步辐射光与物质的相互作用

8.2.2.2 微观组织结构表征

（1）扫描电子显微镜

扫描电子显微镜（scanning electron microscope，SEM），简称扫描电镜，是电子束以光栅状扫描方式照射试样表面，分析入射电子和试样表面物质相互作用所产生的各种信息来研究试样表面微区形貌、成分和晶体学性质的大型设备。扫描电镜的主要优点是放大倍数大、制样方便、分辨率高、景深大等，已广泛应用于化工、材料、医药、生物、矿产等领域。

如图 8-10，当高能电子束轰击样品表面时，由于入射电子束与样品间的相互作用，99% 以上的入射电子能量将转变成热能，其余约 1% 的入射电子能量，将从样品中激发出各种有用的信息，包括：吸收电子、二次电子、背散射电子、俄歇电子、特征 X 射线、阴极荧光和透射电子等。二次电子是被入射电子轰击出来的核外电子，它来自样品表面 100Å 左右（50～500Å）区域，能量为 0～50eV，二次电子产额随原子序数的变化不明显，主要用于分析表面形貌。背散射

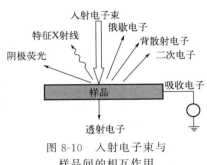

图 8-10　入射电子束与
样品间的相互作用

电子是指被固体样品原子反弹回来的一部分入射电子，它来自样品表层 $0.1～1\mu m$ 的深度范围，其能量近似于入射电子能量。背散射电子产额随原子序数增加而增加，利用背散射电子作为成像信号不仅能分析形貌特征，还可用来显示原子序数衬度，定性地进行成分分析。透射电子是透过足够薄的样品（$<0.1\mu m$）的部分入射电子，其能量近似于入射电子的能量。吸收电子是残存在样品中的入射电子，若在样品和地之间接入一个高灵敏度的电流表，就可以测得样品对地的信号，这个信号是由吸收电子提供的。俄歇电子是从距样品表面几 Å 深度范围内发射的并具有特征能量的二次电子，能量在 50～1500eV 之间的俄歇电子信号适用于表面化学成分分析。特征 X 射线是样品中原子受入射电子激发后，在能级跃迁过程中直接释放的具有特征能量和波长的一种电磁波辐射，其发射深度范围为 $0.5～5\mu m$。阴极荧光是入射电子束轰击发光材料表面时，从样品中激发出来的可见光或红外光。上述信息，可以采用不同的检测仪器，将其转变为放大的电信号，并在显像管荧光屏上或 X-Y 记录仪上显示出来，这就是扫描电镜的功能。

扫描电镜是由电子光学系统、信号接收处理显示系统、供电系统、真空系统组成的。扫描电镜的成像原理是以类似电视摄影显像的方式、用细聚焦电子束在样品表面扫描时激发产生的某些物理信号来调制成像，扫描电镜多与波谱仪、能谱仪等组合构成用途广泛的多功能仪器。与光学显微镜、透射电子显微镜相比，扫描电镜具有很多优势：具有从几倍到几十万倍的放大倍数范围，相当于从光学放大镜到透射电子显微镜的放大范围；具有很高的分辨率，可达 1～3nm；具有很大的焦深，是光学显微镜的 300 倍，对于复杂而粗糙的样品表面，仍然可得到清晰且立体感强的图像；样品制备较简单，对于材料样品仅需简单的清洁、镀膜即可观察，且对样品尺寸要求较低；设备操作十分简单。以上优势使扫描电镜成为研究纳米级材料的重要仪器。

用扫描电镜表征磁性材料时，仍需考虑磁性材料与电子束之间的相互作用。当电子束入射到铁磁样品表面时，二次电子由于洛伦兹力的作用而导致运动路线发生偏转，其偏转方向

受磁畴影响，因此观测的图像也与磁畴结构有关，导致获得的表面形貌照片分辨率下降。为了灵敏地检测样品表面的磁场变化，电镜的加速电压不宜过高。另外，一般情况下二次电子成像获得的是表面形貌信息，所以磁畴衬度受样品形貌的影响很大，这要求样品要尽可能光滑。由于这种技术对样品及实验条件要求较高，且分辨率较低，实际上扫描电镜直接用于表征磁畴结构是鲜有的。

（2）透射电子显微镜

透射电子显微镜（transmission electron microscope，TEM），简称透射电镜，是使用平行高能电子束通过非常薄的试样而形成图像。透射电镜的基本构造包括照明系统、成像系统、真空系统、记录系统和供电系统。透射电镜的功能都是将细小的物体放大至肉眼可分辨的图像来进行观察。透射电镜的工作原理遵循阿贝成像原理，其基本原理如图 8-11 所示。当一束平行光照射到光阑上，除了透射束以外，还会产生各级衍射束。在透镜的聚焦作用下，衍射束在后焦面上具有衍射振幅极大值。衍射振幅的极大值可作为次级振动中心，由此发出的次级衍射束在象平面上相干成像。可以把透射电镜成像分为两个过程：第一个过程是平行光束由于物体的散射作用而分裂为各级衍射谱，这是由实物变换到衍射谱的过程；第二个过程是各级衍射谱由于干涉作用而重新在像平面上汇聚成像，这是由衍射谱变换成像的过程。除此以外，还可以通过高分辨电子显微镜（high-resolution TEM，HRTEM）对晶面间距和原子排布等进行细致的分析。HRTEM 是一种相位衬度成像手段。当试样足够薄时，电子束的振幅变化可以忽略，只有相位反映了周期性晶体结构的信息。

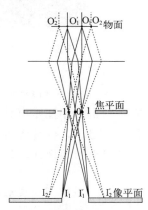

图 8-11　阿贝成像原理示意图

以磁性复合薄膜材料为例，为了能够细致地观察异质薄膜的界面和复合薄膜的微观组织结构，往往需要利用透射电镜对试样的结构特性进行表征。试样足够薄才能够获得清晰的成像效果，因此制备透射电镜观察试样是非常关键的步骤。以制备薄膜样品的断面试样为例，主要流程包括：用金刚石低速锯将薄膜样品切割成较小的试样，并用强力胶水固定在磨样夹持器上（通常粘在玻璃表里）；沿着与薄膜表面的垂直方向，用一系列不同型号的砂纸将试样磨薄至 $40\mu m$ 左右；将磨薄的试样粘在内径为 0.8mm 的钼环上，并用丙酮浸泡以溶解试样上的有机物；使用离子减薄仪继续减薄试样，直至出现可以使用透射电镜观察的薄区。

透射电镜是用来观察磁性材料微观组织结构和磁结构的成熟手段之一。近年来，利用透射电镜分析磁性复合薄膜的微观组织结构取得了一定进展。例如，图 8-12 是利用透射电镜观察到了锰氧化物复合薄膜中形成了有序的自组装纳米层状结构，且复合薄膜与衬底具有晶体学外延关系。

（3）X 射线光电子能谱

X 射线光电子能谱（X-ray photoelectron spectroscopy，XPS）是用一种具有特征波长的 X 射线轰击样品表面，材料内部原子轨道的电子被激发出来成为光电子，通过检测射出的光电子从而获取样品表面信息。令 X 射线的能量为 $h\nu$，受激的轨道电子的结合能为 E_b，光电子的动能是 E_k，那么三者满足爱因斯坦光电效应方程：

$$E_k = h\nu - E_b \tag{8-11}$$

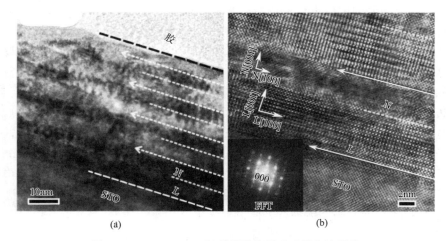

图 8-12　LSMO：NiO 复合薄膜的断面透射电镜照片

图 8-13 是 X 射线辐照后原子内各种相互作用示意图。X 射线照射样品表面后，原子内各轨道的电子相互作用对 XPS 谱具有重要影响。在图 8-13 中，（a）图表示 X 射线轰击原子内层轨道电子，（b）图表示内层轨道电子被激发射出，（c）图表示内层电子被激发后留下空位，外层电子弛豫并将第三外层电子击出，产生俄歇电子，即俄歇跃迁。

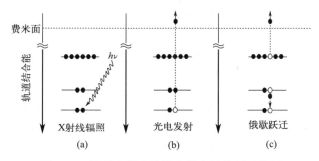

图 8-13　原子内部各轨道电子之间的相互作用

XPS 设备的基本构成包括：单色化 X 射线源、电子探测器、电子能量分析器、静电透镜以及计算机和数据输出系统等。XPS 的功能主要包含以下几个方面：①根据 XPS 谱峰对应的结合能，能够判断出所属元素的电离轨道，用来分析材料表面的化学成分；②根据 XPS 谱峰强度，可以利用各个元素特征谱峰定量分析化学组成；③根据内能级谱线所对应的结合能的位移，分析对应元素的化学价态并分析电子结构。利用 XPS 分析磁性材料，通常可以获得磁性材料的化学组成、元素的化学价态，进而研究复杂界面处的电子转移、轨道重构和氧空位缺陷等，这有利于科研工作者探索物理性质背后的相关机制。例如，利用 XPS 表征了 LSMO 薄膜中 Mn 的化合价，发现 Mn 元素的化合价是＋3 和＋4 混合价态，而且 Mn^{3+}/Mn^{4+} 的比例随着薄膜退火温度的变化而变化。

（4）扫描探针显微镜

扫描探针显微镜包括扫描隧道显微镜和在此基础上发展的各种新型探针显微镜，如原子力显微镜、静电力显微镜、磁力显微镜、扫描离子电导显微镜、扫描电化学显微镜等。扫描探针显微镜有接触、半接触和非接触三种工作模式，能够测量作用力、电流、电位、光能量、磁矩等参数。扫描探针显微镜不仅具有可达原子级的分辨率，而且具有极高的操纵精度，甚至可以实现单原子操纵，这依赖于其本身具有极高的可控空间定位精度。

磁力显微镜（magnetic force microscope，MFM）是磁性纳米材料的重要表征手段。磁力显微镜的分辨率可以达到 5nm，能够与扫描电子显微镜媲美，被广泛应用于磁性纳米材料的磁结构研究。磁力显微镜的工作原理：探头是具有铁磁性的原子尺度的金属针尖，当其以恒定高度在磁性样品上扫描时，探头会检测到样品表面的磁场变化。当检测距离大于磁性纳米样品尺度时，样品可以被看作磁偶极子，检测点的感应磁场与磁偶极子的磁矩之间具有函数关系，由此可推算出样品的磁矩。利用磁力显微镜观测磁性样品时大致可以分为两个步骤：第一步，采用轻敲模式扫描样品表面，获得样品表面的三维形貌图；第二步，在垂直方向抬高探针高度，沿着第一次扫描的轨迹进行二次扫描，获得样品表面的磁力图。

磁力显微镜特别适用于磁性薄膜样品的表面形貌及磁性的测量，根据磁力图可以获得磁畴结构以及推算出单个磁性纳米颗粒的磁矩。对于体积较大的样品，则需要对样品表面进行平整化预处理。目前，磁力显微镜在磁性纳米材料研究领域是不可或缺的表征手段，尤其在表面形貌和微磁结构、磁畴、剩余磁化强度、矫顽力、磁致伸缩效应等方面发挥了重要作用。

8.2.2.3　磁学性质表征

（1）超导量子干涉仪

超导量子干涉仪（superconducting quantum interference device，SQUID）是一种超导微电子器件，是用含有约瑟夫森结的超导环作为磁通探测器制成的磁测量设备，能够测量微弱的磁信号。约瑟夫森结也被称为超导隧道结，是由两块超导体与很薄的势垒夹层构成的三明治结构。例如超导体（S1）-绝缘体（I）-超导体（S2）构成的夹层结构，简称 S1IS2。图 8-14 是约瑟夫森结的示意图。

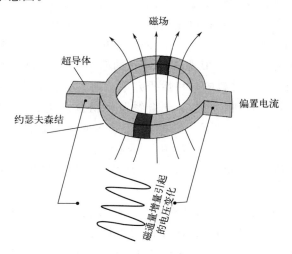

图 8-14　约瑟夫森结示意图

SQUID 的基本原理是建立在磁通量子化和约瑟夫森效应的基础上。磁通量子化是指中空超导环中的电流在孔内产生磁通 Φ，该磁通的变化是不连续、量子化的。约瑟夫森效应是一种横跨约瑟夫森结的超电流现象，是一种宏观的量子效应。当超导体-薄绝缘体-超导体构成的闭合环路被适当大小的电流偏置后，约瑟夫森结中会发生量子隧穿效应，最终呈现出宏观的量子干涉现象。当磁性样品在与环平面相垂直的方向上移动时，会对超导环产生磁场。SQUID 就是基于约瑟夫森效应而输出相应的电压，再根据电压与磁通量变化的函数关系，由此测试样品的磁学性质。

根据工作方式不同，SQUID 可以分成直流 SQUID（DC SQUID）和射频 SQUID（RF SQUID）两种类型。直流 SQUID 是由一个双结超导环所构成，工作时加载的直流电流略大于临界电流，对器件两端的电压进行测量，具有线路简单、成品率高等优点。射频 SQUID 是由一个单结超导环所构成，把超导环耦合到一个射频偏置的储能电路进行供电，工作频率从几十兆赫兹到上千兆赫兹，具有样品制备简单、低频噪声小等优点。

此外，根据所使用的超导材料的不同，可将 SQUID 分为低温 SQUID（LT SQUID）和高温 SQUID（HT SQUID）。低温 SQUID 通常选择铌作为超导材料，选择氧化铌或氧化镧作为绝缘薄膜，工作温度在 4.2K，因此需要液态氦作为冷源。高温 SQUID 通常选择钇钡铜氧作为超导材料，工作温区在 77K 附近，因此可以使用更便宜的液氮作为冷源。高温 SQUID 的维护费用更低，低温设备简单，但是选择陶瓷类超导材料增加了装置制作的困难程度。

SQUID 具有极高灵敏度的探测器，可以测量出 10^{-11} G 的微弱磁场（相当于地磁场的一百亿分之一）。SQUID 探测器测量直流磁化率信号的灵敏度为 10^{-8} emu，工作温度范围 $1.9\sim400$K，磁场强度变化范围 $0\sim70000$G（7T）。由于 SQUID 的灵敏度比常规的磁强计的灵敏度高几个数量级，因此成为研究超导、纳米、磁性和半导体等材料的磁学性质的重要仪器，尤其是薄膜和纳米等微量测量磁性的必需装置。

（2）振动样品磁强计

电磁感应法是最古老且应用最广泛的磁测量方法，根据电磁感应定律，感应电动势的产生是由于测量线圈内的磁通随时间发生了变化。那么，在保持感应线圈不动的前提下，可以采用振动样品或提拉样品的方式来获得变化的磁通，从而进行有效磁测量。振动样品磁强计（vibrating sample magnetometer，VSM）就是基于这个原理设计而来，是测量材料磁性的重要手段之一，适用于各种类别、形态磁性材料的开路测量。VSM 广泛应用于各种铁磁、亚铁磁、反铁磁、顺磁和抗磁材料的磁特性研究中，测量对象包括稀土永磁材料、铁氧体材料、非晶和准晶材料、超导材料、合金、化合物及生物蛋白质等。VSM 可测量磁性材料的基本磁性能，如磁化曲线、磁滞回线、退磁曲线、热磁曲线等，从而得到相应的各种磁学参数，如饱和磁化强度、剩余磁化强度、矫顽力、最大磁能积、居里温度、磁导率（包括初始磁导率）等。此外，VSM 可以测量包括粉末、颗粒、薄膜、液体、块状等多种形态的磁性材料样品。

VSM 在测量磁矩方面具有很高的灵敏度，将样品置于一组探测线圈中心并以固定频率和振幅做微振动而进行测量，振动样品磁强计的工作原理如图 8-15 所示。测量样品的尺寸很小，在磁场中被磁化后可近似看作一个磁矩为 m 的磁偶极子。基本工作原理如下：振动头驱动线圈，使振动杆以 ω 的频率驱动做等幅振动，带动样品振动；样品在空间产生偶极场，导致检测线圈内产生频率为 ω 的感应电压；振荡器电压输出反馈给锁相放大器作为参考信号，经放大及相位检测而输出一个正比于被测样品总磁矩的直流电压 $V_{\text{out}}^{\text{J}}$，与此相对应的有一个正比于磁化场 H 的直流电压 V_{out}^{H}，将此两相互对应的电压图示化，即可得到被测样品的磁滞回线。根据被测样品的体积、质量、密度等物理量，还可以测出被测样品的诸多内禀磁特性。

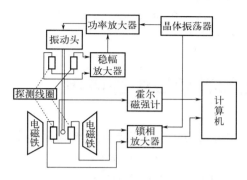

图 8-15　振动样品磁强计的工作原理示意图

振动样品磁强计的基本构成包括电磁铁系统、样品强迫振动系统和信号检测系统。振动样品磁强计的磁场源一般使用电磁铁，也可以采用其他形式的场源。样品在磁场源中被磁化，则产生一定的磁矩。与样品的高频振动相比，可认为磁场源是直流磁场，对感应线圈的磁通变化的影响可以忽略，也不会影响测量结果。

（3）综合物性测量系统

综合物性测量系统（physics property measurement system，PPMS）是在低温和强磁场的背景下测量材料的直流磁化强度和交流磁化率、直流电阻、交流输运性质、比热容和热导率、扭矩磁化率等物理量的综合测量系统。PPMS 系统可以提供一个低温和强磁场平台，并配有各种测量选件，可以对电学、磁学、热学、光电和形貌等各种物性进行表征，被广泛应用于物理、化学及材料科学等众多研究领域。

一个完整的 PPMS 由一个基本系统和各种功能选件构成，基本系统按照功能可以分为磁场控制系统、温度控制系统、直流电学测量系统以及 PPMS 控制软件。根据内部集成的超导磁体的大小，基本系统又可以分为 7T、9T、14T 和 16T 系统。拓展功能选件非常丰富，包括交/直流磁学性质测量选件、扭矩磁强计选件、振动样品磁强计选件、超低场选件、交流电输运选件、直流电输运选件、高级电输运选件、热输运选件和比热容选件等，可以进行磁测量、电输运测量、热力学参数测量和热电输运测量。此外，PPMS 还配有超低磁场、样品旋转杆、高压腔、扫描探针显微镜、多功能样品杆、He-3 极低温系统、稀释制冷机极低温系统、液氦循环利用杜瓦等选件。PPMS 设备主要由美国 Quantum Design 公司设计。该设备的最大磁场为 14T，变场速率是 $10\sim200$Oe/s，工作温度范围是 $1.9\sim400$K，温度扫描速率范围是 $0.01\sim8$K/min。

 知识拓展

癌症的早期发现对于提高治愈率至关重要，而生物磁传感器能够通过检测生物体内微弱的磁场变化来识别异常细胞或组织的存在。传统的生物磁传感器受限于其灵敏度和便携性，难以在日常生活中广泛应用。低维磁性材料因其独特的磁学性能和尺寸效应，在生物磁传感器领域展现出巨大的潜力。

科研人员正致力于开发基于低维磁性材料的生物磁传感器，以提高其检测灵敏度和便携性。这一研究不仅涉及材料制备和表征技术的创新，还需要生物医学工程、电子工程等多个领域的交叉融合。通过优化材料性能、设计合理的传感器结构和信号处理算法，研究人员期望能够开发出一种能够在日常生活中轻松使用的生物磁传感器，帮助人们实现早期癌症筛查，提高癌症的治愈率和生存率。

8.3 磁性材料在能源领域中的应用

磁性材料根据其在反复磁化过程中的矫顽力大小和磁滞响应的不同，可分成软磁材料、硬磁材料和矩磁材料等类型，已被广泛应用于电子、电力、航空航天、机械和医学等领域。在能源领域中，磁性材料的应用也占据着重要的地位，例如在磁制冷、发电、储能和交通等领域具有广阔的应用前景。本节将简要介绍磁性材料在能源领域中的几种典型应用，以期使读者对磁性材料在能源领域中的应用有初步的理解。

8.3.1 磁制冷材料与应用

随着全球对环境保护和可持续发展的需求不断增加，传统制冷技术所带来的能源消耗和环境污染问题日益凸显。因此，寻找一种高效、环保且可持续的制冷方法成为了当今科学界和工程领域的重要课题。磁制冷技术是一种利用磁热效应原理进行制冷的新型环保制冷技术。磁热效应（magnetocaloric effect，MCE）是指某些磁性材料在外加磁场的作用下，发生温度变化的现象。磁热效应又称作磁卡效应，本质上是利用磁场调控材料内部的自旋结构或者磁性相互作用来实现吸热和放热的过程，因此磁热效应可被应用于现代制冷技术中。相较于传统压缩机制冷技术，磁制冷具有许多显著优点，包括具有更低的能耗、无须使用制冷剂、制冷剂体积小以及减少温室气体排放等优势。

8.3.1.1 磁制冷原理

磁制冷技术的制冷工质是固态磁性物质，换热介质是水等流体。基于磁热效应，通过对磁性物质施加外磁场来使其产生熵变，从而产生相应的温度变化。

根据热力学第二定律，对于一个处于温度为 T 的系统，在等温的条件下给予热量 ΔQ 时，该系统的熵变 ΔS 可以表示为：

$$\Delta S = \frac{\Delta Q}{T} \tag{8-12}$$

可以看出，在等温的条件下，该系统的吸热或放热与其熵变的大小成正比。磁性物质的 ΔS 是由磁熵 S_J、晶格振动熵 S_L 和传导电子熵 S_q 三部分所共同组成的。但是，其中只有系统的磁熵的变化才能通过外加磁场加以控制。

根据热力学的麦克斯韦尔关系式，可推导出磁熵 S_J 与外加磁场 H 产生的磁感应强度 B（$B = \mu_0 H$）、温度 T 和磁化强度 M 之间的关系为：

$$\left(\frac{\partial S}{\partial B}\right)_T = \left(\frac{\partial M}{\partial T}\right)_B \tag{8-13}$$

在等温时，随着对系统外加磁场 H 的变化，产生的磁熵的变化为：

$$\Delta S_{\mathrm{J}}(T,B)=\int_0^B\left(\frac{\partial M}{\partial T}\right)_B \mathrm{d}B \tag{8-14}$$

因此，测出磁性物质在外加磁场环境下的磁化强度 M 随温度 T 变化的曲线后，就可以利用式（8-14）求出该磁性物质在外加磁场环境下的磁熵的变化。在实际的磁制冷过程中，人们主要根据式（8-14）选择高磁熵密度材料作为磁制冷的工质，通过外加磁场的来改变 ΔS_{J}，从而实现降温的效果，但是实际的 ΔS_{J} 与理论计算值会有一定的偏差。

磁性物质由晶格热振动所引起的晶格比热容 C_{L} 可以用如下式的德拜近似来考虑：

$$C_{\mathrm{L}}=\frac{9Nk}{x_{\mathrm{D}}^3}\int_0^{x_{\mathrm{D}}}\frac{x^4\mathrm{e}^x}{(\mathrm{e}^x-1)^2}\mathrm{d}x \tag{8-15}$$

式中，$x_{\mathrm{D}}=\theta_{\mathrm{D}}/T$，$\theta_{\mathrm{D}}$ 为德拜温度。

晶格振动熵 S_{L} 可以进一步用式（8-15）的比热容的积分求得：

$$S_{\mathrm{L}}=\int_0^T(C_{\mathrm{L}}/T)\mathrm{d}T \tag{8-16}$$

从式（8-16）可以看出，S_{L} 与外加磁场无关，只是温度 T 和德拜温度 θ_{D} 的函数。

在对磁性物质施加外磁场和去磁的过程中，除了会产生磁熵 S_{J} 的变化，也会产生由晶格热振动引起的晶格振动熵 S_{L} 的变化。因此，在制冷过程中，晶格振动熵 S_{L} 实际上作为一种"热负载"影响着制冷的效果，所以应尽量减小 S_{L}。

传导电子熵 S_{q} 是温度的函数，表达式为：

$$S_{\mathrm{q}}=\gamma T \tag{8-17}$$

式中，γ 是电子的比热容系数，其值通常较小，量级一般在 $10^{-3}\sim10^{-4}\mathrm{J}/(\mathrm{mol\cdot K^2})$ 左右，因此当磁熵 S_{J} 和晶格振动熵 S_{L} 较大的情况下，系统内的传导电子熵 S_{q} 通常可以忽略不计。

磁熵是磁性物质中磁矩排列有序度的度量，磁矩排列越混乱则无序度越大，磁熵也就越大。经过上述讨论，我们可以对制冷过程进行如下描述：在不加外磁场时，磁性物质内部的原子或离子的磁矩处于无规则排列状态，磁熵较大；当对磁性物质施加外磁场，磁性物质的磁矩整体会向外磁场方向发生偏转，磁矩排列的有序度增加，磁性物质的熵会变小，从而会对外放出热量，或在绝热的条件下，磁熵转变为晶格熵，温度升高；而如果停止施加外磁场（去磁），磁性物质内部的原子或离子发生的热运动又会使磁矩的有序度下降，变成无序状态，此时磁熵变大，会对外吸收热量，或在绝热条件下，晶格熵转变为磁熵，温度降低。磁熵是温度 T 和外加磁场 H 的函数，如果把绝热磁化引起的放热过程和绝热去磁引起的吸热过程用一个循环连接起来，并周期性地控制磁场，就可以使磁性物质的两端分别实现连续地吸热和放热过程，从而达到制冷的目的。如图 8-16 所示为磁制冷原理的示意图。

磁性材料利用磁热效应实现制冷过程所产生的热量需要通过热力循环来实现热交换。目前，常见的磁制冷循环有磁卡诺循环（Carnot）、磁斯特林循环（Stirling）、磁埃里克森循环（Ericsson）和磁布雷顿循环（Brayton）。其中，磁卡诺循环由两个等温过程和两个绝热过程组成；磁斯特林循环由两个等温过程和两个等磁矩过程组成；磁埃里克森循环由两个等温过程和两个等磁化场过程组成；磁布雷顿循环由两个等磁化场过程和两个绝热过程组成。四种循环的比较如表 8-1 所列。

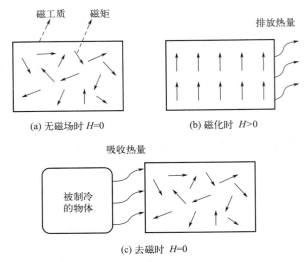

图 8-16　磁制冷原理示意图

表 8-1　四种常见磁制冷循环的比较

循环名称	实现过程	优点	缺点	适用温区
磁卡诺循环	等温＋绝热	结构简单、不需蓄冷器、效率高	制冷温差小、需要较高外磁场、受晶格熵限制	20K 以下
磁斯特林循环	等温＋等磁矩	中等温差	需要蓄冷器、外磁场操作复杂	20K 以上
磁埃里克森循环	等温＋等磁场	较大温差、外磁场操作简单、环保	需要蓄冷器、效率较低	主要 20K 以上
磁布雷顿循环	等磁场＋绝热	最大温差、运行成本低、效率高	需要蓄冷器且要求传热性能高、可能造成环境污染大	20K 以上

当温度极低时，磁性物质的晶格熵 S_L 可忽略不计，此时可利用磁卡诺循环实现制冷；当温度升高时，磁性物质内的原子或离子的热振动加剧，此时晶格熵逐渐增大，量级的大小接近磁熵，成为制冷过程的"热负载"，即制冷的有效熵变减小；当温度继续升高到 20K 以上甚至接近室温时，晶格熵变得非常大，为提高制冷效率就需要考虑额外使用蓄冷器来帮助制冷，此时，磁卡诺循环也就不适用了。因此，需要在原有的磁卡诺循环制冷机的基础上外加蓄冷器来减小"热负载"的作用，此时磁制冷循环就转化为磁斯特林循环、磁埃里克森循环或者磁布雷顿循环。

8.3.1.2　磁制冷工质的选择与应用

1926～1927 年，Debye 和 Giauque 两位科学家分别发表了利用绝热去磁可以有效实现高效制冷的理论研究结果，引起了研究人员的广泛关注。随后，在 1933 年，该制冷理论在实验上被证实，研究人员利用顺磁性材料的磁热效应成功获得了接近绝对零度的极低温环境，这极大地促进了磁制冷技术和制冷材料研究的发展。

（1）磁制冷工质的选择

磁性物质的晶格振动熵 S_L 是由热振动引起的，与温度相关，在 20K 以下的低温区，晶格振动熵可被忽略。目前，磁制冷工质根据其使用的温区可以分成三类：低温区（＜20K）

磁制冷工质、中温区（20～77K）磁制冷工质和高温区（77K至室温）磁制冷工质。下面，将对这三种温区的磁制冷工质分别进行简要的介绍：

① 低温区（<20K）磁制冷工质在小于20K的低温区进行的磁制冷是基于磁卡诺循环过程来实现的，该温区的磁工质材料处于顺磁状态。可选用的材料主要为 $Gd_3Ga_5O_{12}$（GGG）、$Dy_3Al_5O_{12}$（DAG）、$Gd_3Ga_{5-x}Fe_xO_{12}$（GGIG）、$Gd_2(SO_4)_3 \cdot 8H_2O$ 和 $PrNi_5$ 等顺磁材料。其中，GGG主要适用于15K以下的制冷，特别是在10K以下具有优于DAG的制冷性能。而在10K以上，则常选用DAG，因为其磁熵变的量级可以达到GGG的2倍。目前，该温区的磁制冷材料仍以GGG、DAG和GGIG等材料为主，用于产生液氦流和氦液化前级制冷。

② 中温区（20～77K）磁制冷工质。中温区制冷工质的温度范围在20～77K，是液化氢、液化氮的重要温区，具有较强的应用前景。在该温区的磁制冷材料主要是一些重稀土元素单晶、多晶材料，RAl_2（R=Er、Ho、Dy 等）和 RNi_2（R=Gd、Dy、Ho 等）型等稀土金属化合物材料。在该温区可利用磁埃里克森循环实现制冷。

③ 高温区（77K至室温）磁制冷工质。对于在77K至室温的高温区实现磁制冷是当下研究的热点问题。由于磁制冷工质所处的温度较高，因此具有较大的晶格熵，特别是当温度升高到室温附近时材料的晶格熵会增大到其磁熵的数倍。此时如果依然用顺磁材料作为磁制冷工质，则需要非常大的外加强磁场来达到有效的磁熵变，所以，在高温区应该改用铁磁工质。由于稀土元素中重稀土元素的4f电子层和过渡族元素中的3d电子层有较多的未成对电子，因此这些原子具有较大的自旋磁矩，从而可能产生较大的磁热效应。所以，目前在该温区多以稀土金属和过渡族金属及其化合物为主要研究对象，主要包括稀土金属Gd及其合金、Gd-Si-Ge系列合金、Mn-Fe-P-As系列合金、Mn-As-Sb系列合金、La-Ca-Mn-O系列氧化物、La-Fe-Si合金、Ni-Mn基Heusler合金和Fe基非晶合金等。

对于室温磁制冷工质的选择，通常要求磁性材料具有以下特点：

① 材料的居里温度应处于所需要的制冷温度区间内，这是由于磁性材料在相变温度附近产生的磁热效应最大。

② 磁性材料的磁熵变除了与居里温度 T_c 有关，还与朗德因子 g 和总角量子数 J 有关，为充分利用有限的磁场获得较大的磁热效应，通常材料应具有较大的朗德因子 g 和总角量子数 J。

③ 在制冷过程中只有磁熵对磁制冷有贡献，而晶格熵作为一种"热负载"影响着制冷的效果，所以为提高制冷能力，应选择具有较大磁熵变和较小晶格熵的磁性制冷工质。

④ 为提高制冷效率，需要尽可能降低能量损耗，需要考虑如下：

a. 应选取具有较高热导率的磁性材料作为制冷工质，以减小工质在制冷循环过程中的热交换时间和热量损失；

b. 应选取无热滞或热滞较小的磁性材料作为制冷工质，以减小在磁化和退磁过程中由于热滞现象所带来的能量损耗；

c. 应选取具有较大电阻的磁性材料作为制冷工质，以减小在外磁场变化下所产生的涡流效应。

⑤ 在制冷性能好、加工性能好的基础上尽量选择价格便宜又易获得的铁磁材料作为室温磁制冷工质。

（2）磁制冷的应用

1976 年，Brown 成功研制出了第一台近室温磁制冷机，对于磁制冷的研究具有里程碑的意义。1982 年，Barclay 提出了主动蓄冷式磁制冷（active magnetic regenerator，AMR），除了利用磁体自身的磁热效应，还利用磁体的蓄冷和蓄热功能，扩大了制冷循环的工作温度范围，为实用化室温磁制冷打开了新思路。目前，已开发出的室温磁制冷机多数采用了AMR 技术。

在之前所介绍过的磁卡诺循环、磁斯特林循环、磁埃里克森循环和磁布雷顿循环四种磁制冷循环中，磁布雷顿循环是目前室温磁制冷最常用的。与其他三种循环相比，磁布雷顿循环具有适用温区大、运行成本低、外磁场操作简单、制冷效率高、绝热过程可通过磁场或磁性材料的快速移动实现等优点。下面，以磁布雷顿循环为例，简单介绍一下磁制冷循环的主要实现过程。如图 8-17 所示，磁布雷顿循环主要分为 4 个阶段：

① 绝热磁化。在绝热条件下施加磁场，随着主动蓄冷式磁制冷器（AMR）所处磁场的增强，磁热效应导致温度升高，该过程对应图 8-17（b）的 1→2 过程。

② 等磁场换热。在外磁场保持最大值不变的情况下，活塞或水泵驱动换热流体从 AMR 的冷端流向热端，过程中与高温的磁工质发生换热，此时，流体被加热而磁性材料被冷却，流体经散热器将热量传递给环境，对应图 8-17（b）的 2→3 过程。

③ 绝热退磁。在绝热条件下移除磁场，AMR 所处的磁场减弱，磁热效应导致磁性材料的温度降低，对应图 8-17（b）的 3→4 过程。

④ 等磁场换热。在外磁场保持弱磁场状态不变的情况下，活塞或水泵驱动换热流体从 AMR 的热端反向流向冷端，流经磁性材料并与之换热，此时，流体被冷却而磁性材料被加热，随后，换热流体流至低温端吸收热源热量能够实现制冷的目的，对应图 8-17（b）的 4→1 过程。重复以上 4 个过程的循环可以实现持续性制冷。

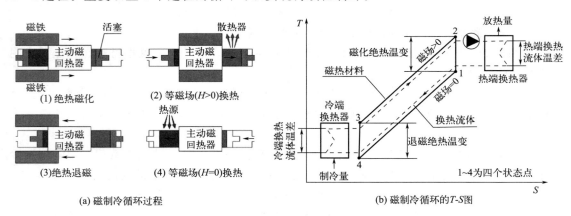

图 8-17　磁布雷顿循环制冷原理示意图

目前的室温磁制冷机主要可分为往复式和旋转式两大类。其中，往复式磁制冷机可进一步分为磁体往复式和蓄冷器（AMR）往复式两类，而旋转式磁制冷机也可进一步分为磁体旋转式和 AMR 旋转式两类。这四种室温磁制冷机的主要特点如下：

① 磁体往复式磁制冷机。在运行过程中，AMR 保持不动，磁场系统相对 AMR 做往复运动。

② AMR 往复式磁制冷机。在运行过程中，磁场系统保持不动，AMR 相对磁场系统做往复运动。

③ 磁体旋转式磁制冷机。在运行过程中，AMR 保持不动，磁体做定轴转动，目前对于该类型磁制冷机的研究较多。

④ AMR 旋转式磁制冷机。在运行过程中，磁场系统保持不动，AMR 绕定轴做相对转动。

上述室温磁制冷机各有优缺点。相比于往复式磁制冷机，旋转式磁制冷机所需的体积要小，但是其结构设计复杂，也要充分考虑热交换的效果。目前，虽然已报道了诸多不同的基于 AMR 技术的磁制冷机，但是制冷功率普遍偏低，制冷成本较高。为提高磁制冷的效果，需要继续从改善磁制冷工质的性能和磁制冷机的结构等方面入手，实现磁制冷在市面上的广泛应用。

8.3.2 磁性材料在能源领域中的其他应用

8.3.2.1 发电设备

（1）风力发电

风力发电是一种清洁、可再生的绿色能源技术。在风力发电机中，高性能的永磁材料被用于制造高效、低噪声的发电机，以提高能量转换效率和减少能量损耗。此外，基于电磁感应和磁场的相互作用，磁性材料还在风力发电机的控制系统和电磁刹车等部位发挥重要作用。

我国的风力发电机主要包括永磁直驱风机和双馈风机两种，直驱型永磁风力发电机采用永磁电机。相对于常规电机具有体积小、质量轻、精度高、稳定性强、效率高、能耗低等优势。永磁发电机与传统发电机相比，具有以下特点：

① 高效。永磁发电机的转子上设置有永磁体，而永磁体不需要外部电源供电，因此可以直接驱动发电机转子旋转，使得转子的运动更加灵活，发电效率更高。而且，也因为永磁发电机不需励磁电流，相对于传统发电机可以减少电能转换过程中的损耗。

② 可靠。由于不需励磁电流和滑环，不存在励磁绕组和滑环带来的摩擦损耗等问题，因此永磁发电机相较于传统发电机更加可靠。同时，永磁发电机的结构简单且易于维护，也能够进一步提高其可靠性。

③ 环保。与传统发电机相比，永磁发电机减少了一些有害金属材料的使用和有害气体的排放，更符合低碳环保的要求。而且，由于永磁发电机的工作稳定，产生的噪声更低。

④ 节能。永磁发电机不需外部电源供电，与传统发电机相比，转子功耗降低，且转子转动速度更快更稳定，因此也降低了能源损耗。

⑤ 低噪声。永磁发电机的转子转动速度高，摩擦力小，产生噪声比传统发电机更低，被广泛应用于需要低噪声的场合。

⑥ 零电池发电。部分永磁发电机由于采用驱动电子装置控制，可以在条件允许时，利用外部风能进行充电并发电，达到零电池发电的效果。

风力发电系统中最重要的部件就是发电机。永磁风力发电机采取风机叶轮直接驱动发电机旋转，将风能转化为电能，其工作原理为：风力带动发电机的叶片旋转；叶片的旋转传递给由一组永磁体组成的转子，转子开始转动；永磁体产生一个强磁场，当转子旋转时，磁场会发生变化，从而导致发电机的定子中的线圈中产生感应电流；根据法拉第电磁感应定律，当磁场变化时，导线中会产生感应电势；感应电势在定子线圈上形成电流，进而被输出使用。

随着风电发电量不断增加，对风电永磁体的需求也在不断增加。风电永磁体被广泛应用于风力发电机中的转子，它的稳定性和性能对风力发电的效率具有重要影响。风电永磁体是指在风力发电机中用于转子的永磁体。常用的风电永磁体材料包括钕铁硼磁性材料、钐钴磁体、铝镍钴磁铁和铁氧体永磁体，各类磁性材料的性能参数如表 8-2 所示。

表 8-2　风电用磁性材料的性能参数

磁体类型	最大磁能积/MGOe	剩磁/kGs	矫顽力/kOe	内禀矫顽力/kOe	工作温度/℃	居里温度/℃
NdFeB(烧结)	30～52	11～15.2	10～14	12～30	80～230	310～350
NdFeB(粘接)	3～13	2.9～7.6	2.5～5.9	8～14	100～150	310～350
AlNiCo	1.2～1.3	8～14	0.48～1.95	0.5～2	450～550	760～890
Ferrite-s	0.8～5.2	2～4.4	1.8～4	2～4.5	250	450
$SmCo_5$	15～24	8.5～10.5	8～10	15～30	250	750
Sm_2Co_{17}	22～32	10～11.4	9～10.6	15～30	250～350	800

注：$1MGOe \approx 7.96kJ/m^3$，$1Gs = 10^{-4}T$，$1Oe \approx 79.6A/m$。

钕铁硼具有高磁能积、高矫顽力等特点，也被称为强力磁铁，以钕铁硼为部件的电机具有尺寸小、重量轻、性价比高的特点。钐钴磁体是实际上更适合用于电机的磁性材料，其耐温性优于钕铁硼，且磁性能非常稳定。但是，钐钴磁体价格昂贵，因此其应用受限于航空航天、军事等高科技领域的电机中。铁氧体永磁体具有不易氧化、居里温度高、成本低等优点，但是其体积较大，磁性能不如钕铁硼和钐钴，一般适合应用于中低端电机。铝镍钴磁铁是最早被研发出来的永磁材料，具有剩磁高、温度系数低、矫顽力低的特点，后逐渐被钕铁硼、铁氧体等磁性材料取代。

风电是实现绿色低碳发展和生态文明建设目标的关键支撑之一。为了进一步拓展永磁材料和永磁发电机在风力发电系统中的应用前景，需要进一步提高永磁材料的磁学性能并探索新型永磁材料，不断提升永磁发电机的效率和市场竞争力，继续强化永磁电机控制技术，开发更为精细化的永磁电机设计。

（2）太阳能发电

太阳能发电是利用太阳能电池中的半导体材料的光伏效应直接将太阳能转化为电能的新能源技术。光伏发电系统是由太阳能电池组、蓄电池组、太阳能控制器、逆变器、交流配电柜、自动太阳能跟踪系统、自动太阳能组件除尘系统等设备构成。磁性材料在太阳能电池板和太阳能热发电系统等方面有着广泛的应用，其中磁性材料在光伏系统的逆变器中具有重要应用。

太阳能逆变器负责把直流电转换为交流电，供交流负荷使用。太阳能逆变器是光伏风力发电系统的关键部件。当太阳能电池和蓄电池是直流电源，逆变器是提供交流负载所必不可少的，而磁性材料可以用于逆变器中的电子变压器。电子变压器包括升压变压器、隔离变压器和滤波器。逆变电源按变换方式可分为工频变换和高频变换，工频变压器具有体积大、笨重、价格高的特点，目前主要应用于大型太阳能光伏电站。随着磁性材料质量的不断提高和功率 MOSFET 工艺的日趋成熟，高频变换逆变电源也走向市场应用。

合金软磁粉芯制成的电感元件是逆变器所需重要产品，该电感元件的磁性材料基本采用高性能的铁硅类粉芯材料，已经成为世界光伏逆变器的标准设计。磁芯材料的种类包括铁粉芯（纯铁粉）、高磁通磁粉芯（50％镍 50％铁合金粉）、铁硅铝磁粉芯（85％铁 9％硅 6％铝合金粉）、铁镍钼磁粉芯（81％铁 17％镍 2％钼合金粉）和铁氧体磁芯（锰锌氧化物与铁氧化物的陶瓷状结合体）。逆变器中的磁芯有具体的制作标准，其外径尺寸为 40～320nm，要求配对产品普遍制作气隙，且普遍使用拼接产品。

磁性材料除了在太阳能电池逆变器中具有重要应用，在光伏系统中还具有其他特殊应用。在太阳能电池板中，磁性材料被用于固定和支撑光伏电池，使其最大限度地吸收太阳能，从而能够提高光电转换效率和稳定性。在太阳能热发电系统中，磁性材料被用于制造高温超导磁体，用于产生强磁场，提高热电转换效率。随着科技的不断进步和技术的不断成熟，磁性材料在光伏系统中的发展趋势也愈发明显。未来，磁性材料将越来越多地使用在电子元件中，随着材料制造技术的改进和成本的降低，可以进一步推动可再生能源的发展。

（3）磁流体发电

磁流体发电是利用导电流体与磁场相互作用而产生电能的一种发电技术，其基本原理是利用导电流体切割磁力线从而产生感应电势和电能。与传统磁力发电机的技术不同，磁流体发电利用导电流体代替普通金属导体，具有更高的能量转换效率。与传统的水力、火力、核能发电相比，磁流体发电的发电效率可以提高 50％～60％，是一种新型、高效的发电方式。磁流体发电具有如下特点：

① 磁流体发电机本身的热效率只能达到 20％～30％，但是因为充分利用了高达 2000K 左右的排气热量，组成磁流体-蒸汽联合循环系统，可以将总效率提高至 50％。

② 磁流体发电机没有高速旋转部件，由于供高温导电气体流过的发电通道是静止的，完全可以采用冷却结构，使部件的工作温度比气体低很多，因此发电通道仍可用现有的材料制造。

③ 机组容量越大越好。磁流体发电过程是导电流体高速流过磁场时与磁场相互作用的过程，因此产生的电功率与流体的体积有关。另外，磁流体发电机的热损主要取决于发电通道的壁面积，当磁流体发电机组的容量增大时性能得到改善。

④ 由于磁流体发电是将热能直接转化成电能，所以启动很快，目前磁流体发电机一般在几秒内达到额定负荷，这是其他发电方式无法比拟的。

⑤ 磁流体-蒸汽联合循环时基本上不存在水的热污染问题。

⑥ 磁流体发电机的主要组成部件是静止的，因而结构简单，制造方便，相应的发电成本也比较低廉。

磁流体发电机由燃烧室、发电通道和磁体三个基本部件组成，其结构示意图如图 8-18 所示。磁性材料应用于磁流体发电机的磁体部件，用以产生强磁场，由铁芯电磁铁、空心线圈或超导线圈组成。

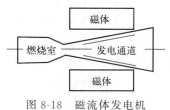

图 8-18　磁流体发电机
结构示意图

8.3.2.2　电子电力设备

（1）变压器

变压器是电力系统中的关键设备之一，广泛应用于各种场合，如发电、输电、配电以及工业和家庭用电。变压器基于电磁感应原理，通过变换电压和电流的比值来实现电能的传输和分配。在变压器中，磁性材料主要被用于制造铁芯和线圈等关键部位，起着重要的作用。

据统计，我国每年电力损耗量达到了总发电水平的 10% 左右，因此，采用低损耗的铁磁材料制造变压器对于降低空载损耗具有重要意义。

可用于制造变压器的磁性材料的种类较多，例如：

① 硅钢片。硅钢片是用于制作变压器的常用磁性材料，特别是在低频、大功率下最为适用。硅钢片是一种合金材料，主要由硅铁材料制成（硅含量一般在 4.5% 以下），具有高的磁导率和低的磁阻，且成本较低、易于大批生产。但是硅钢片的密度较大，且抗磁切变能力不强，在低温下容易破裂。

② 铁氧体。铁氧体是一种非金属的铁磁性材料，主要由氧化铁和稀土等金属氧化物组成。铁氧体具有较高的磁导率、较低的磁滞和低损耗等特点。相比于硅钢片来说，铁氧体具有更优异的高频特性，可以在变压器中起到抑制高频信号干扰的作用，有效地提高了变压器的工作频率和稳定性，但是铁氧体的饱和磁感应强度相对较低。

③ 粉芯材料。磁粉芯是由铁磁性粉粒与绝缘介质混合压制而成的一种软磁材料，可有效降低涡流的损耗，用于高频电感。根据材料的不同可将粉芯材料大致分为三类，即铁粉芯、钼坡莫合金粉芯和高磁通粉芯。磁粉芯的磁电性能主要取决于粉粒材料的磁导率、粉粒的形貌和分布、绝缘介质的含量、成型压力和热处理工艺等。

④ 非晶及纳米晶软磁合金。常用的非晶合金有铁基、铁镍基、钴基非晶合金以及铁基纳米晶合金。面对电力设备的发展逐渐趋向于小型化和节能化，非晶体材料正逐渐用于变压器铁芯的生产制造。非晶及纳米晶软磁合金的应用可以显著降低变压器的涡流损耗，具有显著的节能效果，但是其制备成本相对较高。

（2）电磁铁

电磁铁是一种利用电磁感应原理产生吸引力的装置，主要由线圈和铁芯构成，其结构示意图如图 8-19 所示。在现代化工业中，电磁铁的应用有助于提高电气设备的工作效率，从而能够间接减少对于能源的消耗。在发电机中，电磁铁产生的磁场与转子旋转产生的磁场相互作用，从而产生电流，实现机械能到电能的能量转换。在电动机中，电磁铁产生的磁场与永磁体产生的磁场相互作用而产生转矩，驱动电动机线圈转动，实现从电能到机械能的转换。为了使电磁铁断电立即消磁，一般采用消磁较快的软铁或硅钢材料。采用高性能的磁性材料可以提高电磁铁的吸引力和响应速度。

（3）磁性元器件

磁性元器件通常由绕组和磁芯构成，是实现电能和磁能相互转换的基础元器件，属于电子元器件行业领域的重要分支。磁性元器件是储能、能量转换及电气隔离所必备的电力电子器件，覆盖了工业自动化、网络通信、医疗设备、新能源汽车及充电桩和发电储能等众多领域。

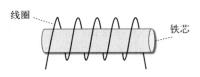

图 8-19　电磁铁结构示意图

磁性元器件主要包括电子变压器、电感器、电磁继电器和磁性滤波器等。

① 电子变压器。电子变压器是一种利用半导体器件的可控特性进行电力转换的新型电能转换设备。除了具有传统电力变压器的电压变换、电气隔离和能量传递等基本功能，还能够实现电能质量调节、功率补偿和潮流控制等其他额外功能，且具有体积小、重量轻、安装方便的特点。

② 电感器。电感器又称扼流器、电抗器、动态电抗器，是一种由一个或多个线圈组成的能够存储电磁能量的磁性元器件。电感器在电路中主要用于滤波、稳压、振荡、变频等

方面。

③ 电磁继电器。电磁继电器是一种由电磁铁、电源、簧片和触点等组成的控制电路开关动作的磁性元器件。电磁继电器基于电磁效应，当线圈通电时，产生磁场吸引铁芯，使触点闭合或断开，从而实现对电路的控制。

④ 磁性滤波器。磁性滤波器是一种由铁芯、线圈等组成的对信号进行滤波的磁性元器件。磁性滤波器采用软磁材料制造，利用电磁原理和移相技术来滤除特定频率的信号，具有滤波效果好、体积小和损耗低等优点，在无线通信、射频和音频处理等领域有广泛应用。

此外，磁性材料基于其在外磁场作用下反馈出的磁化效应，可用于制造高存储容量的快速磁存储器件和高灵敏度的磁传感器等。制造高性能的磁性材料符合当下新能源产业的发展对磁性元器件提出的大功率和高频化等要求。

8.3.2.3　新能源交通

（1）新能源汽车

新能源汽车是一种以电力或其他清洁能源为动力的汽车。在新能源汽车中，磁性材料被用于制造电动机、电池、无钥匙系统和启动器电机等关键部位。例如，在电动机中，利用高性能钕铁硼磁体制造的永磁同步电动机具有高功率密度和转矩；在汽车电池中，利用磁性材料作为电极可以有望提高其能量密度和充放电效率，实现长续航和耐低温；在无钥匙系统和启动器电机等部件中，主要利用软磁材料在磁场下灵敏的磁化、退磁化等特性，实现高效的驱动，提高响应速度。下面主要介绍磁性材料在驱动电机中的应用。

电动汽车是以车载电源为动力，并采用电动机驱动的一种交通工具，其驱动电机包括直流电机、开关磁阻电机、交流异步电机和永磁同步电机。纯电动汽车驱动电机不仅需要适应启停和变速，还需要考虑空间、温度等因素，因此对功率、过载能力、调速范围、体积、质量、抗震能力、噪声、使用寿命和价格等都提出了更高要求。不同类型电机优劣势和适用领域都有所差异，其具体性能参数如表 8-3 所示。从行业实际发展来看，当前电动汽车主要采用交流异步电机和永磁同步电机，后者具有更好的综合性能和更高的市场普及率。永磁同步电机由定子和转子组成，定子做成了绕组，而转子则由永磁材料打造。该设计减少了励磁带来的损耗，增大了调速范围，具有升温慢、能耗低、效率高、安全可靠等优点。永磁同步电机体积小、重量轻，迎合了电动汽车小型化和轻量化的发展趋势。但由于使用了永磁材料，永磁同步电机的生产成本也相对较高。

表 8-3　不同种类驱动电机各项性能指标对比

性能指标	直流电机	开关磁阻电机	交流异步电机	永磁同步电机
转速范围/(r/min)	4000～6000	＞15000	12000～15000	4000～15000
峰值效率/%	85～89	80～90	90～95	95～97
负荷效率/%	80～87	78～86	90～92	85～97
功率密度	低	较高	中高	高
可靠性	中	较高	较高	高
重量、尺寸	重、大	轻、小	中、中	轻、小
电机成本	低	低	中	高

永磁同步电机使用的磁性材料包括铝镍钴系、铁氧体、钐钴系和钕铁硼。目前，铁氧体和钕铁硼永磁材料是电动汽车用永磁同步电机的最佳选择。铁氧体具有成本价格优势，而钕铁硼在性能、质量和体积控制方面则更有竞争力。

（2）磁悬浮列车

磁悬浮列车是一种基于磁力悬浮原理来推动的列车。利用磁体间的吸引力和排斥力，实现列车与轨道之间的无接触悬浮和导向，再结合直线电机所产生的电磁力来牵引列车运行。磁悬浮列车与普通列车最大的区别是磁悬浮列车是悬浮在轨道上前进，而不是用车轮接触轨道行进，属于"无轮"运行。它的最大阻力来自空气的阻力，运营速度可达 500km/h。

与传统列车相比，磁悬浮列车的速度快，启动停车快，爬坡能力强、能耗低、稳定性好、噪声小，安全可靠度高，运营成本低。磁悬浮列车的底部与轨道之间无机械接触，克服了传统列车车轮与轨道之间的摩擦力，是当今唯一能达到运营速度 500km/h 的高速地面客运交通工具，比高铁具有更大的速度优势。磁悬浮列车的启动速度很快，且具有高达 100‰的爬坡能，德国 TR07 磁悬浮列车启动 50s 后，速度可达 200km/h，100s 后达 300km/h。磁悬浮列车采用电力驱动，不受燃油供应的限制，具有低功耗特点，每个座位的能耗仅为飞机的三成、汽车的七成。磁悬浮列车无有害气体排放，噪声小，在环境保护方面具有绝对优势。磁悬浮列车在遇到悬浮系统失效时，车体会降落在轨道上并环抱轨道，比普通列车安全性更高。同时，在磁场均匀分布的情况下，磁悬浮列车振动小，运行平稳，舒适性好，维护费用低，使用寿命长。

磁悬浮列车利用"同性相斥、异性相吸"的电磁原理，使列车完全脱离轨道而达到悬浮行驶的效果。如图 8-20 所示，轨道上的线圈形成电磁铁组，通电后形成的强磁场与列车上的电磁铁产生的磁场之间产生巨大斥力，使列车受到向上的托力，进而悬浮于轨道的上方。其基本原理可以总结为：①利用磁铁同性相斥原理设计电磁运行系统，即利用车上超导体电磁铁形成的磁场与轨道线圈形成的磁场之间所产生的电磁斥力，使列车悬浮运行；②利用磁铁异性相吸原理设计电磁引力运行系统，控制电磁铁的电流，使电磁铁

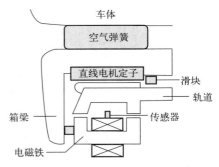

图 8-20 悬浮系统结构示意图

和导轨间保持 8～10mm 的间隙，并使导轨钢板的吸引力与车辆的重力平衡，从而使车体悬浮于车道的导轨上运行。

磁悬浮列车主要由悬浮系统、导向系统和动力系统组成。悬浮系统主要依靠轨道底部线圈和车载电磁铁之间产生斥力来实现。导向系统主要依赖于轨道侧壁线圈和车载电磁铁相互作用来实现。采用直线电机作为动力系统，并借助在运行过程中产生电磁推力来推动和维持列车运行。在磁悬浮列车中，一般利用高性能的钕铁硼和铝镍钴等磁体来制造悬浮系统和动力系统的电磁转换装置。利用具有低成本、低铁磁导率和高电阻率特点的铁氧体材料制造磁悬浮车辆的磁浮导向装置和车辆牵引系统中的电磁转换装置。

综上所述，磁性材料在能源领域中具有广阔的应用前景。随着新能源产业的快速发展和电力系统的不断升级改造，磁性材料在能源领域中的应用将进一步拓展和深化。

知识拓展

在科技发展的浪潮中，磁制冷材料这一原本主要应用于气体液化，特别是氢液化工业领域的创新材料，如今正展现出其在空间探测领域的巨大潜力和价值。自 2000 年起，氢液化装置经历了深度的参数优化研究，其中涉及磁制冷工质的颗粒尺寸、工质床的长度以及级间温度等多个关键可变参数，为液化效率的最大化提供了明确的参数指导。

在空间探测领域，磁制冷材料的应用已逐渐崭露头角。探测器及其光学系统的温度控制是提升探测精度和灵敏度的关键。低温环境能够有效降低探测器的热噪声和背景辐射噪声，这对于长波长的探测任务尤为重要。例如，在宇宙背景探测、空间红外观测以及空间磁场测量等深空探测和天文观测任务中，探测器和光学系统需工作在液氢或液氦温区，甚至达到几十毫开的极低温区，以确保高分辨率的探测精度。随着空间探测任务周期的延长（通常超过 5 年），传统的制冷剂储存方式已难以满足长时间制冷的需求。此时，磁制冷机凭借其低噪声、卓越的低温制冷能力、高热力学效率和高可靠性等显著优势，成为空间制冷的理想选择。目前，全球范围内的科技强国如美国、日本、法国等，均已成功研发出多种低温磁制冷机，为卫星、宇宙飞船等航天器的参数检测、数据处理系统以及探测系统提供稳定可靠的冷却解决方案。

本章小结

物质的磁性主要起源于电子轨道磁矩和电子自旋磁矩构成的电子磁矩。在经典的玻尔原子模型中，电子轨道磁矩源于电子绕核运动而形成的闭合电流回路。电子在围绕原子核转动的同时，也在做自旋运动，电子的自旋也会产生一定的磁矩，即电子自旋磁矩。一般磁性物质的电子轨道磁矩要小于电子自旋磁矩。满电子的壳层中的总动量和总磁矩都为零，此时该原子不存在固有磁矩，只有未填满电子的壳层上未成对的电子才会贡献原子的总磁矩。

低维磁性材料主要有纳米颗粒材料、纳米核壳结构材料、薄膜材料、纳米纤维材料等。制备低维磁性材料的方法有物理制备方法如蒸发冷凝法、溅射法、脉冲激光沉积法等，化学制备方法如溶胶-凝胶法、水热与溶剂热法、热分解法和微乳液法等。低维磁性材料的表征主要集中在组织结构信息、电子结构信息、磁性能和电性能方面。

磁制冷技术是一种利用磁热效应原理进行制冷的新型环保制冷技术。常见的磁制冷循环有磁卡诺循环、磁斯特林循环、磁埃里克森循环和磁布雷顿循环。除了磁制冷以外，磁性材料还广泛应用于发电、储能和交通等能源领域。在发电设备中，磁性材料主要应用于风力发电的永磁发电机、太阳能发电的光伏系统逆变器、磁流体发电机的磁体部件等。在电子电力设备中，磁性材料主要应用于电力系统的关键部件变压器、电磁铁和包括电子变压器、电感器、电磁继电器和磁性滤波器在内的多种磁性元器件。在新能源交通领域，磁性材料主要应用于新能源汽车的驱动电机和电池、无钥匙系统和启动器电机等关键部位，此外还大量应用于磁悬浮列车的悬浮、导向和动力系统。

降低现有磁性材料的损耗，研发更低损耗的新型磁性材料，是实现磁性材料在各类电机和电器中节能的重要途径，随着新能源产业的快速发展和电力系统的不断升级改造，磁性材料在能源领域中的应用将进一步拓展和深化。

复习思考题

1. 物质的磁性起源是什么?

2. 请简要解释电子的两类磁矩。

3. 是否所有的电子均会贡献原子的总磁矩?

4. 请写出 3 种低维磁性材料的制备方法及主要原理。

5. 请描述 SQUID 法的测量原理。

6. 利用扫描电子显微镜观察磁性材料样品时,为什么会出现表面形貌照片分辨率下降的情况?

7. 请简述磁制冷原理。

8. 请简要描述实现磁布雷顿循环的 4 个基本过程。

9. 如何根据温度区间选择磁制冷工质?

10. 磁性材料在发电设备中的应用有哪些?

11. 请列举永磁同步电机使用的磁性材料。

12. 磁悬浮列车的"悬浮"原理是什么?

参考文献

［1］彭晓领,葛洪良,王新庆. 磁性材料与磁测量. 北京:化学工业出版社,2020.

［2］Birringer R,Gleiter H,Klein H P,et al. Nanocrystalline materials an approach to a novel solid structure with gas-like disorder. Phys Lett A,1984,102(8):365-369.

［3］王忠. 机械工程材料. 北京:高等教育出版社,2008.

［4］任瑞铭. 纳米粉体材料制备技术. 大连铁道学院学报,1999(3):68-73.

［5］Tasaki A,Tomiyama S,Lida S,et al. Magnetic properties of ferromagnetic metal fine particles prepared by evaporation in argon gas. Jpn J Appl Phys,1965,4(10):707.

［6］李发伸,杨文平,薛德胜. 纳米 Fe 微粒的制备及研究. 兰州大学学报,1994(1):144-146.

［7］Chen A,Bi Z,Jia Q,et al. Microstructure,vertical strain control and tunable functionalities in self-assembled,vertically aligned nanocomposite thin films. Acta Mater,2013,61(8):2783-2792.

［8］Li C,Wei Y,Liivat A,et al. Microwave-solvothermal synthesis of Fe_3O_4 magnetic nanoparticles. Mater Lett 2013,107(15):23-26.

［9］Huang Y,Zhang L,Wei W,et al. A study on synthesis and properties of Fe_3O_4 nanoparticles by solvothermal method. Glass Phys Chem,2010,36(3):325-331.

［10］Biswas S,Kar S,Chaudhuri S,et al. Optical and Magnetic Properties of Manganese-Incorporated Zinc Sulfide Nanorods Synthesized by a Solvothermal Process. J Phys Chem B,2005,109(37):17526-17530.

［11］马应霞,雷文娟,喇培清. Fe_3O_4 纳米材料制备方法研究进展. 化工新型材料,2015(2):24-26.

［12］彭卿,李亚栋. 功能纳米材料的化学控制合成、组装、结构与性能. 中国科学,2009(10):1028-1052.

［13］López Pérez J A,López Quintela M A,Mira J,et al. Advances in the preparation of magnetic nanoparticles by the microemulsion method. J Phys Chem B,1997,101(41):8045-8047.

［14］勾华,张朝平,罗玉萍,等. 微乳液和反相微乳液法在合成和制备纳米铁系化合物上的应用. 贵州大学学报(自然版),2001,18(2):143-145.

［15］ Helen R S，Prellier W，Padhan P. Evidence of weak antilocalization in quantum interference effects of (001) oriented $La_{0.7}Sr_{0.3}MnO_3$-$SrRuO_3$ superlattices. J Appl Phys，2020，128(3):033906.

［16］ 马礼敦,杨家福. 同步辐射应用概论. 上海:复旦大学出版社,2005.

［17］ 进藤大辅,及川哲夫. 材料评价的分析电子显微方法. 北京:冶金工业出版社,2001.

［18］ 郭可信,叶恒强,吴玉琨. 电子衍射图在晶体学中的应用. 北京:科学出版社,1983.

［19］ Wu Y，Wang Z，Bai Y，et al. Transition of exchange bias from in-plane to out-of-plane in epitaxial $La_{0.7}Sr_{0.3}MnO_3$:NiO nanocomposite thin films. J Mater Chem C，2019，7:6091-6098.

［20］ 刘世宏. X射线光电子能谱分析. 北京:科学出版社,1988.

［21］ Wu Y，Ning X，Wang Z，et al. Separation of Curie temperature and insulator-metal transition temperature in the $La_{0.7}Sr_{0.3}MnO_3$ polycrystalline films and its effect on low field magnetoresistance. J Alloy Compd，2016，667:317-322.

［22］ 王荣明,岳明. 低维磁性材料. 北京:科学出版社,2020.

［23］ 孙光飞,江文强. 磁功能材料. 北京:化学工业出版社,2007.

［24］ 童潇,申利梅,李亮,等. 室温磁制冷机研究进展及分析. 真空与低温,2021,27(04):316-331.

［25］ 孙立佳,孙淑凤,王玉莲,等. 磁制冷研究现状. 低温与超导,2008(09):17-23.

［26］ 王高峰,赵增茹. 磁制冷材料的相变与磁热效应. 哈尔滨:哈尔滨工业大学出版社,2017.

［27］ 胡义嘎,特古斯. 磁制冷技术基本原理和理论基础及选择室温磁制冷工质的基本原则. 赤峰学院学报(自然科学版),2020,36(05):18-20.

［28］ Brown G. V. Magnetic heat pumping near room temperature. J Appl Phys，1976，47(8):3673-3680.

［29］ Barclay J A. Use of a ferrofluid as the heatexchange fluid in a magnetic refrigerator. J Appl Phys，1982，53(4):2887-2894.

［30］ 严子浚. 磁布雷顿制冷循环. 低温与特气,1992(01):23-26.

［31］ 高磊,黄焦宏,张英德,等. 室温磁工质与磁制冷机的研究和开发. 制冷学报,2022,43(04):77-87.

［32］ 王方. 探析钕铁硼永磁材料的应用发展. 甘肃科技纵横,2023,52(3):46-48.

［33］ 柏树根,孙承晨,张新松,等. SiC MOSFET逆变器分段调制死区补偿策略. 电网与清洁能源,2023,39(10):28-37.

［34］ 范玲. 低损耗铁磁材料在节能型低变压器中的应用. 通讯世界,2016(22):215-216.

［35］ 陈边防. 稀土永磁材料在电动汽车上的应用前景. 中国有色金属,2023(17):40-42.

［36］ 王丹炀. 磁悬浮列车技术特点与展望. 军民两用技术与产品,2017(18):47-47.